백미러 속의 우주

The Universe in the Rearview Mirror
by Dave Goldberg

Image credits

Image on pages 14, 15, 16, 37, 60, 63, 70, 72, 100, 110, 113, 138, 144, 146, 166, 199, 205, 212, 231, 234, 235, 253, 256, 266, 280, 291, 297, 301, 303, 323, 329, 343, 351, 354, 382, 394, 399, 406, 408, 440, 443, 445, 462 courtesy of Herb Thornby.

Image on page 53 courtesy of NASA, ESA, and the Hubble Heritage Team (STScI/AURA)—ESA/Hubble Collaboration; Acknowledgment: B. Whitmore (Space Telescope Science Institute).

Image on page 163 courtesy of NASA/WMAP Science Team.

Image on page 201 courtesy of NASA, Andrew Fruchter and the ERO Team [Sylvia Baggett(STScI), Richard Hook (ST-ECF), Zoltan Levay (STScI)] (STScI).

Image on page 347 courtesy of NASA, ESA, and the Hubble Heritage Team (STScI/AURA)-ESA/Hubble Collaboration.

Image on page 453 courtesy of Peter McMullen.

백미러 속의 우주

대칭으로 읽는 현대 물리학

데이브 골드버그 지음 | 박병철 옮김

THE UNIVERSE IN THE REARVIEW MIRROR

HOW HIDDEN SYMMETRIES SHAPE REALITY

해나무

우리 눈에 보이는 것은 자연의 진정한 실체가 아니라, 우리의 질문 방식에 맞춰
자연이 우리에게 보여준 모습임을 잊지 말아야 한다.

– 베르너 하이젠베르크

차례

일러두기

본문에서 *로 표시된 부분은 저자가 자신의 솔직한 생각을 좀더 자세하고 흥미롭게 풀이해놓은 것이다.

머리말

이 책의 집필의도를 비롯하여 전반적인 내용을 소개하는 부분이므로 가능하면 읽고 넘어갈 것을 권한다.

우주는 왜 텅 비어 있지 않고 무언가가 존재하는가? 미래는 왜 과거와 다른가? 그리고 사람들은 왜 이런 질문을 떠올리는가? 블로그나 트위터, 또는 채팅사이트에서 사람들이 하는 말을 들어보면 상대성이론은 지난 한 세기 동안 수많은 관측과 실험을 통해 완벽하게 검증된 위대한 물리학 이론이 아니라, 파티 석상에서 가볍게 주고받는 가십거리에 가까운 것 같다.

일반인들에게 물리학은 터무니없는 법칙과 방정식으로 복잡하게 꼬인 실타래처럼 보인다. 대체 왜, 무엇 때문에 그토록 복잡한가? 좀 더 단순하면 안 되는 이유라도 있는가?

지금으로부터 100년쯤 전, 한 일간지 기자가 영국의 물리학자 아서 에딩턴Arthur Eddington 경에게 물었다. "소문에 의하면 알베르트 아인슈타인Albert Einstein의 상대성이론을 이해하는 사람이 전 세계에 3명뿐이라고 하던데요, 그게 사실입니까?" 그러자 에딩턴은 한동안 생각에 잠겼다가 조용히 입을 열었다. "그 세 번째 주인공이 누구인지 몹시 궁금하군요." 에딩턴은 상대성이론을 이해하는 사람이 아인슈타인과 자신뿐이라고 생각했다는 뜻이다. – 옮긴이 이토록 어렵기로 유명했던 상대성이론이었지만, 100년이 지난 지금은 대학 1학년 물리교과서에 수록될 정도로 보편적인 지식이 되었다. 그러므로 "천재가 아니고서는 우주의 미스터리를 풀 수 없다"는 과장된 선입견은 (적어도 이 책을 읽는 동안만은) 접어두기 바란다. 요즘 대학에서 장학금을 받는 학생들은 100년 전의 에딩턴보다 유식하다.

당신이 에딩턴이건 아인슈타인이건 간에, 새로운 방정식을 떠올렸다고 해서 이 세계에 대한 통찰이 갑자기 깊어질 리 만무하다. 과거를 돌아보면 물리학은 완전히 다르게 보였던 현상들이 동일한 원인의 결과임을 깨달을 때마다 커다란 도약을 이루어왔다. 그리고 공통점의 기원을 추적할 때마다 항상 '대칭symmetry'이라는 개념에 도달하곤 했다.

20세기의 위대한 물리학자이자 노벨상 수상자인 리처드 파인만Richard Feynman은 물리적 세계를 체스 게임에 비유했다.* 아는 사람은 알겠지만, 체스야말로 대칭으로 가득 찬 게임이다. 체스 판의 각 위치에 말을 올려놓고 체스 판을 통째로 180도 돌려도 달라지는 것은 전

* 자세한 내용은 파인만의 강의록인 『파인만의 물리학 강의 1 *Lectures on Physics vol. 1*』에 수록되어 있다. 이 책은 파인만이 직접 집필한 것이 아니라, 그가 칼텍에서 강의한 내용을 녹음한 후 편집 과정을 거쳐 출간된 것이다. 이 강의는 학부생을 대상으로 개설되었지만, 대부분이 도중에 수강을 포기하는 바람에 종강할 무렵에는 강의실에 동료교수들만 앉아 있었다고 한다.

혀 없으며, 거울에 비춰도 마찬가지다. 체스 판뿐만 아니라 게임의 규칙에도 명백한 대칭이 존재한다. 여기서 잠시 파인만의 설명을 들어보자.

> 체스 판에서 비숍bishop이라는 말은 항상 대각선 방향으로만 움직일 수 있으므로, 게이머가 말을 어떻게 움직였건 간에 비숍은 항상 붉은색 칸 위에 놓여 있다. 체스의 규칙을 전혀 모르는 채 옆에서 구경만 하는 사람도 이 정도는 어렵지 않게 파악할 수 있다… 물론 게임이 진행되다 보면 비숍이 검은색 칸 위에 놓이는 경우도 있다(체스의 규칙에 따르면 가장 졸병에 해당하는 폰pawn이 상대 진영의 마지막 칸에 도달하면, 그때부터는 게이머가 원하는 다른 말로 변신할 수 있다. 그러므로 비숍이 붙잡힌 후에 폰이 비숍으로 변신해서 검은색 칸 위에 놓일 수도 있다). 구경꾼이 이런 상황을 이해하려면 새로운 규칙을 도입해야 한다. 이것이 바로 물리학이 발전하는 방식이다. 세부적인 사항들을 모두 이해하지 못한다 해도 위와 같은 과정을 반복하다 보면 결국은 올바른 법칙을 알게 되고, 가끔은 새로운 법칙을 발견할 수도 있다.

체스의 규칙을 모른다 해도, 게임을 계속 지켜보고 있으면 비숍이 항상 같은 색 사각형 위에 놓여 있는 이유를 어느 순간 문득 깨닫게 된다. 그렇다. 비숍은 대각선 방향으로만 이동할 수 있는데, 체스 판을 대각선 방향으로 따라가보면 항상 같은 색 사각형만 나타나기 때문이다. 이와 같은 '색상 보존법칙'은 물리학에서도 통한다. 그러나 법칙이 심오해지면 그만큼 복잡하고 심오한 설명이 뒤따라야 한다.

대칭은 자연 어디에나 존재한다. 대부분이 규모가 작고 흔해서 눈에 잘 뜨이지 않지만, 대칭은 자연을 유지하는 가장 기본적인 법칙 중 하나다. 예를 들어 나비의 날개는 거의 완벽한 좌우대칭을 이루고 있으며, 양 날개의 기능도 거의 같다. 만일 두 날개 모두 오른쪽 또는 왼쪽에 달려 있다면 나비는 제자리에서 맴돌 것이고, 사람들은 이런 모습을 바라보면서 자연의 아름다움은커녕, 안타깝고 슬픈 감정만 떠올릴 것이다. 자연에는 대칭과 비대칭이 공존하면서 서로의 단점을 보완하고 있다. 우리는 대칭으로부터 자연의 법칙을 유추할 수 있으며, 그 법칙이 제대로 작동하는 이유까지 알아낼 수 있다.

또 한 가지 예를 들어보자. 대부분의 사람들은 시간과 공간을 완전히 다른 개념으로 알고 있지만, 사실은 나비의 좌우 날개처럼 서로 대칭적이면서 비슷한 기능을 발휘하고 있다. 아인슈타인의 특수상대성이론에 의하면 시간과 공간은 매우 비슷한 속성을 갖고 있으며, 이로부터 물리학 역사상 가장 유명한 공식이 탄생했다. $E = mc^2$를 말함. – 옮긴이 지금까지 알려진 바에 의하면 물리학의 법칙은 시간이 흘러도 변하지 않는다. 어제 성립했던 법칙은 오늘도, 내일도, 그리고 1000년 후에도 여전히 성립한다. 다시 말해서, 물리 법칙은 시간에 대해 대칭이라는 뜻이다. 그리고 이 사실로부터 그 유명한 '에너지 보존법칙'이 유도된다. 물론 우리에게는 좋은 소식이다. 이 법칙 덕분에 태양이라는 거대한 배터리가 아직까지도 지구의 모든 생명을 먹여 살리고 있다.

일부 사람들은 우주에 존재하는 다양한 대칭성을 바라보면서 다이아몬드나 눈의 결정, 또는 잘생긴 사람의 얼굴에서 느낄 수 있는 최상의 아름다움을 떠올리곤 한다(아무런 아름다움도 느껴지지 않는다면 위에서 말한 '일부 사람들'을 '물리학자'로 바꿔서 읽어주기 바란다).

영국의 수학자 마커스 두 사토이Marcus du Sautoy는 대칭에 대해 다음과 같이 말했다.

> 균형을 유지하려면 에너지가 필요하다. 생태계에서도 환경에 잘 적응하고 건강한 식물들만이 대칭을 통해 균형을 유지할 수 있다. 대칭형으로 피어난 꽃은 그렇지 않은 꽃보다 당도가 높은 꿀을 더 많이 생산한다. 그러니까 대칭은 단맛이다.

우리 모두는 대칭을 선호하는 경향이 있다. 흰색과 검은색 사각형으로 구성된 미국식 단어퍼즐 판은 180도 돌리거나 거울에 비춰도 모양이 변하지 않는다. 이집트의 피라미드와 파리의 에펠탑, 그리고 인도의 타지마할 궁전도 대칭 구조라는 공통점을 갖고 있다.

대칭이 가장 두드러지게 나타나는 분야는 단연 기하학이다. 플라톤의 정다면체(정4면체, 정6면체, 정8면체, 정12면체, 정20면체)가 완벽하게 보이는 이유는 이들이 높은 대칭성을 갖고 있기 때문이다. 정다면체라는 말이 나오면 (나처럼) 생각이 단순한 사람들은 어린 시절에 갖고 놀던 던전 앤 드래곤Dungeons & Dragons 게임세트의 주사위가 떠오를 것이다.*

플라톤의 정다면체

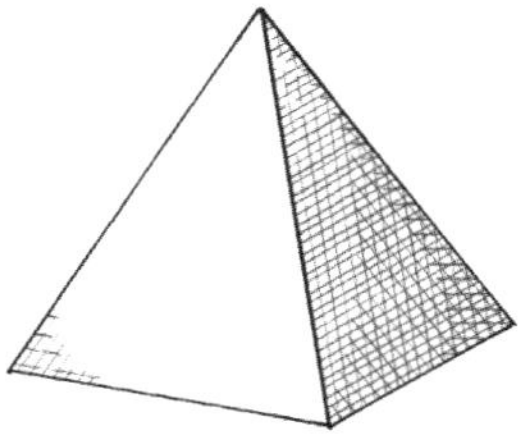

정4면체
면 = 4개, 꼭짓점 = 4개

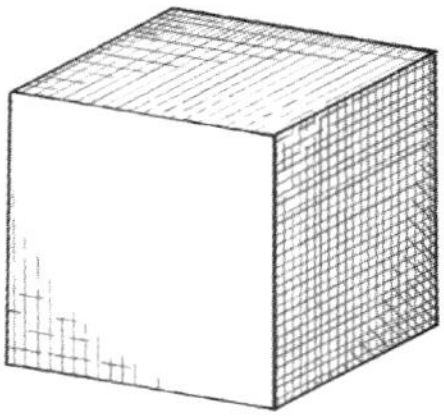

정6면체
면 = 6개, 꼭짓점 = 8개

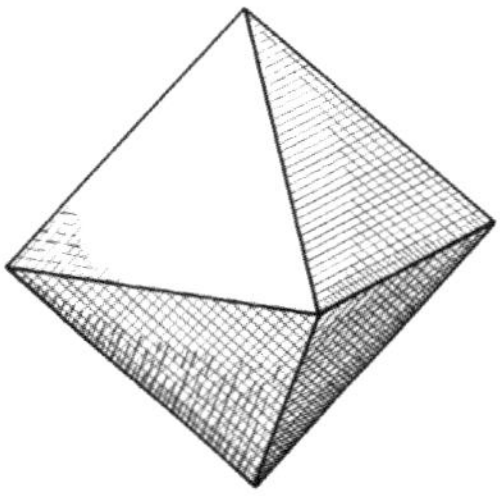

정8면체
면 = 8개, 꼭짓점 = 6개

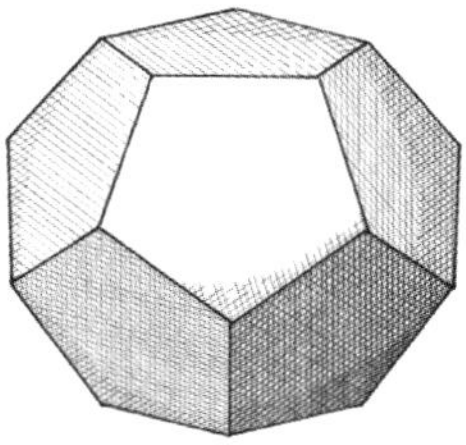

정12면체
면 = 12개, 꼭짓점 = 20개

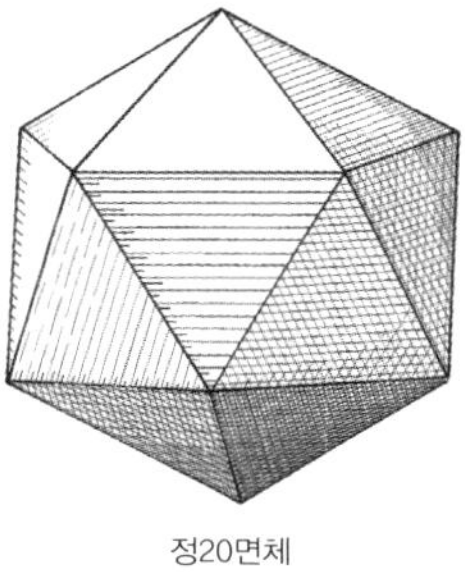

정20면체
면 = 20개, 꼭짓점 = 12개

* 생각이 조금 덜 단순한 사람이라면 위에 열거한 정다면체 항목에 정10면체가 빠졌음을 알아챘을 것이다. 앞으로 언급되겠지만 정10면체는 플라톤의 정다면체에 속하지 않는다. 이것은 '앤티다이피라미드antidipyramid'의 일종인데, 이 용어에 정이 안 간다면 '빔보의 마름모Bimbo's lozenge'라고 불러도 상관없다.

일상적인 대화에서 '대칭'이라는 말이 나오면 흔히 '일치'나 '반전 反轉, reflection'을 떠올릴 것이다. 그러나 대칭의 정의는 이보다 훨씬 엄밀하고 정교하다. 독일의 수학자 헤르만 바일Hermann Weyl의 정의가 이 책에 제일 잘 어울리는 것 같아 여기 소개한다.

당신이 어떤 대상을 어떻게든 변화시켰을 때, 변한 후의 모습이 변하기 전과 같다면 그 대상은 당신이 시도한 변환에 대하여 대칭성을 갖고 있다.

정삼각형의 대칭

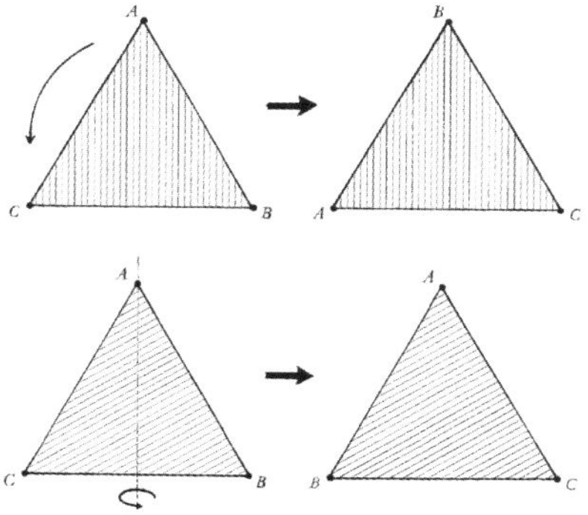

세 변의 길이가 모두 같은 정삼각형을 예로 들어보자. 이 도형을 건드려도 외관이 변하지 않는 경우는 몇 가지나 될까? 일단 120도 돌리거나 240도 돌려도 외형은 이전과 똑같고, 거울에 비춰서 좌우를 바꿔도 달라지는 게 없다.

원은 대칭의 종류가 훨씬 많다(수학자들은 이런 경우에 '대칭성이 높다'고 말한다). 정삼각형은 특정한 각도만큼 돌려야 원래의 형태가 그대로 유지되지만, 원은 가운데를 중심으로 아무렇게나 돌려도 모양이 변하지 않는다. 설명을 길게 늘어놓아봐야 잔소리가 될 것 같아 생략하거니와, 아무튼 원의 대칭성 덕분에 우리는 자전거나 자동차를 안전하게 타고 다닐 수 있다.

인류는 아주 오래전부터 행성의 운동을 주의 깊게 관찰해왔다.

원이 가장 완전한 도형이라고 생각했던 아리스토텔레스는 행성의 궤도가 원이라는 가정하에 자신만의 논리를 펼쳤다. 물론 이것은 틀린 가정이다. 이뿐만 아니라 그가 물리적 세계를 대상으로 세웠던 가정은 대부분 틀린 것으로 판명되었다.

고대 철학자들의 틀린 주장을 듣고 (또는 읽고) 있노라면 왠지 자부심이 느껴지면서 그들을 마음껏 비웃고 싶어진다. 물론 나 자신도 그럴 때가 종종 있다. 그러나 아리스토텔레스는 매우 중요한 부분에서 정곡을 찔렀다. 태양계의 행성들은 태양을 중심으로 타원궤도를 돌고 있지만, 태양과 행성 사이에 작용하는 중력(만유인력)은 모든 방향으로 똑같이 작용한다. 다시 말해서, 중력은 대칭성을 갖고 있다. 아이작 뉴턴Isaac Newton 경은 이와 같은 가정에 "중력은 거리가 멀수록 약해진다"는 천재적인 아이디어를 추가하여 행성의 운동을 완벽하게 유추해냈다. 이것은 뉴턴이 생전에 이룩한 수많은 업적들 중 하나에 불과하다. 타원은 수학적으로 원만큼 완벽하지 않지만, 행성의 타원궤도는 더 깊은 곳에 숨어 있는 대칭의 결과였던 것이다.

자연은 대칭을 통해 은밀한 진실을 드러내곤 한다. 유전학은 로절린드 프랭클린Rosalind Franklin이 X-선으로 찍은 DNA 영상을 제임스 왓슨James Watson과 프랜시스 크릭Francis Crick이 분석하던 중 이중나선double helix 구조를 발견함으로써 획기적인 도약을 이루었다. DNA는 서로 맞물려 돌아가는 듯한 두 개의 나선으로 이루어져 있고, 네 종류의 염기가 사다리처럼 두 나선 사이를 연결하

이중나선

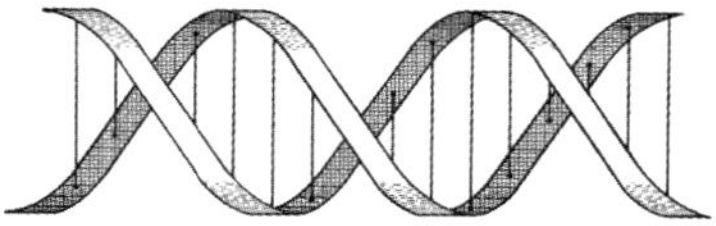

고 있다. 유전학자들은 이로부터 DNA가 복제되는 과정과 유전인자가 후대에 전달되는 과정을 이해할 수 있었다.

괴짜들의 모임에 참석하여 참을성 있게 대화를 나누다 보면 '자연스러운 이론'이나 '우아한 이론'이라는 말을 종종 듣게 된다(이런 어휘를 구사하지 않는 괴짜들도 많으니, 무리한 확인은 삼가주기 바란다). 이 말을 대충 풀어서 쓰면 "극도로 단순한 가정에 기초한 가설은 맞을 수밖에 없다"는 뜻이다. 또는 "아주 간단한 법칙에서 출발하면 블랙홀 주변에 작용하는 중력이나 자연의 기본 법칙 등 온갖 복잡한 계의 물리적 특성을 유도할 수 있다"로 해석할 수도 있다.

이 책의 주제는 대칭이다. 대칭은 자연에서 어떤 식으로 자신의 존재를 드러내는가? 대칭은 우리의 직관을 어떻게 바꿔놓았으며, 얼마나 엉뚱한 길로 우리를 인도해왔는가? 노벨상 수상자인 미국의 물리학자 필 앤더슨Phil Anderson은 물리학과 대칭의 관계를 아주 간결하게 서술했다.

> 조금, 아주 조금 과장해서 말하자면 물리학은 대칭을 연구하는 학문이다. 더 이상의 잔소리는 필요 없다.

대칭 중에는 굳이 언급할 필요가 없을 정도로 자명한 것도 있지만, 또 다른 한편으로는 직관에서 크게 벗어난 결과를 초래하는 대칭도 있다. 롤러코스터를 타고 정신없이 비명을 지르다 보면, 내 몸이 지구의 중력에 끌리고 있는지, 아니면 카트의 가속운동 때문에 힘을 받고 있는지 구별하기 어렵다. 아니, 어려운 게 아니라 아예 구별할 수 없다. 오르락내리락하는 코스 때문에 넋이 나가서가 아니라, 중력과 가속운동은 원래 느낌이 똑같다. 아인슈타인은 "느낌이 같다"는 것을 "물리적으로 동일하다"로 해석하고, 이로부터 뉴턴의 고전 중력이론을 수정한 일반상대성이론을 탄생시켰다. 우주에서 제일 악명 높은 블랙홀도 여기서 파생된 개념이다.

그런가 하면 "두 개의 동일한 입자를 맞바꿔도 달라지는 것은 없다"는 간단한 생각으로부터 볼프강 파울리Wolfgang Pauli의 배타원리exclusion principle가 탄생했고 태양에너지의 기원이 밝혀졌으며, 중성자별의 물리적 특성 및 모든 화학반응의 원리까지 규명할 수 있었다.

그러나 시간은 공간과 달리 대칭적이지 않아서, 오직 미래로만 흐른다. 현재를 중심으로 과거와 미래를 비교해보라. 비슷하기는커녕, 완전 딴판이다. 달라도 그렇게 다를 수가 없다. 그런데 희한한 것은 물리학의 법칙이 '과거로 흐르는 시간'을 허용하고 있다는 점이다. 미시적인 스케일에서 볼 때, 우리가 행한 대부분의 실험은 시간이 과거로 가건 미래로 가건, 아무런 모순도 낳지 않는다.

물론 삼라만상이 모두 대칭적이진 않다. 그러나 대칭이라는 개념에 눈을 뜨면 "모든 만물은 대칭적이다"라는 섣부른 가정에 빠지기 쉽다. 나도 과거 한때 대칭을 남발하고 다닌 적이 있다. 대학생 시절에 친구들과 잡담을 나누다가 "이봐, 혹시 말이야… 우리 우주가 엄청나게 큰 우주의 원자가 아닐까?"라는 순진하면서도 황당한 멘트를 종종 날렸었다. 아마 독자들도 나와 비슷한 생각을 떠올린 적이 있을 것이다.

그 후로 당신은 얼마나 성숙해졌는가? 영화 〈맨 인 블랙Men in Black〉의 마지막 장면을 보면서 깊이 공감하지 않았는가? 아니면 어린 시절에 읽었던 『호튼*Horton Hears a Who!*』코끼리가 조그만 티끌 속에서 난쟁이들이 살고 있는 마을을 발견하고 그들을 구하기 위해 고군분투한다는 1950년대 동화. 2008년에 애니메이션으로 제작되었다. - 옮긴이 을 떠올리며 상상의 나래를 마음껏 펼치고 있지는 않은가? "어딘가에 초소형 우주가 존재한다"는 생각은 성인이 된 지금도 여전히 매력적이고 흥미롭다.

무언가의 구조를 바꾸지 않고 크기만 늘이거나 줄일 수 있다면, 당신은 특별한 형태의 대칭스케일대칭. - 옮긴이이 존재한다는 것을 증명한 셈이다. 조너선 스위프트Jonathan Swift의 『걸리버 여행기*Gulliver's Travels*』에는 릴리푸시안Lilliputian이라는 난쟁이족*과 브로딩낵Brobdingnag이라는 거인족이 등장하는데, 스위프트는 걸리버와 이들의 몸집 차이에서 비롯된 다양한 시츄에이션을 참 자세히도 적어놓았다. 걸리버의 키는 난쟁이의 몇 배이고 보폭은 몇 배인지, 그리고 걸리버의 한 끼 식사를 위해 동물 몇 마리를 잡아야 했는지 등등. 이 모든 것들이 마치 무슨 업무보고서처럼 상세하게 묘사되어 있다.

그러나 스위프트가 살았던 17세기에도 그의 소설이 물리적으로 타당하지 않다는 사실은 잘 알려져 있었다(말이 나오는 부분은 더 말할 것도 없다!). 그로부터 100년쯤 전에 갈릴레오는 『두 개의 새로운

* 릴리푸시안의 키는 걸리버의 1/12이었다. 이들의 신체 비율이 걸리버와 비슷하다면, 걸리버의 몸무게는 릴리푸시안의 12^3배이다. 그러나 12를 곱하는 것보다는 10을 곱하는 것이 훨씬 쉽지 않은가? 그래서 나는 독자의 편의를 위해 대부분의 계산을 10, 100, 1000 단위로 대충 얼버무릴 생각이다. 고맙다고 생각하는 독자들에게 내가 하고 싶은 말은… "천만에요~!"

과학*Two New Sciences*』이라는 저서를 통해 거인의 존재 가능성을 과학적으로 분석했는데,* 그의 결론에 의하면 설령 거인이 존재한다 해도, 구조적 결함 때문에 움직이는 것 자체가 불가능하다. 흥미로운 이야기에 불가 판정이 내려진 것은 아쉬운 일이지만, 엄연한 과학적 사실이니 어쩌겠는가? 그냥 받아들이는 수밖에. 사람의 키가 두 배로 커지면 체중은 8배로 불어난다. 그런데 체중을 지탱하는 뼈의 단면적은 겨우 4배밖에 커지지 않는다. 부피는 길이의 세제곱에 비례하고, 면적은 길이의 제곱에 비례한다. - 옮긴이 따라서 키가 일반인의 두 배인 거인은 뼈에 전달되는 하중(단면적당 작용하는 무게)이 일반인의 두 배이며, 키가 10배이면 하중도 10배로 늘어난다. 그러므로 거인의 뼈를 구성하고 있는 조직세포가 우리와 비슷하다면, 첫 걸음을 내딛는 순간 그의 몸은 와르르 무너져내릴 것이다. 여기서 잠시 갈릴레오의 설명을 들어보자.

> 키가 200큐빗cubit, 고대에 사용했던 길이 단위. 1큐빗 = 43~53cm - 옮긴이인 참나무는 보통 나무들처럼 가지가 뻗어 있어도 모양을 유지할 수 있다. 그러나 보통 말보다 20배 큰 초대형 말이나 보통 사람보다 키가 10배 큰 거인은 자연에 존재할 수 없다. 이런 생명체가 존재하려면 신체의 대부분이 뼈로 이루어져 있어야 한다.

갈릴레오는 사람들의 이해를 돕기 위해 친절하게도 거인의 뼈와

* 그 시대에 이런 생각을 했다니, 갈릴레오는 정말 뛰어난 천재였다.

보통 사람의 뼈를 그려 넣고, 그 밑에 다음과 같이 적어놓았다.

> 작은 개는 자기 몸무게의 두 배, 또는 세 배에 달하는 짐을 등에 싣고 걸을 수 있지만, 말은 자기 몸무게만 등에 실려도 버거워할 것이다.

뼈 그림

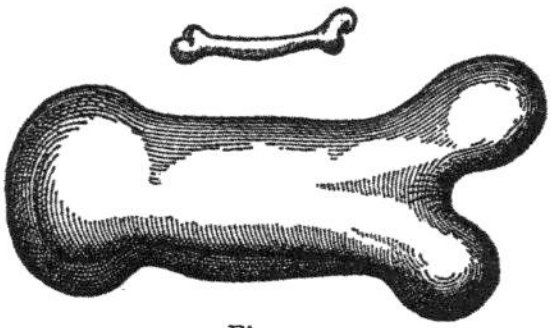

Fig. 27

『할리우드 영화 〈스파이더맨Spider-man〉에도 잘못된 부분이 있다.* 여기 등장하는 주인공은 손에서 거미줄 같은 섬유를 발사하여 거기에 몸을 매단 채 날아다니는데, 굵게 꼰 강철 선을 가늘게 압축했다면 모를까, 거미줄을 그대로 뻥튀기한 선으로는 어림도 없는 이야기다. 이럴 때에는 중력을 잘 활용해야 한다. 생물학자 J. B. S. 홀데인J. B. S. Haldane은 그의 저서 『알맞은 크기에 관하여*On Being the Right Size*』에 다음과 같이 적어놓았다.

> 곤충은 중력을 두려워하지 않는다. 이들은 높은 곳에서 떨어져도 다치지 않을 뿐만 아니라, 별로 힘을 들이지 않고서도 천장에 거꾸로 붙어 있을 수 있다… 중력은 모든 만물에 똑같이 작용하지만, 곤충에게는 그다지 위협적인 힘이 아니다. 그러나 곤충들에게도 치명적인 힘이 있다. 바로 표면장력surface tension이다… 조난당한 사람이 먹을 것을 구하기 위해 낭

* 과학에 심취한 사람과 영화 이야기를 나누다 보면, 세세한 부분까지 일일이 딴지를 걸어가며 영화 전체를 망쳐버리기 일쑤다. 그래서 우리는 대부분의 밤을 혼자 지새운다. 어느 누구의 방해도 받지 않고 자유롭게 상상의 나래를 펼치면서…

떠러지 끝에서 몸을 앞으로 내미는 것은 누가 봐도 위험천만한 행동이다. 곤충이 물을 마시기 위해 액체 근처로 다가가는 것도 이에 못지 않게 위험하다. 자칫 잘못해서 액체의 표면장력에 휘말리면(간단히 말해서, 몸이 젖으면) 그냥 그 자세로 갇혀 있다가 익사하는 수밖에 없다.

그러나 이 정도는 아무것도 아니다. 거인의 골격이나 벌레의 근력보다 훨씬 더 중요하고 심각한 문제가 있다. 일상적인 스케일의 물체들은 크기를 몇 배 늘이거나 줄여도 별 문제 없이 작동하지만, (키가 2m인 터미네이터를 그대로 뻥튀기해서 4m로 만들면 전보다 살상능력도 뛰어나고 힘도 강력해진다. 물론 배터리 소모량이 8배로 늘어나겠지만…) 원자 규모까지 축소되면 원래의 기능을 대부분 상실한다. 원자세계는 양자역학이 지배하는 세계여서, 거시적 세계의 확고한 경험이 불확정성으로 대치되기 때문이다.

다시 말해서, 자연은 크기 변화에 대하여 대칭적이지 않다는 뜻이다. 우주의 은하들이 곳곳에 퍼져 있는 사진을 보면 두뇌의 뉴런(신경세포)을 연상케 하지만, 그렇다고 해서 은하들이 뉴런처럼 무슨 신호를 주고받는 것은 아니다. 이들이 비슷하게 생긴 것은 대칭의 결과가 아니라 그저 우연일 뿐이다.

대칭의 종류를 일일이 나열해가며 위와 같은 설명을 계속할 수도 있겠으나, 앞서 말한 대로 모든 대칭이 한결같이 중요한 것은 아니다. 그래서 나는 이 책의 각 장마다 하나의 질문을 제기한 후, 우주에 존재하는 대칭을 이용하여 간접적인 답을 제시하는 식으로 진행해나갈 생각이다.

비대칭도 매우 중요한 역할을 할 때가 있다. 비근한 예로, 우리의 오른손과 왼손은 모양과 기능이 완전히 같지 않다. 물리학자와 천문학자들은 우주가 비대칭적인 이유를 찾기 위해 지금도 골머리를 앓고 있다. 사람의 심장은 가슴의 중앙이 아닌 왼쪽에 있고(오른쪽에 있는 사람도 가끔 있다), 앞으로 다가올 미래는 이미 지나간 과거와 확연하게 다르다. 그리고 결정적으로, 우리의 몸을 비롯한 모든 만물은 반입자가 아닌 입자로 이루어져 있다.

이 책에서는 대칭뿐만 아니라 부분적으로 붕괴된 대칭이나 불완전한 대칭도 중요하게 다뤄질 것이다. 비대칭의 아름다움을 보여주는 유명한 속담이 하나 있다. "페르시아의 양탄자는 완전하게 불완전하며, 정확하게 부정확하다." – 전문가들의 주장에 의하면 전통적인 페르시아 양탄자는 부분적으로 대칭이 깨져 있어서 한층 더 아름답게 보인다고 한다. 이런 점에서 볼 때 우리의 우주가 비대칭적인 것은 다행스런 일이다. 완벽한 대칭 구조였다면 참으로 무미건조하고 따분한 우주가 되었을 것이다.

백미러를 통해 보이는 우주는 실제보다 가까이 있으며, 그로부터 이 세계의 모든 차이점이 발생한다. 그러나 사실을 확인하기 위해 굳이 뒤를 돌아볼 필요는 없다. 우리는 지금 우주관광을 떠나기 위해 출발지에 모인 관광객들이다. 앞으로 '대칭'이 우리의 길을 안내해주겠지만, 여행 도중 간간이 집으로 보내는 엽서에는 당신이 목격한 대칭보다 비대칭에 관한 이야기가 주류를 이루게 될 것이다.

THE UNIVERSE IN THE REARVIEW MIRROR

HOW HIDDEN SYMMETRIES SHAPE REALITY

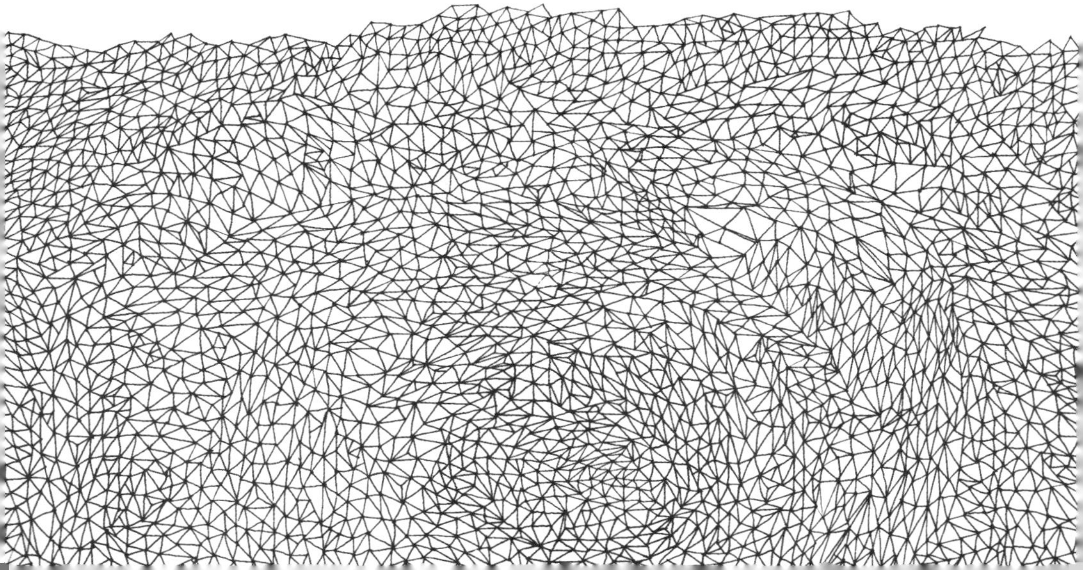

1

반물질

우주는 왜 텅 비어 있지 않고 무언가가 존재하게 되었는가?

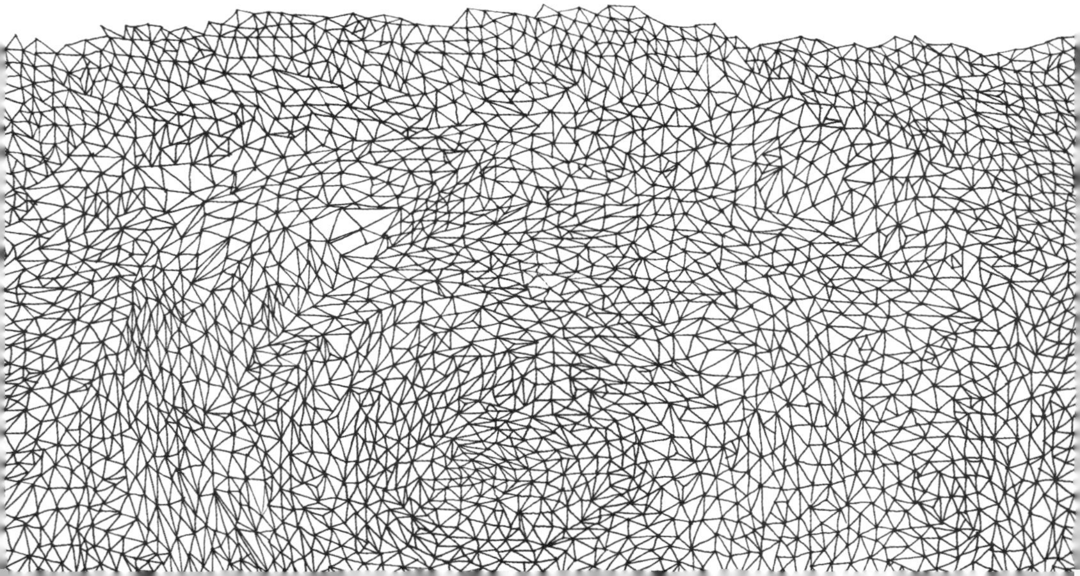

자신이 알고 있는 과학 지식을 확인한다는 마음으로 SF 영화를 보러 가는 것은 그다지 좋은 생각이 아니다. 우주 공간에서 무언가가 큰 소리를 내며 폭발하고(실제로는 공기가 없기 때문에 소리가 나지 않는다) 툭하면 우주선이 빛의 속도로 내달리는가 하면(이것도 불가능하다), 인간과 비슷하게 생긴 외계인들이 섹시한 자태를 뽐내며 유창한 영어를 구사한다. (게다가 이들은 결혼까지 했다. 아무리 지구인이 만든 영화라지만, 이건 좀 심하지 않은가?) 그러나 〈스타워즈Star Wars〉와 〈스타트렉Star Trek〉 시리즈는 관객들에게 좋은 교훈을 남겼다. "반물질을 갖고 놀다간 큰일난다"는 교훈이 바로 그것이다.

반물질의 위력은 실로 막강하다. 그래서 SF 작가들은 소설이나 영화 속에 무언가 그럴듯한 과학적 요소를 추가하고 싶을 때 상습적으로 반물질을 등장시킨다. 많이도 필요 없다. 한 줌 정도면 블록버스터 영화를 만들기에 충분하다. 〈스타트렉〉에 등장하는 우주선 엔터프라이즈호는 물질–반물질 엔진으로 움직이고, SF 작가 아이작 아시모프Isaac Asimov의 소설에는 양전자positron(전자의 반입자) 두뇌를 가진 로봇이 등장한다.

댄 브라운Dan Brown의 소설 『천사와 악마*Angels & Demons*』는 SF로 분류되지 않지만, 여기에도 반물질이 인류의 종말을 초래하는 끔찍한 무기로 등장한다. 악당들이 반물질 0.5g을 훔쳐서 초창기 핵폭탄과 비슷한 수준의 폭탄을 만드는데, 아마도 작가는 입자가속기가 무엇에 쓰는 물건인지 잘 몰랐던 것 같다. 그리고 소설에는 지금의 기술로 저장 및 운반 가능한 반물질의 양이 수조 배(10^{12}배)쯤 뻥튀기가 되어 있다.* 이 두 가지만 빼면 『천사와 악마』에 가미된 과학적 요소들은 꽤 정확한 편이다.

그러나 이렇게 오류를 지적해도, 반물질은 여전히 사람들 사이에서 크게 오해되고 있다. 무엇보다도 반물질은 사람을 무더기로 죽이는 대량살상무기가 전혀 아니다. 물질로부터 격리 보관된 반물질은 책꽂이에 꽂혀 있는 책보다 무해하다(책은 사람을 잘못된 길로 인도할 수 있지만, 반물질은 그런 능력도 없다). 반물질은 우리가 아는 것, 우리가 사랑하는 사물들과 똑같다. 다만 전하의 부호가 반대이고 이름 앞에 '반anti'이라는 접두어가 붙어 있을 뿐이다. 반물질이 폭발하

* 반물질이 '펑~!' 하고 폭발하려면 동일한 양의 물질이 있어야 하는데, 댄 브라운은 이 사실을 깜빡 잊은 것 같다. 반물질만으로는 위험한 상황이 초래되지 않는다.

려면 반드시 물질과 섞여야 한다.

반물질은 일상적인 물질처럼 특별한 구석이 전혀 없으며, 전하만 제외하면 물리적 특성도 물질과 거의 똑같다. 우주에 존재하는 모든 물질이 어느 순간 갑자기 반물질로 변한다 해도, 당신은 그 차이를 전혀 느끼지 못할 것이다. 주변 물체는 말할 것도 없고, 자신의 몸뚱이가 죄다 반물질로 변해도 본인은 태연하게 출근하여 반물질로 변한 직장동료들과 농담을 주고받을 것이다. 대충 말하자면 물리학의 법칙이 물질을 다루는 방식과 반물질을 다루는 방식 사이에는 모종의 대칭이 존재한다. 물론 물질과 반물질이 '완전히' 같은 것은 아니다. 당신을 포함한 모든 생명체와 우리 눈에 보이는 모든 사물들은 반물질이 아닌 물질로 이루어져 있다.

몸뚱이 전체가 반물질로 이루어진 '반인간 anti-people'을 만나서 악수라도 한다면 초대형 폭발사고가 발생할 것이다. 다행히도 이런 사고가 보고된 사례는 아직 없다. 우리 주변에 반물질이 존재하지 않는 이유는 무엇일까? 있으면 위험하니까? 아니다. 우주(또는 창조주)가 인간을 특별히 사랑해서 반물질을 없애줬다는 식의 설명에 설득될 사람은 없을 줄 안다. 아마도 여기에는 무언가 피치 못할 사정이 있었을 것이다. 그 사연을 이해하려면 과거로 거슬러가야 한다.

반인간과 마주칠 걱정은 안 해도 된다
그런데 내 몸을 이루고 있는 '물질'은 어디서 왔는가?

우주의 기원은 꽤 복잡하고 어려운 이야기다. 영화에서는 방사능 거미에게 물려서 거미인간이 되거나, 외계인이 침공하여 지구를 폭발시키거나, 또는 죽은 생체조직을 살려내는 등(물론 과학을 위해서!) 황당무계한 상황을 제법 깔끔하게 설명하고 있지만, 제아무리 영화라 해도 우주의 기원만은 결코 만만치 않은 주제이다. 우주는 고사하고 생명체의 기원도 책 한 권이 모자랄 정도로 복잡다단하다. 여러분은 혹시 지구의 생명체가 〈인크레더블 헐크The Incredible Hulk〉처럼 감마선 덕분에 탄생했다는 사실을 알고 있는가? 잠시 후에 알게 되겠지만, 이것도 꽤나 긴 이야기다.

우주는 무엇으로부터 탄생했는가? 물리학은 이 질문의 답을 아직 찾지 못했다. 그러나 우주가 탄생한 직후부터 지금까지 일어난 사건에 대해서는 꽤 많이 알아냈다. 은하와 별, 행성이 만들어지고 그 중 (적어도) 하나의 행성에 생명체가 존재한다는 것은 초기 우주에 물질이 존재했다는 뜻이다. 그렇다면 여기서 가장 원초적이고 근본적인 질문을 떠올리지 않을 수 없다. "우주는 왜 텅 비어 있지 않고 무언가가 존재하게 되었는가?"

언뜻 듣기에는 바보나 던질 법한 우문愚問 같지만, 알고 보면 이만큼 심오한 질문도 드물다. 지금까지 실험실에서 확인된 사실만 놓고 보면 우리는 존재하지 않았어야 한다. 우주는 전혀 '인간적'이지 않다. 인간은 물론이고 태양도, 은하도, (그리고 여러 가지 이유에 의해서)

〈트와일라잇Twilight〉이라는 영화도 존재하지 않았어야 한다.

그 이유를 이해하기 위해, 거울에 비친 우주로 관심을 돌려보자. 다시 말해서, 반물질로 이루어진 우주를 상상해보자는 뜻이다. 그리고 우주를 상상할 수 있는 제일 작은 크기로 축소시켜보자. 물질과 반물질의 차이를 확인하려면 아주 작은 미시적 스케일로 가야 하는데, 그래도 차이가 명백하게 드러나지는 않는다.

가장 작은 스케일의 우주는 분명히 다른 점이 있다.* 우리 눈에 보이는 모든 것들은 분자로 이루어져 있는데, 분자 하나의 크기는 대충 10억 분의 1m쯤 된다. 사람 머리카락 굵기의 10만 분의 1이다. 이 정도면 충분히 작지만, 분자는 물질의 최소단위가 아니다. 정말 다행이다. 왜냐고? 영국 왕립 화학회의 보고서에 따르면 지금까지 알려진 분자의 종류는 2000만 종 이상이다. 게다가 지금도 새로운 종이 꾸준히 발견되고 있으며, 이 목록이 언제 어디서 끝날지 아무도 알 수 없다. 그런데 분자가 만물의 최소단위라면 그 긴 목록을 무슨 수로 분류할 것인가? 생각만 해도 끔찍하다.**

분자를 더 작은 부분으로 분해하여 100억 분의 1m 단위로 들어가면 드디어 물질의 최소단위인 원자가 그 모습을 드러낸다(이렇게 말하니까 마치 원자를 현미경으로 볼 수 있다는 말처럼 들린다. 물론 천

* 이 책의 머리말을 읽지 않았다면 지금이라도 읽어보기 바란다. 이 책을 읽는 데 도움 되는 정보가 꽤 많이 들어 있다.

** 영국의 물리학자 어니스트 러더퍼드Ernest Rutherford는 물질의 구조를 파헤치다가 "모든 과학은 결국 물리학 아니면 우표수집으로 귀결된다"는 달갑지 않은 결론에 도달했다. 그런데도 1908년에 노벨 화학상을 받았으니, 자신의 수상 소식을 처음 전해 들었을 때 기분이 참 묘했을 것 같다.

만의 말씀이다. 원자는 너무나 작아서 광학기계로는 볼 수 없으며, 실험을 통해 간접적으로 그 존재를 확인하는 수밖에 없다). 지금까지 알려진 원소의 종류는 118가지인데, 이들 중 대부분은 자연에 극소량만 존재하거나 실험실에서 인공적으로 만들어낸 것들이다.

우리는 거시적 세계에 살면서 꽤 많은 경험과 지식을 쌓아왔지만, 원자 규모의 미시세계로 가면 이런 것들이 하나도 통하지 않는다. 미시세계에서는 양자역학이라는 희한한 물리학이 적용되기 때문이다. 나는 독자들의 순차적인 이해를 돕기 위해, 양자역학에 대해서는 나중에 따로 다룰 생각이다. 지금 당장은 '심기가 불편할 정도로 불확실하고 직관에서 벗어난 이론'이라는 정도만 알아두기 바란다. 머지않아 겪게 되겠지만, 양자역학을 무시한 채 논리를 계속 진행하다 보면 깊은 늪에 빠져 허우적거리는 신세가 된다. 하지만 걱정할 것 없다. 우리는 탐험대가 아니라 관광객이므로, 적절한 시기에 양자구조대가 우리를 구하러 올 것이다.

원자의 정체를 정확하게 모른다 해도, 이들이 물질의 최소단위라는 사실로부터 몇 가지 성질을 유추할 수 있다. 이것이 바로 19세기 러시아의 화학자 드미트리 멘델레예프Dmitri Mendeleev*가 시도했던 방법이다. 중고등학교 화학시간에 상습적으로 졸지 않았다면 이 이름을 들어본 기억이 있을 것이다. 그렇다. 멘델레예프는 그 유명한 '주기율

* 멘델레예프는 학문과 무관한 이유로 노벨상을 받지 못한 사람 중 하나다(이런 사람들은 앞으로 이 책에서 줄줄이 언급될 것이다). 그는 1907년에 노벨 화학상의 유력한 후보로 지명되었으나, 정치적 노선을 바꿨다는 이유로 최종 수상자 명단에서 제외되었다. 그의 주기율표가 현대 화학 및 원자물리학의 초석이 되었음에도 불구하고 노벨상을 받지 못했다는 것은 노벨위원회가 정치적으로 자유롭지 못했음을 보여주는 단적인 증거이다.

표periodic table'를 만든 사람이다.

다행히도 주기율표는 그다지 길지 않다. 멘델레예프는 주기율표에서 같은 세로줄에 속한 원소들의 화학적 특성이 비슷하다는 사실을 알아냈다. 예를 들어 같은 세로줄에 속해 있는 구리Cu와 은Ag, 그리고 금Au은 전기가 잘 통하는 도체이다. 멘델레예프는 주기율표를 작성하면서 당시에 아직 발견되지 않은 원소들을 빈칸으로 남겨놓았는데, 나중에 발견된 원소들은 거짓말처럼 '미리 예약해둔' 칸에 딱딱 들어맞았고, 화학적 특성도 멘델레예프의 예측과 정확하게 일치했다.

"모든 만물은 더 이상 쪼갤 수 없는 최소단위로 이루어져 있다"는 원자론의 기원은 지금으로부터 무려 2500년 전으로 거슬러올라간다. 기원전 5세기 경 고대 그리스의 레우키포스Leucippus와 데모크리토스Democritus를 비롯한 '원자론자atomist'들은 현대 원자론과 거의 비슷한 아이디어를 떠올렸다. 사람들은 이런 이야기를 들으면 "후대의 과학자들이 그리스 철학을 따라잡는 데 2000년이 걸렸다"고 생각하는 경향이 있는데, 내가 보기에는 사람들이 고대 그리스 철학을 지나치게 과대평가하는 것 같다.

고대의 원자론자들은 "물질을 무한히 작게 쪼갤 수 없다"고 생각했던 것뿐이다. 그들은 원자가 얼마나 작은지도 몰랐고 어떤 구조로 이루어져 있는지도 몰랐으며, 원자를 더 쪼갤 수 있다는 사실도 전혀 알지 못했다(원래 '원자atom'는 '분할할 수 없는 대상'을 의미하는 단어였다).

어쨌거나 과학자들은 지금으로부터 수백 년 전이 되어서야 비로소 원자를 이해하기 시작했고, 아인슈타인이 1905년에 브라운 운동Brownian Motion의 물리적 원인을 규명하면서 정점을 찍게 된다. 브라운 운동이란 1827년에 영국의 식물학자 로버트 브라운Robert Brown이 발견한 무작위 운동으로, 액체 위에 떠다니는 꽃가루의 움직임이 대표적 사례이다. 브라운은 이 운동을 현미경으로 관찰하면서 어느 정도 시간이 지나면 꽃가루들이 평형상태를 찾아 정지할 것으로 예상했으나 실제로는 아무리 시간이 흘러도 멈추지 않았고, 그 운동은 아무런 패턴 없이 무작위로 진행되었다.

아인슈타인은 "개개의 분자들이 부유하는 알갱이를 끊임없이 건드리고 있기 때문에 무작위 운동이 계속된다"고 결론지었다. 물론 그의 생각은 옳았다. 게다가 그는 이 논리로부터 원자가 현실적인 존재임을 입증했고, 원자의 대략적인 크기까지 예측할 수 있었다.

역시 아인슈타인은 20세기 최고의 과학자답게, 원자의 존재를 입증하는 결정적인 증거를 발견했다. 그러나 이것은 그가 1905년 한 해 동안 이룬 업적 중 '서열 3위'에 불과하다.

아인슈타인은 1905년에 4편의 논문을 시리즈로 발표했다. 원자의 존재를 밝힌 브라운 운동이 그중 하나이고, 그 외에 광전 효과photoelectric effect(그는 이 논문으로 1921년에 노벨상을 받았다)와 특수상대성이론, 그리고 그 유명한 $E = mc^2$가 모두 같은 해에 발표되었다. 불과 1년 사이에 이토록 방대한 업적을 남긴 사례는 1666년의 뉴턴뿐이다. 그래서 사람들은 1666년과 1905년을 '기적의 해Miracle Year'라 부른다. 과학에 아무리 관심이 없는 사람도 $E = mc^2$가 아인슈타인의 작품이라는 것쯤은 알고 있을 것이다.

플라톤이 생각했던 입자는 일견 그럴듯한 구석이 있다. 이들은 더 이상 쪼갤 수 없는 최소단위로서 모양과 크기, 색상이 없으며, 거시적 특성도 전혀 갖고 있지 않다. 그리고 같은 종류의 입자들은 구별할 수 없을 정도로 완전히 동일하다. 만일 당신이 전자를 볼 수 있다면, 우주에 있는 전자들이 죄다 똑같이 보일 것이다.

원자의 존재를 알았다고 해서 그 정체가 무엇인지, 또는 그것이 정말로 물질의 최소단위인지는 여전히 알 수 없다(사실은 최소단위가 아니다!). 이 수수께끼를 풀기 위해 영국의 물리학자 어니스트 러더퍼드는 1911년에 금으로 만든 얇은 박막에 알파입자를 충돌시키는 실험을 수행했다('알파입자'라고 하면 무슨 SF 소설에 나오는 신비한 입자 같지만, 그냥 헬륨의 원자핵을 칭하는 말이다).

현대 과학이 지금과 같은 수준에 도달하기 위해 과거에 겪었던 그 많은 실패담을 일일이 나열할 필요는 없겠지만, 러더퍼드의 사례는 언급할 만한 가치가 충분히 있다. 러더퍼드가 이 실험을 실행하기 전까지만 해도, 사람들은 원자의 구조에 대하여 아는 것이 전혀 없었다. 이 무렵에 물리학자들이 선호했던 원자모형은 동그란 푸딩처럼 생긴 몸체에 전자가 건포도처럼 곳곳에 박혀 있는 '건포도푸딩모형'이었는데,* 원자의 총 전하는 0이므로 푸딩 몸체는 +전하를, 전자는 −전

* 당시(19세기 말~20세기 초) 건포도푸딩은 사람들이 좋아하는 간식 메뉴 중 하나였다. 그래서 물리학자들도 이런 모형에 별다른 반감을 갖지 않았을 것이다. 그러나 나의 입맛을 기준으로 볼 때 건포도+푸딩은 최악의 조합이다. 생각만 해도 속이 메스껍다!

하를 띠고 있어야 했다. 평소 과학에 무관심한 독자들도 전자에 대해서는 어느 정도 알고 있을 것이다. 전자는 1897년에 J. J. 톰슨J. J. Thomson에 의해 처음으로 발견되었으며, 초기에는 '미립자corpuscle'라는 이름으로 불렸다.

전자는 눈에 보이지 않지만, 아주 간단한 실험으로 그 존재를 확인할 수 있다. 그냥 금속조각을 뜨겁게 달구면 전자가 튀어나온다! 집에서 전기난로를 마음대로 켤 수 없는 처지라면, 면양말을 신은 채 금속을 만져보라. 찌릿한 느낌이 오는가? 그게 바로 과학이다!(금속에 있던 전자가 당신의 몸으로 옮겨오면서 찌릿한 느낌이 드는 것이다.)

건포도푸딩모형이 맞는다면, 러더퍼드의 산란 실험에서 알파입자는 푸딩(원자)에게 밀려 원래의 경로에서 '아주 조금' 벗어나야 한다. 그런데 막상 실험을 해보니 큰 각도로 벗어나는 경우가 종종 발생했고, 심지어는 아예 뒤로 튕겨나가는 경우도 있었다. 러더퍼드는 자신의 실험 결과를 다음과 같이 설명했다.

> 그것은 내 인생에서 가장 충격적인 사건이었다. 천장에 얇은 종이를 매달아놓고 그것을 표적으로 삼아 40cm짜리 포탄을 발사했는데, 포탄이 종이에 맞은 후 뒤로 튕겨나온다면 어떻겠는가? 이렇게 황당한 사건이 내 눈앞에서 벌어졌다.

러더퍼드의 실험에서 대부분의 알파입자는 금 박막을 그대로 통과했다. 알파입자가 금의 원자핵과 충돌하는 것은 매우 드물게 일어

러더퍼드의 산란 실험

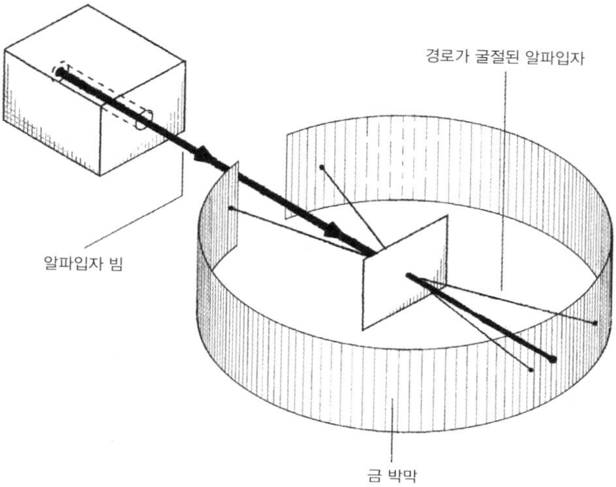

나는 사건이기 때문이다. 다시 말해서, 원자가 갖고 있는 질량의 대부분은 아주 작은 영역(원자핵)에 집중되어 있다는 뜻이다. 건포도는 있었지만 푸딩은 없었다.

우리는 손으로 물을 떠 마실 수 있고, 손으로 눈을 가리면 아무것도 안 보인다. 과연 우리의 손이 물질로 빈틈없이 꽉 차 있어서 그런 것일까? 아니다. 우리의 손을 비롯한 모든 물질은 거의 텅텅 비어 있다. 원자의 10만 분의 1(10^{-15}m)까지 보일 정도로 이 세상을 확대하면 원자핵이 시야에 들어오면서, 우리의 존재가 얼마나 공허한지 실감할 수 있다(물론 현실적으로는 불가능하다!).

원자 질량의 99.95%는 원자핵에 집중되어 있다. 그러나 원자핵의 부피는 원자 전체 부피의 1000조 분의 1($1/10^{15}$)밖에 되지 않는다.

원자를 지구에 비유하면 원자핵은 10층짜리 건물 정도밖에 안 된다. 그리고 러더퍼드의 산란 실험에 사용된 알파입자는 지구로 떨어지는 운석쯤 된다. 따라서 알파입자가 원자핵과 충돌할 확률은 운석이 백악관에 떨어질 확률과 비슷하다.* 대부분이 금 박막을 무사통과하는 것은 너무도 당연하다.

원자핵의 내부로 파고들어가면 여기에도 미세 구조가 존재한다. 원자핵은 +전하를 띤 양성자proton와 전기적으로 중성인 중성자neutron로 이루어져 있다. 우리가 부르는 원소의 이름(수소, 탄소, 질소 등)은 양성자의 개수에 의해 결정되는데, 예를 들어 수소원자는 한 개, 헬륨원자는 두 개, 리튬원자는 세 개의 양성자를 갖고 있다. 이 숫자가 생각나지 않을 때는 멘델레예프의 주기율표에서 찾으면 된다. 양성자와 달리 중성자는 원소의 화학적 성질에 아무런 기여도 하지 않는다. 양성자의 수가 같으면서 중성자의 수만 다른 원소들을 '동위원소isotope'라 한다.

주기율표의 목록은 지금도 간간이 늘어나고 있다. 지난 2006년에 러시아와 미국의 과학자들이 협력하여 실험실에서 원자번호 118번인 우눈옥튬ununoctium을 만들어내는 데 성공했다. 이들은 원자번호 98번인 캘리포늄Californium에 칼슘원자를 충돌시켜서 우눈옥튬원자 3개를 만들어냈는데, 애석하게도 순식간에 다른 원소로 붕괴되어 사라졌다.

* SF 영화에서 지구로 향하는 운석은 거의 대부분 뉴욕 시 한복판이나 백악관에 떨어진다. 그러나 운석이 미국인에게 특별한 원한을 품고 있지 않은 한, 이런 일이 발생할 확률은 거의 0에 가깝다.

우눈옥튬의 원자핵은 수소의 원자핵보다 300배가량 무겁다. 이렇게 무거운 원자핵들은 대체로 불안정한 상태에 있기 때문에, 원자의 형태를 오랫동안 유지하지 못한다. 실제로 우눈옥튬이 유지된 시간은 약 100만 분의 1초에 불과했다. 이런 원소는 실험실에서나 존재할 뿐, 우리의 삶에는 아무런 영향도 미치지 못한다.

원자 규모의 세계에서는 방사성 붕괴가 일상다반사로 일어나고 있다. 방사성 붕괴라는 말을 들으면 아마도 대부분의 사람들은 플루토늄이나 우라늄 같은 위험천만한 물질을 떠올릴 것이다. 이런 원소들은 왜 위험할까? 그 이유를 알려면 미시 세계를 잠시 떠나 역사상 가장 유명한 물리학 방정식을 들여다봐야 한다.

무無에서 유有를 창조하는 방법

고등학교 시절에 물리학을 치과에 가는 것보다 더 싫어하고, 수학을 유령보다 더 무서워했던 사람도 아래 적은 방정식만은 한 번쯤 들어봤을 것이다. 아니, 한 번이 아니라 귀가 아프게 들었을 것이다.

$$E = mc^2$$

너무나 짧고 간결해서 아름답기까지 하다. 아인슈타인의 기적의 해, 1905년을 기억하는가? 이 방정식은 그해에 발표된 특수상대성이론의 결과물이자, 태양에너지와 핵에너지의 원천을 설명해주는 보석과도 같은 존재이다(당신의 육체가 존재하게 된 것도 이 방정식 덕분이다!).

질량과 에너지에 대해서는 대부분 알고 있을 것으로 사료되어 별도의 설명은 생략한다(질량은 *m*, 에너지는 *E*로 표기한다). 위의 방정식에서 *c*는 모든 속도의 상한선인 빛의 속도, 즉 광속을 나타내는 상수이다.

사실 '광속'은 완전히 잘못 붙여진 이름이다. 질량이 없는 입자는 그 정체가 무엇이건 간에, 항상 *c*라는 속도로 움직이기 때문이다. 물론 빛의 입자인 광자는 질량이 없으므로 이 범주에 속하지만, 양성자를 현 상태로 유지시켜주는 글루온gluon이라는 입자도 질량이 없기는 마찬가지다.

광자와 글루온은 공통점이 많다. 우리 주변에는 마찰력, 저항력, 항력, 복원력 등 다양한 힘이 작용하고 있지만 가장 근본적인 단계에서 작용하는 힘은 단 네 가지뿐이며, 이 힘들은 각기 다른 입자를 통해 매개되고 있다. 예를 들어 전자기력을 매개하는 광자는 하전입자(전하를 띤 입자)에 적절한 정보를 전달하여, 부호가 같은 전하들끼리는 서로 밀어내고 부호가 반대면 잡아당기도록 만든다. 가장 강한 힘인 강한 핵력strong nuclear force(줄여서 '강력'이라고도 함)의 경우에는 글루온이 광자와 비슷한 역할을 하고 있다.

네 가지 힘들 중에서 가장 약한 힘은 무엇일까? 놀랍게도 중력이다. 중력은 우리가 항상 느끼는 힘이지만, 다름 힘들과는 비교가 안 될 정도로 약하다. 그리고 중력을 매개하는 입자는 있을 수도 있고,

없을 수도 있다. 물리학자들은 여기에 '중력자graviton'라는 이름을 붙여놓았는데, 만일 중력까지 매개입자를 통해 전달된다면 자연에 존재하는 네 가지 힘들을 하나의 통일된 이론으로 서술할 수 있게 된다. 정말로 아름답고 깔끔한 이론이 아닐 수 없다. 그러나 이것은 어디까지나 희망사항일 뿐이고, 중력자는 아직 발견되지 않은 채 가설 속의 입자로 남아 있다.

광자와 글루온, 그리고 (만일 존재한다면) 중력자는 모두 질량이 없으므로 빛의 속도로 움직인다. 그러나 당신의 몸을 이루고 있는 모든 입자들은 한결같이 질량을 갖고 있기 때문에, 당신은 아무리 애를 써도 빛의 속도로 달릴 수 없다. 아쉽지만 어쩌겠는가? 물리 법칙이 그렇다니 포기하는 수밖에.

다행히도 '광속 초과 금지 강령'은 우리에게 그다지 큰 제약이 되지 않는다. 빛의 속도는 시속 6억 8000만 마일, 또는 초속 30만km나 되기 때문이다.* 지구는 태양 주변을 한 번 공전하는 데 1년이 걸리지만(지구의 공전 속도는 대략 시속 10만 7000km이다), 빛은 똑같은 거리를 단 52분 만에 주파할 수 있다.

아인슈타인의 $E = mc^2$는 질량과 에너지 사이에 통용되는 일종의 '화폐 환산 공식'이다. 특정한 양의 질량이 하나도 남김없이 에너지로 변환된다면 어느 정도의 에너지를 발휘할 수 있을까? 그냥 위의 방정식에 대입하면 된다. "아니, 이 사람이 지금 핵폭탄 제조법을 공짜로

* 광속을 나타내는 기호 c는 라틴어로 '빠른 것'을 뜻하는 'celeritas'에서 첫 글자를 따온 것이다. 물론 빛이 빠른 건 사실이지만, '빠르다'는 표현만으로는 심하게 부족한 것 같다.

공개하려는 거야?"라고 걱정하는 독자들이 있을까 봐 노파심에서 하는 말인데, 핵폭탄은 결코 쉽게 만들 수 있는 물건이 아니다.

우선 수소 1kg을 구해서 절대온도 1000만K*까지 가열한 후 작은 부피로 압축시킨다. 여기까지 되었는가? 그렇다면 축하한다! 당신은 지금 태양과 같은 열핵반응기를 혼자서 만들었다. 이 상태를 유지한 채 가만히 내버려두면 수소원자들이 핵융합반응을 일으키면서 헬륨 원자로 변하고, 부수적으로 몇 가지 가벼운 입자들이 생성된다.

핵융합이 끝난 후 반응기에 남은 찌꺼기를 수거해서 저울에 달아보니 눈금이 993g을 가리키고 있다. 처음에 1000g(1kg)에서 시작했는데, 7g은 어디로 사라졌을까? 바로 여기에 핵반응의 비밀이 숨어 있다. 사라진 질량은 모두 에너지로 변환되었다. "고작 7g인데, 그게 에너지로 변해봐야 얼마나 되겠어?"라고 생각한다면, 당신은 상수 c의 위력을 과소평가한 것이다. 앞서 말한 대로 빛의 속도 c는 300000000m/s라는 초대형 수이기 때문에, 여기에 작은 질량을 곱해도 엄청난 에너지가 얻어진다. 태양은 질량 손실률이 0.7%에 불과한데도 지금과 같은 상태로 약 100억 년 동안 타오를 수 있다.** 태양과

* 'K'은 절대온도Kelvin의 단위이다. 가장 낮은 온도는 절대온도 0K으로, 섭씨온도로는 −273°C, 화씨온도로는 −460°F에 해당한다. 일상적인 실내 온도는 295K이며, 태양의 표면 온도는 약 5800K이다(섭씨온도와 화씨온도는 눈금의 간격이 다르지만 절대온도와 섭씨온도는 눈금 간격이 같다. 따라서 섭씨온도에 무조건 273을 더하면 절대온도가 된다. 그러므로 십만, 백만 등 큰 단위의 온도에서 절대온도와 섭씨온도를 구별하는 것은 별 의미가 없다. - 옮긴이).

** 일부 까다로운 독자들은 태양이 '타오른다'는 표현이 틀렸다고 생각할지도 모르겠다. 무언가가 타는 것은 화학반응이고, 핵융합은 전혀 다른 반응이다. 그러니까 엄밀히 말해서 '태양이 타오른다'는 말은 틀린 표현이다. 하지만 나는 이 표현이 좋다. 허위사실 유포죄로 고소당해도 상관없다.

같은 부피의 석탄을 땐다면 고작해야 1만 년을 버틸 수 있을 뿐이다.

$E = mc^2$는 방사성 붕괴에도 적용된다. 라듐Ra 덩어리는 라돈Rn과 헬륨으로 빠르게 붕괴되는데, 이들을 모두 합해도 원래 라듐의 질량보다 작다. 여기서 손실된 질량은 고에너지 X-선의 형태로 방출된다.

마리 퀴리Marie Curie는 남편과 함께 방사능을 발견하여 노벨상을 받았지만, 이 과정에서 매우 비싼 대가를 치렀다. 그녀는 꽤 긴 세월 동안 라듐의 특성을 연구하면서 수시로 방사선에 노출되었고, 결국은 암으로 세상을 떠났다.그러나 마리의 남편 피에르 퀴리Pierre Curie는 만 47세에 마차 사고로 사망했다. - 옮긴이 마리 퀴리가 남긴 연구노트는 지금도 방사선을 방출하고 있기 때문에 납으로 만든 상자 속에 보관되어 있는데, 여기에는 그녀의 손에서 방출되는 방사선을 촬영한 필름도 함께 들어 있다.

$E = mc^2$에는 다른 측면도 있다. 질량이 에너지로 변환된다면, 그 반대로 에너지가 질량으로 변할 수도 있지 않을까? 그렇다. 얼마든지 가능하다. 상수 c가 워낙 커서 보통 에너지로 얻을 수 있는 질량은 극히 미미하지만, 충분한 양의 에너지를 투여하면 놀라운 결과가 얻어진다. 지구 전체를 효율이 완벽한 태양전지로 덮는다면, 매 초 2kg의 물질을 얻을 수 있다. 이것은 전 인류가 매 초당 소모하는 에너지의 5만 배에 달하는 양이다.*

에너지-질량 변환을 확인하기 위해 과학이 발달할 때까지 기다릴 필요는 없다. 원자세계에서는 시도 때도 없이 에너지가 질량으로

* 재생 가능한 에너지는 사방에 널려 있다. 다만 경제적 측면에서 효율이 떨어지기 때문에 방치되고 있는 것이다. 그러나 정말로 급박한 상황이 되면 이런 에너지라도 써야 한다. 기름통에 지폐다발을 넣는다고 차가 굴러가겠는가?

변하고 있다. 양성자와 중성자는 물질을 이루는 기본단위로 알려져 있지만, 엄밀히 말해서 물질의 최종단위는 '쿼크quark'라는 입자이다. 양성자와 중성자는 각각 세 개의 쿼크로 이루어져 있다. 그런데 쿼크 세 개의 질량을 모두 더해도 우리가 알고 있는 양성자 질량의 2%밖에 되지 않는다. 양성자 안에 갇힌 쿼크는 미친 듯이 돌아다니면서 상호작용을 교환하고 있는데, 나머지 98%의 질량은 이 과정에서 생성된 것이다.

지금까지 말한 내용을 요약해보자. 우리 몸은 원자로 이루어져 있고, 원자 내부의 대부분 공간은 텅 비어 있다. 그리고 공간을 채우고 있는 적은 양의 입자들은 질량이 의외로 작으며, 순간적으로 나타났다가 사라지고 에너지가 나머지 질량을 채워주고 있다. 또한 질량은 에너지로부터 탄생했다가 순식간에 사라진다. 결국 우리의 몸은 작은 입자들의 집합체인데, 그 입자라는 것들이 엄청난 에너지의 소용돌이에 그대로 노출되어 온갖 상호작용을 교환하고 있다. 이쯤 되면 우리의 몸은 태풍에 휘말린 성냥개비 탑과 비슷하다. 과연 무사할 수 있을까? 아직까지 별 일이 없는 걸 보면 괜찮은 것 같기도 하고… 이 책을 계속 읽다 보면 해답을 알게 될 것이다.

반물질로 이루어진 반인간들은 어디에 있을까?

에너지는 물질로 변환될 수 있다. 그러나 여기에는 약간의 부작용(?)도 있는데, 에너지가 반물질로 변환될 수도 있다는 것이다. 반물질에 대해서는 앞에서 잠시 언급한 바 있는데, 그 정체가 무엇인지는 아직 얘기하지 않았다. 반물질이 지구를 날려버릴 수 있는 폭탄이라고 생각하는 사람들은 실망할 준비를 단단히 해두기 바란다.

모든 입자들은 자신의 파트너에 해당하는 반입자를 갖고 있다. 파트너끼리는 질량이 같고 거동 방식도 비슷하지만, 전하의 부호가 반대이다(부호만 반대이고 '전하량의 절댓값'은 같다). 전자는 −전하를 띠고 있는 반면, 전자의 반입자인 양전자는 +전하를 띠고 있다. 또한 양성자는 +전하를 띠고 있지만 그 반입자인 반양성자antiproton는 −전하를 띠고 있다. 그 외에 다른 입자들도 마찬가지다.

반물질의 존재를 처음으로 예견한 사람은 영국의 천재 물리학자 폴 디랙Paul Dirac이었다. 사람들이 꿈에도 생각하지 못했던 반물질의 개념을 창안하고, 순전히 이론적 계산을 통해 한 번도 발견된 적 없는 반입자의 존재를 예견했다니, 정말 황당하지 않은가? 그는 1928년에 양자역학과 특수상대성이론을 결합한 '상대론적 양자역학relativistic quantum mechanics'의 운동 방정식을 유도해냈다. 이름이 좀 난해하게 들릴 텐데, 알고 보면 내용은 더 어렵다. 어쨌거나 디랙은 이 방정식을 분석하던 중 누락된 해解, solution가 있음을 깨달았다. 그의 이론은 전자의 존재를 허용하고 있었지만, 그와 동시에 전자와 질량이 같고 전하가 반대인 이상한 입자까지 허용하고 있었다.

디랙의 방정식은 전자를 비롯한 모든 입자에 반입자가 대응된다는 놀라운 사실을 예견하고 있었다. 당황한 그는 확신이 서지 않은 상태에서 다음과 같이 적어놓았다.

음(−)에너지를 가진 전자가 외부장external field 안에서 마치 +전하를 띠고 있는 것처럼 행동하고 있다.

처음에 디랙은 방정식에서 얻어진 결과를 제대로 이해하지 못했다. 그가 초기에 떠올렸던 생각이 옳았다면, 양전자를 마구 생산하여 거의 무한에 가까운 에너지를 얻을 수 있다. 이것은 마치 사업을 시작하면서 '갚을 필요 없는 빚'을 무한정 끌어다 쓸 수 있는 것과 비슷하다.

그러나 디랙은 샛길로 빠지지 않고 결국 진실에 도달했다. 알고 보니 양전자는 전자의 또 다른 면이었다. 다시 말해서, 물질과 반물질 사이에 심오한 대칭이 존재했던 것이다.

이런 대칭이 존재한다는 것을 어떻게 확신할 수 있을까? 비결은 바로 수학이다. 자연에서 발견된 모든 대칭은 철저한 수학적 논리에 바탕을 두고 있다. 디랙은 실험적 증거가 전혀 없는 상황에서 수학적 대칭 이론에 입각하여 양전자를 비롯한 반입자의 존재를 예견했다. 그리고 그의 예견은 정확하게 들어맞았다. 1932년에 칼텍의 한 실험실에서 칼 앤더슨Carl Anderson이 양전자를 발견한 것이다. 고도로 정교하고 아름다운 수학은 가끔씩 이론물리학자들의 길을 안내하는 이정표가 되어주기도 한다.

입자와 반입자는 전하가 반대이므로 가까이 다가가면 서로 잡아당긴다. 그러나 이런 상황을 일부러 만드는 것은 별로 좋은 생각이 아니다. 전자와 양전자가 만나면 $E = mc^2$를 통해 모든 질량이 에너지로 변하면서 흔적도 없이 사라지는데, 앞에서도 말했지만 *c*가 워낙 큰 숫자이기 때문에 발생하는 에너지도 상상을 초월한다.

'입자'와 '반입자'라고 이름은 붙여놓았지만, 둘 중 어느 쪽이 정상이고 어느 쪽이 유별난 녀석인지는 보는 관점에 따라 얼마든지 달라질 수 있다. 다시 말해서, 어느 쪽을 '입자'라고 부를지 고민할 필요가 없다는 이야기다. 모든 만물이 반물질로 이루어진 평행우주가 어딘가에 존재한다면, 그곳에 사는 사람들은 우리가 물질(또는 입자)이라고 부르는 것을 당연히 반물질(또는 반입자)이라고 부를 것이다. 둘 중 어느 쪽이 맞는지는 따질 필요조차 없다. 그냥 둘 다 옳다. 인간이건 반인간이건, 각자의 입장에서는 완벽한 생명체이고, 상대방은 '가까이 하기엔 너무 위험한 당신'이다.

물론 우리의 우주에도 반물질은 엄연히 존재한다. 우리와 가장 가까운 별인 태양의 내부에서는 수소원자가 핵융합을 일으켜 헬륨으로 변하고 있는데, 이 과정에서 다량의 양전자가 부산물로 생성되고 있다. 그리고 지구에서는 프랑스-스위스 국경에 걸쳐 있는 대형강입자충돌기Large Hadron Collider, LHC에서 온갖 종류의 반입자가 매일같이 만들어지고 있다.

심지어는 실험실에서 순전히 반입자만으로 이루어진 원자(반원자)를 만들어낼 수도 있다. 2002년에 유럽입자가속기센터CERN*에서는 반양성자와 양전자로 이루어진 반수소원자 수천 개를 만들어냈는

* CERN이라는 이름은 프랑스어 공식 명칭 Conseil Européen pour la Recherche Nucléaire를 줄인 약자이다. 대형강입자충돌기가 이곳에서 운용되고 있다.

데, 이들의 물리적 특성은 기존의 수소원자와 완전히 동일하다. 또한 2011년에는 롱아일랜드에 있는 대형중이온충돌기Relativistic Heavy Ion Collider, RHIC에서 반헬륨원자가 처음으로 만들어졌다. 그러나 우리가 사는 세계는 반입자에 대하여 별로 우호적이지 않다. 실험실에서 만들어진 반입자는 오래 지속되지 못하고 순식간에 붕괴되거나 다른 입자와 충돌하여 에너지를 방출하면서 사라진다.

언뜻 생각해보면 반입자는 자신의 파트너인 입자와 똑같이 생겼을 것 같다. 정말 그럴까? 둘 사이의 관계는 이 책에서 처음 언급된 '공식적 대칭'이니 만큼, 정확하게 정의해둘 필요가 있다. 입자와 반입자 사이의 대칭은 물리학적 관점에서 다음과 같이 서술된다.

C-대칭: 입자에 적용되는 모든 물리 법칙은 그 파트너인 반입자에도 똑같이 적용된다.

거창하게 대칭의 이름까지 붙여놓긴 했지만(여기서 'C'는 전하켤레변환charge conjugation의 약자이다), 우리의 우주에서 물질과 반물질의 거동 방식은 완전히 똑같지 않다. 이들이 똑같다는 것은 어느 정도 사전 지식에 근거한 추측일 뿐이다.

우리는 모든 입자와 반입자를 맞바꾸는 마술을 부릴 수 없으므로, 둘 사이의 관계를 이해하려면 좀더 많은 정보가 필요하다. 지금까지 알려진 사실들을 종합하다 보면 물질과 반물질이 낳은 미스터리의 핵심으로 들어가게 될 것이다.

입자 또는 반입자는 절대로 혼자 생성되지 않는다. 실험실에서 입자가 생성될 때에는 동일한 수의 반입자가 함께 생성된다. 요즘 입자물리학자들은 모든 입자에 질량을 부여한다는 힉스입자Higgs particle를 찾기 위해 고군분투하고 있는데, 이것도 입자를 직접 찾는 것이 아니라 힉스입자가 다른 입자와 반입자로 붕괴된 흔적을 찾는 식으로 진행된다.

전자와 양전자를 용기 속에 같이 넣어두면, 이들은 아인슈타인의 $E = mc^2$에 의해 다량의 에너지를 방출하면서 흔적도 없이 사라질 것이다. 이런 일은 지금도 진공 속에서 시도 때도 없이 일어나고 있다. 입자와 반입자는 완벽한 조화를 이루며 생성과 소멸을 반복하고 있다.

적어도 지금은 그렇다. 그러나 아주 오래전에는 물질이 반물질보다 우월했던 시기가 있었다. 그것도 작은 영역이 아니라 우주 전역에 걸쳐 물질이 반물질보다 많았던 것으로 추정된다. 그런데 우주의 C-대칭은 언제, 그리고 왜 붕괴되었을까? 이것은 현대 우주론이 풀어야 할 지독한 수수께끼 중 하나이다. 물론 그 실마리는 현재가 아닌 과거에서 찾아야 한다.

지난 2001년, NASA에서는 '윌킨슨 마이크로파 이방성 탐색기Wilkinson Microwave Anisotropy Probe'라는 탐사 위성을 발사했다. 흔히 'WMAP 위성'으로 불리는 이 탐사체의 임무는 빅뱅의 잔해인 마이크로파 우주배경복사cosmic microwave background radiation의 분포 지도를 작성하는 것이었다.

앞에서 나는 빛이 광자라는 입자로 이루어져 있다고 말하면서,

광자들 사이의 차이점에 대해서는 대충 얼버무리고 넘어갔다. 광자를 구별하는 궁극적 요소는 다름 아닌 '에너지'다. 예를 들어 푸른빛은 붉은빛보다 에너지가 크다. 인간의 눈에 보이는 가시광선 중에서는 붉은빛의 에너지가 가장 작지만, 눈에 보이지 않는 적외선은 붉은빛보다 에너지가 더 작다. 전자레인지의 마이크로파microwave는 바로 이 적외선 영역에 속하는 빛이다. 이와는 반대로 가시광선 중 에너지가 가장 큰 빛은 보라색이며, 이보다 에너지가 큰 빛은 '자색紫色 너머에 있다'는 의미로 자외선ultraviolet'이라 한다. X-선과 감마선은 모두 자외선 영역에 속하는 빛이다(눈에 보이지 않는데 빛이라고 부르니까 좀 어색하다. 그러나 물리학적으로 빛은 '전자기파'를 뜻하므로, 이 책에서는 자외선과 적외선도 모두 빛으로 간주할 것이다).

적외선이 보이도록 특별히 고안된 안경을 끼고 보면 사람이나 개와 같은 온혈동물의 몸은 온도가 낮은 주변 환경보다 밝게 보인다. 영화 〈프레데터Predator〉에 등장하는 외계인은 지구인을 사냥할 때 이 기능을 십분 활용했다. 모든 물체는 예외 없이 복사에너지를 방출하고 있는데, 온도에 따라 방출되는 빛의 색이 다르다. 뜨겁게 달궈진 석탄은 붉은색 빛을 방출하고, 절대온도 2K(-271℃)까지 식은 우주는 적외선 영역에 있는 마이크로파를 방출한다. 우주 공간은 상상을 초월할 정도로 추운 곳이다.

우주가 항상 추웠던 것은 아니다. 우주는 탄생 직후부터 지금까지 꾸준하게 팽창해왔으며, 공간이 넓어짐에 따라 에너지 밀도는 점점 더 낮아졌다. 우주 탄생 초기에는 모든 것이 작은 공간 속에 뭉쳐 있어서 온도가 훨씬 높았는데, 예를 들어 빅뱅 후 1400만 년이 지났을 때 우주는 310K(37℃) 정도로 훈훈했고 적외선복사를 방출했다. 이보다 더 과거로 거슬러가서 빅뱅 후 1초에는 온도가 무려 100억K였고, 빅뱅 후 1마이크로초(100만 분의 1초)에는 10조K에 달했다.

이 무렵에는 에너지가 차고 넘쳐서 온갖 종류의 입자-반입자 쌍이 꾸준히 생성되었다. 상상해보라. 엄청난 에너지를 가진 두 개의 감마선 광자가 공간을 가로지르다가 서로 격렬하게 충돌한다. "펑~!" 이들의 충돌에너지는 전자와 양전자, 또는 다른 종류의 입자-반입자 쌍으로 변환된다. 앞에서 내가 말하지 않았는가? 우리 모두는 헐크처럼 감마선 덕분에 존재할 수 있었다고!

그 후에도 우주는 꾸준히 팽창하면서 온도가 내려갔고, 어느 시점부터는 새로운 입자-반입자 쌍이 더 이상 생성되지 않았다. 생산공장이 문을 닫았으니, 이제 남은 일은 이미 만들어진 입자와 반입자들이 서로 만나 에너지를 방출하고 사라지는 것뿐이었다.

바로 여기서 지독한 미스터리가 탄생한다. 물질과 반물질이 생성-소멸을 항상 함께 해왔다면, 지금 우주에는 아무것도 남아 있지 않아야 한다. 그런데 당신과 나는 너무나도 멀쩡한 모습으로 존재하고 있지 않은가? 그뿐만 아니라 행성과 별, 은하 등 우주에는 물질이 지천으로 널려 있다. 물론 우주의 크기에 비교하면 극히 미미한 양이지만, 어쨌거나 물질은 분명히 존재한다. 그 사이에 대체 무슨 일이 있었던 것일까? 우리는 어디서 왔으며, 반인간들은 모두 어디로 갔을까?

물질과 반물질은 같다?… 다르다?

반입자는 우주선cosmic ray, 우주에서 지구로 쏟아져내리는 고에너지 입자들. – 옮긴이이나 입자가속기에서 종종 발견되지만 수명이 아주 짧다. 그러므로 긴 시간대에서 보면 우리의 몸은 100% 물질로 이루어진 것이나 다름없다. 그렇다면 앞에서 입에 침을 튀어가며 열심히 설명했던 대칭은 어떻게 되는가?

우주에 물질과 반물질이 반반씩 존재하고 있는데, 우리가 아직 '반물질 구역'을 발견하지 못한 것은 아닐까? 우주에 널려 있는 그 많은 은하들 중 절반은 물질로 이루어져 있고, 나머지 절반은 반물질로 이루어져 있을지도 모른다(이것을 주제로 소설을 쓰는 SF 작가가 어딘가 분명히 있을 것이다). 그렇다면 물질과 반물질 사이의 대칭은 여전히 유효하다.

꽤 그럴듯한 생각이다. 아주 좋은 시도였다. 그러나 애석하게도 틀렸다!

이 추론에는 몇 가지 오류가 있다. 무엇보다도, 물질과 반물질은 완전히 격리될 수 없다. 이것은 마치 하나의 커피 잔 안에서 오른쪽 반은 펄펄 끓고 왼쪽 반은 꽁꽁 얼어붙는 것과 비슷하다. 이런 광경을 본 적이 있는가? 물리학적으로 완전히 불가능한 현상은 아니지만, 실제로 일어날 확률은 엄청나게 낮다. 물질과 반물질이 골고루 퍼져 있는 상태에서 물질만 똘똘 뭉쳐 은하가 형성될 확률은 동전을 10^{69}번 던졌을 때 몽땅 앞면만 나올 확률과 비슷하다.

게다가 은하들끼리는 수시로 충돌을 일으키고 있지 않은가? 은하와 반은하가 충돌한다면 그야말로 천문학적 양의 물질과 반물질이 만나면서 어마어마한 양의 에너지가 사방으로 방출될 것이다. 물론 이런 현상은 관측된 적도 없고, 과거에 일어났다는 증거도 없다. 이상의 정황으로 미루어볼 때, 우리의 우주는 관측 가능한 범위 안에서 물질로 이루어져 있는 것이 분명하다.

이 시점에서 독자들에게 고백할 것이 하나 있다. 우리 물리학자들은 우주가 물질로만 이루어진 이유를 아직 알아내지 못했다. 물리학과 교수에게 물어보면 이런저런 설명을 해주겠지만, 결국은 "나도

우주에서 아직 '반물질 구역'이 발견되지 않은 것은 아닐까?

잘 모르겠다"는 궁색한 답변으로 마무리될 것이다. 물질과 반물질에 관한 한, 물리 법칙은 자식을 대하는 부모처럼 행동하는 것 같다. 부모들이 말로는 모든 자식들을 똑같이 사랑한다고 하지만, 실제로는 사뭇 다르게 행동하지 않던가. 물리 법칙도 물질과 반물질을 차별하지 않는 척하면서, 물질이 반물질과 함께 사라지지 않도록 무언가 조치를 취한 것 같다.

섬뜩한 이야기지만, 우주는 계속해서 붕괴되고 있다. 우주의 구성 성분인 입자들이 자신보다 가벼운 입자로 끊임없이 붕괴되고 있기 때문이다. 예를 들어 자유롭게 돌아다니는 중성자는 약 10분 만에 자신보다 조금 더 가벼운 양성자로 붕괴된다. 그러나 양성자는 매우 안정적이어서 다른 입자로 붕괴되지 않는다.

물질과 반물질 사이의 대칭이 절대적이라면 양성자는 영원히 붕괴되지 않아야 한다. 실험적 증거도 이 점을 뒷받침하고 있다. 지금까지 알려진 양성자의 수명은 적어도 10^{34}년 이상이다. 좀 이상하지 않은가? 100년도 못 사는 인간들이 그 긴 수명을 어떻게 측정했을까?(참고로 우주의 나이도 약 1.37×10^{10}년밖에 안 된다.) 비결은 간단하다. 엄청나게 많은 양성자를 커다란 용기에 가둬놓고 무작정 기다리면 된다. 예를 들어 양성자의 반감기가 10^{32}년이라면, 양성자 10^{32}개를 용기에 가둬놓고 1년을 기다렸을 때, 평균적으로 1개가 붕괴될 것이다. 그런데 이 상황에서 1년을 기다렸는데 하나도 붕괴되지 않았다면, "양성자의 반감기는 10^{32}년 이상"이라는 판정이 내려진다. 물론 이런 상태가 오래 지속될수록 양성자의 수명은 점점 길어진다.

그렇다면 정말 이상하지 않은가? 양성자가 붕괴되지 않는다면 물질과 반물질의 균형은 깨지지 않았을 것이고, 결국 우주에는 아무것도 존재하지 않았어야 한다. 그런데 우주에는 물질이 너무나 멀쩡하게 존재하고 있다.

우주 초기에 물질과 반물질의 양이 같았다면 빅뱅 후 아주 짧은 시간 내에 몽땅 사라졌을 것이다. 반면에 물질과 반물질의 양이 조금 달랐다면, 지금처럼 많은 쪽이 승자로 남았을 것이다. 양성자가 붕괴되기를 학수고대하며 충분히 오래 기다린다면, 이들이 '무엇으로' 붕괴되며 '얼마나 오래' 걸리는지, 그리고 물질과 반물질의 차이가 무엇인지 등 많은 사실을 알게 될 것이다. 물질과 반물질의 진정한 차이를 이해하려면 반물질로 이루어진 반우주에 가서 직접 겪어보는 게 최상의 방법이다.

루이스 캐럴Lewis Carroll의 소설을 읽어봤다면 작가가 유난히 대칭에 집착한다는 사실을 눈치챘을 것이다. 아니나 다를까, 그는 원래 찰스 도지슨Charles Dodgson이라는 이름의 수학자였다. 그는 대칭의 미학과 신비함을 잘 알고 있었기에 『이상한 나라의 앨리스*Alice's Adventures in Wonderland*』와 『거울나라의 앨리스*Through the Looking Glass*』처럼 몽환적인 세계를 생생하게 그려낼 수 있었다. 자, 지금부터 우리도 반물질로 이루어진 이상한 세계로 여행을 떠나보자… 잠깐, 직접 가는 것은 좀 위험할 것 같다. 이런 일은 전문가에게 맡기는 게 상책이다. 누가 좋을까? 뭐니뭐니해도 이상한 나라에 두 번이나 다녀온 앨리스가 적격일 것 같다.

반물질세계는 모든 것이 반물질로 이루어져 있다는 것만 제외하고 우리 세계와 완전히 똑같다. 자, 지금 막 앨리스가 토끼 구멍을 통해 그 세계로 떨어졌다. 그녀의 눈앞에는 과연 어떤 풍경이 펼쳐질까? 자신이 반물질세계로 들어섰다는 걸 알기나 할까?

매우 흥미로운 여행이겠지만, 도착하자마자 끝날 가능성이 크다. 앨리스의 발이 반물질세계의 땅에 닿는 순간에(사실은 그 세계의 공기와 접촉하는 순간에) 그녀의 몸을 이루고 있는 양성자와 중성자가 그곳에 있는 반양성자, 반중성자와 격렬하게 반응하면서 사라져버릴 것이기 때문이다.

이렇게 허망하게 끝나도록 내버려둘 수는 없다. 무언가 조치를 취해야 한다. 어떻게 해야 하나… 오케이, 앨리스가 토끼 구멍으로 발을 들여놓는 순간에 그녀의 몸을 이루고 있는 모든 입자들이 반입자로 바뀌었다고 하자. 어차피 환상여행이니 뭔들 불가능하겠는가. 이제 반물질세계로 무사히 들어선 앨리스는 자신이 어떤 곳에 왔는지 알아챌 수 있을까? 그녀에게 온갖 실험 장비가 주어져 있다면, 자신이 반물질세계에 와 있음을 확인시켜주는 실험 방법이 존재하긴 할까? 아무튼 앨리스의 몸이 반물질로 이루어져 있는 한, 폭발하지는 않을 것이다. 그녀는 반물질세계에서

우리만큼 안전하다.

앨리스는 반토끼의 도움을 받아 이 세계에 있는 것과 똑같은 실험실을 그쪽 세계에 지었다. 우리의 물질세계에서 두 자석의 N극끼리는 서로 밀어내고 N극과 S극은 서로 끌어당긴다. 반물질세계로 가면 N극이 S극으로, S극은 N극으로 바뀌지만, 모든 자석의 극이 똑같이 바뀌기 때문에 같은 극끼리 밀고 다른 극끼리 잡아당기는 성질은 변하지 않는다.

반물질세계에서 앨리스가 실행하는 '거의 대부분의' 실험들은 물질계의 실험과 완전히 동일한 결과를 낳는다. 그러나 앨리스가 끈기를 발휘해준다면 언젠가는 다른 점을 발견할 것이다. 그 열쇠는 우리가 평소에 별로 관심을 갖지 않았던 '뉴트리노neutrino(중성미자)'가 쥐고 있다.

대부분의 사람들은 뉴트리노에 별 관심이 없겠지만, 사실 이것은 광자 다음으로 우주에서 가장 흔한 입자이다(neutrino는 '작은 중성 입자'라는 뜻이다). 과거에는 뉴트리노가 질량이 없는 것으로 간주되었으나, 1998년에 일본의 '슈퍼-카미오칸데Super Kamiokande'라는 실험 장비를 통해 약간의 질량이 있는 것으로 밝혀졌다. 또한 뉴트리노는 전기전하가 없기 때문에 빛과 상호작용을 하지 않는다.

뉴트리노는 감지하기 어려운 입자로 정평이 나 있다. 이 입자가 실험실에서 처음 발견된 것은 핵물리학이 전성기를 구가하던 1956년의 일이었다. 파울리가 뉴트리노의 존재를 예견한 것이 1930년이었으니, 발견할 때까지 무려 26년이 걸린 셈이다. 인공적으로 핵분열을 일으키는 핵반응기 안에서는 뉴트리노와 반뉴트리노가 다량으로 생성된다. 로스알라모스연구소의 프레더릭 라이너스Frederick Reines와 클라이드 코원Clyde Cowan은 실험실에서 반뉴트리노를 양성자에 충돌시켜 양전자를 만들어내는 데 성공했다. 양전자는 생성되는 즉시 전자와 만나 빛에너지를 방출하면서 사라지기 때문에, 사실 라이너스와 코원이 발견한 것은 뉴트리노가 아니라 빛이었다. 그러나 이들은 빛에너지가 생성된 지점과 진동수를 면밀히 분석한 끝에 뉴트리노가 실존하는 입자임을 입증할 수 있었다.

뉴트리노는 다른 입자와 상호작용을 거의 하지 않기 때문에 투과력이 매우 높다. 지구 대여섯 개를 일렬로 세워놓고 뉴트리노를 발사하면 가뿐하게 통과한다. 그나마 다행인 것은 뉴트리노 몇 개만 있어도 꽤 많은 정보를 알아낼 수 있다는 점이다. 산악지대의 지하에 굴을 파서 초대형 감지기를 설치해두면 하루에 대여섯 개의 뉴트리노를 검출할 수 있다(사실 지하 땅굴은 SF 소설에 하도 자주 나와서 별로 새로울 것도 없다).

뉴트리노는 우리의 삶에도 매우 중요한 역할을 한다. 앞에서 나는 자연에 존재하는 네 가지 근본적인 힘(상호작용)을 언급하면서 전자기력, 강력, 중력만 언급하고 약력(약한 핵력)은 슬쩍 건너뛰었는데, 뉴트리노는 약력이 발생할 때마다 약방의 감초처럼 끼어드는 입자이다. 약력은 이름 그대로 약한 힘이지만, 이 힘이 없으면 태양은 핵융합반응을 일으키지 못할 것이고, 그 부산물인 열과 빛도 생산하지 못했을 것이다. 약력이 없으면 태양도, 인간도 존재할 수 없다.

약력은 물질세계와 반물질세계에서 '거의' 똑같이 작용한다. 그러나 자세히 살펴보면 아주 미묘하게 다른 점이 있는데, 이 차이는 '스핀spin'이라는 물리량을 통해 나타난다. 독자들(물론 미국 독자들)은 이 단어에 익숙하겠지만, 물리학에서 말하는 스핀은 참으로 희한한 특성을 갖고 있다.

전자와 같은 입자는 '전하를 띤 채 팽이처럼 회전하는 작은 구체'로 간주할 수 있다. 그러나 전자의 스핀은 지구의 스핀(자전)과 근본적으로 다르다. 다들 알다시피 지구는 남북을 관통하는 자전축을 중심으로 하루에 한 바퀴씩 돌고 있다. 지구가 한 바퀴 도는 데 걸리는 시간이 바로 '하루'의 정의이다. 달에 의해 발생하는 조력潮力, tidal force 때문에 지구의 하루는 100년마다 500분의 1초씩 짧아지고 있다.*

그러나 소립자의 자전 속도는 절대로 변하지 않는다. 온갖 복잡한 실험 장비로 별의별 짓을 다해도, 이것만은 바꿀 수 없다. 지금까지 발견된 모든 입자들은 절대로 변하지 않는 자신만의 스핀을 갖고 있으며, 뉴트리노도 예외는 아니다. 전자와 뉴트리노, 양성자 등이 자전하는 속도는 어떤 환경에서도 절대 변하지 않는다.

전하를 띠고 있는 일부 입자의 스핀 방향은 비교적 쉽게 측정할 수 있다. 이것은 자석을 이용하여 지자기의 북극을 찾는 방법과 비슷하다. 지구의 중심부에는 철이 액체 상태로 녹아 있는데, 지구가 자전함에 따라 액체가 특정 방향으로 흐르면서 거대한 자기장을 만들어

* 슈퍼맨은 달보다 훨씬 효율적으로 지구의 자전 속도를 조절할 수 있다. 그러나 지구가 빨리 돈다고 해서 시간까지 빨리 흐르는 것은 아니다. 단지 하루의 길이가 짧아질 뿐이다.

낸다. 지구 자기장의 존재는 막대자석이나 나침반을 이용하여 간단하게 확인할 수 있다.

이와 마찬가지로, 전자도 팽이처럼 자전하면서 주변에 자기장을 만들어낸다. 전자를 위에서 내려다봤을 때 자전 방향은 두 가지가 가능한데, 이들 중 반시계 방향을 '스핀–업spin-up', 시계 방향을 '스핀–다운spin-down'이라 한다.

전자의 스핀 방향은 간단한 실험으로 확인할 수 있다. 아래 그림과 같이 특수한 형태로 가공된 두 개의 자석을 서로 마주보도록 세팅해놓고(위=S극, 아래=N극) 그 사이로 전자를 통과시키면 된다. 이때 자기장의 영향을 받아 전자의 경로에 변화가 생기는데, 위쪽으로 편향되면 스핀–업이고 아래쪽으로 편향되면 스핀–다운이다.

자석의 방향은 아무렇게나 돌려도 상관없다. 이 실험은 방향과 완

전자의 스핀 측정

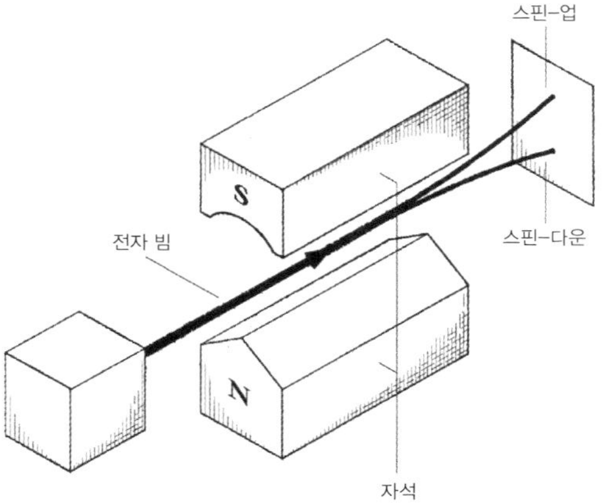

전히 무관하다. 그러나 우리는 천장이 있는 쪽이 '위'라고 하늘같이 믿고 있으므로, 그 선입견에 맞도록 좌표를 설정해야 정신건강에 좋다.

그런데 스핀에는 이상한 성질이 있다. 방금 한 실험에서 자석을 수직 방향으로 세워도 전자의 스핀은 여전히 '업' 아니면 '다운'이다. 이상하지 않은가? 지구의 자전축은 공전면에 대하여 23.5도 기울어져 있는데, 공전면이 아닌 다른 면을 기준으로 삼는다면 기울어진 각도는 당연히 달라져야 한다. 따라서 자석을 수직 방향으로 세웠을 때 전자의 스핀은 '왼쪽' 아니면 '오른쪽'이 되어야 할 것 같다. 그런데 전자는 우리의 순진한 직관을 비웃기라도 하듯이, 어떤 방향으로 측정하건 항상 '업' 아니면 '다운'이다. 사실 이것은 양자역학이 부리는 다양한 마술 중 하나에 불과하다.

스핀의 기이함은 여기서 끝나지 않는다. 당신이 고가의 실험 장비로 핵반응을 일으켜서 뉴트리노가 튀어나왔다고 상상해보자. 고개를 똑바로 세우고 쳐다보면 뉴트리노는 항상 스핀이 '다운'인 상태로 방출된다. 물론 뉴트리노를 직접 관측하기는 어렵고, 함께 생성된 양전자 등 다른 입자의 스핀으로부터 간접적으로 추정하는 수밖에 없다. 번거롭긴 하지만 자연의 법칙이 그러하니 어쩌겠는가. 먼 길을 돌아가는 수밖에.

반물질의 경우는 정반대다. 핵분열 과정에서 생성된 반뉴트리노는 스핀이 항상 '업'이다. 아무래도 물질과 반물질은 왼쪽과 오른쪽의 차이를 알고 있는 것 같다. 물질과 반물질의 중요한 차이점은 이것이 전부다. 당신이 매일 아침마다 마주 대하는 거울 속의 당신과 비슷하다.

수천만 달러짜리 실험 장비로 알아낸 사실치곤 별 볼일 없어 보인다. 그러나 당신이 토끼 구멍에 빠져서 반물질세계로 이동했는데 그 사실을 아는 사람이 아무도 없다면, 당신이 의지할 만한 것은 물질과 반물질의 차이밖에 없다.

아마도 대부분의 독자들은 이렇게 묻고 싶을 것이다 – "아니, 그 똑똑하다는 과학자들이 그 많은 돈을 들여서 물질과 반물질의 차이를 연구했는데, 고작 알아냈다는 게 뉴트리노와 반뉴트리노의 스핀이 반대라는 거야?" 답답한 심정은 이해하지만, 조금만 더 기다려주기 바란다. 스핀의 차이는 빙산의 일각에 불과하니까!

거울 속의 물리학

물질과 반물질의 차이는 아주 미미하다. 뉴트리노와 반뉴트리노는 스핀의 방향이 반대이며, 이것은 우주에 존재하는 기본적인 비대칭에 속한다. 그러나 좀더 자세히 들여다보면 의외의 사실들이 고구마 줄기처럼 줄줄이 엮여 나온다. 다시 거울 속의 친구에게로 돌아가보자.

거울을 들여다보면 반물질로 이루어진 세계도 이 세계 못지않게 멀쩡할 것 같다. 나는 오른손잡이고 거울 속의 나는 왼손잡이다. 입자의 스핀도 다를 것이 없다. 좌회전 뉴트리노(왼쪽으로 자전하는 뉴트리노)를 거울에 비추면 우회전 뉴트리노가 된다.

거울대칭은 자연에서 가장 흔하게 발견되는 대칭이며 보기에도 좋다. 척추동물의 몸은 대부분 좌우대칭이고(적어도 겉모습은 그렇

다) 인간은 대체로 좌우가 같은 형태를 선호하는 경향이 있다. 그리스 신화에 등장하는 소년 목동 나르시스는 호수에 비친 자신의 얼굴에 매료되어 호수 안으로 걸어들어가 두 번 다시 나오지 못했고, 그 자리에 수선화가 피어났다고 한다. 그런데 만일 사람의 얼굴이 비대칭이었다면 거울이나 호수에 비친 모습은 좌우가 바뀌어서 매우 낯설고 추하게 보였을 것이다. 결국 나르시스의 이야기는 인간의 얼굴이 좌우대칭이었기 때문에 생겨난 비극이었다.

뉴트리노와 반뉴트리노의 스핀

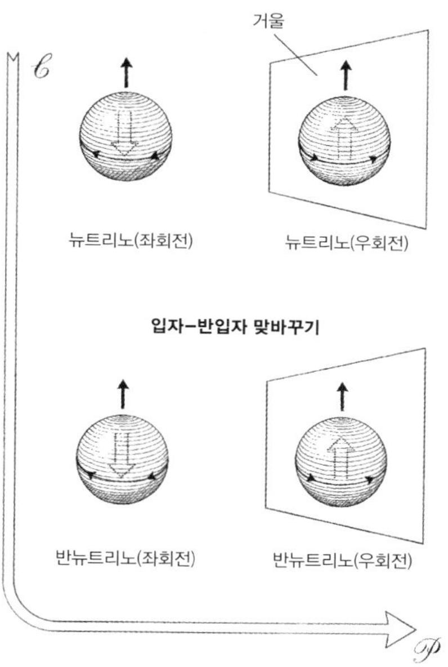

대칭에 관심을 갖는 사람은 물리학자뿐만이 아니다. 우리 주변에는 단어나 문장의 대칭에 유난히 집착하는 괴짜들이 있다. 이들은 앞뒤로 읽어도 똑같은 문장(이런 문장을 회문回文, palindrome이라 한다)이나 거꾸로 읽어도 말이 되는 문장을 만들어놓고 매우 자랑스러워하는데, 예를 들어 "Able was I ere I saw Elba(엘바를 만나기 전까지만 해도 나는 잘나갔었다)"는 거꾸로 읽어도 똑같고, "Go hang a salami(소시지는 내버려둬라)"를 거꾸로 읽으면 "I'm a lasagna hog(나는 라자냐 광팬이야)"가 된다.한글에는 훨씬 긴 회문이 있다: "가련하시다, 사장 집 아들딸들아, 집장사 다시 하련가!" – 옮긴이 네덜란드의 화가 마우리츠 에스허르Maurits Escher는 회문과 같은 대칭 구조를 그림에 도입하여 무한 공간을 예술적으로 표현했고, 요한 세바스티안 바흐Johann Sebastian Bach는 두 개의 선율이 대칭적으로 진행되는 카논canon기법을 완성하여 서양 고전 음악의 아버지로 불리고 있다. 특히 '게 카논crab canon'으로 작곡된 곡은 악보 전체를 거꾸로 연주해도 원래의 곡과 똑같다.

그러나 우리 주변의 대부분 사물들은 거울에 비췄을 때 모양이 달라진다. 지금 당신이 읽고 있는 이 책의 글도 왼쪽에서 오른쪽으로 읽게 되어 있다. 왼손잡이였던 레오나르도 다빈치Leonardo da Vinci는 책에 주석을 달 때 종종 오른쪽에서 왼쪽으로 써나갔고(이 글은 왼손으로 쓴 것이다. 그는 대칭에 대해서도 일가견이 있었다), 재버워키Jabberwocky, 말장난. 『이상한 나라의 앨리스』에 자주 등장하는데, 우리말 번역이 불가능한 점이 안타깝다. - 옮긴이의 원조인 루이스 캐럴도 글을 거꾸로 쓰곤 했다.

영국과 일본을 제외한 대부분의 나라에서 자동차는 우측통행을 하도록 되어 있다. 그러나 백미러 속 세계에서는 모든 차들이 좌측통행을 하고 있으며, 다빈치의 필체는 완전히 정상이다.

우리 몸의 내부는 좌우 대칭적이지 않다. 대부분 사람의 심장은 가슴의 중앙이 아닌 왼쪽에 자리잡고 있다. 사람도, 자동차도 겉보기엔 좌우 대칭적이지만, 내부는 그렇지 않다. 이것은 어느 한쪽을 선호해서가 아니라, 오랜 역사를 거치면서 우연히 나타난 결과일 뿐이다.

DNA 나선은 매우 특별한 방식으로 꼬여 있다. DNA 가닥이 당신을 향하도록 정렬시켜놓고 보면 항상 반시계 방향으로 꼬여 있다. 즉, DNA 나선은 (오른)나사 방향이다. 실제 나사도 같은 방식으로 작동한다. 나사 구멍이 어느 방향으로 나 있건 간에, 오른쪽으로 돌리면

조여지고 왼쪽으로 돌리면 풀어진다.*

지구에 서식하는 모든 생명체의 DNA는 이와 같은 방향으로 꼬여 있다. 만일 누군가가 거울에 비친 DNA 사진을 생물학자에게 보여주면 대번에 알아차릴 것이다. 모든 DNA가 같은 방향으로 꼬여 있다는 것은 지구의 모든 생명체들이 같은 기원에서 탄생했음을 보여주는 좋은 증거이다.

설탕물에 빛을 비춰도 이와 비슷한 방향성을 확인할 수 있다. 다들 알다시피 설탕분자는 사탕수수의 화학반응이 아닌 생명활동의 결과물이기 때문에, 특별한 방식으로 포개져 있다. 그래서 설탕물에 빛을 투과시키면 거의 한쪽 방향으로 편광된다. 3D 극장에서 나눠주는 안경도 편광 현상을 이용한 것이다. 이 안경을 쓰고 있으면 한쪽 눈에는 왼쪽으로 편광된 빛이 들어오고 다른 쪽 눈에는 오른쪽으로 편광된 빛이 들어온다. 투명한 그릇에 담긴 설탕물을 3D 안경을 쓰고 바라보면 오른쪽으로 편광된 빛이 왼쪽으로 편광된 빛보다 밝게 보인다(물론 이 실험을 하려면 극장에서 영화를 본 후 3D 안경을 훔쳐와야 한다. 그다지 심각한 범죄는 아니니, 관심이 있다면 '과학의 이름으로' 시도해볼 만하다).

설탕은 왼쪽과 오른쪽을 어떻게 구별하는 것일까? DNA분자와 마찬가지로 설탕분자는 한쪽 방향으로만 꼬여 있어서, 거울에 비치면 꼬인 방향이 달라진다. 빛을 왼쪽으로 편광시키는 설탕분자는 오른쪽

* 가끔은 왼쪽으로 돌려야 조여지는 나사(왼나사)도 있지만, 예외로 간주하자.

으로 편광시키는 분자와 화학적으로 동일하지만, '좌측 편광 설탕(진짜 설탕분자와 거울대칭을 이루는 분자)'을 인공적으로 만들어서 배양접시에 넣고 박테리아를 증식시키려 한다면 틀림없이 실패할 것이다. 박테리아는 그런 '희한한' 설탕을 먹지 않기 때문이다. 박테리아의 소화효소는 비대칭적이어서 '왼쪽 설탕'을 소화시키지 못한다. 하긴, DNA의 나선 방향이 모두 똑같은데, 이들이 어떻게 다른 쪽으로 진화할 수 있었겠는가? 『거울나라의 앨리스』에서 앨리스는 말한다. "그래, 거울에 비친 우유는 먹지 않는 게 좋아."

지금까지 우리는 거울 속 세계를 통하여 왼쪽과 오른쪽에 근본적인 차이가 있음을 확인했다. 만일 우주 어딘가에 좌우가 뒤바뀐 행성이 있다면 거기 사는 외계인들은 심장이 오른쪽에 있고 글씨를 오른쪽에서 왼쪽으로 써나가겠지만, 물리학의 법칙은 지구와 똑같다. 그곳에 사는 생명체의 DNA는 왼나사 방향으로 꼬여 있을 것이고, 박테리아는 '왼쪽 설탕'만 먹을 것이다.

자연에 존재하는 좌우 비대칭은 무슨 심오한 원인에서 비롯된 것이 전혀 아니다. 그냥 '우연히' 한쪽 방향이 선택된 것뿐이다. 그러나 한 번 선택된 후에는 되돌리기가 거의 불가능하다. 당신이 차를 몰고 좌측통행을 한다면 당장 사방에서 난리가 날 것이다(이 실험은 별로 권하고 싶지 않다. 아니, 절대로 하면 안 된다!). 그러나 거울 속의 우주에서는 모든 자동차들이 좌측통행을 하고 있다.

반물질과 마찬가지로, 거울에 비친 우주는 그다지 유별난 세계가 아니다. 여기서 잠시 파인만의 설명을 들어보자.

당신은 지금 여러 개의 톱니바퀴와 바늘, 문자 판 등을 늘어놓고 시계를 조립하는 중이다. 간신히 조립을 끝내고 태엽을 감아보니 드디어 시계가 움직이기 시작한다. 바로 그때, 거울에 비친 시계가 당신의 시야에 들어왔는데, 좌우가 바뀐 것만 빼고 모든 것이 똑같다. 숫자가 좌우로 뒤집어져 있고 시곗바늘이 반대 방향으로 돌아가고 있지만, 이 점만 빼면 멀쩡한 시계로 전혀 손색이 없다. 마음만 먹는다면 이런 시계를 얼마든지 만들 수 있다. 오른나사를 왼나사로 바꾸고, 숫자의 좌우를 뒤집는 등 모든 부품의 좌우를 바꿔서 조립하면 된다… 누군가가 이런 '거울 시계'를 만들어서 정상적인 시계와 동시에 작동시켰다면, 이들은 서로 '거울에 비친 영상'의 관계를 영원히 유지할 것인가?

직관적으로 생각해보면 그렇지 않을 이유가 없다. 실제로 실험을 해봐도 마찬가지다. 거울에 비친 시계는 좌우만 바뀌었을 뿐, 실제 시계와 똑같은 방식으로 작동한다.

이제 우리의 앨리스가 거울 속으로 빨려 들어가 다른 세계로 떨어졌다. 그곳은 우리가 사는 세계와 똑같지만 좌우가 모두 바뀌어 있다. 과연 앨리스는 그곳이 이상한 세계임을 알아챌 수 있을까? 자신의 두 손 중 어느 쪽이 왼손인지 구별할 수 있을까?

물질과 반물질이 바뀐 세상은 실험을 통해 부분적으로나마 경험할 수 있지만(반양성자와 양전자로 이루어진 반수소원자는 반물질세계에서 가장 흔한 원소이다), 좌우가 통째로 바뀐 세상을 직접 겪는 것은 거의 불가능하다. 그래서 위의 질문에는 좀더 미묘한 구석이 있다. 아마도 당신은 이렇게 말하고 싶을 것이다. "물론 앨리스는 어느 쪽 손이 왼손인지 당연히 알 수 있지! 그걸 질문이라고 하는 거야?"

아니다. 섣부른 판단은 금물이다. 어린 시절에 왼쪽과 오른쪽이 헷갈릴 때 어떤 식으로 답을 찾았는지 기억하는가? 엄지손가락과 검지손가락이 서로 직각이 되도록 펴서 엄지를 위쪽으로 향했을 때, L자 모양을 그리는 쪽이 왼손이었다.

그러나 좌우가 몽땅 바뀐 세상에서는 이런 방법이 통하지 않는다. 그곳에서는 모든 글자들도 좌우가 바뀌어 있기 때문에, 앨리스가 이런 식으로 좌우를 구별한다면 자신의 오른손을 왼손이라고 생각할 것이다. 단순히 손을 들여다보는 것만으로는 실제 세계와 거울 속 세계를 구별할 수 없다는 이야기다.

사실 이것은 그다지 놀라운 일도 아니다. 거울에 비친 풍경에 이상한 점이 전혀 없다면 그 안에 또 하나의 방이 있다고 생각하겠지만, 무언가 이상한 점이 발견된다면 거울 영상을 현실로 착각하지 않을 것이다.

이쯤에서 한 가지 강조해두고 싶은 것이 있다. 반물질세계나 거울 속 세계는 우리가 사는 세계와 결코 같지 않다. 그러나 지금 우리에게 중요한 것은 직관이 아니라 물리 법칙이다. 반물질세계나 거울 속 세계에 적용되는 물리 법칙들은 과연 이 세계의 물리 법칙과 같을까?

거울 속 세계에 들어간 앨리스는 자석을 갖고 놀면서 원자의 세부 구조를 관측했다. 만일 앨리스가 얻은 결과가 이 세계에서 얻은 실험 결과와 완전히 똑같다면, 자연에는 다음과 같은 대칭이 존재한다고 말할 수 있다.

P-대칭 : 우리 세계에 적용되는 물리 법칙은 좌우가 바뀐 거울 속 세계에도 똑같이 적용된다.

여기서 P는 반전성을 뜻하는 'parity'의 첫 글자이다. 그러나 우리는 P-대칭이 우리의 우주에서 완벽하게 유지되지 않는다는 사실을 이미 알고 있다. 예를 들어 약한 상호작용을 통해 생성되는 뉴트리노는 항상 왼쪽 스핀을 갖고 있다. 다시 말해서, 당신을 향해 다가오는 뉴트리노는 항상 시계 방향으로 자전한다는 뜻이다. 그리고 반입자는 스핀의 방향이 정확하게 반대이다.

반전에 의한 차이는 이것뿐이다. C-대칭과 P-대칭은 종류가 다르지만, 서로 밀접하게 연관되어 있다. 뉴트리노와 반뉴트리노는 다른 점이 두 가지 있는데, 이들은 서로 상대방의 반입자이고(C) 스핀이 정반대이다(P). 실제 세계에서 C와 P 각각은 완벽한 대칭이 아니지만, 둘을 조합한 CP는 자연에서 '거의' 완벽한 대칭을 이루는 것처럼 보인다. 스핀이 왼쪽인 뉴트리노의 반물질 버전을 거울에 비추면 스핀이 오른쪽인 반뉴트리노가 된다. 시작과 끝은 다르지만, 왼손-뉴트리노

코발트-60의 붕괴

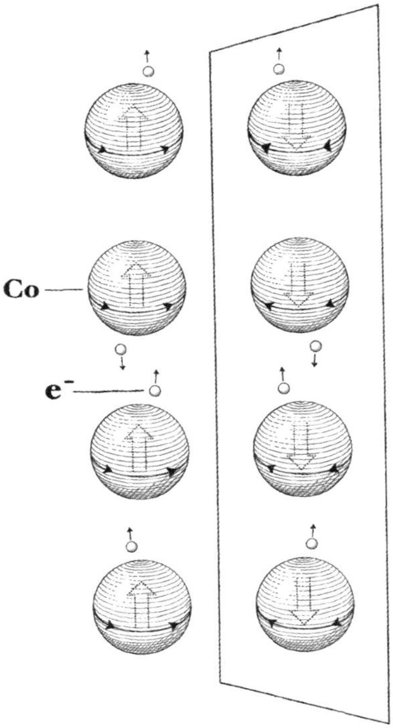

와 오른손-반뉴트리노는 둘 다 자연에 존재하는 입자이다.

앨리스는 우리 세계와 거울 속 세계의 미세한 차이를 알아내기 위해 굳이 감지하기 어려운 뉴트리노를 추적할 필요는 없다. 1956년에 중국계 미국인 물리학자 우친시웅Chien Shiung Wu, 吳健雄과 그녀의 동료들은 코발트Co의 방사성 동위원소를 이용한 실험을 수행했는데, 준비 단계에서 코발트원자의 스핀을 모두 '업up'으로 만들었다. 이 원자들을 위에서 내려다본다면 모두 반시계 방향으로 자전하고 있을 것이다.

코발트 동위원소는 스스로 붕괴되면서 전자를 방출한다. 그런데 놀랍게도 우친시웅의 실험에서 생성된 전자들의 대부분은 위를 향해 날아갔다. 이로부터 내릴 수 있는 결론은 하나뿐이다: "코발트가 붕괴되면서 생성된 전자는 코발트의 스핀과 같은 방향으로 방출된다."

별로 놀랍지 않다고? 그러면 곤란하다. 이 장면에서 놀라야 한다.

이것이 왜 놀라운 결과인지를 이해하기 위해, 모든 과정을 거울에 비춰보자. 입자를 거울에 비추면 스핀 방향이 정반대가 된다. 따라서 거울 속의 코발트원자는 시계 방향으로 회전한다. 즉, 스핀-다운인 상태이다. 그런데 거울 속에서도 전자는 여전히 위쪽으로 방출되고 있다. 실제 세계에서 전자는 스핀과 같은 방향으로 방출되는데, 거울 속 세계에서는 스핀과 반대 방향으로 방출되는 것이다.

우리의 우주에서는 코발트의 스핀과 전자가 방출되는 방향이 대부분 일치하지만, 거울 속 세계에서는 매우 드물게 나타나는 현상이다. 그러므로 거울 속 세계에 떨어졌을 때 이 실험을 수행하면 자신이 어느 세계에 와 있는지 확인할 수 있다.

거울과 반물질

거울에 비췄더니 의외로 상황이 혼란스러워졌다. 머릿속이 복잡해지다 보니, 정작 중요한 질문이 뒷전으로 밀려났다. "지금 우주에 존재하는 물질은 어디서 온 것인가?" 그렇다, 이것이 원래 질문이었다.

이 질문의 답을 구하기 위해, 아래의 조건을 만족하는 또 하나의 평행우주를 상상해보자.

1. 우주에 존재하는 모든 입자를 반입자로 대치한다(반입자는 입자로 대치한다).

2. 우주 전체를 거울에 비춰서 좌우를 바꾼다.

"실제의*" 우주에 적용되는 물리 법칙들은 물질-반물질 교환과 좌

* 당신의 존재도 여기 포함된다는 사실을 강조하기 위해 따옴표를 붙였다.

우 반전의 조합으로 만들어진 새로운 우주에서도 여전히 성립할까? 위의 두 변환이 모두 적용된 변환을 'CP−변환CP-transformation'이라 한다.

전류가 흐르는 전선을 떠올려보자. 전선 속의 전자는 −전하를, 양성자는 +전하를 띠고 있다. 전자가 전선을 통해 이동할 때, 전류는 전자의 반대 방향으로 흐른다.전류와 전자가 따로 흐르는 것이 아니라, 그냥 '전자가 이동하는 방향의 반대 방향'을 전류가 흐르는 방향으로 정의한 것뿐이다. − 옮긴이 예를 들어 전자들이 왼쪽으로 이동하고 있다면, 전류의 방향은 오른쪽이다. 여기에 입자−반입자 바꿔치기 변환(C−변환)을 적용하면, 양전자들이 전선을 타고 왼쪽으로 이동하는 상황이 된다. 그리고 여기에 또 다시 거울반전(P−변환)을 적용하면 양전자들의 이동 방향이 오른쪽으로 바뀌는데, 이것은 전자가 왼쪽으로 이동하는 것과 동일한 상황이다. 결론적으로 말해서, 처음 상태의 전선과 CP−변환을 적용한 전선은 동일한 자기장을 만들어낸다.

전선에 흐르는 전류

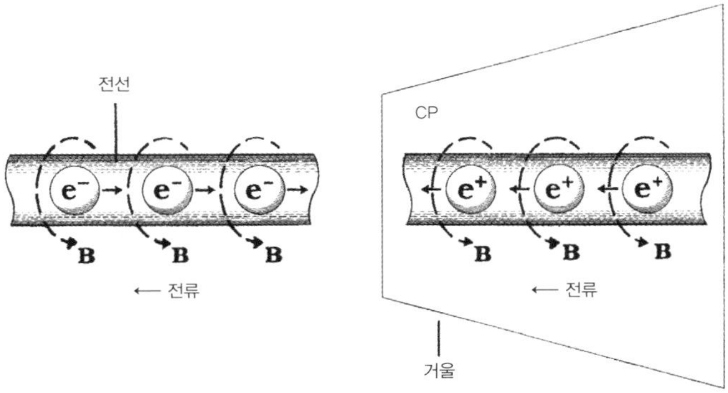

이상과 같이 전자기장은 CP-대칭 테스트를 통과했다. 그렇다면 다른 경우에도 CP-대칭이 여전히 유효할 것인가? 결론부터 말하면 그렇지 않다.

1967년에 소련의 물리학자 안드레이 사하로프Andrei Sakharov는 물질-반물질 비대칭 문제를 피해가기 위한 최소한의 조건을 연구하던 중, 우주에 CP-변환을 가하면 무언가가 달라진다는 사실을 알아냈다. 전문용어로 말하면 "CP-대칭의 위반CP violation이 일어난다."

당신이 존재한다는 사실(물질이 반물질보다 압도적으로 많다는 사실)만으로도 우주에는 완벽한 CP-대칭이 존재하지 않는다고 주장할 수 있을 것 같은데, 실험 결과를 보면 그렇지 않다(이 책에서 언급된 실험들도 CP-대칭의 존재를 입증하고 있다!).

앞서 말한 바와 같이, 입자가 붕괴되는 과정만 추적해도 우주에 대해 꽤 많은 것을 알아낼 수 있다. 지금도 고출력 입자가속기에서는 케이온kaon이라는 입자와 그 반입자가 수시로 생성되고 있다. 케이온이라는 단어가 조금 생소하겠지만, 그렇다고 당황할 필요는 없다. 케이온은 수명이 매우 짧아서, 한 번 생성된 후 수십억 분의 1초 안에 다른 입자로 붕괴되어 사라진다. 그러므로 당신이 평생 살면서 케이온과 마주칠 가능성은 없다고 봐도 무방하다.*

케이온 자체는 신경 쓸 필요 없다. 진짜 중요한 사건은 케이온이 붕괴된 후에 일어난다. 1964년에 프린스턴대학의 물리학자 제임스 크

* 입자의 종류가 너무 많아서 헷갈리는가? 걱정할 것 없다. 이 책에서 언급할 필요가 있는 입자는 이제 거의 다 나왔다. 그래도 헷갈리는 독자들을 위해 책의 뒷부분에 커닝페이퍼를 추가했으니 가끔씩 들춰보기 바란다.

로닌James Cronin과 발 피치Val Fitch는 케이온의 특성을 분석하다가 놀라운 사실을 발견했다. 당시까지만 해도 물리학자들은 케이온과 반케이온이 동일한 입자라고 믿고 있었는데(케이온은 전기적으로 중성이기 때문에, 전하의 부호를 바꿔도 달라지는 것이 없다), 붕괴되는 방식이 서로 다르게 나타난 것이다.* 물질과 반물질은 전하 말고도 다른 점이 있었다.

그 속사정은 독자들이 생각하는 것보다 훨씬 복잡 미묘하다. 케이온과 반케이온은 입자와 반입자 사이를 서서히 오락가락하고 있다. 낮을 케이온이라 하고 밤을 반케이온이라 하면, 시간이 흐르면서 낮과 밤이 주기적으로 반복되는 것과 비슷하다.

평균적으로 보면 낮과 밤의 길이는 같지만 정확하게 같은 날은 1년에 두 번뿐이고, 대부분은 대칭이 붕괴되어 있다. 다들 알다시피 여름에는 낮이 밤보다 길고, 겨울에는 그 반대이다. 물질과 반물질 사이에 이와 같은 대칭이 존재한다면, 케이온은 수명의 절반을 케이온으로 살고 나머지 절반을 반케이온으로 살아야 한다. 어느 쪽이 먼저인지는 알 수 없지만, 현재의 상태를 알면 이전의 상태를 알 수 있다.

하나의 케이온은 아주 짧은 시간 안에 전자를 비롯한 몇 개의 소립자로 붕괴되고(부산물의 목록은 알 필요 없다), 하나의 반케이온은 양전자를 비롯한 다른 소립자로 붕괴된다.

그러나 엄청나게 많은 수의 케이온과 반케이온에서 출발하면 두

* 케이온 간화선A kaon koan, 看話禪: 소립자가 자신의 반입자로 변할 때 무슨 소리가 날까?

가지 상태를 오락가락하면서 평균 개수가 항상 똑같이 유지될 것이므로(CP-대칭이 위배되지 않는 우주라면), 이들이 붕괴되면서 탄생한 전자와 양전자의 수도 같을 것이다.

그런데 현실은 그렇지 않다.

실제로 실험을 해보면 생성된 양전자의 수가 전자의 수보다 조금 많다. 그렇다고 우리의 우주에서 전자와 양전자 중 어느 쪽이 더 많은지를 따지고들 필요는 없다. 지금 우리에게 중요한 사실은 "물질과 반물질을 뒤바꾼 후 거울에 비춰보면 원래와 같지 않다"는 것이다. 전하대칭과 반전대칭을 조합한 CP-대칭은 우리의 우주에서 성립하지 않는다. 이것은 매우 중요한 발견이어서, 크로닌과 피치는 1980년에 노벨상을 받았다.

크로닌과 피치의 실험이 알려진 후로 이와 유사한 실험이 연이어 실행되었는데, 결과는 항상 똑같았다. 간단히 요약하면 다음과 같다: 약한 핵력, 즉 약력이 개입되면 물질과 반물질 사이에 비대칭이 야기된다. 그러나 우주 초기에 물질이 반물질보다 많이 생성되었다는 증거는 어디에도 없다. 다만, 물질과 반물질이 서로 다른 방식으로 붕괴된다는 사실만 확인되었을 뿐이다.

그래도 물질과 반물질의 궁극적인 차이는 여전히 미지로 남는다. 물질과 반물질 중 어느 한쪽이 다른 쪽보다 많이 생성되려면 어떤 조건이 만족되어야 하는가? '우리'라는 존재의 근원을 파악하려면 이 질문의 답부터 구해야 한다.

우주의 탄생 초기에 정확하게 무슨 일이 일어났는가? 답을 아는 사람은 아무도 없다. 우리가 아는 것이라곤 우주 탄생 직후에 모종의 대칭 붕괴가 일어나서 우리가 존재하게 되었다는 사실뿐이다. 우주 초기에는 온도가 터무니없이 높았으므로, 아마도 대칭 붕괴는 온도와 관련되어 있을 것이다.

독자들은 TV나 신문에서 "입자가속기로 빅뱅과 비슷한 환경을 재현하다"라는 뉴스를 접한 적이 있을 것이다. 이 기사가 전적으로 옳다고 할 수는 없지만, 딱히 틀린 말도 아니다. 과거에 우주는 지금보다 훨씬 뜨겁고 활동적이었다. 시간을 거꾸로 돌려서 빅뱅에 가까이 접근할수록 온도는 천정부지로 높아진다. 지금까지 입자가속기를 통해 얻어진 그 어떤 실험 결과도 우주 초기에 물질이 반물질보다 많았다는 것을 입증하지 못했다. 입증은커녕, 아주 작은 실마리조차 찾지 못했다. 물리학자와 천문학자들은 "빅뱅 후 10^{-35}초가 지났을 무렵, 우주의 온도가 현재 태양 중심부 온도의 100경 배(10^{18}배)였을 때 물질과 반물질의 양에 아주 작은 차이가 발생했을 것"으로 추정하고 있다. 두말할 것도 없이, 이런 온도는 실험실에서 재현할 수 없다.

이렇게 턱없이 높은 온도에서도 물질과 반물질 사이의 비대칭은 극히 미미했다. 반입자 10억 개가 생성될 때마다 입자 10억 1개가 생성되었을 정도다. 둘 사이의 차이라곤 10억 개당 하나, 단 하나에 불과했다. 대체 이것을 어떻게 알았을까? 현재 우주에 존재하는 광자의 수는 양성자 수의 10억 배쯤 된다. 10억 개의 반양성자가 10억 개의 양성자와 만나 소멸되면 10억 개의 광자가 생성되는데, 이것이 지금 우주에 남아 있는 광자이므로 위와 같은 결론이 내려진 것이다(물론 우주는 빅뱅 후 계속 팽창해왔으므로 광자의 밀도는 많이 낮아졌다).

결국 대부분의 입자와 반입자는 서로 만나서 소멸되고, 10억 분의 1에 해당하는 초과분이 남아서 지금 존재하는 모든 물질을 형성하게 되었다. 전자는 왜 −전하를 띠게 되었는가? 아인슈타인은 그 이유를 다음과 같이 설명했다.

> 나는 전자가 −전하를 띠게 된 이유가 항상 궁금했다. 물리학의 법칙은 +전하와 −전하를 차별하지 않으므로, 전자가 둘 중 어느 한쪽을 선호할 이유도 없다. 그런데 전자의 전하는 왜 하필 마이너스인가? 나는 오랫동안 이 문제를 생각해오다가 마침내 결론에 도달했다. "그냥 −전하가 +전하와의 결투에서 이긴 것뿐이다!"

다른 식으로 표현하자면 우리는 빅뱅 후 10^{-35}초 만에 일어난 '우주적 상쇄' 과정에서 털끝보다 작은 오차 덕분에 탄생했다. 이 사실을 알고 나니, 인간이라는 존재가 그리 대단해 보이지 않는다.

그렇다고 실망할 것 없다. 반물질세계에 사는 반인간들도 우리와 똑같은 처지니까!

THE UNIVERSE IN THE REARVIEW MIRROR

HOW HIDDEN SYMMETRIES SHAPE REALITY

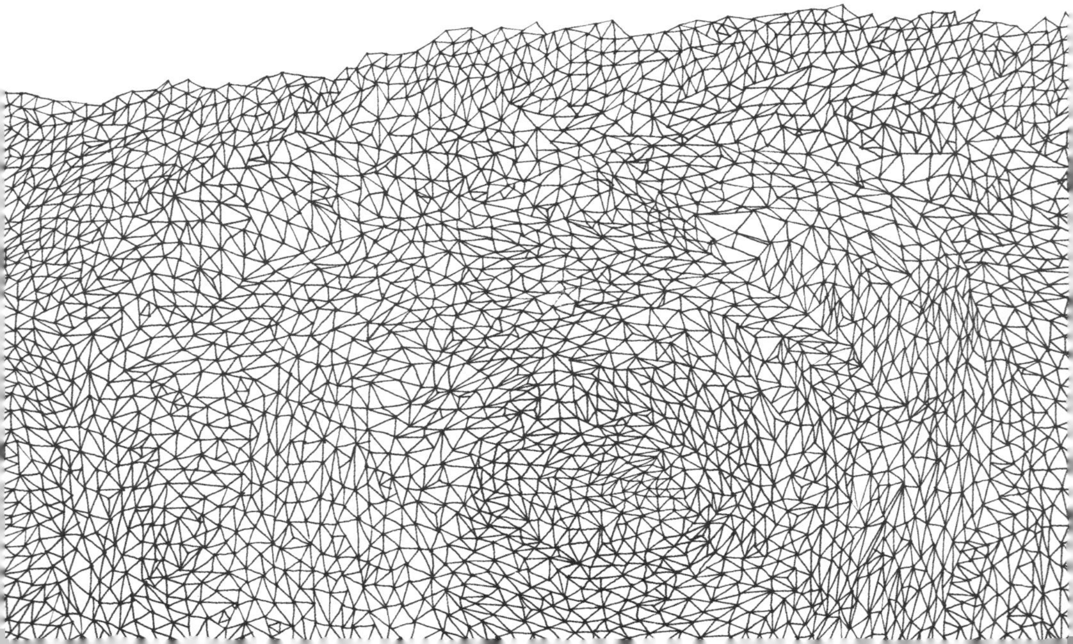

2

엔트로피

시간은 어디서 왔는가? 시간의 진정한 실체는 무엇인가?

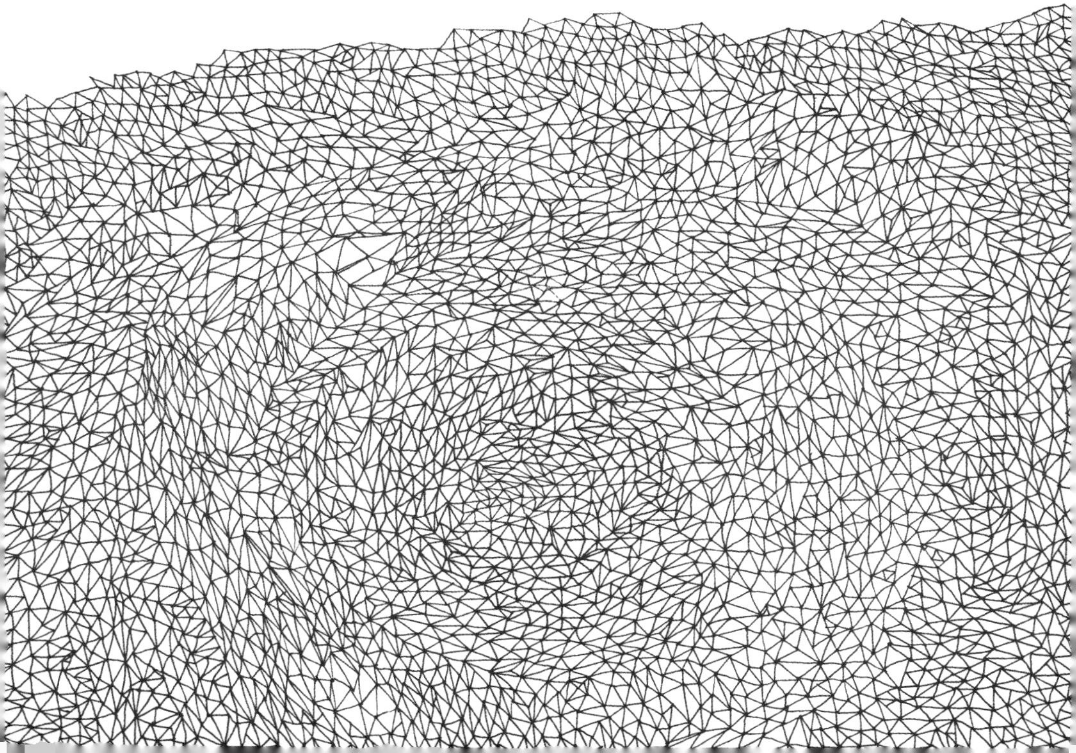

독자들을 은하-클래스의 우주선에 태우고 미래 세계를 휘젓고 다니는 사람은 나뿐만이 아닐 것이다. 나는 독자들 중 누군가가 이 책을 읽고 영감을 떠올려 초광속 비행(워프 드라이브)warp drive, 공간을 구부러뜨린 후 그 물결을 타고 나아가는 우주 항해술. 빛보다 빨리 달릴 수 있는 기술로 거론되고 있지만 아직은 가설의 단계임. - 옮긴이을 구현해주기를 간절히 바란다. 그렇게 될 가능성은 별로 없지만, 사실 이것은 이 책을 쓰게 된 동기 중 하나였다. 그러나 독자들이 물리 법칙을 본격적으로 주무르기 전에, 장차 마주치게 될 난제들을 미리 언급해두는 것이 나의 의무인 것 같다. 폭발하는 별이나 사나운 외계인을 말하는 것이 아니다. 독자들이 우주 공간에서 길을 잃지 않도록 조금이라도 배려하고 싶은 것이다.

지구에는 중력, 북극성, 지자기의 남극과 북극 등 우리의 길을 안

내해주는 이정표가 도처에 널려 있지만, 우주 공간으로 나가면 위아래의 구별이 없고 왼쪽과 오른쪽, 남쪽과 북쪽도 없다.

당신은 이렇게 생각할지도 모른다. "그래, 깊은 우주 속으로 들어가면 3차원 공간에서 길을 잃을 수도 있겠지. 하지만 적어도 시간에 관한 한 안전하지 않을까? 우주가 아무리 황량해도 설마 시간까지 잃어버리진 않겠지!" 하긴 그렇다. 시간은 변하지 않는 절대적 실체처럼 느껴진다. 왼쪽과 오른쪽은 보는 기준에 따라 뒤바뀔 수도 있지만, 우리의 경험에 의하면 과거와 미래가 뒤바뀌는 경우는 없었던 것 같다.

대부분의 물체는 거울에 비춰도 완벽하게 정상적으로 보인다. 그러나 '시간을 반대로 비추는 거울'이 있다면, 여기에 비친 세상은 정상과 거리가 멀다. 이곳에서는 시간이 거꾸로 가기 때문에, 우주는 말할 것도 없고 당신의 일상이 죄다 거꾸로 진행된다. 영화 〈메멘토 Memento〉를 보면 처음부터 모든 사건이 순차적으로 진행될 것이다.이 영화는 타임라인이 거꾸로 설정되어 있다. 즉, 최근의 사건이 먼저 등장하고 오래된 사건은 나중에 등장한다. - 옮긴이 쳇바퀴 같은 삶이 달라지기를 원하는가? 그렇다면 제대로 찾아왔다. 이제 당신의 쳇바퀴는 거꾸로 돌아간다.

물리학의 법칙 중에 인과율causality이라는 것이 있다. "원인은 항상 결과보다 먼저 일어난다"는, 너무 당연해서 법칙 같지도 않은 법칙이다. 그런데 시간거울에 비친 세계에서는 결과가 원인보다 먼저 발생한다. 영화 필름을 거꾸로 돌린 것처럼, 모든 것이 뒤죽박죽이다.

물리학자들은 한쪽 방향으로만 흐르는 시간의 특성을 논할 때 '시간의 화살arrow of time'이라는 용어를 자주 사용한다. 너무나 당연한 사실에 굳이 이런 용어를 갖다 붙여야 할까? 참 멍청해 보인다…

하지만 알고 보면 꼭 그렇지만도 않다. 믿어지지 않겠지만 시간의 화살은 방향을 바꿀 수도 있다.

시간으로 거리를 산출하다

인생은 여행이다. 공간을 이리저리 돌아다니는 것도 여행이지만, 시간을 따라 흘러가는 것도 여행이라면 여행이다. 우리 모두는 시간 축에서 '1초당 1초씩' 미래로 이동하고 있다. 아마도 이것은 우주에서 가장 자연스러운 여행일 것이다. 겉보기에 시간과 공간은 많이 다른 것 같다. 공간에서는 내 마음대로 아무 방향으로나 움직일 수 있고 마음만 먹으면 한 장소에서 복지부동할 수도 있지만, 시간에서는 어림도 없는 소리다. 부유하건 가난하건, 똑똑하건 멍청하건 간에, 누구나 가차 없이 미래로 이동당하고 있다. 그러나 사실 시간과 공간은 공통점이 매우 많아서, 아인슈타인의 특수상대성이론에 의해 '한 가족'으로 통합되었다.

빛의 속도 c는 물질과 에너지의 환율을 결정하는 상수이면서($E = mc^2$), 그와 동시에 시간과 공간을 연결시켜주는 상수이기도 하다. 아마도 '광년'이란 단위를 들어봤을 텐데, 1광년은 간단히 빛이 1년 동안 이동하는 거리로서, 약 10^{16}m이다. 이게 얼마나 먼 거리인지 감이 잘 안 온다면 지구에서 가장 가까운 별인 프록시마 센타우리Proxima Centauri까지의 거리를 떠올려보라. 1광년은 이 거리의 약 1/4이다(그래도 감이 안 온다면 '무지막지하게 먼 거리' 정도로 알고 있으면 된다. 이런 걸 갖고 뭐라 할 사람은 없다!).

좀더 '인간적인' 스케일에서 생각해보자. 1977년에 NASA에서 발사한 보이저 1호는 현재 태양계를 벗어나 지구에서 200억km 떨어진 곳을 여행하고 있다. 무려 37년 동안 잠시도 쉬지 않고 초고속으로 날아서 도달한 거리다. 그런데 빛은 이 거리를 단 17시간 만에 주파할 수 있다.

시간과 공간은 서로 밀접하게 연관되어 있다. 물리학자들은 이 사실을 십분 이용하여 시간단위인 '초'와 거리단위인 '광초light second(빛이 1초 동안 가는 거리)'를 구별하지 않고 섞어서 쓰고 있으며, 심지어는 빛의 속도를 '1'로 간주한 단위를 쓰기도 한다. 요즘 이론물리학자들은 이 단위에서 정의된 거리와 시간을 주로 사용하고 있다.*

1983년에 이름도 거창한 '제17회 국제도량형 총회'가 프랑스 파리에서 개최되었는데, 그 자리에 모인 과학자들은 1초를 입이 딱 벌어질 정도로 정밀하게 정의했다. 그 후로 지금까지 통용되고 있는 '1초'란 "세슘원자가 두 개의 초미세 에너지준위 사이를 점프할 때 방출되는 전자기파가 9192631770번 진동하는 데 걸리는 시간"을 의미한다.

일단 시간이 정의되면 길이를 정의하는 것은 아주 쉽다. 1m는 "빛이 1/299792458초 동안 이동한 거리"로 정의되어 있다.

빛의 속도는 엄청나게 빠르지만 무한히 빠르지는 않다. 그래서

* 그렇다고 친구들에게 "내 우주선은 12파섹parsec에 달까지 갈 수 있다!"고 자랑한다면 바보 취급을 당할 것이다. 파섹은 시간과 아무 관련이 없는 순수한 길이단위이다(1파섹 = 약 3.26광년).

빛을 통해 만물을 인지하는 우리들은 엄밀히 말해서 '과거'를 보고 있는 셈이다. 우리 눈에 보이는 태양은 지금의 모습이 아니라 약 8분 전의 모습이다. 만일 태양이 지금으로부터 7분 전에 갑자기 사라졌다 해도, 지금 당장은 그 사실을 알 길이 없다. 1969년에 닐 암스트롱Niel Armstrong이 인류 최초로 달 표면을 밟으면서 "개인에게는 작은 발걸음이지만…"이라고 말했을 때, 우리가 들은 것은 문자 그대로 '역사'였다. 그의 말이 역사적인 발언이기도 했지만, 1.3초 전에 이미 지나간 '과거사'이기도 했기 때문이다.달에서 출발한 빛이 지구에 도달하려면 약 1.3초가 걸린다. 통신에 사용되는 전파도 빛의 일종이므로 같은 시간이 소요된다. – 옮긴이

독서와 같은 일상적인 행동을 할 때도 우리는 과거를 보고 있다. 무슨 역사책 이야기냐고? 아니다. 책과 눈 사이의 거리를 30cm로 고정했을 때, 당신은 10억 분의 1초 전의 책을 보고 있다.

시간이동과 공간이동은 원리적으로 비슷하지만 근본적인 차이가 있다. 무엇보다도 우리는 공간보다 시간에서 훨씬 '빠르게' 이동할 수 있다. 예를 들어 당신은 1초 동안 '1초만큼 미래로' 이동할 수 있지만(너무 당연한 얘기다), 현재 세계에서 가장 빠른 우주선도 1초 동안 '5000분의 1광초'밖에 이동하지 못한다. 이 정도면 가만히 서 있는 거나 다름없다.

빛의 속도가 워낙 빠르기 때문에, 우리는 공간보다 시간을 훨씬 더 빠르게 통과하고 있다. 지난 수백 년 동안 물리학자들은 빛의 속도가 무한대라고 생각해왔다. 과거에는 정밀한 관측 장비가 없었으니 그랬을 법도 하다. 시간의 속성을 이해하려면, 먼저 공간부터 제대로

이해해야 한다.

태양까지의 거리를 처음 측정할 때 사용된 도구는 다름 아닌 기하학이었다. 현재 지구와 태양 사이의 거리는 약 1억 5000만km로 알려져 있는데, 천문학적 스케일에서 보면 너무나 가까운 거리다. 초기에 과학자들은 이 거리를 '지구 반지름의 몇 배'라는 식으로 표현했다.

고대에도 소수의 현자들은 태양이 지구 주변을 돌고 있지 않다는 심증을 갖고 다양한 관측을 시도했으나, 결정적인 증거를 찾지는 못했다. 사실, 당시의 관측이 얼마나 정확했는지는 짐작하기 어렵다. 고대인들이 사용했던 길이단위를 지금의 단위로 환산할 만한 정확한 사료가 없기 때문이다. 기원전 3세기경에 지동설을 주장했던 사모스 섬의 아리스타르코스Aristarchus는 삼각측량법을 이용하여 태양까지의 거리를 측정했는데, 실제보다 15배쯤 작은 값이 얻어졌다.

그로부터 거의 2000년 후인 1700년대 말에 프랑스의 천문학자 제롬 랄랑드Jèrôme Lalande는 금성이 태양을 가로지르는 매우 희귀한 천체사건을 이용하여 태양까지의 거리를 관측했다.

태양계의 행성들은 거의 100년에 한 번씩 일렬로 늘어서는데, 이때가 되면 지구와 태양 사이에 금성이 끼어서 태양의 일부를 가리게 된다. 금성의 태양 횡단이 천문학적으로 유용한 이유는 관측하는 장소에 따라 다르게 보이기 때문이다. 동서 방향으로 멀리 떨어져 있는 두 관측자가 태양을 바라보고 있으면 금성의 태양 횡단이 약간의 시간차를 두고 시작된다.

당신의 두 눈에서도 비슷한 현상이 일어나고 있다.* 왼쪽 눈과 오른쪽 눈은 위치의 차이 때문에 조금 다른 영상을 보게 되고, 두뇌는 이 차이를 분석하여 사물까지의 거리를 판단한다. 왼쪽 눈과 오른쪽 눈을 번갈아 깜박이면 눈앞의 물체가 오락가락하는데, 가까이 있는 물체일수록 이동 폭이 크다. 수학적으로 말하자면 당신의 두뇌는 물체까지의 거리와 두 눈 사이의 간격의 비율을 계산하여 원근을 판단하고 있다.

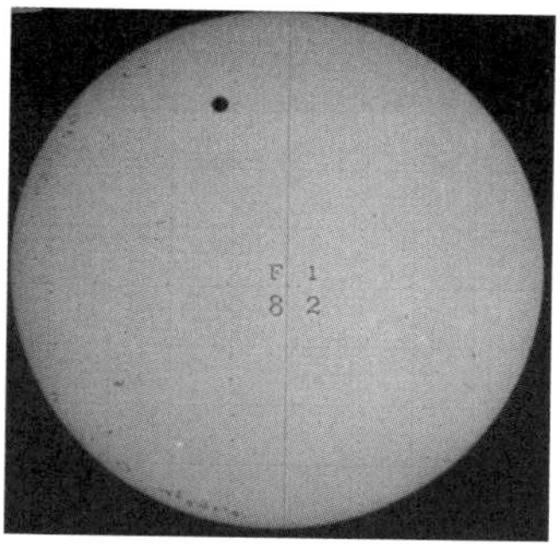

까만 점처럼 보이는 금성은 지구와 태양 사이에 끼어서 태양의 일부를 가린다.

금성과 지구의 공전면은 약간 어긋나 있기 때문에, 금성의 태양 횡단을 놓쳤다면 다시 일어날 때까지 8년을 기다려야 한다. 이 기회마저 놓쳤다면 포기하는 게 좋다. 그 다음 횡단은 120년 후에나 일어나기 때문이다. 가장 최근의 금성 횡단은 2012년 6월 5~6일에 관측되었는데, 이 장관을 놓친 사람들에게는 미안한 얘기지만 다음 횡단은 120년 후로 예약되어 있다.

랄랑드는 운이 좋아서 그의 전성기 때 1761년과 1769년, 두 차례에 걸쳐 금성의 태양 횡단이 일어났다. 그는 관측을 직접 하진 않았지만, 다른 사람들의 관측 자료를 모아서 지구와 태양 사이의 거리를 불과 몇 %의 오차 범위 안에서 정확하게 계산해냈다.

그러나 태양까지의 거리는 랄랑드보다 거의 100년 앞선 17세기에 이미 광분light minute(빛이 1분 동안 가는 거리)단위까지 알려져 있

* 물론 두 눈의 시력이 정상이어야 한다. 그렇지 않은 사람들에게는 깊이 사과하는 바이다.

었다. 1670년대에 덴마크의 천문학자 올레 뢰머Ole Rømer는 그 무렵에 발견된 목성의 위성을 관측하다가 이상한 현상을 발견했다.

독자들도 잘 알다시피, 행성 주변을 도는 위성은 시간을 알려주는 시계의 역할을 한다.* 예를 들어 갈릴레오가 발견한 목성의 4개 위성들 중 가장 안쪽 궤도를 돌고 있는 이오Io**의 공전주기는 42시간 27분 33초이다. 뢰머는 목성이 충衝, opposition, 지구에서 볼 때 목성이 태양의 반대편에 위치한 상태로, 이때 지구와 목성 사이의 거리가 가장 가깝다. – 옮긴이에 위치했을 때 목성에 대한 위성의 상대적 위상을 관측했고, 그로부터 6개월이 지난 후에 다시 목성을 관측했다.

뢰머는 임의의 시간에 위성의 차고 기운 정도(위상phase)를 정확하게 계산할 수 있었다. 달과 마찬가지로 모든 위성들은 일종의 시계 역할을 하고 있기 때문에, 사실 이것은 그다지 어려운 계산이 아니었다. 그런데 목성이 지구에 가장 가까이 접근했을 때와 가장 멀어졌을 때, 위성들의 위상 변화에 22분의 시간차가 발생했다. 뢰머는 목성이 지구로부터 가장 멀어졌을 때 위성 이오가 9시 정각부터 목성을 가로지를 것으로 예상했으나(이것은 목성이 지구에 가장 가까이 접근했을 때 얻은 데이터였다), 실제로는 9시 22분부터 가로지르기 시작했다. 위성의 움직임이 22분 늦어진 것이다.

* 달력의 '달month'과 밤하늘에 떠 있는 '달moon'은 같은 기원에서 파생된 단어이다. 둘 사이의 구체적인 관계는 독자들이 직접 알아보기 바란다(영어로는 발음이 비슷할 뿐이지만, 한국어로는 표기와 발음이 모두 똑같다. – 옮긴이).

** 목성의 위성에는 주로 제우스의 연인들 이름이 붙어 있다. 이오는 한때 제우스의 사랑을 받았다가 암소로 변한 여인의 이름이다. 나머지 3개의 갈릴레오 위성들도 제우스와 관련되어 있는데, 그리스 신화를 찾아서 읽어보면 천문학이 한층 더 가깝게 느껴질 것이다.

뢰머는 모든 가능성을 고려한 끝에 "빛이 목성에서 지구로 올 때까지 어느 정도의 시간이 소요되며, 목성이 지구로부터 멀어지면 소요되는 시간도 길어진다"는 결론에 도달했다. 목성과 지구 사이의 거리는 2천문단위Astronomical Unit, AU(1천문단위는 지구와 태양 사이의 거리이다)까지 달라질 수 있으므로, 뢰머의 계산에 의하면 빛은 11분 동안 1천문단위를 가는 셈이다.

예나 지금이나 천문 관측은 결코 쉬운 작업이 아니다. 가장 최근 자료에 의하면 태양에서 방출된 빛이 지구에 도달하는 데 걸리는 시간은 약 8분 19초인데, 17세기에는 망원경이 초보적 수준에 머물러 있었으므로, 11분이면 매우 정확한 값이라고 할 수 있다(그 시기에 얻어진 다른 천문 데이터를 보면 10배 이상 틀린 값들이 부지기수다!).

과거의 우주에서는 얼마나 많은 사건들이 일어났을까?

앞에서 시간과 공간이 빛을 통해 서로 밀접하게 연관되어 있다고 말했지만, 사실 둘 사이에는 분명한 차이가 있다. 공간에는 특별한 방향성이 없는 반면, 시간은 오직 한쪽 방향으로만 흐른다. 그리고 지금을 기점으로 과거와 미래는 비슷한 구석이 하나도 없다. 가장 중요한 사실은 우주를 낳은 '빅뱅'이라는 초대형 사건도 과거에 일어난 사건이라는 점이다. 물론 우주에 '시작'이 있었다는 전제하에 그렇다.

빅뱅이라는 말은 누구나 한 번쯤 들어봤을 것이다. 그런데 물리학자와 우주론학자들은 왜 그토록 빅뱅에 연연하는 것일까? 이 우주가 빅뱅 없이 존재하면 안 되는 이유라도 있는가? 그렇다. 이유가 있긴 있다. 하지만 전문가가 아니면 그 내막을 이해하기가 쉽지 않다.

1915년, 아인슈타인이 일반상대성이론을 처음 발표했을 때, 그는 우주가 시작도 끝도 없이 항상 지금의 모습으로 영원히 존재한다고 굳게 믿었다. 그런데 자신이 유도한 장 방정식에 의하면 우주는 영원히 팽창하거나, 한동안 팽창하다가 다시 수축되어야 했다.* 그래서 아인슈타인은 애써 유도한 장 방정식에 '우주상수cosmological constant'라는 항을 끼워 넣어서 정적인 우주를 강제로 구현했다(우주상수를 도입하면 팽창하는 힘과 중력이 균형을 이루어 우주는 항상 같은 모습을 유지하게 된다). 아인슈타인의 전기작가인 월터 아이작슨Walter Isaacson에 의하면, 아인슈타인은 우주상수를 도입한 후 곧바로 후회했다고 한다. 얼마나 깊이 후회했는지는 알려지지 않았지만, 그는 우주상수를 철회하면서 다음과 같은 말을 남겼다.

> 내가 제안했던 '장 방정식의 확장'은 이론적으로 검증되지 않은 시도였다. 나는 그 사실을 인정하는 바이다.

일부 사람들은 아인슈타인의 우주상수를 '퍼지팩터fudge factor(터무니없는 시도)'라고 불렀다. 그러나 아인슈타인을 폄하하기 전에, '영원한 시간'의 개념을 조금 다른 각도에서 바라볼 필요가 있다. 빅뱅으

* 이때가 되면 아마도 하늘의 천사들은 우주에서 가장 슬픈 선율로 나팔을 불 것이다.

로부터 탄생한 우주에서 산다는 것이 왜 이상한 일인가? 우주에 시작이 있었다는 것을 사실로 받아들인다면, 당장 의문이 생긴다. "우리는 왜 수십억 년 전도 아니고 수조 년 후도 아닌, 지금의 우주에 살게 되었을까?"

여기에는 그럴 만한 이유가 있다. 지구의 환경만 고려해도, 생명체가 지구에 서식할 수 있는 기간은 천문학적 스케일에서 볼 때 거의 찰나에 불과하다. 앞으로 인류는 자원을 무작정 소모하다가 제풀에 멸망할 가능성이 높지만, 이 문제를 극복한다 해도 40억 년 후에는 태양이 적색거성으로 변하면서 지구 전체를 재로 만들어버릴 것이다. 물론 우리 입장에서 볼 때 40억 년이면 꽤 긴 시간이다. 그러나 우주의 기대수명과 비교하면 그야말로 한순간에 불과하다. 현재 우주의 나이는 약 137억 년으로 추정되며, 앞으로 남은 수명은 거의 영원이나 다름없다.

복잡한 생명체가 존재하려면 생명활동에 유리한 환경이 조성되어야 한다. 생명을 유지하려면 몸 안에서 화학반응이 일어나야 하고, 이를 위해서는 외부로부터 에너지가 끊임없이 공급되어야 한다. "때마침 지구에 그런 환경이 조성되었으므로, 이곳에 우리가 존재하고 있다"고 주장하는 것이 바로 '인류원리Anthropic Principle'이다.*

우주의 환경은 지역마다 다르고, 시간대에 따라 다르다. 가장 '온건한 버전'의 인류원리에 의하면 인간은 진화와 생명활동에 가장 적

* '인류anthro'라는 접두어가 붙어 있긴 하지만, 털 없는 원숭이(인간)를 뜻하는 것은 아니다.

절한 지역과 시간대에 존재할 수밖에 없다. 만일 지금 지구에 인간이 존재하지 않는다면 이토록 적절한 시기에, 생명체에게 우호적인 행성에 살고 있는 것이 얼마나 행운인지를 떠올릴 만한 주체가 존재하지 않을 것이기 때문이다.

논리가 제 꼬리를 물고 돌아가는 것이, 무슨 말장난 같지 않은가?

우주는 앞으로 아무리 짧아도 수천조 년은 거뜬히 유지될 것이다. 이에 비하면 태양의 수명(약 100억 년)은 새 발의 피도 안 된다. 우리는 지금 우주의 여명기에 살고 있다. 앞으로 우주는 점점 춥고 어두워지면서, 생명체는 감히 명함도 내밀 수 없는 끔찍한 지옥으로 변할 것이다. 우주에서 생명체가 살 수 있는 기간은 빅뱅 후 대략 100억 년까지다. 그 후에는 어림도 없다.

지금의 이 쾌적한 시대에 살고 있는 우리들은 우주가 생명체에게 얼마나 혹독한 곳인지 쉽게 잊곤 한다. 그래서인지 SF 영화에 등장하는 외계인조차 상당히 '인간스러운' 모습을 하고 있다. 신장을 비롯한 좌우 대칭적 신체 구조가 우리와 똑같고, 그들이 원하는 것, 필요한 것도 우리와 거의 비슷하다. 게다가 우리보다 수십억 년 이상 진화를 겪었음에도 불구하고 지능까지 비슷하다!

19세기에 찰스 다윈Charles Darwin은 인간이 지구 탄생 초기부터 존재해오지 않았음을 설득력 있게 주장했고, 얼마 후 발견된 지질학적 증거들은 지구의 나이가 유한하다는 것을 확실하게 보여주었다. 아인슈타인도 이 사실을 잘 알고 있었으나, 20세기 초에는 우주에 대하여 모르는 것이 너무 많았다.

1920년에 영국의 물리학자 아서 에딩턴 경은 태양을 비롯한 별들의 내부에서 핵융합반응이 일어나고 있다는 사실을 알아냈다(당시 그는 아인슈타인의 상대성이론을 이해하는 유일한 사람으로 알려져 있었다). 물론 아인슈타인의 $E = mc^2$이 없었다면 제아무리 에딩턴이라도 그런 생각을 떠올리지 못했을 것이다.

아인슈타인의 일반상대성이론이 발표되고 9년이 지난 1924년에 미국의 천문학자 에드윈 허블Edwin Hubble은 은하수가 우주에 존재하는 유일한 은하가 아님을 알아냈고(그는 은하를 '성운nebula'이라 불렀다), 그로부터 5년 후에는 모든 은하들이 우리로부터 일제히 멀어지고 있다는 놀라운 사실을 알아냈다. 그런데 관측 데이터를 분석해보니, 멀리 있는 은하일수록 더 빠르게 멀어지고 있었다. 이는 곧 우주가 팽창하고 있다는 뜻이고, 팽창한다는 것은 우주에 '시작'이 있음을 의미했다.

이런 상황에서 아인슈타인이 주장했던 '정적인 우주'는 더 이상 발붙일 곳이 없었다. 우주상수가 팽창과 수축 사이에서 균형을 잡아준다 해도 전체적으로는 매우 불안정한 해였기 때문에, 정적인 상태가 오래 지속되기란 거의 불가능해 보였다.

허블의 우주팽창설이 알려진 후, 아인슈타인은 다음과 같은 말을 남겼다.

윌슨산천문대의 과학자들은 정말로 놀라운 업적을 이루어냈다. 최근에 그들은 나선형 성운이 공간에 거의 균일하게 분포되어 있다는 것과 도플러 효과가 거리에 비례하여 크게 나타난다는 사실을 입증했다. 이것은 우주상수를 도입하지 않은 일반상대성이론으로 쉽게 유도되는 결과이다.

우주에 시작이 있었다는 주장을 누구나 반긴 것은 아니었다. 프레드 호일Fred Hoyle(그는 우주탄생이론을 폄하하려는 의도로 '빅뱅'이라는 속어를 사용했다가, 오히려 그 이론의 정식 명칭을 부여한 장본인이 되었다)을 비롯한 몇몇 사람들은 빅뱅이론에 대항하여 정적인 우주를 주장했다. 이들의 이론에 의하면 우리의 우주는 팽창하는 와중에도 물질이 계속 생성되어 공백을 메우고 있다. 말도 안 되는 주장 같지만, 알고 보면 별로 그렇지도 않다.

우주에는 별도 많고 은하도 많다. 맑은 날 밤하늘을 올려다보면 별들이 하늘을 가득 메우고 있는 것처럼 보인다. 그러나 전체적으로 평균을 내보면 우주는 거의 텅 비어 있는 거나 다름없다. 그래서 물질이 아주 조금만 생성돼도 호일이 주장했던 정적인 우주가 유지될 수 있다. 100억 년 동안 지구만 한 공간에 물질이 몇 mg(밀리그램, 1mg = 1000분의 1g)만 생성되면 충분하다. 너무 적은 양이어서 절대로 알아챌 수 없다!

그러나 양이 아무리 적다고 해도, 물질이 끊임없이 생성된다는 주장은 받아들이기가 쉽지 않다. 재료도 없이 무슨 수로 음식을 만든단 말인가? 이뿐만이 아니다. 지금 우리는 망원경을 통해 우주의 다양한 과거를 볼 수 있게 되었는데, 지금까지 얻어진 관측 결과에 의하면 우주는 끊임없이 변하고 있다.

지난 20년 동안 폭발하는 초신성supernova을 관측하여 얻은 데이터를 분석해보면, 우주는 팽창할 뿐만 아니라, 팽창 속도가 점점 빨라지고 있다. 이것은 우주상수와 비슷한 그 무언가가 팽창을 재촉하고 있다는 강력한 증거이다. 요즘 우주론학자들은 이것을 '암흑에너지dark energy'라 부르고 있는데, 기본 아이디어는 아인슈타인의 우주상수와 아주 비슷하다. 우주 전역에 무언가가 꾸준히 흐르면서 중력에 거스르는 '반중력antigravity'을 행사하고 있다는 것이다. 이 아이디어를 제안하고 발전시켰던 사울 펄무터Saul Perlmutter와 브라이언 슈미트Brian Schmidt, 그리고 아담 리스Adam Riess는 2011년에 노벨 물리학상을 공동으로 수상했다.

우주의 가속팽창(팽창 속도가 점점 빨라지는 현상)은 몇 가지 흥미로운 결과를 낳는다. 우주가 영원히 팽창한다면 온도는 무한정 내려갈 것이다.엄밀히 말하면 온도는 아래로 한계가 있어서, 절대온도 0K, 즉 -273°C 아래로 내려가는 것은 불가능하다. - 옮긴이 별들은 핵융합 연료가 고갈되어 죽은 별이 되고, 그중 일부는 블랙홀이 되겠지만 이들도 결국은 모두 증발해버릴 것이다. 양성자가 붕괴되면서 방출한 복사에너지는 우주 전역으로 퍼져나가겠지만, 우주가 팽창함에 따라 온도는 내려가고 에너지 밀도는 점점 감소할 것이다.

과거의 우주가 불과 혼돈으로 가득 찬 지옥이었다면, 미래의 우주는 춥고 황량한, 또 다른 형태의 지옥이다. 이런 우주에서 생명체가 존재하려면 기회는 지금밖에 없다. 그래서 지금 우리가 존재하고 있는 것이다.

우주의 과거로부터 미래를 예측할 수 있다면, 과거의 물리 법칙으로부터 미래의 물리 법칙을 예측할 수 있을까? 이것이 과연 가능할까?

오클로 우라늄 광산

물리학의 기본 가정 중 하나는 자연을 관장하는 법칙들이 시간에 대하여 불변이라는 것이다. 부분적으로 변하는 듯한 증거가 있긴 하지만, 이 가정을 뒤엎을 정도는 아니다. 그런데 무언가를 가정하면 뒤끝이 항상 찜찜하다. 그렇지 않던가?

물리학의 법칙들이 변하긴 변하는데, 이들이 절묘하게 재배열되어 겉으로는 법칙이 변하지 않은 것처럼 보이는 것은 아닐까? 제법 흥미로운 가설이다. 그러나 이것은 누군가가 당신의 뒷마당에 공룡의 뼈를 묻어놓고 당신으로 하여금 "과거 지구에 공룡이 살았다"고 믿게 만드는 것과 비슷하다. 겉보기에는 그럴듯하지만 사실일 가능성은 거의 없다.

우리는 '지금의 우주'에 살고 있으므로, 우리가 행하는 모든 실험의 유효기간은 길어야 몇백 년 안팎이다. 거의 140억 년에 달하는 우주의 나이와 비교하면 찰나에 불과하다. 물리 법칙이 정말로 변한다 해도 변하는 속도가 매우 느릴 것이므로, 단명한 인간에게 발견될 가능성은 거의 없다.

그러므로 물리 법칙이 변하지 않는다는 논리를 펼칠 때조차 과거에 적용되었던 물리 법칙에 의존하는 수밖에 없다. 그런데 과거의 법칙을 지금 적용해도 매사가 너무나 정확하게 맞아떨어진다. 나는 개인적으로 이런 종류의 논리를 좋아한다. 틀린 가정을 내세우면 자체 모순이 없는 결과를 얻기가 매우 어렵기 때문이다.

어렵긴 하지만, 불가능하다는 뜻은 아니다.

그동안 자연의 법칙이 시간에 무관하다는 것을 보여주는 몇 가지 자연현상이 발견되었는데, 그중 가장 놀라운 현상이 1971년에 아프리카 가봉의 오클로Oklo라는 마을에서 발견된 우라늄 광산이다. 과거에 프랑스가 이곳에서 다량의 우라늄을 발견하여 채굴해간 적이 있다. 그때 지질학자들은 "그렇게 많은 우라늄이 왜 오클로에 매장되어 있는가?"라는 질문을 제기했는데, "고대에 이곳에 핵반응기가 있었다"는 황당한 답 말고는 달리 설명할 방법이 없었다.

방금 말한 '고대'는 선사시대가 아니라 20억 년 전을 의미한다. 이 정도면 지구나 우주의 나이와 비교할 때 결코 짧은 시간이 아니다. 그 옛날에 핵반응기라니, 문득 『신들의 전차*Chariots of the Gods*』에서 주장하는 고대 외계인의 지구 방문설이 떠오른다. 물론 나는 물리학자로서, 확실한 증거 없이 심증과 희망사항을 버무린 주장에는 별로 관심 없다. 내가 하고 싶은 말은 우라늄이 지구에서 매우 희귀한 원소라는 것이다. 우라늄이 저장될 수 있는 곳은 물을 잘 흡수하는 고대의 바위나 먹성 좋은 박테리아의 서식처 등 극히 일부 지역에 불과하다.

자연에는 많은 종류의 우라늄 동위원소가 존재하는데, 이들은 각자 조금씩 다른 특성을 갖고 있다. 동위원소란 원자핵을 이루는 양성자의 수가 같으면서 중성자의 수가 다른 원소를 말한다. 탄소(양성자 6개)와 질소(양성자 7개)처럼 양성자의 수가 다르면 아예 다른 원소로 불리지만, 양성자 수가 같고 중성자 수만 다르면 원래의 이름을 유지한 채 '~ 동위원소'라는 꼬리표를 달게 된다. - 옮긴이 예를 들어 가장 흔한 우라늄은 U-238이지만, 핵분열을 잘 일으키는 우라늄은 U-235다. 그래서 핵분열을 인공적으로 유도하려면 우라늄을 원심분리기에 집어넣고 U-235의 비율이 수 %에 도달할 때까지 돌려야 한다. 현재 자연에서 채굴된 우라늄 중 U-235의 비율은 0.7%에 불과하지만, 20억 년 전에는 이 비율이 3.7%였다. 이 정도면 지금 핵발전소에서 작동하는 경수로 수준이다. 비율이 변한 이유는 우라늄이 스스로 붕괴하여 다른 원소로 변하기 때문인데, U-235가 붕괴되는 속도는 U-238보다 여섯 배나 빠르다.

따라서 천연 우라늄 동위원소의 함량비를 측정하면 붕괴가 지속된 시간을 가늠할 수 있다. 우라늄은 팔라듐[Pd]과 아이오딘[I]의 동위원소로 분열되는데, 이들의 함량을 측정한 결과 오클로의 우라늄 광산에서는 과거 한때 수백만 년 동안 천연 핵반응기가 작동했던 것으로 확인되었다.

이런 지역이 존재한다는 것만도 신기한데, 더욱 놀라운 사실은 핵분열의 부산물인 '핵폐기물'의 생성 비율이 요즘 사용되는 핵반응기의 폐기물 생성 비율과 정확하게 일치한다는 점이다. 핵반응은 매우 미묘하여 제어하기 힘들기로 유명하다. 지난 20억 년 사이에 핵력의 강도가 변했다면, 현재 남아 있는 흔적을 이용하여 변한 정도를 대충 알아낼 수 있다.

'불변의 물리 법칙'이라는 말은 듣기에도 폼 나면서 사람들의 호기심을 자극한다. 그러나 여기에는 그 이상의 의미가 담겨 있다. 물리 법칙이 변하지 않는다면 지금 우리가 알고 있는 법칙을 이용하여 우주의 초기 상태를 탐구할 수 있다. 물론 이것만도 대단한 수확이다. 그러나 시간에 대한 물리 법칙의 불변성은 또 하나의 대칭을 낳는다.

시간이동대칭: 물리학의 모든 법칙은 다른 시간대에서도 똑같이 적용된다.

시간이동대칭은 "에너지는 창조되지도, 사라지지도 않는다"는 에너지 보존법칙의 또 다른 표현으로, 겉으로 드러나진 않지만 엄청나게 중요한 역할을 하고 있다. 시간이동대칭이 없다면 과학이라는 행위 자체가 불가능했을 것이다. 우주의 법칙이 시도 때도 없이 변한다고 상상해보라. 이런 곳에서 무슨 수로 미래를 예측할 수 있겠는가?

시간의 화살

물리 법칙이 변하지 않는데도, 우주는 끊임없이 변해왔다. 그렇다면 시간의 화살도 항상 같은 방향으로 흘러왔을까?

T. H. 화이트T. H. White의 소설 『과거와 미래의 왕*The Once and Future King*』에 등장하는 멀린Merlyn과 루이스 캐럴의 『거울나라의 앨리스』에

등장하는 백색여왕White Queen은 과거로 진행되는 삶을 살아간다. 그리고 영화 〈메멘토〉에서는 기억을 잃은 주인공 레너드가 문제를 해결하는 과정을 최근부터 과거로 거슬러가면서 보여주고 있다. 모든 사건들이 거꾸로 진행되면 거기 적용되는 물리 법칙도 다를 것 같다. 글쎄… 과연 그럴까?

판타지 소설이나 영화는 잠시 젖혀두고, 가장 근본적인 단계에서 생각해보자. 사실 따지고 보면 '시간의 흐름'은 원래 존재한다기보다 생각의 산물에 가깝다. 예를 들어 두 개의 전자가 서로 충돌한 후 흩어지는 과정을 동영상으로 찍어서 거꾸로 재생한다고 가정해보자. 이런 영상을 사람들에게 보여주면 필름이 거꾸로 돌아가고 있다는 것을 아무도 눈치채지 못할 것이다. 그들이 일상적으로 겪어왔던 충돌과 다른 부분이 하나도 없기 때문이다. 이처럼 시간은 미시적 스케일에서 완전히 대칭적이다.*

충돌하는 전자

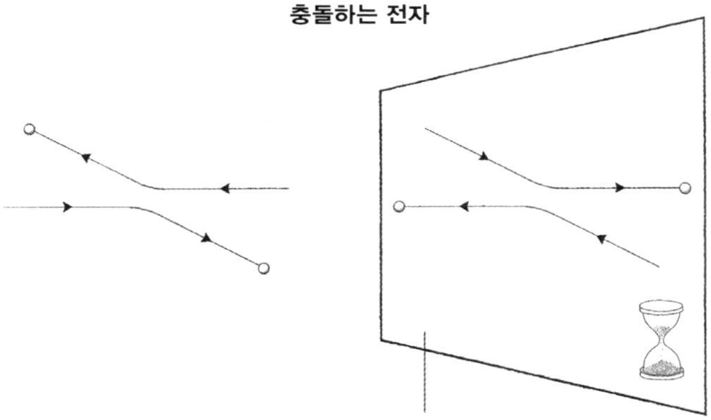

* 약한 상호작용, 즉 약력에는 이와 같은 대칭이 존재하지 않는다. 그러나 지금 펼치는 논리는 약력을 제외시켜도 아무런 지장이 없다. 약력에 관해서는 나중에 따로 다룰 예정이다.

미시적 스케일까지 갈 필요도 없다. 독자들은 어린 시절에 야구공으로 캐치볼을 한 번쯤 해본 적이 있을 것이다. 허공에 던져진 야구공은 매끈한 포물선을 그리며 날아간다.* 이 장면을 촬영해서 거꾸로 재생시키면 공의 진행 방향이 바뀌고 받는 폼도 어색하겠지만, 짧은 프레임에서 보면 물리학적으로 잘못된 부분이 하나도 없다.

시간을 거꾸로 되돌려도 변하지 않는 것 – 이것도 하나의 대칭이다. 게다가 물리적으로 꽤 중요한 대칭이어서 이름까지 갖고 있다.

T-대칭: 시간의 흐름을 거꾸로 되돌려도 물리학의 법칙은 변하지 않는다.

여기서 잠시 짚고 넘어갈 것이 있다. 좌우가 뒤바뀐 거울 속의 우주에서는 모든 것이 그런대로 괜찮아 보인다. 글자가 뒤집혀 있고 자동차가 좌측통행을 하고, 심장이 오른쪽 가슴에서 뛰겠지만, 이 정도의 변화는 금방 익숙해진다. 모든 입자가 반입자로 바뀐 우주도 큰 문제는 없다. 당신은 반인간이 되어 반물질과 함께 잘 살아갈 것이다(물론 입자로 이루어진 인간이 이런 곳으로 가면 순식간에 사라지겠지만, 두 세계가 직접 만나지만 않는다면 아무 문제없다).

그러나 시간이 거꾸로 흐르는 우주에서는 모든 것이 뒤죽박죽이

* 그러나 공기가 야구공의 진행을 방해하기 때문에, 실제 궤적은 조금 일그러진 포물선을 그린다. 반면에 달에는 공기가 없기 때문에 공을 던지면 완벽한 포물선을 그리며 날아간다. 그러므로 달에서 캐치볼하는 장면을 찍어서 거꾸로 재생하면 훨씬 그럴듯하게 보일 것이다.

다. 바닥에 흩어져 있던 유리조각들이 갑자기 테이블 위로 튀어올라 와인 잔이 되고, 자동차는 뒤로 달리면서 연료 게이지가 점점 올라간다. 우주가 제아무리 희한한 곳이라고 해도 이럴 수는 없다. 아무래도 '시간 뒤집기'는 우주에 존재하는 대칭이 아닌 것 같다.

그러나 국소적으로 보면 꼭 그렇지만도 않다. 우리는 우주의 대칭을 논할 때, 우주 전체에 변화를 가하는 극단적인 경우를 떠올리지 않는다. 그저 캐치볼이나 전자의 충돌과 같이 간단한 사례로부터 대칭의 효과를 짐작할 뿐이다. 그리고 이런 경우에는 T-대칭이 존재하는 것처럼 보인다.

그렇다면 멀린이 살고 있는 '거꾸로 진행되는 우주'에서도 물리학이 제대로 작동할 것인가? 이 질문을 좀더 폼 나게 바꾸면 다음과 같다 – "물리학의 법칙은 T-대칭 변환에 대해 불변인가?" 답을 찾으려면 T-대칭이 C-대칭(전하반전대칭) 및 P-대칭(좌우반전대칭)과 어떤 관계에 있는지부터 알아야 한다. 수학적 관점에서 보면 미래로 진행하는 전자와 과거로 진행하는 양전자는 다른 점이 거의 없다.

파인만은 노벨상 수상 기념 강연에서 자신의 논문 지도교수였던 존 휠러John Wheeler와의 대화를 다음과 같이 회고했다.

> 어느 날 나는 프린스턴대학원에서 휠러 교수의 전화를 받았다. "이봐, 파인만 교수, 나는 모든 전자의 전하와 질량이 똑같은 이유를 알고 있다네." "그래요? 그 이유가 뭡니까?" "왜냐하면 그것들은 모두 똑같은 전자이기 때문이지!" (잠시 어색한 침묵…) "하지만 교수님, 양전자의 개수는 전자

보다 훨씬 적지 않습니까?" "글쎄, 양전자들은 아마 양성자 같은 입자 속에 숨어 있을 걸세." 당시 나는 모든 전자가 똑같다는 휠러의 생각을 그다지 심각하게 받아들이지 않았다. 그러나 얼마 후 나는 양전자가 '과거로 진행하는 전자'와 완전히 똑같은 형태로 표현된다는 사실을 깨달았다. 결국 나는 휠러 교수의 아이디어를 훔친 셈이다!

앞에서 예로 들었던 전선을 기억하는가? 오른쪽으로 이동하는 양전자는 왼쪽으로 이동하는 전자와 완전히 똑같다. 지금까지 얻은 결과를 종합하면 다음과 같다: 아래의 세 단계를 거치면 우리의 우주와 똑같은 우주를 만들어낼 수 있다.

1. 모든 입자를 반입자로, 그리고 모든 반입자를 입자로 바꾼다.
2. 모든 것을 거울에 비춰서 좌우를 바꾼다.
3. 시간을 거꾸로 흐르게 만든다.

이것이 바로 CPT-변환CPT transformation이다. 그래서 뭐가 어쨌냐고? 사실 이에 관해 할 말은 별로 많지 않다. 지금까지 행해진 모든 실험들이 우리의 우주가 CPT-변환에 대해 대칭(불변)임을 강하게 시사하고 있다는 것 정도다. 그러나 이것만으로도 엄청난 수확이다. 더 이상의 대칭이 없다면 CPT는 우주에 존재하는 궁극적 대칭이 되기 때문이다.

간단히 말해서, 미시세계에서 진행되는 사건은 거꾸로 돌려도 기존의 물리 법칙에 위배되지 않는다. 물리학이 근본적인 단계에서 전자와 양전자를 차별하지 않는 것처럼, 과거와 미래도 차별하지 않는다는 이야기다.

그런데도 시간은 분명히 공간과 다르게 느껴진다. 왜 그럴까? 짧은 답: 아무도 모른다. 시간이라는 게 원래 그렇다. 긴 답: 아주 좋은 질문이다! 시간은 정말 신비하면서도 흥미롭다. 아래 이어지는 내용을 계속 읽어보기 바란다.

열역학 제2법칙

당신은 미래가 아닌 과거를 기억한다. 당신은 깨진 계란을 붙일 수 없고 한 번 섞인 칵테일을 분리할 수 없으며, 한 번 쳐서 흩어진 15개의 당구공들을 다시 모을 수 없다(물론 공을 손으로 집어드는 것은 반칙이다!).

우리 주변의 모든 사물들은 시간이 흐를수록 무질서해지는 경향이 있다. 물리학에 어느 정도 관심이 있는 독자라면 이것이 열역학 제2법칙의 결과임을 알고 있을 것이다. 간단하게 "모든 만물은 결국 망가지고 부서진다"는 말로 대신할 수도 있지만, 사실 법칙 자체는 이것보다 훨씬 간단하다.

열역학은 산업혁명기에 획기적인 발전을 이루었다. 1820년대에 프랑스의 공학자 니콜라스 카르노Nicolas Carnot는 효율이 높은 증기기관을 만들기 위해 다양한 실험을 반복하던 중 "에너지의 일부는 열의 형태로 소모될 수밖에 없다"는 중요한 사실을 깨달았다. 그 후 1850년에 루돌프 클라우지우스Rudolf Clausius는 이 내용을 이론적으로 체계화하여 열역학 제2법칙을 탄생시켰다.

> 열은 어떤 경우에도 온도가 낮은 물체에서 온도가 높은 물체로 이동하지 않는다.

우주를 포함한 모든 물리계는 시간의 흐름에 따라 온도가 균일한 평형상태를 향해 나아간다. 간단히 말해서, 모든 것이 균일하게 무질서해진다는 뜻이다. 그런데 '균일하다'는 말에는 다소 모호한 면이 있다. 열역학 제2법칙에 대한 클라우지우스의 설명은 한술 더 떠서, 당대의 학자들도 도대체 무슨 소린지 갈피를 잡지 못했다. 대충 이해하고 넘어간다면 "그래, 그건 당연하지!"라며 큰소리칠 수도 있겠으나, 마음 한구석은 여전히 찜찜하다.

다행히도 클라우지우스가 제2법칙을 발표하고 20년이 지난 후에 독일의 물리학자 루트비히 볼츠만Ludwig Boltzmann이 '엔트로피entropy'라는 개념을 도입하여 모든 혼란을 말끔하게 잠재웠다. 여기에는 방정식도 필요 없다. 그저 간단한 사례를 드는 것으로 충분하다.

동전 100개를 한꺼번에 허공으로 던져보라. 그 정도로 부자가 아니라면 동전 한 개를 100번 던져도 상관없다. 정상적인 동전이라면 앞면이 나올 확률과 뒷면이 나올 확률은 같다. 자, 실험이 끝났는가? 앞면(H)이 50번 나오고 뒷면(T)도 50번 나왔다면 당신은 별로 놀라지 않을 것이다.

그러나 동전 100개가 전부 앞면(또는 뒷면)이 나왔다면(이렇게 될 확률은 이 책이 불티나게 팔릴 확률과 비슷하다. 사실 판매량이 좀 걱정되긴 한다) 당신은 소스라치게 놀랄 것이다. 어째 이런 일이!

좀 순진한 친구가 옆에서 한마디 거든다. "동전 100개가 몽땅 앞면이 나왔다고? 그게 뭐 어때서? 살다 보면 그럴 수도 있는 거 아냐?" 그렇다. 오래 살다 보면 별 일이 다 있으니, 이런 일도 일어날 수 있다. 하지만 아무리 생각해도 확률이 너무 낮다. 그렇다면 동전 100개의 앞면과 뒷면이 마구잡이로 뒤섞인 결과가 나와도 당신은 똑같이 놀랄 것인가? 백문이 불여일견이다. 내가 직접 동전을 던져보겠다. (잠시 대기…) 자, 드디어 끝났다. 방금 얻은 결과를 차례로 나열하면 다음과 같다.

HTTTHHTTTTHHTHHTTHTT

THTHTHHTHHHTHTHHHHTT

TTHHHTHTTHHHHHTHHHHT

TTTTTTHHHTTHTHTHHTHT

HHTTHHHTTTTHTHHTTTTH

내가 동전을 다시 던진다면 이와 똑같은 결과를 얻을 수 있을까? 어림도 없는 소리다. 동전을 여러 번 던질수록 그와 똑같은 배열이 다시 재현될 확률은 급격하게 줄어든다. 예를 들어 처음에 앞면이 나올 확률은 50%이고, 그 다음에 뒷면이 나올 확률도 50%이므로, 앞면과 뒷면이 연달아 나올 확률(HT)은 25%다. 물론 뒷면이 먼저 나온 후 앞면이 나올 확률(TH)도 똑같이 25%이며, TT와 HH도 마찬가지다. 그러니까 동전을 100번 던져서 임의의 특정 결과가 나올 확률은 100번 모두 앞면이 나올 확률과 똑같다. 이 확률은 약 10^{30}분의 1이다. 그런데 왜 앞면이 100번 연달아 나올 때만 놀라고, 앞면과 뒷면이 섞여서 나오면 당연하다고 생각하는가?

당신이 누군가와 사랑에 빠졌을 때, 전 세계 70억 인구 중에서 당신의 소울메이트를 찾을 확률이 얼마나 작은지 계산해본 적이 있는가? 남녀상열지사에 관심이 없다면, 당신이 이 세상에 존재할 확률이 얼마나 작은지는 알고 있는가? 당신이 태어나려면 당신의 부모님이 서로를 만나야 하고, 그 전에 당신의 할머니와 할아버지가 만나야 하고, 그 전에 증조할머니와 증조할아버지가 만나야 하고… 이런 식으로 수십, 수백만 세대에 걸쳐 기적 같은 우연이 한 치의 오차도 없이 반복되어야 한다. 대체 이 확률이 얼마나 될까?

개개의 배열은 발생할 확률이 엄청나게 작다. 그러나 우리는 사건의 결과를 집합적인 개념으로 판단하는 경향이 있다. 야구선수가 타석에 100번 들어섰는데, 몇 번째 타석에서 홈런을 치고 몇 번째 타석에서 2루타를 쳤는지는 별로 관심 없다. 중요한 것은 그 선수의 시즌타율이다. 동전 던지기도 마찬가지다. 동전을 100번 던졌을 때 나올 수 있는 앞뒤배열은 거의 10^{30}가지(정확하게는 2^{100}가지)나 되지만, 이들 중 상당수는 '앞면이 나온 총 횟수'가 같다. 가장 흔한 경우는 앞면과 뒷면이 각각 50번씩 나온 경우일 것이다.* 이럴 때 100번의 시행 결과를 순차적으로 나열한 것을 '미시상태microstate'라 하고, 전체적인 결과만 나열한 것을 '거시상태macrostate'라 한다(동전의 경우에는 앞면과 뒷면이 나온 총 횟수를 말하는데, 이보다는 기체의 온도나 밀도 등 통계적 수치를 떠올리는 편이 더 이해하기 쉽다). 동전을 100번 던졌을 때 모두 앞면이 나왔다면, 여기에 해당하는 거시상태가 단 하나뿐이기 때문에 특별하게 보이는 것이다.

기본적으로 엔트로피는 '동일한 거시상태에 속하는 미시상태의 수'로 정의된다.** 예를 들어 동전 100개가 모두 앞면이 나온 거시상태에는 단 하나의 미시상태밖에 대응되지 않기 때문에 엔트로피가 낮고, 앞면과 뒷면이 각각 50번씩 나온 거시상태에는 엄청나게 많은 미시상태가 대응되기 때문에 엔트로피가 높다. 그러나 물리학자들의 주 관심 대상은 동전이 아니라 기체와 같이 끔찍하게 복잡한 물리계이다. 과연 우리가 이런 괴물을 대상으로 엔트로피를 계산할 수 있을까? 걱정할 것 없다. 다행히도 (1) 이 책은 수학교과서가 아니고, (2) 거시상태를 애써 구분하지 않아도 우리의 논리를 펼치는 데에는 별 지장이 없다.

* 동전의 앞면과 뒷면이 똑같이 50번씩 나올 확률이 제일 높지만, 앞면이 48번, 뒷면이 52번 나왔다고 해도 크게 놀라지 않을 것이다.

** 좀더 정확하게 말해서 엔트로피는 동일한 거시상태에 속하는 미시상태의 모든 가능한 순열permutation에 자연로그ln를 취한 값이다. 그러나 이 책에서 엔트로피를 직접 계산하는 일은 없을 것이므로, 자세한 내용은 모르고 넘어가도 상관없다. 중요한 것은 거시상태에 해당하는 미시상태가 많을수록 엔트로피가 높다는 것이다. 물론 그 반대의 경우는 엔트로피가 낮다.

포커게임을 예로 들어보자. 카드 5장을 받았을 때 나올 수 있는 배열의 수는 약 260만 가지이다. 이들 중에서 가장 높은 족보인 로열 스트레이트 플러쉬가 되는 경우는 단 4개뿐인 반면, 아무런 족보도 만들어지지 않는 경우는 150만 개나 된다. 이 경우에 손에 쥔 족보(또는 족보가 만들어지지 않는 '물패')가 거시상태이고, 그 상태를 만들 수 있는 '모든 가능한 배열'이 미시상태에 해당한다. 족보를 만들지 못한 5장의 패는 로열 스트레이트 플러쉬보다 엔트로피가 높다. 반대로 로열 스트레이트 플러쉬는 가장 '질서정연한' 상태이다. 포커를 할 줄 안다면 이 정도는 기본 상식이다.

동전이나 카드보다 좀더 '물리학적인' 공기분자를 떠올려보자. 여기 조그만 상자가 하나 있다. 상자의 내부는 칸막이를 통해 두 구획으로 분리되어 있고, 칸막이에는 구멍이 뚫려 있다. 당신은 방금 공기분자 4개를 상자의 왼쪽 구획에 집어넣었다. 이들이 한쪽 영역에 집중된 상태는 질서도가 높고 엔트로피는 낮은 상태이다. 그러나 분자들은 에너지를 갖고 있으므로 한 자리에 가만히 있지 않고 상자 안을 이리저리 돌아다닌다. 특정 시간 동안 관측해보면 각 분자들이 왼쪽 구획에 머문 시간은 오른쪽 구획에 머문 시간과 같을 것이다. 이제 왼쪽 구획에 있는 분자를 L, 오른쪽 구획에 있는 분자를 R이라 하자.

4개의 공기분자들이 배열될 수 있는 경우는 총 16가지(2^4가지)가 있는데, 이들 중 모든 분자들이 한쪽 구획에 몰려 있는 경우는 LLLL과 RRRR 두 가지이고, 확률은 2/16 = 12.5%이다. 그 외의 경우는 분자들이 '좀더 균일하게 분포된 상태'에 해당한다. 예를 들어 양쪽

엔트로피

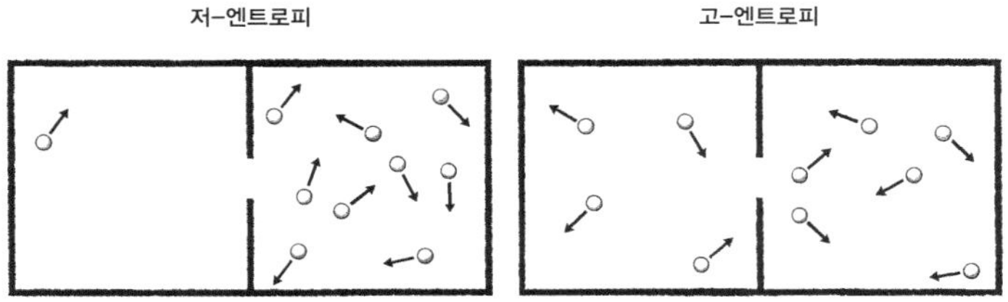

구획에 똑같이 두 개씩 들어 있는 경우는 총 6가지이며,네 개 중 두 개를 뽑는 방법의 수와 같다. – 옮긴이 확률은 37.5%이다. 분자들이 이런 식으로 균일하게 분포된 상태는 한 구획에 집중된 상태보다 엔트로피가 높다.

동전을 던지는 경우에도 이와 동일한 상황이 발생한다. 앞면이 나오는 경우는 공기분자가 상자의 왼쪽 구획에 머무는 경우인 L에, 뒷면이 나오는 경우는 R에 해당한다. 동전을 여러 번 던지면 분자들이 고르게 분포되는 것처럼 앞면과 뒷면이 나온 횟수가 거의 같아진다. 100개의 분자가 1초당 10번씩 섞인다고 했을 때, 모든 분자들이 한쪽 구획에 집중되는 현상을 한 번이라도 목격하려면 현재 우주의 나이의 1조 배쯤 기다려야 한다.

공기분자의 수를 10^{28}개로 늘려도(조그만 방 안에 이 정도의 공기분자가 들어 있다) 상황은 크게 달라지지 않는다. 시간이 흐를수록 분자들이 무작위로 뒤섞이면서 균일하게 퍼져나갈 것이다. 이 많은 분자들이 방 안의 한 지역에 집중될 수도 있지만, 확률이 너무 낮기 때문에 고려할 필요조차 없다.

이것이 바로 열역학 제2법칙이다. 간단히 말해서, 물리계의 변화는 항상 엔트로피가 커지는 쪽으로 진행된다. 동전이건 기체분자이건 간에, 시간이 흐를수록 무질서해지면서 엔트로피가 증가한다.물론 동전의 경우에는 누군가가 동전을 계속 던지고 있다는 가정하에 그렇다. – 옮긴이 만일 당신이 타임머신을 타고 미래로 가다가 도중에 길을 잃어서 어느 쪽이 과거이고 어느 쪽이 미래인지 알 수 없게 되었다면, 엔트로피가 증가하는 방향을 찾으면 된다.

그러나 엔트로피가 영원히 증가하는 것은 아니다.

우주 전체를 '기체가 들어 있는 거대한 상자'로 간주하면 결국에는 평형상태에 도달하여 엔트로피가 최댓값에 도달하고, 기체분자들이 왼쪽 구획에 존재할 확률은 오른쪽 구획에 존재할 확률과 정확하게 같아질 것이다. 우주의 엔트로피가 최댓값을 찍으면 그 다음에는 어떻게 될까? 더 이상 무질서해질 여지가 조금도 남지 않은 상태에서 분자들이 계속 돌아다닌다면 한쪽 구획에 조금이라도 더 모일 것이고, 이는 곧 엔트로피가 감소했음을 의미한다. 즉, 우주에 엔트로피가 존재한다고 해서 만물이 무조건 망가지기만 하는 것은 아니라는 이야기다. 다만, 무언가가 '잘못되는 길'이 '잘되는 길'보다 압도적으로 많은 것뿐이다.

피부로 직접 느낄 수 있는 온도를 예로 들어보자. 실제 기체에서 일부 분자들은 다른 분자들보다 빠르게 움직이고 있다. 분자의 속도가 빠르면 운동에너지가 크고, 온도란 기체분자의 운동에너지의 평균값이기 때문에, 빠른 분자가 많을수록 기체의 온도는 높아진다. 이 기체의 엔트로피가 최댓값에 도달하려면 전 지역에 걸쳐 온도가 균일해져야 한다. 국가 경제의 최대 현안인 '부의 재분배'도 이와 비슷하다. 돈이 소수 집단에 집중된 상태는 엔트로피가 낮고, 골고루 분배된 상태는 엔트로피가 높다. 다시 말해서, 돈을 한 곳에 집중시키는 방법은 극히 한정되어 있지만, 돈을 골고루 나눠 갖는 방법은 엄청나게 많다.

창조론을 지지하는 사람들은 신이 우주를 창조했다고 주장할 때 이 논리를 즐겨 사용하곤 한다. 인간의 몸은 고도로 질서가 잡힌 생명체인데, 엔트로피(무질서도)가 계속 증가하는 세상에서 이런 생명체가 탄생하려면 누군가의 '의지'가 개입되어야 한다는 것이다. 당신의 몸을 이루고 있는 원자들 중 극히 일부가 재배열되면 당신은 여전히 '당신'으로 남겠지만, 실제로 원자가 재배열되어 당신이 아닌 '다른 무엇'이 되는 방법은 엄청나게 많다. 원자를 비롯하여 당신의 몸을 이루고 있는 모든 요소와 화학 성분들을 레미콘 트럭에 넣고 섞은 후 그릇에 붓는다고 상상해보라. 과연 복제인간이 만들어지겠는가?

원리적으로 복제인간은 만들 수 있다. 자세한 내용은 이 책의 뒷부분에서 언급할 예정이다. 그러나 여기에는 대가가 따른다. 복제인간을 탄생시키려면 원본(당신)은 파괴되어야 한다.

일부 지역에서는 엔트로피가 낮을 수도 있다. 이것은 그다지 놀라운 일이 아니다. 그러나 이와 같은 현상이 나타나려면 꽤 큰 대가를 치러야 한다.

우주 전체를 놓고 볼 때, 엔트로피는 항상 증가한다. 예를 들어, 냉장고를 켜면 냉장고 내부의 공기가 차가워지면서 엔트로피는 감소하지만, 결국은 더운 공기가 부엌으로 흘러나오면서 (냉장고를 포함한) 집 안 전체의 엔트로피는 증가한다. 그래서 난방기는 혼자서도 잘 돌아가지만 냉방기(에어컨)에는 배기 장치가 따로 달려 있다. 카르노가 말한 것처럼, 에너지의 일부는 항상 열로 전환된다.

열역학 제2법칙을 피해갈 수는 없을까?

19세기에 영국의 물리학자 제임스 클러크 맥스웰James Clerk Maxwell은 열역학 제2법칙을 피해가는 기발한 사고실험thought experiment, 실현이 불가능하여 상상으로 진행하는 실험. - 옮긴이을 제안했다: 여기 기체분자로 가득 찬 상자가 하나 있다. 일부 분자는 빠르게 움직이고, 또 어떤 분자는 천천히 움직인다. 상자는 가운데 칸막이를 중심으로 두 구획으로 나

맥스웰의 요정

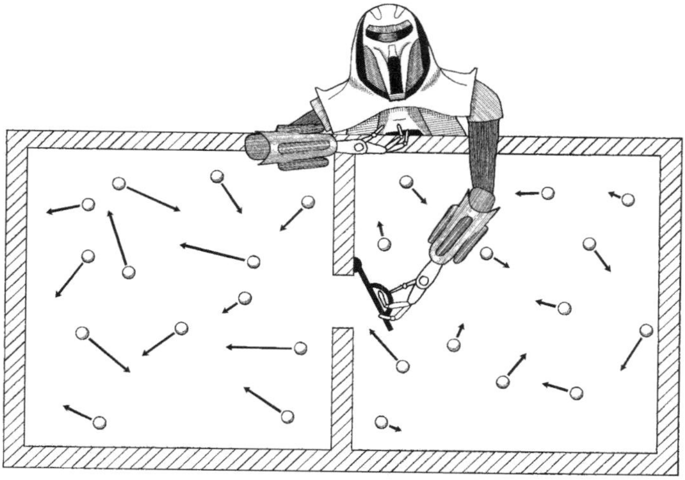

뉘어져 있으며, 칸막이에는 작은 구멍이 뚫려 있다. 그리고 그 옆에는 구멍을 열고 닫을 수 있는 개폐 장치가 달려 있다(앞 페이지 그림 참조).

상자 안에는 신기한 능력을 가진 요정이 살고 있다. 상자의 왼쪽 구획에서 차가운 분자(평균속도보다 느리게 움직이는 분자)가 구멍 쪽으로 접근하면 요정이 개폐 장치를 열어준다. 그러면 차가운 분자는 구멍을 통해 오른쪽 구획으로 이동한다. 그리고 오른쪽 구획에서 뜨거운 분자(평균속도보다 빠르게 움직이는 분자)가 구멍 쪽으로 다가오면 개폐 장치를 열어서 왼쪽 구획으로 보내준다. 그 외의 경우에는 분자들이 아무리 통사정을 해도 통로를 열어주지 않는다. 요정이 하는 일은 이것뿐이다.

간단한 것 같지만, 이런 요정을 구할 수만 있다면 냉난방을 위해 돈을 들일 필요가 전혀 없다. 위에서 말한 작업만 계속하면 상자의 왼쪽은 뜨거워지고 오른쪽은 차가워진다. 아무런 대가도 치르지 않고 왼쪽은 난방, 오른쪽은 냉방이 자동으로 되는 것이다.

나는 대학원생 시절에 이 이야기를 처음 들었는데, 당시에는 별다른 감흥을 받지 못했다. 원자 몇 개가 여기에 있건 또는 저기에 있건, 그게 무슨 상관이란 말인가? 게다가 열역학 제2법칙이 자연의 통계적 특성이라면, 인간이 개입한다고 해서 무엇이 달라지겠는가?

아니다. 달라질 수도 있다.

열역학 제2법칙의 내용을 다시 한 번 떠올려보자. 열은 뜨거운 곳에서 차가운 곳으로 이동한다. '법칙'이라는 말이 필요 없을 정도로 너무나 당연한 사실이다. 자동차나 기차와 같은 기계 장치에 투입되는 에너지의 대부분은 열로 낭비된다. 그래서 이런 기계들이 계속 작동되게 하려면 석탄이나 석유, 또는 천연가스를 끊임없이 공급해야 한다. 그런데 맥스웰의 요정을 수백만 명쯤 동원하면 낭비된 열을 유용한 에너지로 바꿀 수 있다. 간단히 말해서, 영구기관을 만들 수 있다는 이야기다!

그동안 나는 아마추어 물리학자들로부터 꽤 많은 편지를 받았는데, 대부분은 자신의 이론이 세상을 송두리째 바꿀 것이라고 호언장담하는 내용이다. 그러나 열역학 제2법칙은 만고의 진리이기 때문에, 영구기관을 만들었다거나 하는 열역학 제2법칙에 위배되는 주장은 제일 먼저 휴지통으로 들어간다. 그렇다면 맥스웰의 요정도 헛소리에 불과할까? 아니다. 어찌 보면 맥스웰은 우주의 엔트로피를 줄이는 방법을 찾아낸 셈이다. 그의 논리에는 열역학 제2법칙에 위배되는 부분이 전혀 없다. 그런데도 무언가가 찜찜한 것은 비밀의 열쇠를 미지의 요정이 쥐고 있기 때문이다.

1948년에 벨연구소의 클로드 섀넌Claude Shannon은 정보이론information theory이라는 새로운 분야를 창안했다. 양자역학이 현대의 모든 계산을 가능하게 했던 것처럼, 정보이론은 암호학과 통신, 그리고 21세기의 상징인 인터넷을 가능하게 만들었다.

정보이론이 알아낸 중요한 사실 중 하나는 정보와 엔트로피가 밀접하게 연관되어 있다는 것이다. 기체의 엔트로피가 '원자들을 서로 맞바꾸는 방법의 수'를 나타내는 것처럼, 임의의 신호에 담겨 있는 정보량은 '그 신호로 전송될 수 있는 각기 다른 메시지의 수'를 나타낸다.

예를 들어 내가 누군가에게 두 글자로 된 메시지를 전송한다고 가정해보자. 알파벳 글자 수는 26개이므로, 원리적으로는 26×26 = 676가지 조합이 가능하지만, 이들 중 대부분은 의미가 전혀 없는 조합이다. 두 글자로 이루어진 단어를 사전에서 찾아보면 101개쯤 된다.

컴퓨터에서 알파벳 두 글자로 이루어진 모든 조합을 구별하려면 원리적으로 10비트bit(0 또는 1을 나타내는 기본 연산단위)가 필요하다. 그러나 두 글자로 이루어진 '단어'를 전송할 때에는 7비트만 있으면 된다. 무려 3비트나 절약할 수 있다!

알파벳에서 몇 개의 특정 글자들은 다른 글자보다 훨씬 빈번하게 사용된다. 이 사실을 이용하면 송신할 내용의 용량을 크게 줄일 수 있다. 예를 들어 영어에서 E는 Z보다 훨씬 자주 등장한다. 행맨hangman, 처음에 글자 수만 제시된 상태에서 특정 알파벳을 하나씩 입력해가며 단어를 맞추는 게임. 6번 틀리면 게이머가 진다. - 옮긴이을 할 때 단어에 Z가 들어 있다는 사실을 알면 가능한 조합의 수가 크게 줄어들어서 단어를 맞추기가 훨씬 쉬워진다. 그래서 단어퍼즐 게임 판을 보면 E는 1점밖에 안 되지만 Z는 10점이나 된다. 그리고 모스부호Morse code에서도 E는

• •

인 반면, Z는

— — • •

이다.

모스부호로 Z를 치려면 다른 글자보다 거의 두 배의 시간이 걸리지만, 자주 나오지 않기 때문에 별 지장 없다. 메시지가 복잡할수록 더 많은 정보가 담겨 있고, 컴퓨터에 저장할 때 더 많은 디스크 공간을 차지한다.

이 점을 기억하고 다시 맥스웰의 요정으로 돌아가보자. 단, 이번에는 최첨단 신경과학을 동원하여 금속로봇을 만들었다고 가정하자. 이 로봇은 분자의 속도를 측정하는 센서를 탑재하고 있으며, 수집된 자료를 디지털 데이터로 저장할 수 있다. 이 정도면 앞에서 요정이 했던 일을 대신할 수 있을 것이다. 일반적으로 컴퓨터 메모리에는 0 아니면 1이라는 숫자가 저장된다. 당신이 저장하는 파일은 0과 1의 기다란 조합이며, 가능한 조합의 수는 엄청나게 많지만 무한히 많지는 않다. 굳이 이 숫자를 구하려면 2×2×2…와 같은 식으로 디스크의 비트 수만큼 곱해나가면 된다.참고로, 1바이트byte는 8비트이다. - 옮긴이 물론 비트 수가 많을수록 저장 가능한 패턴의 수도 많아진다.

로봇 요정은 매 순간 개폐 장치를 열 것인지 그냥 둘 것인지를 결정해야 하므로, 원자의 속도를 계속 관측하고 있어야 한다. 이 로봇은 특별히 제작된 (아주 작은) 디스크를 갖고 있는데, 여기에는 꽤 긴 시간 동안 관측된 원자의 속도가 저장되어 있다(한순간의 속도로는 구멍의 개폐 여부를 결정할 수 없기 때문이다). 실험을 처음 시작할 때, 이 디스크의 모든 비트는 0으로 세팅되어 있었다. 즉, 초기에는 엔트로피가 매우 낮았다.

만일 디스크에 0과 1의 기다란 무작위 조합이 기록되었다면 많은 양의 정보가 저장된 셈이며, 이것은 엔트로피가 매우 높은 상태에 해당한다. 그러나 우리의 로봇 요정은 아주 깔끔한 상태에서 실험을 시작했다.

이제 첫 번째 원자가 구멍으로 다가오고 있다. 요정은 속도를 측정하여 디스크에 저장한 후, 자격이 된다고 판단하여 구멍을 열어주었다. 잠시 후에 두 번째 원자가 다가오길래 다시 속도를 측정하여 디스크에 저장하려고 하는데… 어라? 디스크가 이미 첫 번째 데이터로 꽉 차 있다. 작업을 계속 진행하려면 먼저 저장된 데이터를 지우는 수밖에 없다. 바로 여기서 맥스웰의 사고실험은 난관에 봉착한다.

1961년에 컴퓨터과학자 롤프 란다우어Rolf Landauer는 "한 비트의 정보를 지울 때마다 그에 상응하는 만큼 우주의 엔트로피가 증가한다"는 놀라운 사실을 알아냈다. 원자의 운동을 기록할 때마다(결국 이 기록은 나중에 지워야 한다) 적어도 '요정이 원자를 분리하면서 애써 줄여놓은 양만큼' 엔트로피가 증가한다는 것이다. 따라서 요정이 아무리 애를 써도 우주의 총 엔트로피는 절대 감소하지 않는다. 요정이 한 일이란 엔트로피를 재분배한 것뿐이다.

요정이 갖고 있는 저장용 디스크를 좀더 자세히 들여다보자. 우리는 초기 상태에 디스크의 모든 비트가 0으로 세팅되어 있다고 가정했다. 그런데 이 가정을 철회한다면 무엇이 어떻게 달라질 것인가?

메모리의 배열 중에는 다른 경우보다 특별한 배열이 분명 존재한다. 단어퍼즐 게임의 조각들과 마찬가지로, 1과 0을 아무렇게나 늘어놓으면 대부분 무의미한 배열이 되지만, 단어퍼즐 조각 한 움큼을 집어들었는데 그것으로 완벽한 단어가 만들어질 수도 있다. 그런데 문제는 무작위로 선별된 글자 조합이 '누군가가 의도적으로 심혈을 기울여 고른 조합과' 똑같게 보인다는 것이다.

디스크에 1과 0의 무작위 조합이 기록되어 있다면, 당신은 디스크에 실질적인 데이터가 저장되어 있다고 생각할 것이다. 사람이 아닌 로봇의 경우도 마찬가지다. 그에게 복잡한 숫자 조합으로 이루어진 디스크를 보여주면 현실적인 데이터라고 생각할 것이다. 로봇의 관점에서 볼 때 디스크에 적힌 데이터는 기억과 완전히 똑같으며, 경험을 통해 형성된 실제 기억과 퍼즐 조각을 무작위로 골라서 형성된 기억을 구별할 방법은 없다.

다시 말해서 우리는 두뇌나 퍼즐 조각 또는 우주의 물리 법칙이 아무리 복잡해도, 과거에 실제로 일어났던 어떤 사건의 명확한 반영이라고 생각하는 경향이 있다.

철학자 데이비드 앨버트David Albert는 "과거는 현재보다 엔트로피가 낮다"는 과거가설Past Hypothesis을 제안했다.* 컴퓨터의 경우, 처음에

* 이것은 어디까지나 가정이다. 당신 집의 뒷마당에서 공룡의 뼈가 발견되었다 해도, 그것이 6500만 년 전에 살았던 공룡의 흔적이 아니라 최근에 묻힌 것이라고 가정해도 논리적으로는 아무런 하자가 없다(물론 그럴 가능성은 매우 낮다).

는 모든 비트들이 0으로 세팅되어 있다가 기록을 저장하면서 점차 무작위 조합으로 변해가는데, 이 현상도 과거가설로 설명된다. 이 가설이 옳다면, 기억에 저장된 모든 정보들은 과거에 일어난 사건의 실제적인 표현이라 할 수 있다. 만일 컴퓨터 디스크가 처음부터 높은 엔트로피 상태였다면, 무엇이 실제 기록이고 무엇이 잡음인지 구별할 수 없을 것이다. 컴퓨터건 우주건 간에 '과거'가 의미를 가지려면 처음에는 극도로 낮은 엔트로피에서 출발했다고 가정해야 한다.

그리고 이로부터 초기 우주와 관련된 골치 아픈 질문이 제기된다…

우주는 왜 하품 날 정도로 심심한 상태에서 시작되었을까?

뜨거운 욕탕에 몸을 담그면 처음에는 따뜻하고 편안하지만, 목욕을 빨리 마치지 않으면 물의 온도가 실내 온도와 같아지면서 으슬으슬 추워진다. 온도가 높은 곳에서 낮은 곳으로 열이 이동한다는 열역학 법칙 때문이다.

미래의 우주에도 이와 비슷한 일이 발생할 것이다. 시간이 흐를수록 우주의 온도는 균일해질 텐데, 이는 곧 '하향 평준화'를 의미한다. 별들은 핵융합 연료가 고갈되어 재만 남고 블랙홀은 증발하며, 남는 것은 어둠과 추위뿐이다. 우주의 궁극적인 상태는 균일함과 방대함, 그리고 차가운 광자로 대변된다.

그렇다면 우리라는 존재의 근원지는 어디인가? 1장에서 말한 바와 같이, 초기 우주의 마이크로파 우주배경복사의 분포 지도에는 주변보다 차갑거나 뜨거운 지역이 간간이 분포되어 있는데, 뜨거운 지역은 평균보다 10만 배 정도 뜨겁고 차가운 지역은 평균보다 10만 배쯤 차갑다.

우주의 종말은 시작과 놀라울 정도로 비슷하다. 그러나 초기 우주는 저-엔트로피 상태였던 반면, 우주의 마지막 순간에는 엔트로피가 최고조에 이른다. 왜 그럴까?

원인은 다름 아닌 중력이다. 완벽하게 매끈한 우주에서 출발하여 평균보다 밀도가 조금 높은 질량 덩어리 몇 개를 추가해보자. 과연 어떤 일이 벌어질까? 가차없이 잡아당기는 중력에 의해 주변의 작은 물체들이 모여들면서, 덩어리의 몸집이 서서히 커진다.

엔트로피는 물리계의 겉모습을 변화시키지 않으면서 내부 배열을 바꾸는 방법의 수와 관련되어 있지만, 사실은 이것이 전부가 아니다. 방사성 붕괴에서 보았듯이, 만물은 가능한 한 에너지가 낮은 상태로 회귀하려는 경향이 있다.* 분자들이 질량 덩어리로 모여들면 에너지가 열로 변환되고, 열은 근본적으로 엔트로피와 동격이다. 따라서 작은 덩어리가 커질수록 엔트로피는 증가하고, 이것이 결국에는 은하와 별, 그리고 당신을 형성하게 된다.

오늘날 우주에서 중력은 별로 강한 힘이 아니지만, 모든 것이 작

* 낮은 에너지 상태로 가려면 남아도는 에너지가 어디론가 방출되어야 한다. 열역학 제1법칙은 에너지 보존법칙이다. 위의 경우에는 중력 위치에너지가 열로 변환된 것이다.

은 공간에 모여 있던 초기 우주에서는 중력이 미래를 좌우하는 제1요인이었다. 작은 영역에서 작용하는 국소적 중력은 먼 미래보다 현재에 훨씬 중요한 역할을 한다. 초기 우주처럼 중력이 모든 것을 좌우하는 우주에서 '매끈한 분포'는 가장 낮은 엔트로피에 해당하지만, 중력이 별로 중요하지 않은 미래의 우주에서 매끈한 분포는 가장 높은 엔트로피에 해당한다.

은하의 분포 상태를 자세히 관찰하면 중력의 영향을 실감할 수 있다. 지난 2000년에 우주의 지도를 작성하는 슬론 디지털 스카이 서베이Sloan Digital Sky Survey, SDSS 프로젝트가 발족된 후로 거의 100만 개에 가까운 은하의 거리를 측정했고 수억 장에 달하는 천체 사진을 촬영했는데, 지금까지 얻어진 데이터에 의하면 모든 천체들은 구형이나 막대형 등 명확한 형태를 갖고 있다. 그러나 과거로 거슬러 올라가면 (또는 아주 먼 천체를 관측해보면) 우주는 믿기 어려울 정도로 매끈했다.

이것은 매우 난해한 수수께끼로, "시간은 왜 한쪽 방향으로만 흐르는가?"라는 질문과 깊이 연관되어 있다. 우주의 진화 과정을 촬영하여 거꾸로 돌리면 모든 것은 높은 엔트로피에서 시작하여 낮은 엔트로피로 끝날 것이다. 그리고 앞서 말한 대로 우리가 알고 있는 물리법칙들은 시간을 거꾸로 돌려도 여전히 성립한다.

그렇다면 지금의 우주에 약간의 변형을 가해보자. 많이도 필요없다. 이곳저곳에서 원자 몇 개만 골라 위치를 조금 바꾸는 것으로 충분하다. 이런 우주를 거꾸로 돌려도 매끈한 우주에 도달할 것인가?

아니다. 완전히 다른 우주에 도달한다. 이런 경우에 엔트로피가 낮은 우주에 도달할 가능성은 우리의 우주가 낮은 엔트로피 상태로 나아갈 가능성만큼 낮다.

사실 '가능성이 낮다'는 말도 그 뜻을 정의하기가 쉽지 않다. 통상적으로 어떤 사건이 일어날 가능성이 낮다는 것은 앞서 일어난 사건으로 미루어볼 때 발생 확률이 낮다는 것을 의미한다. 그런데 우주가 탄생하던 무렵에는 '앞서 일어난 사건'이라는 것이 아예 없었다.

이것은 데이비드 앨버트의 과거가설을 다소 확대 해석한 결과이지만, 자연의 법칙이 원래 그럴 수도 있다. 초기 우주의 엔트로피가 낮았던 것이 법칙의 일부일 수도 있는 것이다. 나는 개인적으로 이런 식의 설명을 별로 좋아하지 않지만, "초기 우주는 그냥 엔트로피가 낮았기 때문에 저-엔트로피 상태에서 시작되었다. 더 이상 묻지 마라"는 대답밖에 딱히 할 말이 없다.

예를 들어 우리의 우주는 최초의 우주가 아닐 수도 있다. 프린스턴대학의 폴 스타인하르트Paul Steinhardt와 케임브리지대학의 닐 투록Niel Turok을 비롯한 일단의 물리학자들은 우주가 팽창을 주기적으로 반복한다는 가설을 내놓았다. 소위 '에크피로틱 우주모형ekpyrotic model'* 으로 알려진 이 이론의 가장 큰 특징은 우주의 모든 지역이 흐르는 시간과 함께 점점 커진다는 것이다. 이런 우주에서 엔트로피는 감소하지 않지만, 우주가 커질수록 작은 영역의 엔트로피는 점차 희박해

* 에크피로틱ekpyrotic은 '불로 변한다'는 뜻의 그리스어이다.

진다. 우리의 우주는 엄청나게 방대한 '에크피로틱 다중우주'의 한 부분일 수도 있다.

다른 이론도 있다. 칼텍의 물리학자 숀 캐럴Sean Carroll은 우리 우주(그리고 어딘가에 존재할 수도 있는 다른 거품우주들)에서 흐르는 시간이 엔트로피를 증가시키는 주된 요인이라고 주장한다. 잠시 그의 말을 들어보자.

> 시간이 미래로 흐르는 것은 "미래로 갈수록 엔트로피가 증가하기 때문"이 아니다. 만일 시간이 미래가 아닌 다른 방향으로 흘렀다면 엔트로피는 완전히 다른 양상으로 변했을 것이다. 다시 말해서, "엔트로피를 증가시키기 위해" 시간이 미래로 흐르는 것이 아니라는 이야기다.

이보다 더 급진적인 이론도 있다. 네덜란드의 물리학자 에릭 베를린데Erik Verlinde는 중력과 같이 근본적인 현상조차도 열역학 제2법칙과 끈이론string theory의 결과라고 주장하고 있다.

흥미로운 생각이긴 하지만, 학계의 중론은 아니다. 나는 개인적으로 이들의 주장을 별로 신뢰하지 않는다. 다음 장에서 다중우주에 대해 꽤 많은 이야기를 하게 될 텐데, 사실대로 말하자면 지금까지 거품우주가 존재한다는 증거는 단 한 건도 발견되지 않았다.

우리의 우주는 왜 낮은 엔트로피에서 출발했을까? 나는 "그냥 초기에 엔트로피가 낮았기 때문"이라고 생각한다. 앞에서도 말했지만 시간의 기원을 논할 때에는 확률이 아무런 의미가 없다. 그래서 초기 우주의 엔트로피가 극단적으로 낮았던 이유를 누군가가 아무리 열심히 설명해도, 무엇이 가장 그럴듯한 추론인지 판단하기 어렵다. 여기서 잠시 파인만의 이야기를 들어보자.

> 과거에 엔트로피가 낮았다는 것은 꽤 그럴듯한 가정이다. 이런 가정을 내세워야 경험적 사실을 설명할 수 있고, 더 근본적인 사실로부터 저-엔트로피 상태를 유도할 생각을 하지 않을 것이기 때문이다.

이것은 '태초의 원인'을 논할 때마다 항상 부각되는 문제이다. 시간의 기원은 단 하나뿐이므로, 그때 적용되었던 법칙을 짐작하기도 쉽지 않다. T-대칭에 의하면 우주의 법칙은 미시적 스케일에서 가역적可逆的이지만, 우주가 끝나는 날에 창조의 순간으로 되돌아가는 길은 단 하나뿐이다. 기원이 분명하지 않은 시간대칭이 '유일한 창조의 순간'을 가리키고 있는 것이다.

THE UNIVERSE IN THE REARVIEW MIRROR

HOW HIDDEN SYMMETRIES SHAPE REALITY

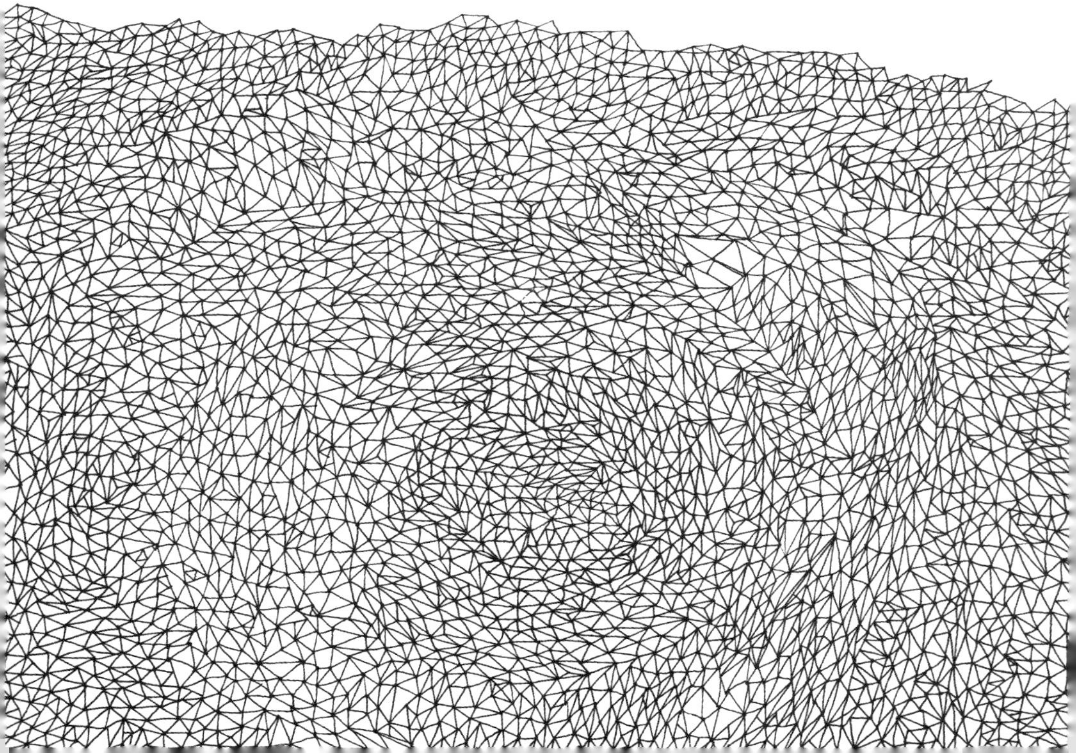

3

우주원리

밤이 되면 왜 어두워지는가?

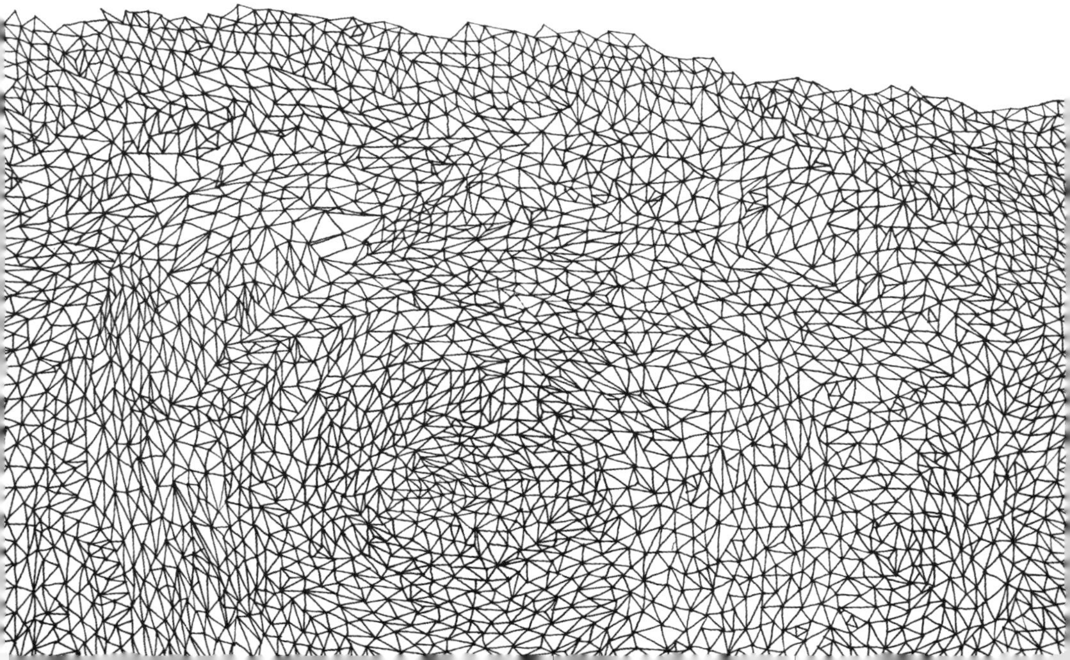

이 장의 본론으로 들어가기 전에, 독자들에게 두 가지 사실을 강조하고 싶다. 첫째는 아무리 두서없고 단순한 질문이라도 절대 가볍게 여기지 말라는 것이다. 질문이 아무리 하찮게 보여도, 그 답을 찾는 와중에 완전히 새로운 사실을 발견하는 경우가 종종 있기 때문이다. 두 번째는 우리가 너무나도 평범한 존재임을 항상 기억해야 한다는 것이다. 그러나 이 두 가지 사실을 뇌리 속에 담아두면 유아론唯我論, solipsism, 자아와 그 의식만이 실재하고 그 외의 인간과 사물들은 본인의 의식이 투영된 결과에 불과하다는 이론. - 옮긴이에 빠지기 쉬운 것도 사실이다. 이 우주는 오직 당신 한 사람만을 위해 존재할지도 모른다. 누가 알겠는가?

농담이 아니다. 자신이 우주의 중심이라는 생각은 너무나 매혹적이고 겉으로 드러나는 부작용도 별로 없기 때문에, 누구나 쉽게 빠져

들곤 한다. 지금 당장 밖으로 나가서 하늘을 바라보라. 태양과 행성, 그리고 모든 별들이 당신을 중심으로 돌아가고 있지 않은가. 우주를 바라보는 관점은 개개인의 자존감에 따라 얼마든지 달라질 수 있다.

이런 선입견에 빠져 있다 보면 누군가가 심오한 질문을 해도 귀에 잘 들어오지 않는다. 한 가지 예를 들어보자. 밤은 왜 어두운가? 길거리에서 사람을 붙잡고 이런 질문을 하면 십중팔구 짜증을 내면서 "그야 태양이 지구 반대편에 있으니까 그렇지! 넌 유치원도 안 나왔냐?"라는 대답이 돌아올 것이다. 그런데 엄밀히 말하면 이것은 옳은 답이 아니다. 밤이 어두운 이유를 설명하는 것은 결코 만만한 과제가 아니다. 당장은 실감이 안 나겠지만, 이 질문에 제대로 답하려면 또다시 대칭 문제로 돌아가야 한다.

우주의 중심

고대인들은 우주의 작동원리를 완전히 잘못 이해하고 있었기 때문에, 밤하늘이 어두운 이유를 놓고 별로 큰 고민을 하지 않았다. 앞서 말한 대로 아리스토텔레스가 물리적 세계에 대해 언급했던 내용은 거의 대부분이 잘못되었다. 이 세상이 다섯 가지 원소*로 이루어져 있다는 주장은 말할 것도 없고, 중력의 작동원리와 천동설도 사실과 한참 동떨어진 이론이었다. 내가 보기에 그는 과학보다 윤리학에 더 뛰어난

* 아리스토텔레스가 생각했던 다섯 가지 원소는 흙, 물, 불, 공기, 그리고 에테르aerher였다. 특히 에테르는 별과 천구天球를 이루는 물질로 간주되었다.

자질을 타고났던 것 같다.

그러나 아리스토텔레스가 잘못된 판단을 내린 데에는 그럴만한 이유가 있었다. 그가 살았던 기원전 4세기는 물리학이라는 분야가 처음 태동한 시기로서, physics의 어원인 phusikes도 그가 만들어낸 신조어였다. 아리스토텔레스가 물리학에 대해 기록한 거의 모든 내용은 당시 사람들에게 진리로 받아들여졌다.

예를 들어 무거운 물체는 가벼운 물체보다 빨리 떨어진다. 그러나 이것은 자연의 기본 원리가 아니라 공기저항이라는 부가적 요소가 개입된 결과이다. 공기저항은 질량과 거의 무관한 반면 중력은 질량에 비례하여 커지기 때문에, 무거운 물체의 추락 속도는 공기저항의 영향을 거의 받지 않는다. 그리고 하늘을 바라보면 태양을 비롯한 모든 별들은 정말로 지구 주변을 공전하는 것처럼 보인다.

실제로 태양과 지구는 태양의 중심으로부터 지구 쪽으로 450km 떨어진 점을 중심으로 서로 공전하고 있다. 공전의 중심이 자신의 몸 안에 있기 때문에, 태양은 지구처럼 돌지 않고 그냥 제자리에서 흔들리는 정도이다. 그러나 맨눈으로는 이 사실을 절대로 알 수 없다. 또한 태양과 지구를 비롯한 태양계 안의 모든 천체들은 은하수의 중심으로부터 2만 7000광년 떨어진 곳에 자리잡고 돌고 있으며, 은하수 전체는 지름이 1억 광년이 넘는 처녀자리 초은하단Virgo supercluster의 일부에 불과하다.

아리스토텔레스는 한 가지 면에서 직관적으로 옳은 판단을 내렸다. 그것은 바로 이 우주가 대칭의 지배를 받고 있다는 사실이다. 그의 저서인 『자연학*Physics*』에는 다음과 같이 적혀 있다.

> 원운동을 하는 물체에게는 '특별한 위치'라는 것이 없다. 원주 상의 한 점이 다른 점들보다 특별할 이유가 어디 있겠는가? 모든 점들은 시작점이 될 수 있고, 중간지점이나 종착점이 될 수도 있다. 그러므로 만물은 "항상 시작점이나 종착점에 있다"고 말할 수도 있고, "단 한 번도 시작점이나 종착점에 놓인 적이 없다"고 말할 수도 있다.

원을 3차원으로 확장한 구는 대칭성이 가장 높은 도형으로, 어느 방향으로 돌려도 모양이 변하지 않는다(그래서 어느 모로 보나 괴짜인 사람을 '구형 괴짜'라 부른다). 지구도 자전을 하지 않았다면 완벽한 구형이었을 것이다. 또한 지구는 달과 행성, 태양, 그리고 멀리 있는 별 등 여러 겹으로 이루어진 동심구同心球의 중간쯤에 놓여 있다.

그런데 잠깐! 뭔가 좀 이상하다. 고대인들은 이 세상이 평평하다고 생각하지 않았던가? 아니다. 천만의 말씀이다. 고대인들은 여러 가지 면에서 잘못된 생각을 갖고 있었지만, 놀랍게도 지구의 형태만은 정확하게 파악하고 있었다.

피타고라스Pythagoras(직각삼각형 정리의 원조)가 살았던 기원전 6세기에도, 이 분야에 관심을 가졌던 사람들 대부분은 지구가 둥글다고 생각했다. 여기서 잠시 생물학자 스티븐 제이 굴드Stephen Jay Gould의 말을 들어보자.

학문의 역사를 통틀어서 '평평한 지구'가 학자들에게 정설로 받아들여진 시기는 단 한 번도 없었다(일반인들의 생각은 시대에 따라 달랐고, 과거보다 퇴보한 시기도 있었다). 고대 그리스인들은 지구가 둥글다는 것을 확실하게 알고 있었으며, 중세의 학자들도 지구 구형설을 기정 사실로 받아들였다.

지구는 둥글지만, 완벽한 구형은 아니다. 17세기 말에 뉴턴은 순전히 이론에 입각하여 지구가 남북으로 약간 납작한 타원형임을 알아냈다. 그 후 18세기에 탐험가들이 세계 곳곳을 여행하면서 지구를 측정했고, 결국 뉴턴의 이론은 사실로 판명되었다. 지구의 중심에서 적도까지의 반지름은 남극에서 북극까지의 반지름보다 약 30km 정도 길다.

완벽한 구형이건 아니건 간에, 아리스토텔레스의 우주모형은 심각한 문제점을 안고 있었다. 그의 모형에 의하면 행성들은 한쪽 방향으로 일관되게 움직여야 하는데, 실제로는 가끔씩 반대 방향으로 역행하는 경우가 있다. 게다가 행성들은 한 주기를 도는 동안 밝기가 수시로 변하는데, 아리스토텔레스는 그 이유도 설명하지 못했다.

서기 2세기경에 클라우디우스 톨레미Claudius Ptolemy, 클라우디오스 프톨레마이오스Claudios Ptolemaeos의 영어식 표현. – 옮긴이는 『알마게스트*Almagest*』라는 저서를 통해 아리스토텔레스의 지구중심모형을 완성시켰다(알마게스트는 "가장 위대하다"는 뜻이다).* 톨레미의 우주모형에서 행성들은 주전원周轉圓, epicycle(커다란 원주 위에 중심을 둔 작은 원)을 따라 움직이는데, 실제로 그는 이 모형을 이용하여 각 행성들이 밤하늘에 나타나는 시기를 매우 정확하게 예측할 수 있었다. 소위 '톨레미의 천동설'로 알려진 이 모형은 향후 1500년 동안 과학계와 종교계의 정설로 자리 잡게 된다.

망원경이 없었던 고대에는 태양이 우주의 중심이라고 생각할 만한 근거가 별로 없었으니, 천동설이 받아들여진 것도 무리는 아닌 것 같다. 그러나 톨레미보다 400년 전에 살았던 그리스의 천문학자 아리스타르코스는 태양중심설을 주장했다.** 그의 업적은 현대에 제대로 전해지지 못했지만, 아르키메데스Archimedes를 비롯한 일부 학자들의 저서에서 종종 언급되고 있다.

> 아리스타르코스는 별과 태양이 하늘에 고정되어 있고 지구가 태양을 중심으로 공전하고 있다는 가설을 책으로 발표한 적이 있다. 그의 주장에 의하면 별들은 천구의 표면에 고정되어 있으며, 태양은 천구의 중심과 표면의 중간쯤에 자리 잡고 있다. 그리고 천구는 너무나 크기 때문에 지구가 그리는 원궤도는 거의 점이나 마찬가지다.

아리스타르코스의 우주모형은 매우 단순하면서 현대의 측정 결

* 네, 잘 알아모시겠습니다. 진심입니다.

** 아리스타르코스는 이 책의 앞부분에서 이미 언급된 바 있다. 그는 지구와 태양 사이의 거리를 가장 정확하게 계산한 고대인이었는데, 이것은 결코 운 좋게 얻어진 결과가 아니었다. 다들 알다시피 태양은 하늘에서 가장 크게 보이는 천체이다. 만일 태양까지의 거리가 아주 멀다면 태양은 지구보다 엄청나게 클 것이다. 그리고 태양이 지구보다 크다면 태양이 지구를 공전하는 것보다 지구가 태양을 공전할 가능성이 더 높다.

과와 거의 일치할 정도로 정확하다. 그러나 중세교회의 성직자들은 "태양과 같은 별들이 사방에 널려 있으면 지구는 우주의 중심이 아니라는 뜻"이라며 아리스타르코스의 가설을 배척했다.

그 후의 이야기는 독자들도 잘 알고 있을 것이다. 톨레미의 천동설을 정식 교리로 수용한 중세 가톨릭교회는 지구가 우주의 중심이 아니라는 모든 주장을 이단으로 간주했다.

1543년에 폴란드의 천문학자 니콜라우스 코페르니쿠스Nicolaus Copernicus는 『천구의 회전에 관하여*De revolutionibus orbium coelestium*』라는 저서를 통해 아리스타르코스의 우주모형을 부활시켰다. 이 책의 서문에서* 코페르니쿠스는 책임을 회피하는 듯한 우회적 말투로 다음과 같이 적어놓았다.**

> 지난 수백 년 동안 지구는 우주의 중심에 고정되어 있는 것으로 여겨져 왔다. 이 사실을 잘 아는 사람에게 내가 "지구는 움직이고 있다"고 주장한다면, 그는 내가 미쳤다고 생각할 것이다… 천구의 회전모형에 지구가 움직이고 있다는 가정을 추가하면 어느 부분이 어떻게 달라질까? 이 점에 대해 나의 의견을 피력하고자 한다.

* 이 책의 서문을 코페르니쿠스의 조수가 작성했다는 설이 있다. 만일 이것이 사실이라면 그를 책임회피형 인간으로 간주한 점, 깊이 사과하는 바이다.

** 직설화법을 구사했다면 묶인 채 화형에 처해지거나, 고문을 당하거나, 최소한 체포되어 죄인 취급을 받았을 것이다.

요즘 말로 풀어쓰면 다음과 같다. "걱정할 것 없다. 이 책에 적힌 내용은 그저 단순한 수학적 연습일 뿐, 진짜 우주가 이렇다고 주장하는 것이 결코 아니다." 평소 외국어에 탁월한 재능을 발휘했던 코페르니쿠스는 이 책을 라틴어로 집필했고, 그 덕분에 자신의 이단적인 생각이 세간에 퍼져나가는 것을 방지할 수 있었다. 그러나 그는 책이 출간된 직후에 세상을 떠났다(일반 대중은 속여도 신은 못 속인다는 의미일까? 나도 잘 모르겠다).

코페르니쿠스와는 비교가 안 될 정도로 과격한 사람도 있었다. 도미니크회의 수도사였던 지오다노 브루노Giordano Bruno는 태양이 우주의 중심이며, 모든 별들이 태양과 비슷하다고 주장했다(그의 주장은 부분적으로 옳았다). 그는 가정을 내세우지 않고 자신의 생각을 직설적으로 표현했는데, 예를 들면 다음과 같은 식이었다.

> 하늘에는 무수히 많은 별자리와 별, 행성들이 있지만, 우리는 별만 볼 수 있다. 행성은 작고 어두워서 보이지 않는다. 모든 별에는 지구처럼 그 주변을 공전하는 행성이 있으며, 이들은 지구보다 못할 것도, 더 나을 것도 없다. 이런 곳에 인간과 비슷하거나 더 우월한 존재가 살지 않는다고 단정할 만한 증거는 어디에도 없다.

우주에 행성이 상상을 초월할 정도로 많다는 브루노의 주장은 결국 사실로 판명되었다. 이 글을 쓰고 있는 지금, 우리 은하 안에서 발견된 행성과 행성 후보의 수가 800개를 넘어선다. 외계행성을 찾기 위해 발사된 케플러 탐사 위성이 초기에 보내온 데이터에 의하면 생명체가 살 수 있는 행성도 상당히 많을 것으로 추정된다. 그러나 옳은 주장이 항상 수용되는 것은 아니다. 브루노는 1600년에 열린 종교재판에서 이단으로 판결받고 화형에 처해졌다.

그 후 태양중심설을 지지하는 증거들이 연달아 발견되었고, 1609년에는 독일의 천문학자 요하네스 케플러Johannes Kepler가 『신천문학*Astronomia nova*』이라는 저서를 통해 그 유명한 '행성의 운동법칙'을 발표했다. 그는 당대 최고의 천문관측가였던 튀코 브라헤Tycho Brahe*의 제자였는데, 괴팍한 성격으로 유명했던 브라헤는 섬에 마련된 천체관측소에 거의 평생 눌러 살면서 행성을 관측했다고 한다. 그는 톨레미의 우주모형과 코페르니쿠스의 천동설을 짜깁기하여 "태양이 지구의 주변을 돌고 있지만, 다른 행성들은 태양 주변을 돌고 있다"고 생각했고, 이것을 증명하기 위해 평생 하늘을 바라보았다.

1601년에 브라헤는 평생에 걸쳐 모아온 관측 데이터를 케플러에게 고스란히 물려주고 세상을 떠났다. 훗날 케플러는 당시의 느낌을 다음과 같이 적어놓았다.

튀코 브라헤가 죽은 후, 나는 더 이상 스승의 눈치를 보지 않고 관측 데이

* 튀코 브라헤는 맨더럽 파스버그Manderup Parsberg라는 귀족과 결투를 벌이다가 코를 잃었다고 한다. 믿을 만한 소식통은 아니지만, 전하는 이야기에 따르면 두 사람은 서로 자기가 수학을 더 잘한다며 언쟁을 벌이다가 칼로 결판을 내기로 했고, 결투 도중에 브라헤의 코가 잘려나갔다. 그 후로 브라헤는 금과 은을 섞어서 만든 보철물을 항상 코에 끼우고 다녔다. 노파심에서 하는 말인데, 중세의 천문학자들은 대부분이 온화하고 점잖은 신사였다. 튀코 브라헤가 워낙 기인이어서 그랬던 것이니, 오해는 말아주기 바란다.

케플러의 행성궤도

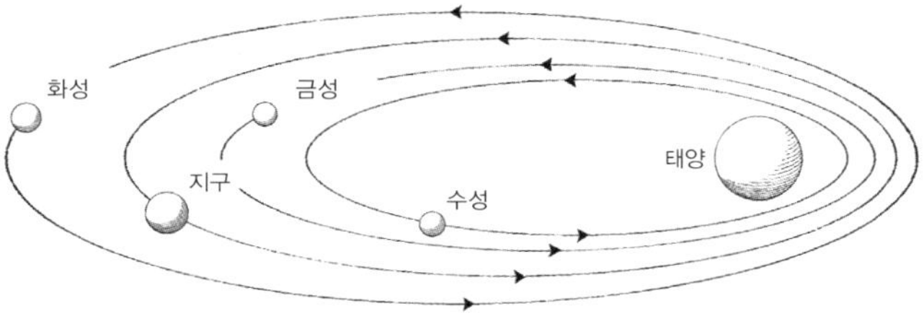

*이 그림은 실제 축척과 다름.

터를 내 마음대로 활용할 수 있었다. 후계자로서 당연한 권리겠지만, 다른 한편으로는 그의 업적을 훔쳤다는 느낌을 지우기 어려웠다.

어쨌거나 케플러가 브라헤의 뒤를 이은 것은 다행스러운 일이었다. 그는 관측 자료를 면밀히 분석한 끝에 행성들의 궤도가 원이 아니라 타원이라는 사실을 알아냈다.

그러나 대부분 행성의 궤도는 거의 원에 가까운 타원이다. 지구와 태양 사이의 거리는 평균 1억 5000만km인데, 가장 가까울 때(1월 초)와 가장 멀 때(7월 초)의 거리 차이는 500만km에 불과하다(태양과 가장 가까운 지점을 근일점近日點, perihelion, 가장 먼 지점을 원일점遠日點, aphelion이라 한다). 지구의 북반구는 여름보다 겨울에 태양에 더 가깝다. 그런데 여름에 기온이 더 높다는 것이 이상하지 않은가? 이상할 것 없다. 지구와 태양 사이의 거리는 계절 변화에 별다른 영향을 미치지 않는다.*

케플러는 행성의 타원궤도를 놓고 한동안 고민에 빠졌다. 행성들이 정말로 원이 아닌 타원궤도를 돌고 있다면, 선배 천문학자들이 그

간단한 사실을 왜 알아내지 못했단 말인가? 또한 그는 『우주의 신비 *Mysterium cosmographicum*』라는 저서에서 모든 행성의 궤도가 플라톤의 도형에 내접한다는 새로운 아이디어를 제안했다. 마치 천문학 버전의 터더큰turducken, 칠면조 속에 오리고기를 채우고 오리 속에 닭고기를 채운 요리. – 옮긴이을 보는 기분이다.

구에 내접하는 8면체와 20면체, 12면체, 4면체, 그리고 6면체 등을 이용하면 수성에서 토성에 이르는 여섯 개 행성의 공전궤도를 근사적으로 서술할 수 있다(아래 그림 참조). 물론 이 모형은 틀린 것으로 판명되었지만, 대칭으로부터 과학적 사실을 유추한 또 하나의 사례라고 할 수 있다.

케플러의 행성운동법칙은 모든 것을 완벽하게 설명해주었으나, 태양중심모형이 사람들에게 수용될 때까지는 한참을 더 기다려야 했다. 다행히도 케플러가 『신천문학』을 탈고했던 1609년 무렵에 갈릴레오가 최초의 천체망원경을 제작하여 천문 관측의 새로운 장을 열었다.

갈릴레오는 망원경으로 수성과 금성이 달처럼 차고 기운다는 사실을 확인했다. 이것은 수성과 금성이 태양의 주변을 공전해야만 나타날 수 있는 현상이다. 또한

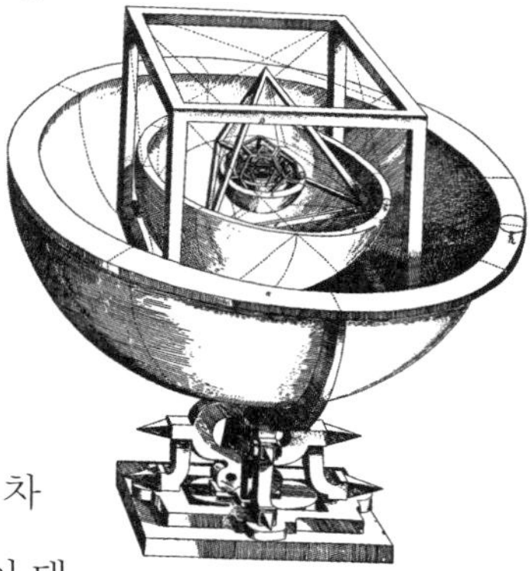

『우주의 신비』에서 묘사된 케플러의 플라톤의 다면체 구조 태양계 모형.

* 계절 변화는 지구의 자전축이 공전면에 대하여 23.5도 기울어져 있기 때문에 나타나는 현상이다. 이것 때문에 북반구는 6, 7, 8월에 태양과 마주보는 시간이 길어지고 남반구는 그 반대이다. 이 사실을 모르고 있는 사람들이 의외로 많다.

그는 은하수가 무수히 많은 별과 행성의 집단이라는 것도 알아냈다. 그 외에도 많은 사실들을 알아냈지만, 가장 중요한 업적은 목성의 위성을 발견한 것이다.

> 수성과 금성이 태양 주변을 공전하는 것처럼, 세 개의 천체가 목성을 태양으로 삼아 그 주변을 공전하고 있다.

목성이 위성을 거느리고 있다는 것은 그 동네에서 목성이 계의 중심이라는 뜻이다. 그런데 목성보다 훨씬 작은 지구가 어떻게 우주의 중심이라는 말인가?

나중에 갈릴레오는 종교재판에 회부되어 지구가 움직인다는 주장을 철회한다는 각서에 서명하고 남은 여생 동안 집 밖으로 나가지 못하는 가택연금에 처해졌으나, 브루노처럼 극단적인 최후는 피해갈 수 있었다. 그 후로 17세기 말까지 행성과 관련된 문제는 과학계의 큰 이슈가 되지 못했다. 빛의 파동설을 최초로 주장했던 네덜란드의 물리학자 크리스티안 하위헌스Christiaan Huygense도 1698년에 다소 위험한 발언을 한 적이 있다.

> 외계의 다른 별들이 우리의 태양처럼 여러 개의 행성과 달을 거느리지 않는다고 누가 장담할 수 있겠는가?

100년 전이라면 하위헌스도 교회로부터 심각한 위협을 받았겠지만, 당시 사람들은 행성에 대체로 무관심했기 때문에 아무런 처벌도 받지 않고 조용히 넘어갈 수 있었다.

당신이 어디를 가건, 그곳에 당신이 있다

"지구가 있는 곳은 우주에서 전혀 특별한 장소가 아니다!" – 코페르니쿠스는 이 엄청난 사실을 제일 먼저 간파한 사람이었다. 그 후로 천문학에서 새로운 사실이 발견될 때마다 인간은 점점 더 변방으로 밀려났다. 인간은 우주의 주인은커녕, 바닷가에 뒹구는 한 조각 모래알처럼 지극히 평범하고 하찮은 존재였던 것이다. 갈릴레오는 우주에 무수히 많은 별들이 있으며, 태양이 우주의 중심이라면 그들도 똑같이 우주의 중심이 될 자격이 있다고 주장했다.

1918년에 미국의 천문학자 할로 섀플리Harlow Shapley는 은하수 안에서 발견된 구상성단globular cluster 69개의 위치를 측정하여 은하 지도를 작성했다. 구상성단은 수십만 개의 별들이 구형으로 밀집되어 있는 천체로서, 은하 전체에 골고루 분포되어 있을 것으로 추정된다. 섀플리는 은하수 안에서도 태양계가 지극히 평범한 곳에 자리 잡고 있음을 확인했다. 우리의 태양은 은하수 안에 있는 수백억 개의 별들 중 하나에 불과했던

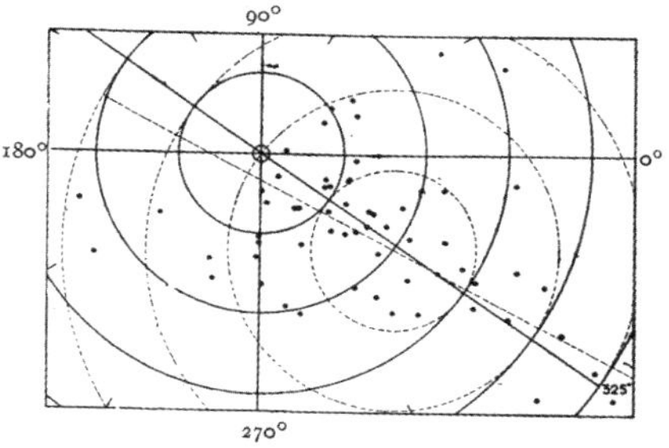

은하수를 배경으로 나타낸 구상성단의 위치. 십자 모양의 교차점에 우리의 태양이 자리 잡고 있다. 이 지도에는 은하경도가 30도 간격으로 표현되어 있으며(실선으로 그린 동심원), 가장 작은 원의 반지름은 수천 파섹에 달한다. 물론 대부분의 태양계는 이보다 작다. 여기서 바깥쪽으로 원이 한 단계 커질 때마다 반지름은 1만 파섹씩 증가한다. 그림에서 점선으로 그린 직선은 은하의 주축을 나타내고, 점선으로 그린 원은 은하를 중심으로 하는 동심원이다. 그림 상에는 구상성단이 검은 점으로 표현되어 있는데, 실제 크기는 이 점보다 4배 정도 작다. 은하의 중심에서 1만 5000파섹 이상 떨어져 있는 구상성단은 이 그림에 포함되지 않았다.

것이다.

더글러스 애덤스Douglas Adams의 소설 『은하수를 여행하는 히치하이커를 위한 안내서*The Hitchhiker's Guide to the Galaxy*』는 다음과 같은 구절로 시작된다.

> 저 멀리 은하 서쪽 나선의 끝, 지도에도 나와 있지 않은 그 외딴 곳에 아무도 신경 쓰지 않는 작고 노란별이 하나 있다.
> 이 별에서 대략 9800만 마일(약 1억 5000만km)* 떨어진 곳에 별 볼일 없는 작은 행성 하나가 공전하고 있는데, 이 행성에 사는 원숭이의 후손들은 어찌나 원시적인지 전자시계만 봐도 신기하다면서 탄성을 내지른다.

지구가 우주의 중심이라고 굳게 믿어왔던 인간은 태양계의 변방으로 밀려난 후, 은하수에서도 외진 곳으로 밀려나는 신세가 되었다. 이 정도면 충분히 설움을 받은 셈인데, 우주의 가혹한 추방령은 여기서 끝나지 않았다. 1920년대에 미국의 천문학자 에드윈 허블이 새로운 은하를 발견한 것이다. 알고 보니 태양계가 속해 있는 은하(은하수)는 우주에 흩어져 있는 수천억 개의 은하들 중 하나에 불과했다. 앞서 말한 대로 과학자들은 슬론 디지털 스카이 서베이SDSS 프로젝트를 통해 수억 개에 달하는 은하의 위치를 확인한 바 있다. 지금까지 얻어진 관측 자료로 미루어볼 때 우주의 관측 가능한 영역에는 적어

* 정확한 값은 9800만이 아니라 9300만 마일이다. 그러나 더글러스 애덤스는 천문학자가 아닌 데다가 영국인이므로, 이 정도 실수는 눈감아줄 수 있다.

도 수조 개의 은하가 존재할 것으로 추정되는데, 이들은 전체 공간에 걸쳐 놀라울 정도로 균일하게 분포되어 있다. 대칭용어를 써서 표현하자면 우주는 '균질적homogeneous이다.' 또한 우주는 동서남북 어느 쪽을 바라봐도 생긴 모양이 거의 똑같은데, 천문학자들은 이것을 '등방적isotroic'이라고 표현한다.

균질성과 등방성을 합친 것이 소위 말하는 '우주원리Cosmological Principle'이다. 이 원리에 의하면 우주는 방향과 장소에 상관없이 거의 똑같은 형태를 유지하고 있다. 우주원리는 관측을 통해 얻어지긴 했지만, 아직은 일종의 공리에 가깝다. 물리학의 법칙이 시간이 흘러도 변하지 않는다는 가정으로부터 과거와 미래를 유추하는 것처럼, 우주원리를 가정하면 우주의 다른 부분에서 얻은 데이터를 논리적으로 해석할 수 있다.

천문학의 무대를 은하수 바깥으로 넓힌 사람은 에드윈 허블이었다. 그 덕분에 우리는 우주가 얼마나 큰지 알게 되었으며, 모든 은하들이 우리로부터 일제히 멀어지고 있다는 새로운 사실도 알게 되었다.

사람들은 우주가 팽창한다는 이야기를 들으면 흔히 팽창의 중심을 떠올리곤 한다. 그러나 전체 공간이 일제히 팽창할 때에는 특별한 중심이 필요 없다. 이 점을 이해하려면 상대성이론과 관련된 약간의 지식이 필요하다. 앞에서도 말했지만, 특수상대성이론에 의하면 시간과 공간은 밀접하게 맞물려 있다. 그리고 일반상대성이론에 의하면 중력은 시간과 공간을 휘어지게 만든다.

휘어진 공간이 머릿속에 그려지지 않는다고? 걱정할 것 없다. 방정식을 들여다봐야 골치만 더 아프다. 다행히도 '우주론의 대중화를 위한 사람들의 모임International Order of Cosmology Popularizer'에서 다음과 같이 좋은 비유법을 생각해냈다.

1. 작은 플라스틱 은하 조각들을 커다란 고무 판의 이곳저곳에 풀로 붙인다.

2. 힘센 장정 여러 명이 고무 판의 사방 끝을 잡고 세게 잡아당긴다.

3. 힘 좀 더 써봐라. 그것밖에 못하겠나?

그렇다고 직접 시도할 필요는 없다. 이 상황을 머릿속에 그리는 것으로 충분하다.

자, 이제 고무 판에 붙어 있는 여러 은하들 중 한 곳에 개미 한

팽창하는 고무 판 우주

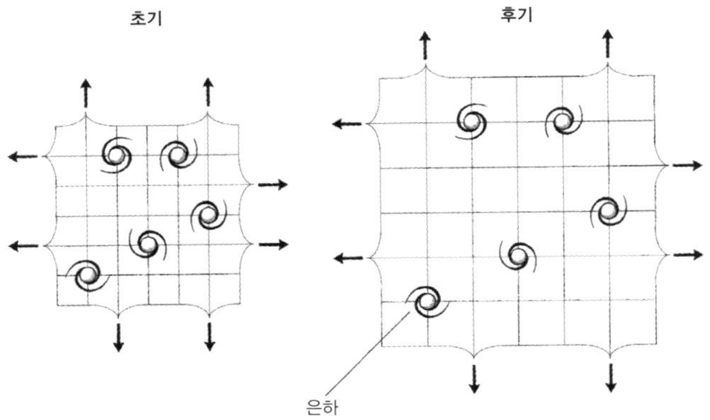

마리가 살고 있다고 가정해보자. 장정들이 고무 판을 사방으로 잡아당길 때, 개미의 눈에는 과연 어떤 광경이 펼쳐질까? 그렇다. 개미는 자신이 우주의 중심에 있고, 다른 은하들이 일제히 자기로부터 멀어져 간다고 생각할 것이다. 게다가 개미의 눈에는 멀리 있는 은하일수록 더 빠른 속도로 멀어지는 것처럼 보인다. 에드윈 허블이 우주팽창론을 제안하게 된 것은 바로 이와 같은 현상을 목격했기 때문이다.

당신이 이들 중 한 은하에 살고 있으면서 자기중심적 성향이 강하다면, 자신이 속한 은하가 당연히 우주의 중심이라고 생각할 것이다. 그러나 당신이 그 많은 은하들 중 어떤 곳에 있다 해도, 눈에 보이는 광경은 완전히 똑같다. 즉, 우주의 어느 곳에서 바라보건 간에, 다른 은하들이 자신으로부터 멀어져 가는 것처럼 보인다는 이야기다.

우주의 시간을 거꾸로 되돌리면 은하들 사이의 거리가 점점 가까워지다가 결국에는 모든 은하들이 하나로 포개진다. 그렇다면 빅뱅은 어디에서 일어났을까? 답은 간단하다. "빅뱅은 모든 곳에서 일어났다!"

방금 들었던 고무 판 비유는 사실 오해의 소지가 있다. 고무 판 우주의 어떤 은하에서 탐구욕에 불타는 개미가 살고 있다면, 그는 작고 귀여운 우주선을 타고 고무 판의 끝까지 날아가서 우주의 가장자리를 확인할 수 있다.

그러나 고무 판이 아닌 실제 우주에서는 어디를 가도 우주의 끝을 볼 수 없다. 우주에 중심이 없기 때문에 가장자리도 없는 것이다. 그렇다면 가능성은 두 가지다. 우리의 우주는 무한히 클 수도 있고, 유한하지만 가장자리가 없을 수도 있다. 첫 번째 가능성은 별것 아닌 것 같지만, 깊이 생각해보면 정말 무시무시한 가정이다. 우주가 상상을 초월할 정도로 엄청나게, 살 떨리게 큰 정도가 아니라 아예 '무한대'라니, 이보다 황당한 우주가 또 어디 있겠는가?

두 번째 가능성은 마음이 좀 덜 불편하다. 수학적으로 무한대인 우주보다는 '한 방향으로 계속 가다 보면 출발점으로 되돌아오는' 우주를 상상하기가 훨씬 쉽기 때문이다.

두 번째 우주는 팩맨Pac-Man, 동그랗게 생긴 주인공이 사방을 돌아다니면서 닥치는 대로 먹어치우는 비디오 게임. – 옮긴이과 비슷하다. 즉, 무언가가 한쪽으로 사라지면 반대쪽에서 나타난다. 게임 화면의 크기는 유한하지만, 그곳에 사는 팩맨은 아무리 열심히 돌아다녀도 끝에 도달할 수 없다. 끝이라는 것이 아예 없기 때문이다.

당황할 것 없다. 우리가 살고 있는 지구의 표면도 이런 곳이다.

원환면 우주

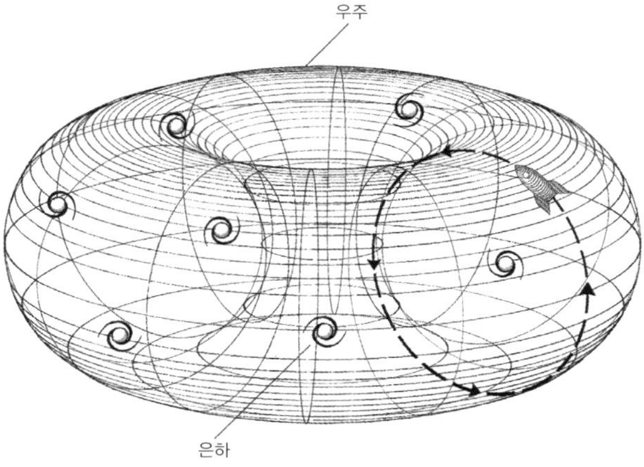

경도와 위도, 날짜 변경선 등 인위적으로 그어놓은 기준선들을 모두 무시하면, 한쪽 방향으로 아무리 이동해도 가장자리나 중심에 도달할 수 없다. 여행자는 같은 지점들을 무수히 거쳐가면서 (본인이 원한다면) 영원히 돌아다닐 수 있다. 구면에는 경계라는 것이 없기 때문이다.

현실적인 관점에서 보면 반복되는 원환면 우주나 무한히 큰 우주나, 별로 다를 것이 없다. 우주는 팽창하고 있는 데다가 그 무엇도 빛보다 빠르게 이동할 수 없기 때문에, 아무리 빠른 우주선을 타고 날아가도 우주의 끝에 도달하거나 출발점으로 되돌아오는 것은 불가능하다. 하지만 의문은 여전히 남아 있다. 우리가 사는 우주는 대체 얼마나 큰 곳인가?

유일한 우주? 다중우주?

우주는 넓다. 아주 심하게 넓다.

인간의 언어로는 그 방대함을 표현할 길이 없고, 우주 전체를 한눈에 조망할 수도 없다. 무언가를 보려면 빛이 있어야 하는데, 우주의 크기와 비교할 때 빛의 속도는 거북이걸음보다 느리다. 이렇게 느려터진 배달부가 우주의 끝 동네 소식을 전해주길 바라는 건 지나친 욕심이다. 지구에서 관측할 수 있는 우주의 한계 지역을 '지평선horizon'이라고 하는데, 현재 우리에게는 지평선 안에 있는 우주가 전부나 마찬가지다.

원리적으로 우리는 지평선 이내에 있는 수조 개의 은하들만 관측할 수 있다. 그 바깥에 있는 우주는 우리 눈에 보이는 우주와 완전히 다를 수도 있다. 우주의 끝 동네 소식을 전해줄 배달부(빛)는 지금까지 기껏해야 137억 광년을 진행했을 뿐인데, 수천억 광년 떨어져 있는 곳에서 무슨 일이 일어났는지 어떻게 알겠는가? 지구에서 어떤 일이 일어나도, 지평선 너머에 있는 곳에는 아무런 영향도 미치지 못한다.

게다가 현재의 우주는 팽창 속도가 점점 빨라지고 있기 때문에, 시간이 흐를수록 더 많은 은하들이 지평선을 넘어가게 된다. 지금은 망원경으로 보이는 은하들이 미래에는 사라진다는 뜻이다. 궁극적 지평선은 지구에서 600억 광년 거리에 있으므로, 그 바깥에서 일어나는 일은 영원히 미스터리로 남을 것이다.

그러므로 지평선 너머에 있는 우주는 우리와 완전히 분리된 별개의 우주로 존재하는 셈이다. 당신이 좋건 싫건 간에, 그곳은 일종의 다중우주multiverse로 간주할 수 있다. 공상과학에 관심 있는 독자라면* 많이 들어본 말이겠지만, 사실 다중우주는 사람들마다 다른 의미로 이해하고 있어서 한 번쯤 개념을 정립해둘 필요가 있다. 고맙게도 MIT의 물리학자 막스 테그마크Max Tegmark가 이 작업을 해놓았다. 그가 분류한 1단계 다중우주는 그런대로 이해가 가지만 단계가 올라갈수록 점점 더 황당해지니까, 미리 마음의 준비를 해두기 바란다. 이어지는 내용은 "이러이러한 다중우주가 존재한다"고 주장하는

* 물론 당신은 관심이 있을 것이다. 관심이 없다면 이런 책을 펴들지 않았을 테니까!

것이 아니라, 사람들이 생각하는 다중우주를 유형별로 정리한 것뿐이다.

1단계 다중우주: 아주 크지만 정상적인 우주

우주를 지름 1000억 광년짜리 조각으로 나누면 각 영역은 이웃한 영역과 완전히 단절되어 있으므로 '우주의 섬'으로 간주할 수 있다. 그런데 섬들 사이에 연결통로가 전혀 없다면 또 하나의 의문이 떠오른다. "각 영역들은 서로 비슷한가? 아니면 완전히 다른 우주인가?"

믿어지지 않겠지만, 이 질문의 답을 알아낼 방법이 있다. 그러나 먼저 사실부터 확인하고 넘어가자. 앞에서도 말했지만, 빅뱅 때 방출된 마이크로파 복사에너지는 우주 전역에 걸쳐 10만 분의 1 이내의 오차로 균일하게 분포되어 있다. 이상하지 않은가? 지구의 북극에 도달하는 빛의 광원과 남극에 도달하는 빛의 광원은 서로 방대한 거리를 두고 떨어져 있는데, 이들이 어떻게 열적 평형상태를 이루고 있는 것일까? 두 영역은 빅뱅 이후로 서로 접촉할 기회가 없었을 텐데, 어떻게 온도가 같을 수 있다는 말인가?

이것은 우주론에서 대두된 가장 심오하고 골치 아픈 질문이다. 태초의 우주가 아주 작았다고는 하지만 이런 상태에 있었던 시간은 찰나에 불과하기 때문에, 과거에 하늘의 모든 공간들이 서로 접촉할 기회는 없었을 것 같다. 그런데도 지금의 하늘은 놀라울 정도로 균일하다. 앞에서 언급한 대로, 이것은 우주원리가 내세우고 있는 가정

중 하나이다.

1980년대에 SLAC 가속기연구소의 천문학자 앨런 구스Alan Guth는 지평선 문제를 해결하기 위해 인플레이션이론inflation theory을 제안했다. 이 이론은 다른 우주 탄생 이론들처럼 낯설고 기이하지만, 관측결과를 잘 설명하고 있기 때문에 우주론학자들 사이에서 거의 정설로 받아들여지고 있다.

빅뱅이 일어나고 처음 10^{-35}초 동안 우주는 꽤 활동적이었다. 10^{-35}초는 '~동안'이라는 말을 갖다 붙이기에는 너무 짧다. 그러나 빅뱅 직후 우주는 아주 짧은 시간 사이에 엄청나게 많은 변화를 겪었기 때문에, 이렇게 짧은 시간단위로 나눠서 생각하는 것이 일반화되어 있다. – 옮긴이 이 짧은 시간 사이에 우주는 10^{60}배 이상 커졌다.

인플레이션이론이 맞는다면(여러 가지 정황으로 미루어볼 때, 그럴 가능성이 매우 높다) 우리의 시야가 닿지 않는 곳에도 여러 개의 공간이 존재해야 한다. 인플레이션 와중에 생성된 거품들은 모두가 하나의 우주이며, 이들 중 일부는 우리의 우주와 아주 비슷하거나 아예 똑같을 수도 있다. 인플레이션이론에 의하면 거품우주들은 또 다른 거품우주를 낳고, 이런 식의 번식은 영원히 계속된다. '유일한 우주UNI-verse'라는 말이 무색해질 정도이다.

1단계 다중우주는 얼마나 클까? 결론부터 말하자면 엄청나게 크다. 테그마크의 계산에 의하면 우리로부터 $10^{10^{29}}$m 떨어진 곳에 우리의 우주와 완전히 동일한 우주가 존재하고 있다. 얼마나 먼 거리인지 상상이 가는가? 이 숫자는 이 책에 등장하는 숫자들 중 무한대를 제외하고 가장 큰 수이다(1 다음에 0이 10^{29}개 붙어 있는 수이므로, 굳이 상상하려고 애쓸 필요 없다. 어차피 불가능하니까!). 우주의 수가 '하나의 우주를 구성하는 모든 원자들이 배열될 수 있는 경우의 수'보다 많으면, 어딘가에는 원자배열이 우리의 우주와 완전히 동일한 우주가 존재할 수밖에 없지 않겠는가? 이런 우주는 우리의 우주와 역사가 똑같고, 모든 천체들도 똑같이 분포되어 있으며, 당신과 똑같이 생긴 생명체가 똑같은 생각을 하면서 살아가고 있다.

그렇다. 우주에는 또 다른 당신이 존재하고 있다!

이뿐만이 아니다. 우주의 크기가 무한히 크다면 당신과 똑같은 생명체도 무한히 많다. 무수히 많은 복사판들이 당신의 생각과 행동을 똑같이 따라하고 있다니, 왠지 섬뜩하지 않은가?

우주의 크기가 유한하다면 상황은 좀 편안해진다. 예를 들어 우주의 크기가 위에서 말한 $10^{10^{29}}$m보다 작다면, 당신은 우주 전체를 통틀어 유일한 존재일 수도 있다.물론 운이 나쁘면 아닐 수도 있다. 이것은 주사위를 6번 던졌을 때 모두 다른 숫자가 나온다는 보장이 없는 것과 같은 이치이다. - 옮긴이 이론적으로 계산된 다중우주의 최소 크기는 10^{80}m인데, 이것도 엄청나게 크긴 하지만 당신과 완전히 똑같은 복사판 생명체가 존재하기에는 턱없이 작다.

2단계 다중우주: 각기 다른 물리 법칙이 적용되는 우주들

우리의 우주는 다중우주 초기에 작은 거품으로 탄생하여 지금에 이르렀다. 물론 우리 우주는 엄청나게 많은 거품들 중 하나에 불과하며, 개중에는 물리 법칙이 우리와 조금 다른 우주도 얼마든지 존재할 수 있다. 다른 우주에서는 전자기력이 조금 더 강하거나 약할 수도 있고, 강력(양성자와 중성자를 결합시키는 힘)의 세기도 다를 수 있으며, 공간의 차원까지 다를 수도 있다.

2단계 다중우주와 관련하여 몇 가지 사실을 나열하면 다음과 같다.

1. 이런 우주가 물리적으로 타당한지는 분명치 않다. 자연에 존재하는 기본 힘들(전자기력, 강력, 약력, 중력)은 서로 밀접하게 연결되어 있기 때문에, 이들 중 한두 개만 다른 우주가 존재할 가능성은 별로 없다. 만일 다중우주가 존재한다면 물리 법칙도 같을 것이다.

2. 2단계 다중우주가 정말로 존재한다 해도, 이들은 우리의 우주와 사뭇 다를 것이다. 아마도 대부분은 별이나 은하가 거의 없을 것이며, 자체 중력에 의해 완전히 붕괴될 가능성이 높다. 무거운 원소가 생성되려면 물리 법칙이 매우 정교하게 세팅되어 있어야 하는데, 대부분의 우주들은 이 조건을 만족하지 못할 것이다.

3. 2단계 다중우주에도 경계는 존재하지 않는다. 즉, 한 우주와 다른 우주 사이에 장벽이 놓여 있는 것은 아니다. 그리고 2단계 다중

우주에 속하는 모든 우주는 1단계 다중우주가 될 수 있다.

다중우주는 2단계로 끝나지 않는다. 테그마크의 분류에 의하면 다중우주는 3단계 및 4단계까지 존재할 수 있는데, 1, 2단계보다 훨씬 황당하고 사변적이지만 나름대로 흥미로운 구석이 있다.

3단계 다중우주: 양자역학의 다중세계해석

양자역학에 대해서는 앞에서 잠시 언급한 적이 있다. 대부분의 물리학자들은 멀리 떨어진 곳에서 일어난 두 개의 사건이 서로 무관하지 않다는 '양자적 얽힘quantum entanglement'과 약간의 무작위성을 허용하고 있다.

그러나 모든 사람들이 그런 것은 아니다. 1957년에 휴 에버렛 3세Hugh Everett III는 양자역학의 관측 문제를 연구하던 중 '다중세계해석Many Worlds Interpretation, MWI'이라는 황당한 가설을 제안했다(그는 박사학위를 받은 후 학계로 진출하지 않고 미국 국방성에서 자신만의 연구를 계속했다). 이것은 새로운 물리 법칙이 아니라 관측과 관련된 역설을 피해가는 새로운 관점이기 때문에, '이론'이 아닌 '해석'으로 불린다.

다중세계해석에 의하면 무작위 상태에 있는 양자계를 누군가가 관측할 때마다 새로운 우주가 탄생한다. 한 우주에서는 전자의 스핀이 '업'이고, 또 다른 우주에서는 '다운'이다. 그런데 이렇게 탄생한 우주들은 서로 상호작용을 교환하면서 '양자적 간섭'이라는 신기한 현상을 만들어내고 있다.

다중세계해석의 결과는 (나를 포함한) 대부분의 물리학자들이 동의하는 코펜하겐해석과 수학적으로 동일하지만, 우주를 바라보는 관점이 근본적으로 다르다. 당신이 공상과학물 제작에 관여하고 있다면, 다중세계해석을 주제로 택할 것을 강력하게 권하는 바이다.

그러나 한 가지 분명하게 짚고 넘어갈 것이 있다. 당사자인 에버렛은 물론이고, 지금까지 어느 누구도 다중세계들 사이를 넘나드는 방법을 알아내지 못했다. 이야기 자체는 흥미롭지만, 이로부터 우리가 얻은 것은 아무것도 없다.

4단계 다중우주: 수학적으로 가능한 우주는 반드시 존재한다

4단계로 오면 황당함은 극에 달한다. 1~3단계 다중우주에는 물리 법칙이 우리의 우주와 같거나 최소한 비슷하다는 가정이 깔려 있었다. 그러나 4단계 다중우주에서는 이런 가정조차 필요 없다. 테그마크는 말한다. "수학적으로 가능한 우주는 물리적으로도 얼마든지 존재할 수 있다. 이런 우주가 얼마나 많을지는 알 수 없지만, 자체 모순이 없다면 존재하지 않을 이유도 없다."

그의 논리를 따른다면 4가지 기본 힘들 중 하나만 작용하거나, 아예 아무런 힘도 작용하지 않는 우주도 가능하다. 우리는 실제로 존재하는 우리 우주의 물리적 특성도 아직 파악하지 못했으므로, 4단계 다중우주가 어떤 모습일지는 알 길이 없다.

우리의 우주와 관련된 변수들은 반드시 지금과 같은 값이어야 하는가? 이 값이 달라지면 자체 모순이 발생하는가? 아니면 이 변수들은 완전히 임의로 결정된 것인가? 이 장에서 마주친 일부 문제들은 위의 질문과 밀접하게 연관되어 있다. 그래서 테그마크의 4단계 다중우주는 무한히 많을 수도 있고, 단 하나뿐일 수도 있다.

지금까지 열거한 다중우주를 상상하느라 머릿속이 복잡해졌겠지만, 1단계와 2단계 다중우주는 한 번쯤 깊이 생각해볼 만하다. 단, 한 가지 사실만은 기억하기 바란다. 우리가 황당하기 그지없는 다중우주를 논하게 된 것은 "물리학의 법칙은 우주 전역에 걸쳐 똑같이 적용되는가?"라는 질문의 답을 구하기 위해서였다.

우주는 우리에게 알맞게 세팅되어 있는가?

앞에서 나는 이 질문에 대해 "그렇지 않다"고 못을 박았는데, 이 시점에서 그 이유를 다시 한 번 강조하고자 한다. 대칭의 개념을 이용하면 자연을 좀더 깊이 이해할 수 있고 물리 법칙의 형태까지 유추할 수 있지만, 그 법칙에 등장하는 숫자까지 알아낼 수는 없다. 단적으로 말해서, 대칭만으로는 전자의 질량을 알아낼 수 없다는 이야기다. 이 책에서도 우리는 그와 같은 시도를 한 적이 없으며, 앞으로도 하지 않을 것이다. 모든 물리상수를 유도할 수 있는 근본적인 법칙(또는 어떤 사실)이 어딘가에 존재할 수도 있지만, 이것은 어디까지나 희망사항일 뿐, 물리학자들은 아직도 암흑 속을 헤매고 있다. 물리상수가 변하면 법칙도 달라질 것인가? 아니면 여러 가지 가능한 값들 중에서 지금과 같은 값으로 우연히 결정된 것인가? 아직은 아무도 알 수 없다. 대칭은 방정식의 형태까지만 말해줄 뿐, 거기 등장하는 변수의 값까지 결정해주지는 않는다.

물리학의 방정식에는 전자의 전하와 같이 우리가 임의로 바꿔도 될 것 같은 상수들이 꽤 많이 등장한다. 과연 이 값은 우주 전역에 걸쳐 일정할 것인가? 반드시 그래야 한다는 법은 없다. 우주 반대편으로 가면 전자의 전하는 다를 수도 있다. 그리고 지금 이 지역에서는 전자의 전하가 복잡한 생명체들이 생존하기에 알맞은 값으로 세팅되어 있어서 우리가 존재하게 되었는지도 모른다.

물리 법칙이 인간의 생존에 걸맞도록 세팅되어 있다는 것은 별로 놀라운 일이 아니다. 우리에게 알맞았기 때문에 우리가 존재하는 것이 아닌가! 그렇지 않았다면 이런 생각을 떠올릴 생명체는 처음부터 존재하지도 않았을 것이다. 그래서 대부분의 물리학자들은 인류원리에 입각한 논리를 별로 좋아하지 않는다. 미래의 어느 날, 하나의 기본 원리로 모든 것을 설명하는 '만물의 이론Theory of Everything'이 발견될 것이라는 기대를 누구나 품고 있기 때문이다.

물리상수가 법칙 자체와 무관하다면(즉, 상수를 멋대로 바꿔도 법칙이 여전히 유효하다면), 이 값들은 생명체가 탄생하기 위해 얼마나 정교하게 세팅되어야 할까? 그렇게 될 확률은 과연 얼마나 될까?

우주가 지금처럼 미세 조정될 확률을 대충 가늠해보자. 빛의 속도는 왜 하필 초속 2억 9979만 2458m인가? 가장 간단한 답은 "뭐가 어찌됐건, 빛은 1초 동안 1광초만큼 나아간다"이다. 이렇게 숫자가 복잡해진 것은 과거에 1m라는 단위를 정할 때 빛의 속도를 전혀 고려하지 않았기 때문이라고 둘러대면 된다.

다시 말해서, 방정식에 등장하는 상수들의 구체적인 값은 의미가 없다는 것이다. 대부분의 상수들은 g, cm, sec, 또는 이들의 조합으로 구성된 단위를 갖고 있는데, 이 단위라는 것이 인간의 편의에 의해 결정되었기 때문에 숫자 자체는 완전히 임의적일 수밖에 없다. 만일 누군가가 1m의 길이를 지금과 다른 값으로 정의한다면, 길이와 관련된 모든 상수들도 일제히 달라질 것이다. 그런데 물리학에는 단위를 갖는 여러 상수들이 어우러져서 단위 없는 상수가 만들어지는 경우도 있다. 예를 들어 미세구조상수fine structure constant, FSC α는

$$\alpha = \frac{e^2}{\hbar c}$$

으로 정의되는데, 각 상수들의 단위가 서로 절묘하게 상쇄되어 단위를 갖지 않는다.

위의 식에서 e는 전자의 전하량을 나타내고, c는 빛의 속도, $\hbar$는 양자역학에 등장하는 플랑크상수이다.* 미세구조상수의 값은 약

* 친구들과 칵테일파티를 하는 자리에서 이 상수를 언급하게 된다면, 반드시 '에이취-바h-bar'라고 발음해야 한다. 물리학을 아는 사람이라면 단번에 알아들을 것이다.

1/137.03599908로, 물리학의 모든 분야를 통틀어 가장 정확하게 알려진 값이다. 그러나 물리학자들은 이 상수가 어디서 왔는지 아무런 감도 잡지 못하고 있다. 수학에 등장하는 상수들과는 그 특성이 완전히 다른 것이다. 예를 들어 원주율 π는 원을 한 번도 보지 못한 사람도 수학적 원리로부터 값을 유추할 수 있지만, 미세구조상수를 유추하는 원리는 (적어도 우리가 아는 한) 존재하지 않는다. 여기서 잠시 파인만의 이야기를 들어보자.

> 우리는 실험을 통해 미세구조상수를 측정할 때 어떤 장단에 춤을 춰야 할지 잘 알고 있지만, 컴퓨터가 이 값을 내놓게 하려면 어떤 춤을 춰야 할지 전혀 모르고 있다. 유일한 방법은 아무도 모르게 컴퓨터에 미세구조상수 값을 슬쩍 입력해놓는 것뿐이다.

미세구조상수는 전자기력의 세기를 결정하는 상수인데, 1/137이면 그다지 큰 숫자는 아니다. 그래서 객관적으로 볼 때 전자기력은 매우 약한 힘이다. 그러나 다른 힘과 비교해보면 전자기력은 정말 엄청나게 강하다. 작은 종이 조각을 바닥에 뿌려놓고 얇은 책받침을 옷에 문지른 후 갖다대면 종이 조각이 책받침에 붙어서 딸려온다. 전기력이 중력을 이겼다는 뜻이다. 그런데 생각해보라. 종이 조각을 아래로 잡아당기는 주체는 엄청나게 큰 지구이고, 위로 끌어올리는 주체는 조그만 책받침에 대전된 소량의 전하가 아닌가? 그런데도 종이 조각이 위로 딸려온다는 것은 전기력이 그만큼 강하다는 것을 의미한다.

입자물리학의 표준모형Standard Model과 우주론에 등장하는 '단위 없는 상수'는 최소한 25개 이상이며, 이들 사이에는 아무런 관련도 없다. 이들 중 하나의 값이 달라지면 과연 어떤 결과가 초래될 것인가?

예를 들어 미세구조상수 α의 값이 0.1로 커진다면(실제 값의 약 14배에 해당한다) 탄소를 비롯하여 이보다 무거운 원소들은 별의 내부에서 만들어질 수 없다. 그런데 지구 상의 모든 생명체들은 탄소에 기반을 두고 있으므로, 이런 우주에서는 생명체가 탄생할 수 없다. 상상만 해도 끔찍하다.

원자핵 안에서 양성자와 중성자를 결합시켜주는 강력(강한 핵력)도 마찬가지다. 만일 강력의 세기가 지금보다 4%쯤 약했다면, 양성자들끼리 결합하여 헬륨의 동위원소인 He-2(원자핵에 중성자는 없고 양성자만 두 개 있는 헬륨)가 생성되는데, He-2를 연료 삼아 타는 별은 수명이 매우 짧고 그 잔해로 남는 것도 활성이 없는 헬륨뿐이므로 이보다 무거운 원소는 생성되지 않을 것이다.

입자물리학의 모든 기본상수들은 이런 식으로 절묘하게 세팅되어 있다. 우리는 모든 값들이 생명체에게 알맞게 조절되어 있는 '맞춤 우주'에 살고 있는 셈이다. 이런 기적 같은 상황을 어떻게 설명해야 할까? 대충 추려보면 세 가지 설명이 가능한데, 이들 중 그 어느 것도 마음에 들지 않는다.

1. 애초부터 우주는 인간과 같은 복잡한 생명체가 탄생하고 진화할 수 있도록 만들어졌다. 간단히 말해서, 우주는 생명체를 위해 탄

생했다.

2. 우주의 기본상수들은 아직 알려지지 않은 어떤 법칙에 의해 결정되었으며, 생명체하고는 무관하다. 따라서 우리가 이곳에 살게 된 것은 엄청난 행운이다.

3. 기본상수의 값은 우주의 각 지역마다 조금씩 다르며, 모든 값들이 생명체에게 알맞은 지역(이런 지역은 극히 드물 것이다)에 우리가 살고 있다.

1번은 물리학적 설명이 전혀 아니어서 마음에 와 닿지 않는다. 인간을 위해 만들어졌다고 보기에는 우주가 너무 크지 않은가? 2번은 1번보다 그럴듯하지만, 상수들을 지금과 같은 값으로 결정한 만물의 이론이 발견되기 전까지는 추가할 사항이 별로 없다. 이런 설명으로 만족할 사람은 없을 줄 안다. 그렇다면 3번은 어떤가?

3번 설명은 "미세구조상수(또는 다른 상수)가 변하면 어떤 결과가 초래되는가?"가 아니라, "물리상수들은 정말 지역에 따라 변하는가?"에 초점을 두고 있다. 그 여부를 확인하려면 지구의 생명체가 아닌 우주 공간으로 관심을 돌려야 한다.

천문학적 스케일에서 우주가 변하는 양상을 확인하려면 수십억 광년 거리에 있는 천체를 관측해야 한다. 다행히도 우주에는 이것을 가능하게 해주는 등대가 있다. 엄청난 식욕으로 주변 물체를 빨아들이는 '퀘이사quasar(준항성체)'가 바로 그것이다. 물체가 퀘이사로 빨려 들어가면 거의 광속에 가까운 속도로 가속되면서 온도가 높아지고,

그 결과 다량의 복사가 방출된다. 엄청나게 멀리 떨어져 있는 퀘이사가 지구의 망원경에 포착되는 것은 바로 이 복사에너지 때문이다.

퀘이사와 지구 사이의 방대한 공간은 기체구름으로 가득 차 있어서, 지구로 날아오는 복사(빛)의 일부는 여기에 흡수된다. 기체구름은 특정한 파장의 빛만을 흡수하는데, 이 값을 결정하는 것이 바로 미세구조상수이다. 따라서 미세구조상수가 변하면 흡수되는 빛의 파장도 달라진다.

1999년에 뉴사우스웨일즈대학의 존 웹John Webb과 그의 동료들은 멀리 떨어진 우주 공간의 미세구조상수를 알아내기 위해 우주구름층에 흡수되는 광자의 파장을 관측했다. 이로부터 미세구조상수 α를 계산한 후 이미 알려져 있는 값과 비교하면 공간(또는 시간)에 따른 α의 변화를 알 수 있다.

얼마 후 웹의 연구팀은 놀라운 결과를 얻었다. 어떤 지역에서는 미세구조상수의 값이 지구에서 측정한 값보다 10만 분의 1쯤 크게 나온 반면, 또 어떤 지역에서는 10만 분의 1 정도 작게 나온 것이다.

웹이 측정을 제대로 했다면 이것은 결코 가볍게 넘길 일이 아니다. 미세구조상수가 지역에 따라 다르다면 균질성과 등방성에 기초한 우주원리가 위태로워지기 때문이다(앞에서 말한 대로, 물리학자들은 미세구조상수의 출처를 전혀 모르고 있다).

여기서 중요한 사실 두 가지만 짚고 넘어가자. 첫째, 미세구조상수가 지역에 따라 변한다고 해도, 변하는 정도는 매우 작다. 웹의 연구팀이 관측한 곳은 상대적으로 가까운 우주이기 때문이다. 정확한 결과를 얻으려면 훨씬 먼 곳을 바라봐야 한다. 둘째, 대부분의 물리학자들은 웹의 관측 결과를 신뢰하지 않고 있다. 광자의 파장과 관련된 정보는 지구까지 먼 길을 날아오다가 다른 요인에 의해 얼마든지 변형될 수 있기 때문이다. 그러나 나는 이 책에서 중립을 지킬 생각이다(나중에 수정액을 왕창 써가며 내 원고를 수정하고 싶지 않다!). 어쨌거나 우리의 우주에서 물리 법칙이 지역마다 다르다 해도, 아주 미세하게 다를 것이다.

그렇다면 우리는 또 하나의 대칭을 도입할 수 있다.

병진대칭Translational Symmetry : 물리학의 법칙은 우주의 모든 곳에서 동일하다.

우주가 큰 스케일에서의 균질하다는 것은 병진대칭의 존재를 시사하고 있다.

다이슨 구球와 무한우주

가장 큰 스케일에서 볼 때, 우리의 우주에는 특별한 장소라는 것이 없다. 따라서 우주를 서술하는 물리 법칙에는 병진대칭이 존재하며, 이것이 바로 첫 번째 우주원리에 해당한다.

두 번째 우주원리는 등방성인데, 언뜻 듣기에는 첫 번째 우주원리(균질성)와 비슷한 것 같지만 둘 사이에는 분명한 차이가 있다. 우주의 모든 지점이 똑같다고 해서, 어떤 방향으로 바라봐도 똑같다는 보장은 없다. 예를 들어 당신이 벌집 안에서 살고 있는 벌이라고 가정해보자. 벌집은 육각형 연속 무늬로 이루어져 있으므로, 당신이 그들 중 어떤 육각형 속에 있어도 주변 환경은 거의 비슷하다. 그러나 육각형은 원과 달리 보는 각도에 따라 모양이 달라지기 때문에 모든 방향으로 똑같지 않다. 즉, 벌집은 균질하지만 등방적이지 않다.

그렇다면 우리의 우주는 어떤가? 비치볼일까, 아니면 벌집일까? 제일 큰 스케일에서 우주를 조망하는 가장 좋은 방법은 마이크로파 우주배경복사CMB의 분포를 관측하는 것이다. 앞에서 말했듯이 우주배경복사는 빅뱅 무렵에 방출된 복사에너지의 잔해이다.

이 복사에너지는 완벽하게 균일하지 않다. 어떤 부분은 평균보다 조금 뜨겁고, 또 어떤 부분은 조금 차갑다. 구식 TV를 켜고 방송이 송출되지 않는 채널에 맞춰놓으면 희고 검은 점들이 어지럽게 나타나는데, 이것은 부분적으로 우주배경복사의 온도 차이에 기인한 것이

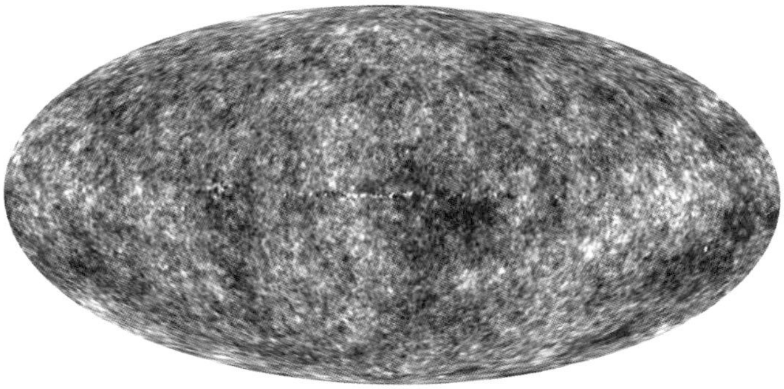

COBE 위성이 촬영한 마이크로파 우주배경복사 분포 지도.

다(TV 안테나에는 방송국 전파 외에 우주에서 날아온 전파도 수신된다). 우주 초기에 무작위로 일어났던 양자적 요동이 우주배경복사의 분포에 영향을 미쳐서 부분적인 온도 차이가 발생한 것으로 추정된다.

그러나 우주배경복사의 지역에 따른 온도 차이는 기껏해야 10만 분의 1(0.001%)에 불과하다. COBE 위성이 촬영한 CMB 지도는(앞 페이지 그림 참조) 반점과 얼룩이 무작위로 분포되어 있어서 언뜻 보기에 매우 규칙적인 것 같지만, 몇몇 연구팀들이 이 지도를 세밀하게 분석하여 '더 많은 구조가 존재하는 특별한 방향'을 찾아냈다.

천문학자들은 이렇게 우주가 특별하게 보이는 방향을 '악의 축 Axis of Evil'이라 부른다. 다시 말해서, 우주에는 다른 방향과 차별되는 특별한 방향이 존재한다는 뜻이다.

우리에게 친숙한 지구를 예로 들어보자. 다들 알다시피 지구는 남극과 북극을 관통하는 축을 중심으로 자전하고 있다. 그래서 지구는 남극과 북극을 지나는 경도의 둘레보다 적도의 둘레가 조금 더 길다. 즉, 지구는 약간 납작한 타원형이다. 특별한 방향성이 없었다면 완벽한 구형이었을 텐데, '자전축'이라는 특별한 방향이 생기면서 대칭이 깨진 것이다.

'악의 축'은 정말로 존재하는가? 아니면 단순한 통계적 요동에 불과한가? 학자들 사이에서는 '무작위로 발생한 양자적 잡음'이라는 의견이 지배적이지만, 확실한 결론을 내리긴 어렵다. 우주는 단 하나뿐인 데다가 너무 느리게 변하기 때문이다.

우주가 모든 방향으로 균일하다는 등방성은 또 하나의 대칭을 낳는다.

회전대칭Rotational Symmetry: 물리계를 임의의 방향, 임의의 각도로 돌려도 물리 법칙은 변하지 않는다.

회전대칭은 이 장의 서두에서 제기했던 질문을 상기시킨다. 밤하늘은 왜 어두운가? 태양이 지구 반대편으로 사라져서 그렇다고? 맞는 말이긴 하지만 만족스러운 답은 아니다. 하늘에 떠 있는 별이 어디 태양뿐인가? 밤하늘에는 (공기가 탁해서 보이지 않지만) 실로 엄청나게 많은 별들이 반짝이고 있으며, 이들 중에는 태양과 비교가 안 될 정도로 밝은 빛을 발하는 별도 부지기수다. 그런데 왜 이들이 방출한 빛은 지구에 거의 도달하지 않는가?

다시 한 번 강조하건대, 우주는 정말로 크다. 무한히 클지도 모른다. 우주가 모든 방향으로 균일하다면 멀리 바라볼수록 눈에 보이는 별의 개수도 많아진다. 그러나 멀리 있는 별일수록 우리 눈에는 희미하게 보인다.

둘 중 어떤 효과가 더 크게 나타날까? 지구에서 멀어질수록 별의 개수는 많아지고 광도는 줄어든다. 그렇다면 최종 결과는 광도의 증가로 나타날까? 아니면 그 반대일까? 여기 그 답을 알려주는 좋은 사례가 있다.

1960년에 프린스턴대학의 물리학자 프리먼 다이슨Freeman Dyson은 초고도로 진화한 외계문명을 찾는 기발한 아이디어를 제안했다.

다이슨 구

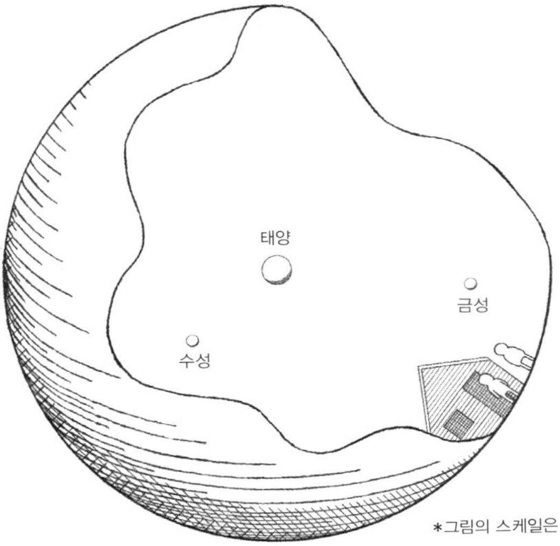

*그림의 스케일은 실제와 다름.

지능과 기술이 극도로 진화한 외계인이라면 그들의 태양을 중심으로 하는 거대한 구를 만들어 태양으로부터 날아오는 복사에너지를 100% 알뜰하게 사용할 수 있을 것이다(위 그림 참조).

전자기력은 각도에 관계없이 거리에만 의존하고 대부분의 별은 구형이기 때문에, 별에서 방출되는 복사에너지는 모든 방향으로 균일하게 전달된다. 따라서 다이슨 구 내부의 모든 곳에는 균일한 양의 태양에너지가 도달하여, 엄청나게 넓은 서식지를 확보할 수 있다.

반지름이 1천문단위인 구를 만들었다고 가정해보자. 그러면 구 안쪽 면의 모든 지역은 적절한 온도를 유지할 것이고, 거주 가능 지역은 지금의 수십억 배나 넓어진다. 그뿐일까? 땅이 이 정도로 넓어졌으니, 인구는 거의 100경(1000조의 1000배) 명으로 늘어날 것이다! 이렇게 거대한 구를 만드는 기술도 문제지만, 건설자재를 확보하기가 더 어려울 것 같다.게다가 그 많은 사람들이 지금과 같은 수준으로 먹고 살려면 모든 자원이 지금의 1억 배로 증가해야 한다. – 옮긴이

다이슨은 거대한 구에 흡수된 에너지가 결국은 밖으로 방출된다는 사실을 잘 알고 있었다. 구의 바깥 면이 안쪽 면과 열적 평형을 이루면 우주 공간을 향해 적외선이 방출된다.

다이슨은 미래의 인류가 이런 건축물을 만든다고 예견한 것이 아니다. 극도로 발달한 외계문명이 이런 아이디어를 떠올렸다면 이미 다이슨 구를 만들었을 것이므로, 적외선을 방출하는 천체가 발견된다면 외계문명의 증거가 될 수도 있다. 그러나 이런 문명을 찾는다 해도 접촉을 시도하는 것은 별로 좋은 생각이 아니다. 공룡의 피를 빨겠다고 티라노사우루스의 피부에 내려앉은 모기가 과연 무사할 수 있을까?

역제곱법칙

위에서 말한 다이슨 구의 반지름을 두 배(2천문단위)로 늘려보자. 우리의 태양계에서 이런 구를 만들면 구면이 화성과 목성 사이에 있는 소행성띠에 도달한다.

물론 재료도 그만큼 많이 필요하다. 구의 반지름이 두 배로 커지면 표면적은 4배로 늘어난다. 면적은 길이의 제곱에 비례하기 때문이다. 그런데 태양과 구면 사이의 거리가 두 배로 멀어졌으므로, 구의

내면에 도달하는 에너지는 1/4로 줄어든다. 다시 말해서, 광원의 밝기는 역제곱법칙inverse square law을 따른다.

물론 역제곱법칙을 발견한 사람은 다이슨이 아니다. 거리가 멀수록 영향이 작아진다는 사실은 고대인들도 잘 알고 있었다. 멀리 있는 은하일수록 희미하게 보이는 것도 역제곱법칙의 결과이다.

중력도 역제곱법칙을 따른다. 태양이나 지구의 중심에서 멀어질수록 당기는 힘은 약해진다. 예를 들어 지구와 태양 사이의 거리가 지금의 두 배로 멀어진다면, 둘 사이에 작용하는 중력은 지금의 1/4로 줄어든다. 중력이 역제곱법칙을 따른다는 사실을 제일 먼저 알아낸 사람은 고전 물리학의 원조인 뉴턴이었다. 1687년에 출간된 그의 명저 『프린키피아*Principia*』에는 운동의 법칙을 비롯한 고전 물리학 체계와 그가 개발한 미적분학이 상세하게 기록되어 있다. 한 가지 흥미로운 사실은 뉴턴이 이 책을 발표하게 된 계기가 다른 학자들 간의 경쟁심 때문이었다는 것이다.

1684년의 어느 날, 에드먼드 핼리Edmond Halley(혜성으로 유명한 바로 그 사람)와 크리스토퍼 렌Christopher Wren, 그리고 로버트 훅Robert Hooke은 행성의 궤도가 타원인 이유를 놓고 열띤 논쟁을 벌이고 있었다(세 사람 모두 유명한 과학자였다. 참고로, 케플러가 행성의 타원궤도를 알아낸 것은 이로부터 75년 전의 일이었다). 아무리 토론을 해도 결론이 나지 않자, 렌은 이 문제를 해결하는 사람에게 상금을 주겠다고 공언했다.

핼리는 태양이 지구를 잡아당기는 힘이 거리의 제곱에 반비례한다는 사실을 알고 있었으나, 그로부터 더 이상의 정보를 알아내지는 못했다. 답답해진 렌은 케임브리지대학 물리학과 교수이자 당대 최고의 천재로 손꼽히던 뉴턴을 찾아가 자문을 구했는데, 문헌에는 당시의 일이 다음과 같이 기록되어 있다.

> 1684년에 핼리 박사는 케임브리지대학의 뉴턴 교수를 찾아와 약간의 담소를 나눈 후 회심의 질문을 던졌다. 태양이 거리의 제곱에 반비례하는 힘으로 행성을 잡아당길 때, 행성은 어떤 모양의 궤적을 그릴 것인가?
> 뉴턴 경은 조금의 망설임도 없이 타원이라고 대답했다. 궁금증이 동한 핼리가 재차 물었다. "아니, 그걸 어떻게 아셨습니까?" "그야 계산을 해봤으니까 알지요."

세간에 도는 소문에 의하면 뉴턴은 이 사실을 25세 때 이미 알아냈다고 한다.핼리가 찾아왔을 때 뉴턴은 42세였다. - 옮긴이 그 무렵에 유럽 전역에 흑사병이 퍼져서 모든 학교가 문을 닫는 바람에 뉴턴은 한동안 고향에 내려가 살았는데, 그 시기에 중력법칙과 운동법칙 등을 이미 수학적으로 정리해놓았다는 것이다. 이 소문이 사실이라면 뉴턴은 불세출의 천재이자 세상에서 가장 과묵한 사람일 것이다. 그러나 이것은 어디까지나 떠도는 소문일 뿐, 사실 여부는 확실치 않다. 어쨌거나 뉴턴은 핼리가 찾아왔을 때 옛날에 써놓았던 논문을 찾지 못해서 모든 계산을 다시 해주기로 약속했고, 그로부터 3년이 지난 1687년에 『프린키피아』를 출간했다. 만일 핼리가 뉴턴에게 들은 이야기를 렌에게 전달하고 자신이 상금을 챙겼다면, 영국 신사답지 않은 행동임이 분명하다.

역제곱법칙 안에는 엄청나게 많은 정보가 담겨 있다. 앞서 말했듯이 이 법칙은 중력뿐만 아니라 빛에도 적용된다(원래 빛 이야기를 하다가 중력으로 넘어왔다). 무한히 큰 우주에 은하들이 균일하게 분포되어 있다고 가정해보자. 그리고 논리상 편의를 위해 고대인들이 생각했던 것처럼 모든 은하들이 천구天球, celestial sphere(모든 천체들이 놓여 있는 가상의 구면)에 박혀 있다고 가정하자. 그러면 모든 은하들까지의 거리가 같아지지 않느냐고? 걱정할 것 없다. 크기가 다른 천구

고대부터 사람들은 태양, 달, 행성, 별들이 천구에 박힌 채 구의 안쪽에 고정되어 있는 지구를 중심으로 돌고 있다고 생각했다. 이러한 천동설은 케플러 시대에 들어서 지동설에 의해 본격적으로 공격을 받았다.

들이 양파껍질처럼 겹겹이 에워싸고 있다고 생각하면 된다. 그러면 멀리 있는 천구일수록 거기 박혀 있는 은하의 수도 많아진다.

이들 중에서 우리로부터 1000만 광년 떨어진 천구와 2000만 광년 떨어진 천구를 생각해보자. 작은 천구에 있는 은하들은 큰 천구에 있는 은하들보다 4배쯤 밝을 것이다. 그러나 멀리 있는 천구에는 은하의 수가 4배쯤 많다. 이 둘을 곱하면 두 개의 구는 거리에 상관없이 동일한 양의 빛을 지구로 보내야 한다. 게다가 우주가 무한히 크다면 천구도 무한히 많을 것이므로, 낮이건 밤이건 하늘 어디를 바라봐도 무한히 많은 빛이 도달해야 한다.

천문학자들이 생각을 너무 많이 한다는 느낌이 든다면(또는 나의 교묘한 논리에 속았다는 느낌이 든다면) 울창한 숲 한가운데로 들어가보라. 가까이 있는 나무는 매우 커 보이고, 멀리 있는 나무는 작게 보인다. 그러나 먼 곳일수록 시야에 들어오는 나무가 많다. 그래서 깊은 숲 속으로 들어가면 모든 방향으로 나무들이 시야를 가려서 바깥세상을 볼 수 없다. 이제 숲에서 화재가 발생하여 모든 나무들이 태양과 같은 빛을 방출한다고 상상해보라. 천문학자 에드워드 해리슨 Edward Harrison은 이 상황을 다음과 같이 표현했다.

> 지옥같이 뜨거운 불이 지구를 강타하여 대기는 몇 분 만에 증발하고 몇 시간 후면 바다가 끓어오르기 시작한다. 이렇게 몇 년이 흐르면 지구 자체가 증발해버릴 것이다. 그러나 하늘을 바라보면 “내가 뭘?”이라는 듯 캄캄하기만 하다.

독일의 천문학자 하인리히 올베르스Heinrich Olbers는 1823년에 이 점을 '마지막으로' 지적했다. 그래서 사람들은 이것을 '올베르스의 역설'이라 부른다. 그러나 역설의 기원은 코페르니쿠스 시대까지 거슬러 올라가며, 요하네스 케플러의 저서 『신천문학』에는 다음과 같이 적혀 있다.

> 그 저변에 무슨 비밀이 숨어 있는지, 또는 어떤 공포가 도사리고 있는지 나로서는 알 길이 없다. 결국 우리는 한계가 없이 무한정 쏟아지는 빛의 중심에 서 있는 셈이다.

케플러는 우주의 대칭이 무엇을 의미하는지 잘 알면서도 그 점을 별로 달가워하지 않았다. 별의 밝기에 어떤 한계가 있어야 한다고 생각했던 그는 모든 별들이 "벽이나 천장 같은 차폐막에 둘러싸여 있다"고 주장했다.

우리는 무한히 먼 거리에 있는 별을 볼 수 없다. 수백억 광년 이상 떨어진 별에서 방출된 빛은 아직 지구에 도달하지 않았기 때문이다(우주의 나이는 기껏해야 137억 년밖에 되지 않았다). 따라서 케플러가 제안했던 차폐막을 현대식으로 해석하면 '시간이 흐르기 시작한 시점'이 될 것이다.

물리 법칙의 회전대칭은 역제곱법칙을 낳고, 여기에 우주의 균질성까지 고려하면 밤하늘이 어두운 이유를 설명할 수 있다. 이 미스터리를 푸는 열쇠는 다름 아닌 '시간'이다.

앞에서 보았듯이 시간의 흐름은 매우 대칭적이다. 그러나 시간을 우주의 한 좌표축으로 간주하면 비대칭적인 속성이 드러난다: 시간에는 '시작'이라는 것이 분명히 있었다. 바로 이 사실로부터 우주의 엔트로피가 왜 그렇게 작았는지, 그리고 밤하늘이 왜 지금처럼 어두운지를 이해할 수 있다. 그러나 그 전에 몇 가지 짚고 넘어가야 할 것이 있다.

시간에는 왜 과거, 현재, 미래만이 존재하는가?

앞에서 우리는 커다란 가정을 내세웠다. 우주가 3차원 공간과 1차원의 시간으로 이루어져 있다는 가정이 바로 그것이다. 표준모형에서 말하는 모든 내용들도 우주가 3+1차원(전문가들은 3차원 공간과 1차원 시간을 이런 식으로 표기한다)이라는 가정하에 얻어진 것이다. 그러나 시공간이 반드시 4차원이어야 하는 이유는 아직도 분명치 않다. 하고많은 가능성들 중에서 왜 하필 3+1차원인가?

모든 사람들이 3+1차원을 수용하는 것은 아니다. 우주의 모든 법칙을 하나로 통일하는 이론 중에 M-이론M-theory이라는 것이 있다. 이 이론에 의하면 우주는 10차원 공간에 1차원 시간, 즉 10+1차원이다. 단, 10개의 공간차원 중 우리 눈에 보이는 3개를 제외한 나머지 7개는 원자핵보다도 작은 영역에 숨어 있으며, 팩맨 게임과 비슷한 구조를 갖고 있다.

일단은 M-이론이 옳다고 가정해보자(물론 아직은 정설로 인정되지 않고 있다). 그렇다면 우주에는 거시적인 3차원 공간 외에 여분의 공간차원들이 추가로 존재한다. 그러나 인류원리에 의하면 이런 공간에는 우리의 흥미를 끌 만한 그 무엇도 존재할 수 없다. 하지만 누군가가 격분한 어조로 "모든 생명체들이 우리와 비슷해야 한다는 법이 어디 있는가?"라며 따지고 들 수도 있다. 맞는 말이다. 나 역시 생명체가 탄생하려면 수소보다 무거운 원자와 복잡한 분자들이 필요하다고 생각한다. 그러나 우리는 다른 우주의 생명체는 고사하고 우리 우주에 사는 외계생명체조차 본 적이 없으므로, 내 생각이 옳다는 보장은 없다.

그건 그렇고, 3+1차원 이외의 다른 차원들은 어떤 문제점을 안고 있을까?

3차원 공간밖에 모르는 우리가 어떻게 4차원 공간을 상상할 수 있을까? 에드윈 애벗Edwin Abbott의 소설 『평평한 세계*Flatland*』를 읽어보면 어느 정도 감을 잡을 수 있다. 이 소설의 작가는 '정사각형square'으로 되어 있다. 그렇다. 정사각형이 들려주는 이야기다. 납작한 2차원 평면 세계에 온갖 사람들이 살고 있는데, 이들에게도 문명과 물리학이 있고 간간이 정치적인 문제도 발생한다. 제목은 썰렁하지만 겉보기와 달리 매우 재미있는 소설이다.

이런 세계의 생명체들은 복잡한 구조를 가질 수 없다. 예를 들어 당신이 2차원 평면에 사는 아메바라고 가정해보자. 보잘것없는 생명체지만 그래도 먹고는 살아야 하니까, 당신의 몸 어딘가에는 입이 달려 있을 것이다. 그런데 음식을 소화시키고 남은 찌꺼기를 몸 밖으로 배출하려면 입에 난 구멍이 몸을 통과하여 반대쪽 배설구까지 하나로 연결되어 있어야 한다. 3차원 공간에 사는 우리는 이런 구조가 가능하지만, 2차원 아메바의 몸에 이런 통로를 만들면 몸뚱이가 둘로 분리된다. 그러므로 소화기가 제대로 작동하면서 하나의 몸뚱이로 살아가려면 식사와 배설을 같은 입구(또는 출구)로 해야 한다(정말로 고마운 3차원이 아닐 수 없다!).

2차원의 문제는 이뿐만이 아니다. 생명체가 지능을 가지려면 고도로 복잡한 분자가 생성되어야 하는데, 1차원이나 2차원에서는 원자배열에 아무리 다양성을 추구해도 그 정도로 복잡한 분자를 만들 수 없다.

2차원 우주는 종이나 컴퓨터 화면에 그릴 수 있기 때문에 상상하기가 비교적 쉽다. 차원이 3을 넘어서면 머릿속에 그리기가 훨씬 어려워지지만, 논리적 이론의 타당성을 따져볼 수는 있다. M-이론이 주장하는 대로 공간이 10차원이라면, 왜 우리 눈에는 3개만 보이는가? 나머지 차원들은 어디로 숨었는가?

우선 4차원 이상의 우주에서 물리학이 어떤 식으로 적용되는지부터 생각해보자. 앞에서 우리는 다이슨 구의 위력을 실감한 바 있다. 구의 반지름이 클수록 서식지는 넓어지고, 구의 안쪽 면에 도달하는 빛의 강도는 반지름(거리)의 제곱에 반비례하여 작아진다. 그런데 여기에는 한 가지 중요한 사실이 숨어 있다. 역제곱법칙은 우연히 만들어진 법칙이 아니라, 우리의 우주가 3차원이기 때문에 필연적으로 나타난 결과라는 것이다.

앞에서 말한 대로 역제곱법칙을 따르는 물리 현상은 여러 가지가 있다. 두 별 사이의 거리가 멀수록 둘 사이의 중력은 거리의 제곱에 반비례하여 작아지고, 두 양성자 사이에 작용하는 전자기력도 거리가 멀수록 거리의 제곱에 반비례하여 작아진다.

그러나 고차원 공간에서는 상황이 완전히 달라진다. 예를 들어 4차원 공간에서 중력과 전자기력은 역제곱법칙이 아닌 '역세제곱법칙'을 따르고, 5차원 공간에서는 '역네제곱법칙'을 따른다.

"그게 뭐 어쨌는데?"라며 대수롭지 않게 생각하는 사람도 있을 것이다. 그러나 고차원 공간에서는 (중력이 역세제곱법칙을 따르건, 역네제곱법칙을 따르건 간에) 천체들이 안정된 궤도를 도는 것이 원리적으로 불가능하다. 예를 들어 4차원 우주에 존재하는 지구는 나선형 궤도를 돌면서 태양으로 빨려 들어가거나 태양계 밖으로 날아가야 한다. 3차원 세계의 지구는 거의 50억 년 동안 느긋하게 일광욕을 즐겨왔지만, 고차원에서는 어림도 없다.

지구뿐만 아니라 궤도운동을 하는 모든 천체들(행성, 혜성, 별, 은하 등)도 똑같은 운명이다. 그러므로 우리의 우주는 생명체가 살아갈 수 있도록 차원까지 맞춰진 최상의 우주인 셈이다. 또한 3차원에서는 전자기력도 역제곱법칙을 만족하므로, 고차원으로 가면 전자들이 안정된 궤도를 유지할 수 없다. 이런 곳에서는 운 좋게 원자가 생성된다 해도 순식간에 붕괴될 것이다. 물론 원자가 없으면 생명체도 존재할 수 없다.

양자역학을 아는 독자들은 이렇게 반문하고 싶을 것이다. "원자 속에서 전자가 따라가는 궤적은 행성의 궤적과 근본적으로 다르지 않은가!" 맞는 말이다. 그러나 양자역학의 방정식을 높은 차원에 적용해보면 똑같은 결론에 도달하게 된다. 양자세계에서도 차원이 높아지면 안정된 궤도는 존재할 수 없다.

그러므로 우리가 존재할 수 있는 곳은 3차원 공간뿐이다. 그런데 시간은 어떤가? 시간도 고차원이 될 수 있을까?

다중우주를 단계별로 분류했던 MIT의 물리학자 막스 테그마크는 시간이 고차원(2차원 이상)으로 존재하는 우주를 다음과 같이 표현했다.

> 관측자가 자기인식능력과 정보처리능력을 갖고 있는 한, 물리 법칙은 무언가를 예측할 수 있어야 한다. 그러나 이런 식으로 타당한 인과율이 적용되지 않는 세계라면 그곳에 사는 관측자는 굳이 자기인식능력을 갖고 있을 이유가 없으며, 컴퓨터나 두뇌와 같이 정보를 처리하는 시스템도 존재할 가능성이 거의 없다.

우리가 사는 세계에서는 시간이 1차원뿐이므로 과거와 미래의 구별이 확실하다. 시간을 따라 이동하는 것은 마치 좁은 복도를 걸어가는 것과 같다. 이런 곳에서 '앞'은 곧 '미래'를 의미한다.

그러나 당신이 넓은 홀의 한가운데 서 있다면 어느 방향으로든 갈 수 있기 때문에, '앞'이나 '뒤'라는 간단한 개념이 적용되지 않는다. 시간도 마찬가지다. 시간이 2차원인 우주(그리고 공간차원이 적어도 2 이상인 우주)에서는 미래에 대해 유용한 예측을 하는 것이 원리적으로 불가능하다.

지능을 가진 생명체라면(아마 나도 그중 하나일 것이다) 주변 상황에 기초하여 미래에 어떤 사건이 일어날 것인지를 미리 예측할 수 있어야 한다. 완벽하게 맞추진 못하더라도, 어느 정도의 확률은 유지해야 한다. 사냥감을 향해 쏜 화살이 어디쯤 떨어질지, 데이트 중인 여자 앞에서 술주정을 하면 다음에 다시 만날 수 있는 확률이 얼마나 되는지, 이 정도는 예측할 수 있어야 경쟁에서 살아남을 수 있다. 그러나 시간이 2차원인 세계에서는 이런 간단한 예측조차 할 수 없다. 2차원 시간에서는 미래가 하나로 정의되지 않기 때문이다. 텅 빈 홀의 중앙에서 아무 방향으로나 갈 수 있는 것처럼, 2차원 시간의 미래는 무한히 많은 방향으로 진행될 수 있다. 미래를 예측할 수 없으면 무언가를 추론할 수 없고, 추론이 없으면 과학도 불가능하다. 이런 세계에 생명체가 살고 있다고 해봐야, 혼자서는 아무것도 결정할 수 없을 것이다.

그러나 2차원 시간에서 가장 문제가 되는 것은 생명체들 사이의 대인관계다. 이곳에 사는 모든 사람들(그리고 사람을 구성하는 모든 입자들)은 t_1과 t_2라는 두 개의 시간축을 따라 이동할 텐데, t_1을 따라 이동하는 속도와 t_2를 따라 이동하는 속도는 서로 같을 이유가 없다(만일 이 속도가 같다면 시간차원은 2가 아니라 1이 된다). 만일 당신이 이런 우주에 혼자 살고 있다면 무언가가 잘못돼도 전혀 눈치채지 못할 것이다.

그러나 동료와 함께라면 문제는 더욱 심각해진다.*

정상적인 경우, 당신이 누군가를 만났다는 것은 같은 시간에 두 사람의 공간좌표가 (거의) 일치했다는 뜻이다. 그런데 두 사람이 각기 다른 시간축을 따라 다른 속도로 이동하고 있다면, 공간좌표가 일치해도 결코 만날 수 없다. 두 사람이 사는 시간대가 다르기 때문이다. 당신의 시간이 정상적으로 흐른다 해도, 당신의 친구들이 두 개의 시간축을 따라 일제히 이동하지 않는 한 그들을 영원히 만날 수 없다. 1차원 시간에서 미래는 그저 불확실할 뿐이지만, 2차원 시간의 미래는 한마디로 어불성설이다.

1차원의 시간과 3차원의 공간으로 이루어진 이 세계는 우리에게 안성맞춤인 것 같다. 우리의 우주에서 생명체는 미래를 예측할 수 있고, 움직이는 천체는 안정된 궤도를 유지할 수 있다. 게다가 빛의 속도가 일정하고 우주에는 시작이 있었기 때문에, 밤하늘은 캄캄하고 지구는 증발하지 않는다. 이 얼마나 다행한 일인가?

* 친구가 없다면 상상력을 발휘할 것(아마도 저자는 "이런 책을 읽는 사람이라면 친구가 적을 것"이라고 생각한 모양이다. 딱히 틀린 말은 아닌 것 같기도 하고… – 옮긴이).

THE UNIVERSE IN THE REARVIEW MIRROR

HOW HIDDEN SYMMETRIES SHAPE REALITY

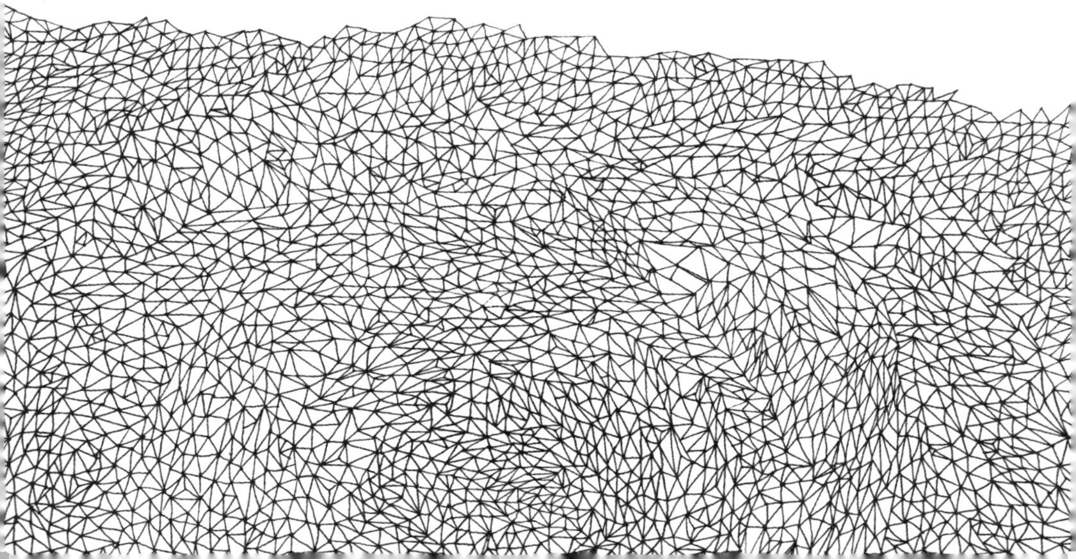

4

에미 뇌터

대칭의 심오한 의미를 알아낸 사람

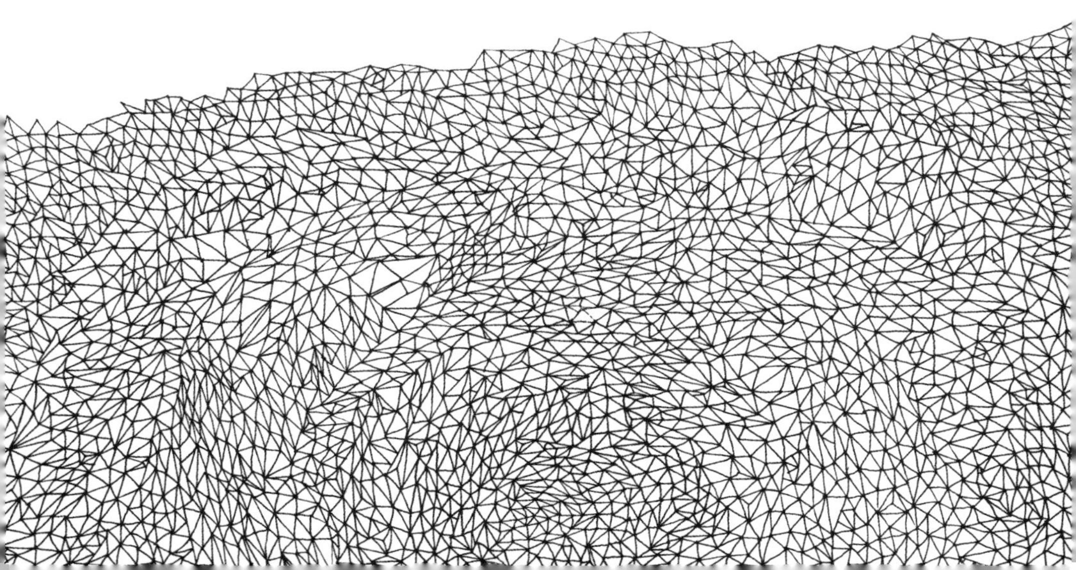

당신이 친구들과 어울려서 어린아이들처럼 판타지 피직스 리그Fantasy Physics League, 무리를 지어서 물리학 문제를 출제하고 맞추는 게임. – 옮긴이를 벌인다고 가정해보자. 당신의 팀에 물리학자들 중 아무나 영입할 수 있다면, 당신은 누구를 고르겠는가? 아마도 대부분은 아인슈타인을 제일 먼저 떠올릴 것이다.* 물리학을 조금 아는 사람이라면 막스 플랑크Max Planck나 베르너 하이젠베르크Werner Heisenberg, 에어빈 슈뢰딩거Erwin Schrödinger, 또는 볼프강 파울리Wolfgang Pauli를 떠올릴 수도 있다.

위에서 언급된 물리학자들은 모두 '세상을 떠난 백인 남자'라는

* 나는 첫 번째 책에서 공동저자와 함께 이 리스트를 작성한 적이 있는데, 거기에서도 아인슈타인은 단연 1등이었고 파인만과 닐스 보어Niels Bohr, 폴 디랙, 베르너 하이젠베르크가 그 뒤를 이었다. 그러나 지금 이 명단을 다시 작성한다면 순위에 약간 변동이 있을 것 같다.

공통점이 있다. 성격이 예민한 당신은 이 점이 마음에 걸려 한동안 망설이다가 드디어 마리 퀴리라는 이름을 떠올렸다. 퀴리는 방사능을 최초로 발견한 여성 물리학자로서 노벨상을 두 번이나 받는 등 당대 최고의 물리학자로 손색이 없다. 뒤늦게나마 퀴리를 떠올린 당신은 남녀를 차별한다는 죄의식에서 조금 벗어났겠지만, 사실은 크게 잘못되었다. 마리 퀴리는 마땅히 제일 먼저 떠올라야 할 사람이기 때문이다.

이 장의 주인공은 에미 뇌터Emmy Noether라는 여성 수학자이다. 이 책의 주제인 대칭도 그렇지만, 뇌터라는 인물 역시 나의 주관적인 관점에서 선택되었다. 아마도 대부분의 독자들에게는 이 이름이 생소하게 들릴 것이다. 아마추어 과학자는 물론이고 대학에서 물리학을 전공하는 학생들조차 이 위대한 인물에 대해 아는 것이 별로 없다. 그러나 뇌터야말로 20세기 과학에 가장 큰 공헌을 한 사람이다(이 말이 맘에 들지 않는다면 "가장 큰 공헌을 한 과학자들 중 한 사람"으로 수정해도 상관없다). 특히 그녀의 이름이 붙어 있는 '뇌터의 정리Noether's theorem'는 대칭의 중요성을 부각시키는 데 결정적인 역할을 했다.

대칭과 보존량 사이의 관계를 수학적으로 규명한 '뇌터의 정리'로 20세기 과학에 가장 큰 공헌을 한 에미 뇌터(1882~1935).

대학의 모든 질서를 붕괴시킨 에미 뇌터

뇌터의 삶은 여러 가지 면에서 아인슈타인과 비슷하

다. 두 사람 모두 19세기 말에 독일에서 태어났고 둘 다 유태인이었다(아인슈타인은 뷔르템베르크 주 울름에서 태어났고, 뇌터는 바이에른 주 에를랑겐에서 태어났다). 뇌터는 에를랑겐대학의 유명한 수학자였던 부친 막스 뇌터Max Noether의 영향을 받아 어린 시절부터 수학자가 되겠다는 꿈을 키웠다.

당시만 해도 여자가 수학자가 된다는 것은 결코 만만한 꿈이 아니었다. 1900년에 독일의 대부분 대학들은 여자에게 대학 강의실에서 수업을 듣거나 시험 보는 것을 허락하지 않았고(이런 규칙은 주로 대학교수들이 앞장서서 만들었다), 1898년에 에를랑겐대학 교수협의회는 여기에 한 술 더 떠서 "여학생을 대학에 받아들이는 것은 학계의 모든 질서를 붕괴시키는 행위"라고 못 박았다. 이 모든 상황을 고려할 때, 뇌터의 최선은 고등학교 교사가 되는 것이었다(당시에는 고등학교를 졸업하면 소정의 심사를 거쳐 교사가 될 수 있었다). 게다가 그녀는 언어학에도 탁월한 재능이 있었으므로 고등학교를 졸업한 후 프랑스로 건너가 영어를 가르치며 순탄한 삶을 살 수도 있었다.

그러나 학문에 대한 열정을 포기할 수 없었던 뇌터는 스스로 가시밭길을 택했다. 그녀는 대학의 수학과 학부과정 과목을 하나도 빼지 않고 모두 청강한 후, 1903년에 뉘른베르크의 김나지움(독일의 9년제 중등교육기관)에서 대학 졸업시험을 통과했다.

1904년에 뇌터는 에를랑겐대학의 박사과정에 입학했다. 대학 측에서 여자에게 입학을 허락하지 않는다는 방침을 철회한 덕분이었다. 뇌터의 지도교수는 그녀의 부친과 가까운 친구이자 연구동료였던 폴 고르단Paul Gordan이었다. 당시 대부분 순수수학자들이 그랬던 것처럼 고르단도 한창 개발 중이던 양자역학에 중요한 업적을 남겼는데, 전자의 스핀과 궤도운동을 서술할 때 사용되는 '클레브슈-고르단 계수Clebsch-Gordan coefficients'가 바로 그것이다.

뇌터는 1908년에 박사학위를 받았으나, 그 후로 한동안 힘든 세월을 보내야 했다. 실력은 누구 못지않게 뛰어났지만, 여자라는 이유로 대학에 제대로 된 일자리를 구할 수 없었기 때문이다. 아인슈타인도 박사과정을 마친 후 대학에 일자리를 얻지 못해 전전긍긍하다가 스위스 특허청에 간신히 취직하여 생계를 꾸린 전력이 있다. 소위 '기적의 해'로 불리는 1905년에 아인슈타인이 상대성이론을 비롯한 4편의 논문을 한꺼번에 발표하여 일약 스타로 떠올랐을 때에도 그의 신분은 특허청 직원이었다. 아무튼 뇌터는 에를랑겐대학에서 무려 8년 동안 무보수 연구원으로 일하면서 간간이 부친의 강의를 대신하기도 했다.

에미 뇌터는 '수학적 불변량invariants'의 전문가였다. 불변량은 대칭을 이해하는 데 제일 중요한 요소이자 이 책에 처음 등장하는 용어이므로, 기본적인 정의부터 짚고 넘어가야 할 것 같다. 그런데 첫 번째 정의에서는 대칭이라는 단어가 아예 등장하지도 않는다.

불변량: 어떤 수학적 객체에 임의의 변환을 가했을 때 변하지 않는 숫자

여기서 말하는 '변환transformation'이란 하나의 계를 회전시키거나 한 장소에서 다른 장소로 이동시키는 것을 의미한다. 그리고 불변량은 대칭과 밀접하게 관련되어 있는데, 둘 사이의 차이는 다음과 같다: "대칭은 계의 속성을 변화시키지 않는 변환을 서술하며, 불변량은 그 대칭 변환에서 변하지 않는 양 자체를 의미한다."

이 내용을 좀더 깊이 이해하기 위해, 어떤 변환 하에서 불변량이 아닌 것, 즉 무언가가 변하는 경우를 생각해보자. 그 대표적인 사례가 바로 시간(좀더 정확하게 말하면 시간간격)이다. 시간을 재려면 시계의 초침이나 심장박동, 또는 지구의 주기운동 등 무언가 기준이 되는 척도가 있어야 한다. 시간이 흐르는 속도는 각 개인의 심리상태에 따라 다르게 느껴질 수도 있지만, 두 사건 사이의 시간간격을 정의하는 '절대적인 기준'이 있다는 데에는 대부분 동의할 것이다.

그러나 현실은 그렇지 않다. 다음 장에서 보게 되겠지만, 아인슈타인의 특수상대성이론에 의하면 두 사건 사이의 시간간격은 관측자의 운동 상태에 따라 얼마든지 다르게 보일 수 있다. 예를 들어 거의 광속으로 달리는 우주선의 조종사는 지구에 있는 사람들보다 나이를 천천히 먹는다. 지금 지구 관제센터에서는 조종사의 몸에 부착된 센서를 통해 그의 심장박동을 확인하고 있다. 조종사가 지상에서 훈련을 받을 때 그의 심장박동 수가 1분당 100회였다면, 우주선이 광속의 99%에 도달했을 때 박동 수는 1분당 2회로 줄어든다! 그러나 조종사의 입장에서 보면 모든 것이 정상이다.

'우주선 조종사의 심장박동 간격'이라는 하나의 시간간격은 보는 관점에 따라 이렇게까지 달라질 수 있다. 이럴 때 물리학자들은 "시간 간격은 운동 상태 변환에 대하여 불변량이 아니다"라고 말한다. 그런데 이 효과가 눈에 드러날 정도로 커지려면 물체의 운동 속도가 광속에 견줄 만큼 빨라야 한다. 우리는 평소에 (빛과 비교할 때) 거북이처럼 느린 속도로 움직이고 있으므로, 특수상대성이론에 의한 효과가 거의 나타나지 않는다.

그러나 이 세상에는 불변량도 많다. 예를 들어 중력의 세기는 거리의 제곱에 반비례하지만, 방향과는 전혀 무관하다. 당신의 몸무게는 캔버라에서나 캔자스에서나 똑같다.

에미 뇌터는 수학적 불변량에 관한 논문으로 박사학위를 받은 후, 모교인 에를랑겐대학의 무보수 연구원으로 일하면서 이 분야의 연구를 계속해나갔다. 그녀가 물리 법칙에서 대칭이 하는 역할을 누구보다 먼저, 그리고 깊게 이해할 수 있었던 것은 이처럼 한 분야를 집중적으로 파고들었기 때문이다.

1915년에 아인슈타인이 발표한 일반상대성이론은 시간과 공간, 그리고 중력에 관한 기존의 생각을 완전히 뒤엎은 혁명적인 이론이었다. 여기에는 대칭이 아름답고도 심오한 방식으로 깊이 개입되어 있는데, 당시에는 그 누구도 이 사실을 간파하지 못했다. 독일의 저명한 수학자 다비트 힐베르트David Hilbert와 펠릭스 클라인Felix Klein은 대칭 분야를 더욱 깊이 연구하기 위해 1915년에 뇌터를 괴팅겐대학으로 초대했다.

뇌터와 힐베르트는 전에도 만난 적이 있었다. 뇌터는 1903년에 학부과정을 마친 후 몇 년 동안 괴팅겐대학에서 힐베르트와 클라인, 카를 슈바르츠실트Karl Schwarzschild, 그리고 헤르만 민코프스키Hermann Minkowski의 강의를 들었다(슈바르츠실트는 블랙홀모형을 수학적으로 처음 유도했고, 민코프스키는 특수상대성이론의 수학적 기초를 세운 사람이다).

뇌터 수준의 전문가를 대학에 초빙하려면 당연히 전임강사나 조교수 자리를 주는 게 정상이다. 그러나 에를랑겐대학과 마찬가지로 괴팅겐대학도 여성에게 그리 관대하지 않았다. 이 사실에 격분한 힐베르트는 교수회의에서 다음과 같이 외쳤다.

> 뇌터를 조교수로 채용하는 데 성별이 문제가 된다니, 나는 도저히 이해할 수 없습니다. 여기는 목욕탕이 아니라 대학이란 말입니다!

힐베르트는 여성의 교수 채용을 금지한 학교의 방침을 피해가기 위해 뇌터를 초청강사로 임명하여 학교에 붙잡아두었다. 그러나 뇌터는 괴팅겐대학에 있는 동안 단 한 푼의 보수도 받지 못했다. 1922년에 프러시아 과학예술교육부 장관이 뇌터에게 정규직 일자리를 제안한 후로 뇌터는 비로소 월급을 받을 수 있었으나, 그것도 사실은 쥐꼬리에 불과했다. 그런데 여러 가지 정황을 고려해볼 때, 뇌터가 이토록 불이익을 받은 데에는 여자라는 이유 외에 그녀가 자유와 평화를 주장하는 유태인이라는 사실도 한몫했던 것 같다. 뇌터가 세상을 떠났을 때 힐베르트가 읽은 추모사에는 다음과 같은 내용이 들어 있다.

저는 1930년에 괴팅겐대학의 종신교수가 되었을 때, 에미 뇌터에게 더 좋은 자리를 달라고 행정당국에 요청했었습니다. 모든 면에서 저보다 훨씬 뛰어난 수학자가 저보다 훨씬 못한 대접을 받는다는 사실에 부끄러움을 느꼈기 때문입니다. 그러나 저의 요청은 기각되고 말았습니다… 관습과 편견, 그리고 외부의 압력으로 인해 그녀는 단 한 번도 정당한 대접을 받지 못했습니다. 그러나 뇌터가 이 시대에 가장 뛰어난 수학자 중 한 사람이었다는 사실만은 아무도 부인하지 못할 것입니다.

어쨌거나 괴팅겐대학의 입장에서 볼 때, 뇌터를 초청한 것은 탁월한 선택이었다. 그녀는 이곳에 도착하자마자 곧바로 '뇌터의 정리'를 유도했고, 1918년경에는 누구나 인정하는 수학 정리로 자리 잡게 되었다. 대칭이라는 수학적 개념이 물리학에 적용되기 시작한 것도 이 무렵의 일이었다.

지금까지 이 책에서는 대칭의 종류와 의미를 주로 다뤄왔다. 혹시 "대칭이라는 개념을 하나로 통합하는 원리 같은 건 없을까?"라는 의문이 생긴다면, 당신은 당장 돗자리를 깔아도 좋다. 그런 원리가 바로 여기 있기 때문이다!

다른 잔소리는 필요 없다. 뇌터의 정리 하나면 충분하다!

뇌터는 다음의 정리 하나로 대칭세계의 천하통일을 이룩했다.

뇌터의 (제1)정리: 모든 대칭에는 그에 대응되는 불변량이 존재한다.

이게 뭐 그리 대단하냐고? 조금만 더 기다려보라. 보존법칙은 물리학에서 없어선 안 될 중요한 도구이다. 앞에서도 딱히 '보존법칙'이라고 이름 붙이진 않았지만, 다양한 사례들이 이미 언급된 바 있다. 예를 들어 모든 반응 과정에서 +전하와 −전하가 똑같이 생성되거나 소멸된다는 것은 전하 보존법칙의 결과이다. 만일 빅뱅으로 탄생한 우주가 전기적으로 중성이었다면(이것은 그다지 무리한 가정이 아니다), 전하 보존법칙에 의해 지금도 우주는 여전히 중성이어야 한다.

보존법칙과 불변량은 매우 미묘한 관계에 있다. 물리계를 특별한 축을 중심으로 회전시키는 회전 변환과 특정 방향으로 이동시키는 병진 변환, 또는 시간대를 이동시키는 시간 변환에 대하여 변하지 않는 양이 존재하면 그 계는 해당 변환에 대하여 대칭성을 갖고 있으며, 변하지 않는 양이 그 변환에 대한 불변량이 된다. 반면에 보존법칙은 '시간이 흘러도 변하지 않는 양'을 서술하고 있다. 예를 들어 우주의 총 에너지와 총 전하는 보존되는 양이다.

두 경우 모두 '변하지 않는 양'이라는 말이 들어 있긴 하지만, 이것만으로는 불변량과 보존법칙 사이의 관계를 파악하기가 쉽지 않다.

여기 한 가지 힌트가 있다. 1장에서 말한 대로, 약력을 제외한 모든 자연현상에서 물질과 반물질을 구별하는 것은 의미가 없다. 다시 말해서, 물질과 반물질 사이에 C−대칭(전하반전대칭)이 존재한다는 뜻이다. 그러므로 물질과 반물질은 항상 같은 양만큼 생성되거나 소멸된다. 또한 물질과 반물질은 전하의 부호가 반대이므로, 우주에 존재하는 전하의 총합은 항상 0으로 유지된다. 이런 것이 바로 보존법칙이다.

뇌터의 법칙을 처음 접하는 사람들은 대체로 반응이 이렇다: "그래서? 그게 뭐 어쨌다는 건데?" 하긴, 한 줄로 짤막하게 줄여놓은 수학 정리를 들이밀며 상대방의 감탄사를 바라는 것 자체가 무리이긴 하다. 뇌터의 정리는 수많은 방정식을 거쳐서 내려진 결론이기 때문에, 최종 결과만 놓고 그 가치를 판단하기란 결코 쉽지 않다. 그렇다고 이 책에서 수학 방정식을 줄줄이 나열할 수도 없으니, 일단은 뇌터의 정리에서 유도되는 결과부터 알아보기로 하자.

시간 불변성 ⇨ 에너지 보존
공간 불변성 ⇨ 운동량 보존
회전 불변성 ⇨ 각운동량 보존

글로 써놓으면 간단한 것 같지만, 사실 여기에도 엄청난 양의 정보가 담겨 있다. 각 항목에는 앞에서 이미 언급된 대칭들이 하나씩 대응된다. 즉, 시간대를 바꾸거나 장소를 바꾸거나 방향을 바꿔도 물리학의 법칙은 달라지지 않는다. 위의 화살표는 "왼쪽 조건이 만족되면 오른쪽이 성립한다"는 뜻이다.

시간이 흘러도 물리학의 법칙이 변하지 않는다는 증거는 도처에 널려 있으므로(가봉의 오클로 우라늄 광산도 그중 하나이다), 이것은 더 이상 가정이 아니다. 좋다. 물리 법칙이 시간에 대해 불변이라고 치자. 그래서 뭐가 어쨌다는 말인가? 물리 법칙이 변하지 않는 건 좋은데, 그것으로 끝이란 말인가? 에를랑겐대학에서 끝까지 여학생을 받지 않았다면 정말 그것으로 끝났을지도 모른다. 그러나 다행히도 뇌터는 "물리 법칙이 시간에 따라 변하지 않으면 에너지는 새로 창조되거나 파괴되지 않는다"는 것을 오직 수학적 논리만으로 증명했다. 이것이 바로 뇌터의 업적을 높이 평가해야 하는 이유다.

이뿐만이 아니다. 지금까지 얻어진 수많은 관측자료에 의하면 물리 법칙은 우주 어느 곳에서나 동일하게 작용하는 것이 거의 확실하다. 즉, 물리 법칙은 시간이동뿐만 아니라 공간이동에 대해서도 불변이다. 그래서 뭐가 어쨌냐고? 여기에 뇌터의 정리를 적용하면 운동량이 보존된다는 사실을 알 수 있다. 만일 당신이 고장 난 우주선을 타고 깊은 우주 공간을 글라이더처럼 활강하고 있다면, 외부에서 다른 힘이 작용하지 않는 한 동일한 속도로 영원히 날아갈 것이다. 이것이 바로 운동량 보존법칙이며, 뉴턴이 알아낸 첫 번째 운동법칙이기도 하다.

뇌터는 이토록 중요한 사실을 알아낸 장본인임에도 불구하고 그다지 높은 명성을 누리지 못했다. 물론 이 정도는 (드물지만) 있을 수 있는 일이다. 그러나 학교에서 물리학을 가르치는 교사들조차 그녀의 이름을 모른다는 것은 충격이 아닐 수 없다. 이 점에 대해 물리학자 리 스몰린Lee Smolin은 다음과 같이 말했다.

> 20세기 물리학이 남긴 가장 위대한 유산 중 하나는 대칭과 보존법칙 사이의 관계를 규명한 것이다. 그러나 이 사실을 발견한 독일의 수학자 에미 뇌터는 전문가들 사이에서도 생소한 이름으로 남아 있다. "어떤 물체도 빛보다 빠르게 움직일 수 없다"는 특수상대성이론의 제1계명은 너무나 유명하여 초등학생도 알고 있을 정도이다. 그러나 내가 보기에 뇌터의 업적은 결코 아인슈타인에게 뒤지지 않는다.
> …나는 대학에서 기초물리학(일반물리학)을 가르칠 때마다 이 점을 지적하면서 뇌터의 이름을 강조해왔다. 그런데 지금 출판되고 있는 교과서 중에 그녀의 이름이 언급되어 있는 책은 단 한 권도 없다. 뇌터의 정리가 없었다면 우리는 두발자전거가 안전하게 달리는 이유를 아직도 이해하지 못하고 있을 것이다.*

이제 재미있는 부분이 남았다. 물리 법칙은 어디서 온 것인가? 똑같은 질문이 자꾸 반복되어 식상해졌다면, 지금부터 집중해주기 바란다. 드디어 질문의 답을 찾을 때가 되었기 때문이다.

페르마의 원리

지금까지 불변량과 대칭, 그리고 보존법칙에 대해 꽤 많은 이야기를

* 두발자전거가 안정적으로 달릴 수 있는 이유는 각운동량 보존법칙 덕분이다. 또한 일정 기간 동안 지구가 태양을 중심으로 쓸고 지나가는 부채꼴의 넓이가 일정하다는 '면적속도 일정법칙(케플러의 제2법칙)'도 각운동량 보존법칙의 결과이다.

했는데, 내용이 다소 추상적이어서 독자들에게 깊이 와 닿지 않았을 것이다. 지금부터 논리를 좀더 구체화시켜보자.

돼지가 새의 알을 훔쳐갔다. 화가 머리끝까지 치민 앵그리버드는 고무줄 새총에 몸을 기댄 채 고무줄을 잔뜩 잡아당겼다가 어느 순간 갑자기 놓았다. 이제 앵그리버드는 허공을 가르며 돼지가 숨어 있는 헛간을 향해 날아간다. 이런 경우에 우리는 새총이 앵그리버드에게 가한 힘과 공기의 저항력, 중력, 그리고 앵그리버드가 다른 물체와 충돌할 때 나타나는 상호작용의 세기를 계산할 수 있다. 물론 임의의 시간에 앵그리버드가 날아가는 속도도 계산 가능하다. 결코 즐거운 작업은 아니지만, 계산을 반복하다 보면 앵그리버드가 겪게 될 모든 운동을 순전히 연필과 종이만으로 알아낼 수 있게 된다.

앵그리버드에게 물리학은 이런 식으로 작동한다. 갈릴레오와 뉴턴이 알아낸 물리 법칙은 매우 정확하여, 앵그리버드뿐만 아니라 거의 모든 물체에 똑같이 적용될 수 있다.

그런데 뉴턴의 물리학은 친절한 구석이 전혀 없다. 법칙 자체에는 별 문제가 없지만, "자연은 왜 그런 법칙을 따라야만 하는가?"라는 질문에는 철저하게 모르쇠로 일관하고 있기 때문이다.

간단한 질문을 던져보자. 빛은 왜 직선 경로를 따라가는가? 뉴턴이 제시한 답은 다음과 같다: "빛에 영향을 주는 외부 힘이 없으면 빛은 등속직선운동을 한다." 이것이 바로 운동에 관한 뉴턴의 제1법칙이다.

뉴턴의 제1법칙: 외부로부터 힘이 작용하지 않는 한, 모든 물체는 정지 상태나 등속운동 상태를 유지한다.

기원전 1세기경, 알렉산드리아의 수학자 헤론Heron은 "빛은 자신이 어떤 경로를 가고 싶어 하는지 알고 있다"*라는 새로운 가설을 제안했다. 그렇다면 빛이 선호하는 경로는 어떤 경로일까? 답은 간단하다. '가장 빨리 갈 수 있는' 경로이다. 헤론은 거울을 이용하여 빛이 한 지점에서 다른 지점으로 이동할 때 항상 최단거리를 따라 이동한다는 것을 기하학적으로 증명했다.

헤론의 논리는 '빛의 반사법칙'이라는 결과를 낳았다. 간단히 말해서, 빛이 무언가에 의해 반사될 때에는 입사각과 반사각이 같다. 이 법칙을 직접 검증하고 싶다면 테니스공을 평평한 벽에 비스듬한 각도로 던져보라. 공이 벽에 입사된 각도와 튕겨나온 각도가 같다는 것을 금방 알 수 있을 것이다.물론 테니스공과 광자가 동일한 과정을 거쳐 반사되는 것은 아니다. 이들이 동일한 방식으로 반사되는 이유를 입증하는 것은 또 다른 문제이다. – 옮긴이

그로부터 1600년 후, 프랑스의 법관이자 아마추어 수학자였던 피에르 드 페르마Pierre de Fermat**는 모든 상황에서 빛의 거동을 설명하는 하나의 원리를 발견했다.

페르마의 원리: 빛은 한 지점에서 다른 지점으로 이동할 때 시간

* 물론 헤론은 이런 식으로 말하지 않았지만, 독자들의 이해를 돕기 위해 광자를 의인화해서 표현해보았다. 마음에 안 들더라도 너그럽게 넘어가주기 바란다.

이 가장 짧게 걸리는 경로(최소시간 경로)를 따라간다.

원리 자체는 지나칠 정도로 간단명료하지만, 무언가 좀 이상하다. 생명체도 아닌 빛이 최소시간 경로를 무슨 수로 판단한다는 말인가? 그러나 신기하게도 빛은 정확하게 그런 경로를 따라간다. 이 사실을 눈으로 확인하고 싶다면 운동도 할 겸 수영장에 가보라. 수심이 얕은 곳에 두 발로 서서 아래쪽을 내려다보면 당신의 다리가 휘어진 것처럼 보일 것이다.물이 담긴 컵에 빨대를 꽂고 바라보는 것이 훨씬 더 싸게 먹힌다. – 옮긴이

네덜란드의 물리학자 크리스티안 하위헌스는 뉴턴의 물리학에 입각하여 "빛은 물 속보다 공기 중에서 더 빠르게 이동한다"고 주장했고, 결국 그의 주장은 옳은 것으로 판명되었다. 일반적으로 빛의 속도는 어떤 물질 속을 통과하는가에 따라 달라진다. 가만… 그렇다면 "빛의 속도는 항상 c로 일정하다"고 선언했던 아인슈타인의 특수상대성이론에 위배되는 거 아닌가? 아니다. 빛의 속도가 일정하다는 것은 "진공을 통과할 때" 그렇다는 뜻이다. 진공이 아닌 다른 물체를 통과

** 왠지 어디선가 들어본 이름 같지 않은가? 그렇다. "a, b, c가 0이 아니고 n이 3 이상의 정수일 때 $a^n + b^n = c^n$을 만족하는 정수 a, b, c는 존재하지 않는다"라는 수학 정리(페르마의 마지막 정리)를 증명한 사람과 동일인이다(사실은 증명했다기보다 제안했다는 표현이 더 정확하다). 그는 『아리스메티카*Arithmetica*』라는 고대 수학책의 여백에 이 정리를 적어놓고 "나는 놀라운 방법으로 이 정리를 증명했으나, 책의 여백이 좁아서 여기 옮기지는 않겠다"며 증명을 생략했다. 그 후 거의 350년 동안 내로라하는 수학자들이 이 정리의 증명에 도전했지만 아무도 성공하지 못하여 '수학 역사상 최대의 난제'라는 별칭까지 얻게 되었다. 결국 이 정리는 1994년에 영국의 수학자 앤드류 와일즈Andrew Wiles에 의해 증명되었는데, 그는 20세기에 개발된 현대 수학을 총동원했기 때문에 과거에 페르마가 했다는 증명과는 많이 다를 것으로 추정된다. 17세기에 페르마가 어떤 논리로 증명했는지는 아직도 미스터리로 남아 있다.

할 때 빛의 속도는 느려지며, 물체의 밀도가 높을수록 느려지는 정도도 커진다.

하위헌스는 빛을 '진행하는 파동 집단'으로 간주했다(그의 생각은 옳았다). 그의 이론에 의하면 진행하는 빛의 최첨단에 있는 모든 점들은 매 순간 새로운 원형파동을 탄생시킨다. 그런데 공기 중을 진행하던 빛이 물 속으로 진입하면 속도가 느려지고, 그 결과는 빛의 진행 방향이 꺾이는 쪽으로 나타난다. 왜 그럴까?

경계면을 통과할 때 나타나는 원형파동의 간섭을 일일이 따지다 보면 논리가 너무 장황해진다. 그보다는 문제를 좀 단순화시켜서 시각적으로 이해하는 편이 훨씬 쉽다.

여기, 군부대 근처의 해변가에서 한 무리의 군인들이 제식훈련을 하고 있다. 오와 열을 맞춰 일사분란하게 걸어가다 보니 코앞에 바다가 나타났는데, 지휘관은 아무런 명령도 내리지 않는다. 어쩌겠는가? 그냥 바다 속으로 계속 행진할 수밖에. 원래 이들은 해안선에서 약간 기울어진 방향으로 걷고 있었기 때문에(다음 페이지 그림 참조), 대열이 해안선에 도달하는 순간 제일 먼저 바닷물에 발을 담근 병사는 단 한 명뿐이었다. 잠시 후 그의 왼쪽(그림에서는 오른쪽)에 있는 병사가 발을 담그고, 그 다음 병사가 발을 담그고… 이런 절차는 모든 오(가로줄)에서 똑같이 반복된다.

그런데 바다 속으로 들어가니 한 가지 문제가 생겼다. 물의 저항 때문에 걷는 속도가 갑자기 느려진 것이다. 즉, 같은 가로줄에서 입수한 병사와 아직 입수하지 않은 병사의 속도가 다르다. 이런 상황에서

빛이 경계면을 통과할 때

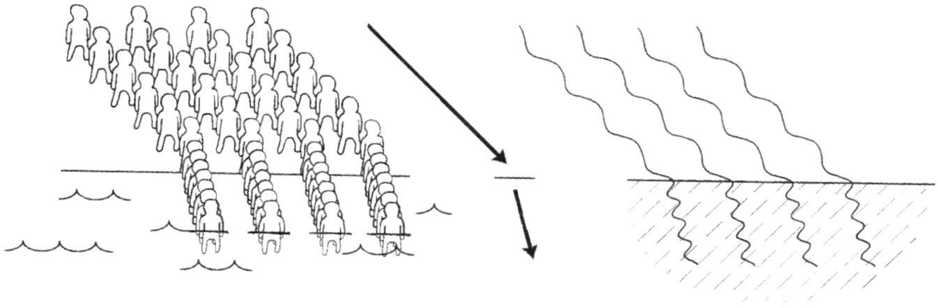

가로줄이 흐트러지지 않으려면 어떻게 해야 할까? 그렇다. 진행 방향을 약간 오른쪽(그림에서는 왼쪽)으로 틀면 된다. 즉, "우로 돌아 가!"를 90도가 아닌 작은 각도로 적용하는 것이다. 이렇게 하면 가로줄의 제일 왼쪽 끝(그림에서는 오른쪽 끝)에 있는 병사가 바닷물에 입수할 때까지 대열을 똑바르게 유지할 수 있다. 물론 모두 입수한 후에는 다시 속도가 같아지므로 계속 걸어가면 된다. "뒤로 돌아 가!"라는 명령이 떨어지기를 목 빠지게 기다리면서…

페르마의 원리를 이용하면 빛이나 병사들의 움직임을 매 순간 추적하지 않아도 명쾌한 논리로 궤적을 알아낼 수 있다.

한여름 해수욕장에서 인명구조원이 바다를 감시하다가 다리에 쥐가 나서 허우적거리는 사람을 발견했다. 그를 구하려면 가능한 한 빨리 사고지점에 도달해야 한다. 어떤 경로를 거쳐가야 가장 빠를 것인가? 자신이 서 있는 백사장과 사고지점을 잇는 직선 경로를 따라가야 할까? 아니다. 제아무리 뛰어난 수영선수라 해도 바다 속보다 육지에서 훨씬 빠르기 때문에, 뛰어가는 거리를 적절히 늘이고 헤엄쳐서 가는 거리를 적절히 줄여야 최소시간에 도달할 수 있다.

인명구조원이 모래사장에서 달리는 속도와 바닷물 속에서 헤엄치는 속도가 주어졌을 때 그가 취할 수 있는 최소시간 경로를 계산해 보면, 놀랍게도 하위헌스의 원리로 계산한 경로와 정확하게 일치한다. 신기하지 않은가? 하위헌스식 논리에는 계의 전체적인 특성이 전혀 고려되어 있지 않다. 그저 행진하는 병사들 개개인의 속도 변화를 고려하여 가로줄을 맞추려면 진행 방향을 꺾어야 한다는 결론에 도달했을 뿐이다. 그런데도 하위헌스의 원리(바다로 행진하는 군인들)와 페르마의 원리(해수욕장의 인명구조원)는 동일한 결과를 낳는다.

빛이 두 매질의 경계면을 통과할 때 굴절되는 현상을 발견한 사람은 17세기 네덜란드의 수학자이자 물리학자였던 빌레브로르트 스넬리우스Willebrord Snellius로 알려져 있다.* 그래서 빛의 굴절법칙을 '스넬의 법칙Snell's Law'이라고 한다.

스넬의 법칙은 빛이 두 매질의 경계면을 통과할 때 입사각과 굴절각 사이의 관계를 말해준다(두 각도 사이의 관계는 두 매질 속에서 빛의 속도와 관련되어 있다). 망원경이나 안경 등 일반적인 광학렌즈를 만드는 게 목적이라면 파동의 간섭이나 최소시간법칙 같은 것은 다 잊어버리고, 스넬의 법칙 하나만 알면 된다!

그럼에도 불구하고 페르마의 접근법이 물리학에서 중요하게 취급되어온 이유는 무엇일까? 기껏해야 하위헌스의 원리와 동일한 결과

* 엄밀히 말하면 스넬리우스는 최초 발견자가 아니었다. 11세기의 페르시아 물리학자들도 빛의 굴절법칙을 알고 있었으며, 그 후로도 몇 명의 과학자들이 동일한 사실을 경험적으로 알아낸 바 있다.

가 얻어질 뿐인데, 물리학자들은 왜 페르마의 원리를 높이 평가하는 것일까? 이유는 간단하다. 페르마의 원리는 답을 구하는 도구가 아니라, 근본적인 단계에서 자연이 운영되는 방식을 설명하는 원리이기 때문이다.

복잡하고 난해하기 그지없는 현대 물리학에서도 페르마의 원리는 여전히 성립한다. 예를 들어 아인슈타인의 일반상대성이론에 의하면 블랙홀과 같이 질량이 큰 천체 근방에서는 시간이 느리게 흐르는데, 여기에 "빛은 언제 어디서나 최소시간 경로를 찾아간다"는 페르마의 원리를 적용하면 블랙홀 근방에서 빛의 경로가 휘어진다는 결론이 자연스럽게 유도된다. 빛이 프리즘을 통과할 때 굴절되는 현상과 무거운 천체 근방에서 빛이 휘어지는 현상이 하나의 원리로 설명되는 것이다.

최소시간 경로와 최단거리 경로는 분명히 다르다. 필라델피아에서 베이징으로 가는 비행기가 어떤 경로를 따라가는지 눈여겨본 적

이 빛들은 최소시간 경로를 통해 우리 눈에 도달한 것이다.

이 있는가? 두 도시는 거의 같은 위도(북위 40도) 상에 위치하고 있으므로 언뜻 생각하면 적도와 평행하게 나 있는 위도선을 따라갈 것 같지만, 실제로는 알래스카의 북쪽을 지나간다. 왜 그럴까? 승객들에게 극지방의 이색적인 풍경을 보여주기 위해서 일부러 돌아가는 것일까? 아니다. 그 길로 가야 연료가 가장 적게 들기 때문이다!

어차피 지구의 표면은 구면이므로, 평면기하학에서 말하는 직선은 존재하지 않는다. 그렇다면 구면 위에서 두 점을 잇는 가장 짧은 선은 무엇일까? 답은 '대원大圓, great circle'이다. 그 이유를 확인하기 위해 고리형 고무줄로 지구본을 감아보자. 단, 고무줄은 필라델피아와 베이징을 지나가야 한다. 고무줄이 튕겨나가거나 미끄러지지 않고 안정된 위치를 잡았을 때 어디를 지나가는지 보라. 틀림없이 알래스카의 북쪽을 지나갈 것이다. 이것이 바로 필라델피아와 베이징을 지나는 대원이며, 구면 위에서 두 지점을 잇는 가장 짧은 선이다. 평면도법으로 그려진 지도에 이 경로를 그려보면 이상하게 생긴 곡선으로 나타나지만, 실제로는 이것이 가장 짧은 경로이기 때문에 모든 비행기는 영공 침해 등 특별한 이유가 없는 한 대원을 따라 비행하도록 되어 있다.

비행경로에 페르마의 원리를 적용하면 베이징으로 가는 가장 짧은 항로를 찾을 수 있다. 그러나 이것은 빙산의 일각일 뿐이다. 페르마의 원리는 대칭에 입각하여 물리학의 길을 인도하는 자연의 기본원리이다. 그리고 이 길을 따라가다 보면 에미 뇌터의 정리와 자연스럽게 마주치게 된다.

짜릿한 롤러코스터를 설계하려면?

빛의 운동을 설명할 때는 페르마의 원리로 충분하지만, 모든 자연현상을 이해하고 싶다면 좀더 깊이 파고 들어가야 한다. 입자와 반입자의 생성, 힘과 장의 작동원리, 팽창하는 우주 등 자연에 존재하는 수백, 수천만 가지 자연현상들을 페르마의 원리 하나만으로 설명할 수는 없다.

무언가를 최소화하는 조건을 찾는 문제는 17세기에 집중적으로 연구되었다. 최소화 자체는 수학적인 이슈이지만, 물리학자들도 뉴턴의 운동법칙을 새로운 분야에 응용하면서 최소화 문제에 관심을 갖게 되었는데, 그중 가장 대표적인 것이 브라키스토크론 곡선 Brachistochrone curve*이다.

당신이 세계에서 가장 짜릿한 롤러코스터를 설계한다고 가정해보자. 일단은 레일과 바퀴 사이의 마찰력을 줄이는 것이 급선무다. 그런데 이상적인 코스를 그려나가다 보면 수학적 미스터리에 직면하게 된다. 탑승객들에게 최대한의 스릴을 선사하려면 출발점에서 바닥으로 곤두박질칠 때 가능한 한 속도가 빨라야 하는데, 이 조건을 만족시키려면 레일을 어떤 모양으로 만들어야 할까?

이것이 바로 브라키스토크론 문제이다. 중력이 균일하게 작용하는 공간의 한 지점 A에서 다른 지점 B로 이동하고자 할 때, 어떤 경로를 따라가야 소요시간이 가장 짧을 것인가? 1696년에 스위스의 수학

* brachistochrone은 '최소시간'을 뜻하는 그리스어로, 거대한 초식공룡 브라키오사우루스와는 아무런 상관도 없다.

자 요한 베르누이Johann Bernoulli(유체역학으로 유명한 다니엘 베르누이의 동생. 베르누이의 집안은 뛰어난 수학자가 많은 것으로 유명하다)는 자신이 이 문제를 풀었다고 주장하면서, 다소 거만한 어투로 다음과 같이 말했다.

> 나, 요한 베르누이는 세계에서 가장 뛰어난 수학자임을 자처하는 바이다. 지적인 사람들에게는 아무도 풀지 못한 어려운 문제를 푸는 것만큼 매혹적인 일도 없다. 이런 문제를 해결하면 그의 이름과 업적은 후대에 길이 전해질 것이다… 브라키스토크론 문제를 푼 사람은 언제든지 나에게 연락해주기 바란다. 그러면 나는 그의 이름을 높이 칭송하며 세상에 알릴 것이다.*

베르누이는 자신만의 독특한 방법으로 만족할 만한 답을 구했다. 롤러코스터가 지면에 가까워질수록 속도가 빨라지는 것처럼, 위쪽이 두껍고 아래쪽이 얇은 특수한 렌즈에 빛을 투과시키면 아래쪽으로 갈수록 빨라질 것이다. 베르누이는 이와 같은 상황을 가정한 후, 여기에 "빛은 최소시간 경로를 따라간다"는 페르마의 원리를 적용하여 경로를 계산했다.

그 해답은 '사이클로이드cycloid'로 알려져 있다. 사이클로이드는 가운데가 움푹 파인 그릇과 비슷하지만, 수학적으로 매우 정교하게

* 똑똑하긴 한데, 말투가 정말 맹랑하지 않은가? 길에서 만나면 한 대 때려주고 싶다.

사이클로이드 곡선

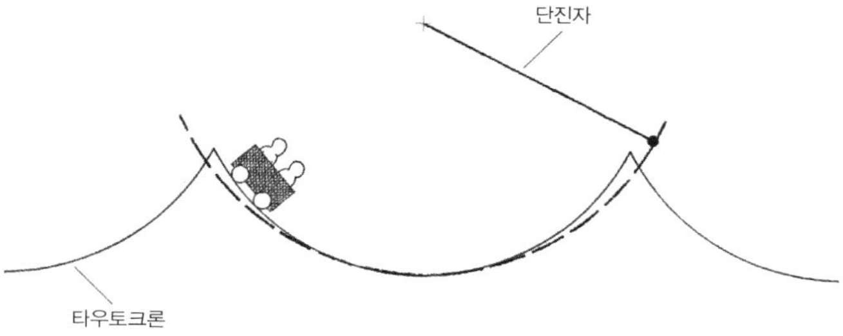

유도된 곡선이다.

그러나 베르누이가 실행했던 계산의 대부분은 그로부터 약 10년 전에 출간된 뉴턴의『프린키피아』에 이미 수록된 내용이었다.

베르누이가 큰 소리를 치고 있을 무렵에 뉴턴은 물리학계를 떠나 영국의 조폐국장으로 일하고 있었으나, 브라키스토크론 문제의 핵심을 이미 간파하고 있었다. 그러던 어느 날 밤, 뉴턴은 잠자리에 들기 전에 베르누이와 완전히 다른 기하학적 방법으로 문제의 답을 찾아냈는데, 평소에 워낙 쿨한 수학자였던 그는 연구노트를 공개하지 않고 그냥 덮어두었다. 훗날 베르누이는 자신만의 방법으로 문제의 답을 찾아낸 후 "나는 발톱 자국만 보고 그 주인공이 사자임을 알 수 있었다"고 적어놓았다.

특이한 궤적을 찾는 문제는 17세기 과학자들에게 매우 큰 이슈였다. 이 무렵에 브라키스토크론과 함께 세간의 관심을 끌었던 문제 중에 '타우토크론Tautochrone(등시하강 곡선)'이라는 것이 있다.* 롤러코스터의 레일을 타우토크론 곡선으로 만들어놓으면 레일의 어느 곳에서 출발하건, 가장 낮은 지점에 도달할 때까지 걸리는 시간이 항상 똑같다(단, 출발할 때의 속도가 0이어야 한다). 빛의 파동설을 주장했던 하위헌스는 이 문제를 1659년에 풀었는데, 뉴턴의 『프린키피아』가 출판되기 30년 전의 일이어서 더욱 높은 평가를 받고 있다.

그런데 놀랍게도 타우토크론 문제의 해답은 브라키스토크론 문제와 같은 사이클로이드이다! 타우토크론은 수학적으로 흥미로운 문제임이 분명하지만, 실생활에서도 아주 유용하다. 어떤 분야에 쓰이는지 짐작이 가는가? 그렇다. 이 원리를 이용하면 추시계의 정확도를 한층 더 높일 수 있다. 과거에는 믿을 만한 시계라곤 태양밖에 없었는데, 밤이 되면 태양이 사라지기 때문에 해시계를 대체할 만한 시계가 절실하게 필요했다. 특히 많은 나라들이 항해술에 목숨을 걸었던 17세기에 '휴대 가능한 정확한 시계'는 국운을 좌우하는 첨단기술에 속했다.

앞의 그림에서 보는 바와 같이 타우토크론 곡선의 중간 근처(최저점 근처)에서는 단진자가 그리는 원궤적과 매우 비슷한데, 사실 이것은 우연이 아니다. 단진자의 진폭(추를 매단 선과 수직선 사이의 최대 각도, 또는 수직선으로부터 최대 이탈 거리)이 상대적으로 작을 때, 한 번 왕복하는 데 걸리는 시간은 진폭과 상관없이 거의 일정하다(진자가 한 번 왕복하는 데 걸리는 시간을 '주기'라고 한다). 즉, 진폭이 작은 단진자는 타우토크론과 거의 같은 역할을 하기 때문에 중심

* 그리스어로 "같은 시간same time"이라는 뜻이다.

근처에서 두 궤적이 비슷해지는 것이다. 갈릴레오는 젊은 시절에 실험을 통해 이 사실을 간파했다. 그는 피사 성당에서 매주 진행되는 미사가 지루했는지, 천장에 매달린 채 흔들거리는 샹들리에를 주의 깊게 관찰하다가 "진자의 주기는 진폭과 무관하다"는 결론을 내렸다.

빛은 최소시간 경로를 따라가고, 진폭이 작은 단진자는 최소시간 경로인 사이클로이드와 비슷한 궤적을 그린다. 그렇다면 자연은 '최소'를 선호하는 경향이 있는 것일까? 자, 이로써 우리는 매우 흥미로운 수수께끼에 직면했다. 지금까지 본 바와 같이, 입자와 파동의 운동은 다양한 형태의 '최소화 문제'로 귀결되는 것 같다. 빛이 최소시간 경로를 따라간다는 전제하에 공간 상의 한 점 A에서 B로 이동할 때 거쳐 가는 경로를 계산해보니, 직진과 굴절 등 현실 세계에서 우리 눈에 보이는 현상이 그대로 재현되지 않았는가.

질량이 있는 입자의 경우에도 최소시간 원리를 적용하면 브라키스토크론이나 타우토크론 등 수학적으로 명쾌한 답이 얻어진다. 아무래도 '소요시간 최소화하기'는 만물이 따르는 자연의 제1계명인 것 같다.

뉴턴과 베르누이는 이런 기본 원리가 알려지지 않은 상황에서 답을 구했으니 천재가 분명하다. 아마도 이들은 '최소시간'이라는 아이디어가 떠오를 때까지 수많은 시행착오를 겪었을 것이다.

모든 만물에 적용되는 자연의 '최소화 원리'를 발견한 사람은 18세기 스위스의 수학자 레온하르트 오일러Leonhard Euler와 그의 제자였던 조지프 루이 라그랑주Joseph Louis Lagrange였다. 오일러는 임의의 양을 최소화시키는 일련의 수학 방정식을 유도했고, 라그랑주는 오일러의 원리를 현실 세계에 적용하여 그 유명한 '라그랑주 방정식'을 창안한 주인공이다. 이들이 발견한 원리에 의하면 모든 자연현상은 시간을 최소화하거나, 거리를 최소화하거나, 또는 그 밖의 다른 물리량을 최소화시키는 쪽으로 일어난다.

수학적인 내용은 너무 길고 지루하기 때문에 생략한다(여기에 반대하는 독자들은 없을 것으로 믿는다). 그 대신 앞서 언급했던 필라델피아-베이징 간 비행 문제로 되돌아가서 생각해보자. 두 도시를 잇는 경로는 무수히 많은데, 그들 중 대부분은 멀리 돌아가는 길이다. 이 많은 경로들 중에서 시간이 가장 짧게 걸리는 경로를 어떻게 찾을 수 있을까? 소요시간을 일일이 계산하는 것은 별로 좋은 생각이 아니다.

이 과제를 해결한 사람이 바로 오일러와 라그랑주였다. 이들은 뉴턴이 개발한 미적분학을 십분 활용하여 최소시간 경로를 찾아내는 아름답고 강력한 논리를 개발했다.

게으른 우주

빛과 비행기, 그리고 롤러코스터와 관련된 문제를 풀 때는 소요시간을 최소화하는 것으로 충분하다. 그러나 이것을 화끈하게 일반화시켜서 "모든 물체는 무언가를 최소화시키는 쪽으로 움직인다"는 가정을 내세우면, 이로부터 만물을 관장하는 뉴턴의 운동법칙이 자연스럽게 유도된다. 정말 놀랍지 않은가?

1747년에 피에르 루이 모로 드 모페르튀이Pierre Louis Moreau de Maupertuis는 '최소작용원리Principle of Least Action'라는 것을 처음으로 제안했다.

> 최소작용원리는 자연을 지배하는 최상의 원리로서, 만물에 똑같이 적용된다. 변하는 것들은 물론이고, 변하지 않는 것조차도 최소작용원리 하나로 일관되게 설명할 수 있다. 두 개의 물체가 충돌하면 이들은 '작용'이라는 물리량을 가능한 한 작게 만드는 쪽으로 흩어진다. 또한 정지된 물체는 작용이 이미 최소화되어 있는 상태로서, 어느 방향으로 움직여도 작용이 증가하기 때문에 더 이상 움직이는 것을 원치 않는다.

'작용Action'은 물리학에서 엄청나게 중요한 양이다. 그래서 항상 대문자로 쓰고, 다른 비슷한 단어로 대치되는 일도 없다. 그런데 이 용어는 일상적으로 흔히 사용되는 어휘이기 때문에 오해의 소지가 다분하다. 기존에 알고 있던 사전적 의미가 자꾸 떠올라서 혼란을 가중시키기 때문이다(심지어는 이 용어를 처음 만들었던 모페르튀이조차도 그 의미를 제대로 파악하지 못하고 있었다).

작용의 의미를 설명하기 전에, 먼저 에너지의 개념부터 정립해둘 필요가 있다. 에너지는 앞에서도 여러 번 언급되었지만, 모두 같은 의미로 사용된 것은 아니다. 에너지의 원천은 매우 다양하며 형태도 천차만별인데, 가장 기본적인 단계에서 다음과 같이 세 가지 형태로 분류될 수 있다.

정지질량에너지rest mass energy : 핵반응용 탱크 안에서는 $E = mc^2$에 해당하는 에너지가 생성되고 있다.

운동에너지kinetic energy : 표적을 향해 날아가는 총알이나 달리는 기차, 또는 하늘을 나는 슈퍼맨 등 움직이는 모든 물체들은 운동에너지를 갖는다.

위치에너지potential energy : 상호작용에 의한 에너지. 당신이 계단을 올라갈 때 숨이 차오르는 것은 몸이 부실해서가 아니라, 계단을 오르는 행위가 당신 몸의 위치에너지를 증가시키고 있기 때문이다.

에너지는 새로 생성되지 않고 소멸되지도 않지만, 다른 형태로 바뀔 수는 있다. 수소원자의 정지질량에너지와 헬륨원자의 정지질량에너지 사이에는 미세한 차이가 있는데, 이 차이가 엄청난 양의 복사에너지로 전환된 것이 바로 태양에너지다. 또한 스카이다이버가 비행기에서 뛰어내렸을 때, 그가 갖고 있던 중력 위치에너지는 다량의 운동에너지로 전환되어 스릴 만점의 다이빙을 만끽하게 해준다.

에너지는 오래전부터 물리학 전반에 걸쳐 핵심적인 역할을 해왔다. 1834년에 윌리엄 R. 해밀턴William R. Hamilton은 오일러와 라그랑주의 이론을 하나로 엮어서 그 유명한 '해밀턴의 원리Hamilton's principle'를 발표했다. 이 원리에 의하면 모든 입자는 모페르튀이가 정의한 '작용'을 최소화시키는 쪽으로 움직인다. 해밀턴의 원리는 빛이 최소시간 경로를 따라간다는 페르마의 원리보다 근본적이면서 적용 범위도 훨씬 넓다.

간단히 말해서, 작용이란 라그랑지안Lagrangian*이라는 물리량의 시간에 대한 평균값이다. "아니, 이 친구가 작용이라는 용어를 설명하면서 또 다른 전문용어를 남발하고 있잖아? 이걸 설명이라고 하는 거야?" – 아마 독자들은 이렇게 생각할 것이다. 그 심정 나도 잘 안다. 나라도 짜증이 났을 것이다. 그러나 위의 설명은 나중에 유용할 때가 있을 것이므로 일단 머릿속에 기억해두기 바란다. 자, 또 다른 전문용어인 라그랑지안은 다음과 같이 정의된다.

라그랑지안 = 운동에너지 – 위치에너지

장난감 로켓을 위로 쏘아올렸다고 상상해보자. 처음에 로켓은 다량의 운동에너지를 갖고 출발했다. 그런데 위로 올라갈수록 위치에너지가 증가하고 운동에너지는 감소하다가 최고점에 이르렀을 때 위치에너지는 최대가 되고 운동에너지는 0이 된다. 즉, 로켓이 처음에 갖고 있던 운동에너지가 모두 위치에너지로 바뀐 것이다. 그 후 로켓이 아래로 추락할 때에는 위치에너지가 다시 운동에너지로 변환된다.

다시 말해서, 로켓이 움직이는 동안 라그랑지안의 평균값은 0이다. 위로 쏘아 올린 물체의 운동은 그리 복잡할 게 없지만, 여기서 우리는 중요한 정보를 얻었다. 에너지의 (대충) 절반이 움직이는 데 쓰이고 나머지 절반이 위치에너지에 기여하면 작용이 최소화된다. 이것이

* 라그랑지안이라는 이름이 붙어 있긴 하지만, 정작 이것을 발견한 사람은 해밀턴이었다.

바로 우리가 원하는 결과이다. 작용이 최소화된다는 조건을 부여하면 로켓의 운동궤적(또는 원자의 물리적 상태)을 구할 수 있다.

해밀턴의 원리는 다음과 같은 식으로 작동한다: 주어진 물리계의 라그랑지안을 계산하고 이로부터 작용Action을 알아낸 후, 오일러-라그랑주의 최소화기법을 이용하여 로켓의 궤적을 구한다.사실은 라그랑지안을 알면 굳이 작용을 계산하지 않아도 오일러-라그랑주 방정식으로부터 로켓의 궤적을 구할 수 있다. - 옮긴이 다시 말해서, 계의 에너지로부터 라그랑지안을 구하기만 하면 계의 모든 미래를 예측할 수 있다는 뜻이다.

로켓의 라그랑지안

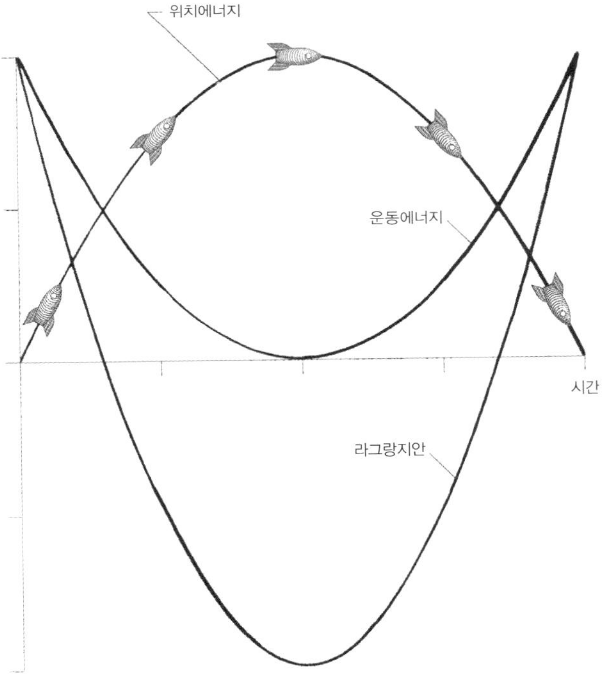

이뿐만이 아니다. 해밀턴의 원리를 이용하면 뉴턴의 운동법칙을 '유도'할 수 있다. 뉴턴은 그 유명한 $F = ma$를 알아냈지만, 왜 그래야만 하는지는 알지 못했다. 즉, 뉴턴의 역학은 운동의 원인(F)으로부터 결과(임의의 시간에 물체의 위치)를 예측하는 식으로 진행된다. 그러나 해밀턴의 원리는 운동의 원인이 아닌 운동의 목적, 즉 '작용을 최소화한다'는 목적으로부터 결과를 예측하고 있으므로 뉴턴의 고전 역학보다 더 근본적인 체계라고 할 수 있다.

언뜻 생각하면 해밀턴의 원리는 이미 알고 있는 사실을 '먼 길 돌아가면서' 재확인하는 보조수단처럼 보인다. 그래서 나는 물리학과 학부 시절에 해밀턴의 원리를 배우면서 왜 이런 짓을 하고 있는지 제대로 이해하지 못했다.

물론 날아가는 야구공이나 행성의 운동처럼 간단한 문제는 뉴턴의 고전 역학으로 해결할 수 있다. 그러나 문제가 복잡하면서 제약조건이 부과되어 있으면 뉴턴의 운동 방정식으로 푸는 것이 거의 불가능하다.여기서 문제가 복잡하다는 것은 물체에 작용하는 힘이 복잡하다는 뜻이다. – 옮긴이 이럴 때 해밀턴의 원리를 적용하면 비교적 간단하게 답을 구할 수 있다. 이것만으로도 해밀턴의 원리는 존재 가치가 충분하다. 그러나 이 책의 주제와 관련지어 생각할 때, 해밀턴의 원리에는 훨씬 더 중요한 의미가 담겨 있다. 페르마의 원리부터 지금까지, 이 책에서 언급된 모든 내용은 다음의 사실을 강조하기 위한 것이었다.

물리계에 대칭이 존재할 때, 그 대칭 변환에 대해 불변인 양은 다름 아닌 라그랑지안(계에 포함된 모든 에너지)이다.

뇌터의 정리 다시 음미하기

나는 지금까지 이 책에서 다양한 종류의 대칭을 거론해왔지만, 대칭 변환 하에서 구체적으로 어떤 양이 보존되는지에 대해서는 단 한 마디도 언급하지 않았다. 거울에 비친 상을 원래의 상과 비교했을 때, 변하지 않은 양은 과연 무엇인가? 우주의 시계를 과거나 미래로 돌렸을 때, 또는 관측기구 전체를 임의의 각도로 회전시켰을 때 대체 무엇이 보존된다는 말인가?

에미 뇌터는 한층 더 깊은 단계에서 심오한 진실을 발견했다. 대칭성을 갖고 있는 물리량은 바로 라그랑지안이었던 것이다.

물리계에 어떤 조작을 가하면 에너지가 변하기도 하고, 또 어떤 조작을 가하면 에너지가 보존되기도 한다. 예를 들어 우주 전체의 크기를 일괄적으로 늘여서 별과 별 사이의 간격이 지금보다 멀어지면 중력 위치에너지가 줄어든다. 그러나 우주 전체를 임의의 각도로 회전시키면 에너지가 변하지 않는다(따라서 라그랑지안도 불변이다). 뇌터는 물리계의 대칭이 보존되는 양을 낳는다는 중요한 사실을 발견했다.*

예를 들어 물리학의 법칙들은 어제도 오늘도 똑같기 때문에, 뇌터의 정리에 의해 우주의 총 에너지는 보존된다.

앞서 말한 대로 에너지의 형태는 얼마든지 바뀔 수 있다. 음식에

* 뇌터의 정리는 소위 말하는 '연속대칭'에 적용되는 정리이다. 예를 들어 구sphere는 아무리 작은 각도로 돌려도 모양이 변하지 않으므로 연속대칭에 속한다. 반면에 전하반전이나 거울반전은 "반전을 시키거나 그냥 두거나" 둘 중 하나밖에 없으므로 불연속대칭에 속한다. 불연속대칭 변환에는 중간단계라는 것이 없다. '거울에 반쯤 비춰진 영상'을 상상할 수 있겠는가?

들어 있는 화학에너지는 우리 몸 속에 들어와서 열에너지와 운동에너지로 변환된다(인간은 36~37°C의 열을 계속 유지해야 하는 일종의 난로이므로, 열원이 끊임없이 공급되어야 한다). 그러나 우주에 존재하는 모든 질량에너지($E = mc^2$)와 입자의 운동에너지, 그리고 중력과 전기력에 의한 위치에너지 등을 모두 더한 값은 시간이 아무리 흘러도 변하지 않는다. 우주가 닫혀 있거나 변하는 걸 싫어해서가 아니라, 바로 뇌터의 정리 때문이다!

에너지 보존을 처음 생각해낸 사람은 뇌터가 아니었다. 에너지가 보존된다는 것은 열역학 제1법칙에 명시되어 있다. 그러나 뇌터는 이와 무관하게 물리 법칙의 불변성으로부터 에너지 보존법칙을 유도해냈다.

또한 뇌터는 "물리학의 법칙은 장소가 달라져도 변하지 않는다"는 사실로부터 운동량 보존법칙을 유도해냈다. 물론 운동량이 보존된다는 것은 새로운 사실이 아니다. 그 원조는 뉴턴인데, 그가 발견한 세 개의 운동법칙은 "고립된 계의 운동량은 보존된다"는 사실을 다양한 언어로 표현한 것이다.

앞서 말한 바와 같이 시간과 공간은 밀접하게 연관되어 있다. 다음 장에서 보게 되겠지만, 특수상대성이론에 의하면 시간과 공간은 서로 맞교환이 가능하다. 간단히 말해서, 시간과 공간은 동전의 양면과 같은 존재이다.

뇌터의 정리는 에너지와 운동량 보존뿐만 아니라 전하 보존과 스핀 보존, 색전하color charge(강한 핵력의 원인이 되는 전하) 보존 등 다양한 물리량의 보존을 설명해주고 있으며, 입자물리학의 금자탑인 표준모형이론에 수학적 기초를 제공했다.

현대 수학과 현대 물리학에 이토록 위대한 업적을 남긴 사람이 대체 왜 무명으로 잊혔을까? 내가 보기에는 후속 연구와 연관이 있는 것 같다. 뇌터의 정리에는 엄청나게 중요한 정보가 담겨 있지만, 그로부터 무언가를 계산할 수 있는 '꺼리'가 별로 없다. 이 정리로부터 에너지 보존이나 전하 보존 등 대여섯 가지 보존량이 밝혀지긴 했는데, 후속 계산을 이어갈 만한 주제가 별로 없었던 것이다. 뇌터의 정리에 의해 보존되는 것으로 알려진 물리량이 방정식에 출현한 경우도 있었다. 하지만 누가 그런 것에 관심을 가지겠는가?

뇌터의 삶은 (몇 가지 부정적인 면에서) 아인슈타인과 비슷했다. 아인슈타인과 마찬가지로 그녀도 1933년에 미국으로 이주했는데, 아인슈타인은 그 무렵에 신설된 프린스턴 고등과학원에 자리를 잡은 반면(당시 프린스턴 고등과학원은 급여가 많기로 유명한 곳이었다) 뇌터는 그 근처에 있는 브린모어컬리지의 교수가 되었다. 그러나 2년 후인 1935년에 병원에서 암 진단을 받았고, 수술 후 상처 부위가 감염되어 만 53세의 나이로 세상을 떠났다. 훗날 아인슈타인은 뇌터를 추모하며 다음과 같이 말했다.

> 에미 뇌터는 이 시대 최고의 수학자였다. 여성에게 고등교육의 문이 개방된 후로 그녀만큼 뛰어난 업적을 남긴 천재를 본 적이 없다.

우주를 관장하는 모든 물리 법칙에 대칭이 개입되어 있는 이유는 무엇이며, 대칭은 물리학에서 어떤 의미를 갖는가? 뇌터는 이 심오한 질문에 명쾌한 답을 제시했다. 대칭은 그 자체로 아름답고 우아하지만, 미적인 특성은 빙산의 일각일 뿐이다. 우리는 대칭이 존재한다는 사실로부터 새로운 물리 법칙을 찾아낼 수 있다! 에미 뇌터는 대칭에 규칙을 부여하여 이론물리학의 탄탄한 토대를 쌓았지만, 아무런 대가나 영예를 누리지 못한 채 조용히 우리 곁을 떠나갔다.

THE UNIVERSE IN THE REARVIEW MIRROR

HOW HIDDEN SYMMETRIES SHAPE REALITY

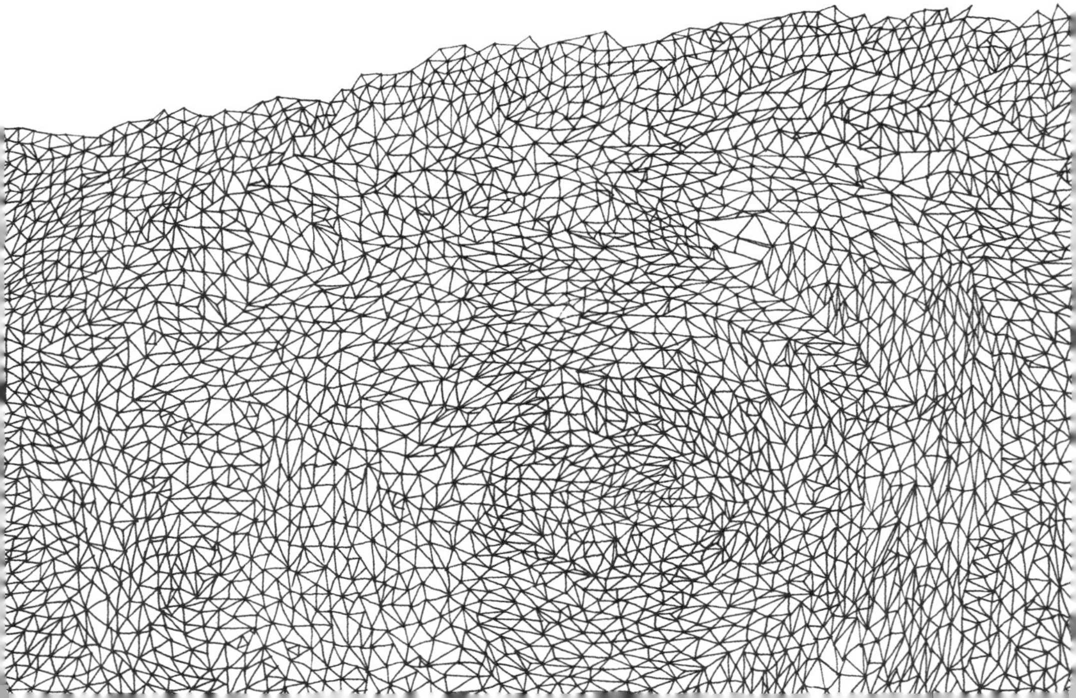

5

상대성이론

은하들 사이에서 실시간 통신이 불가능한 이유는 무엇인가?

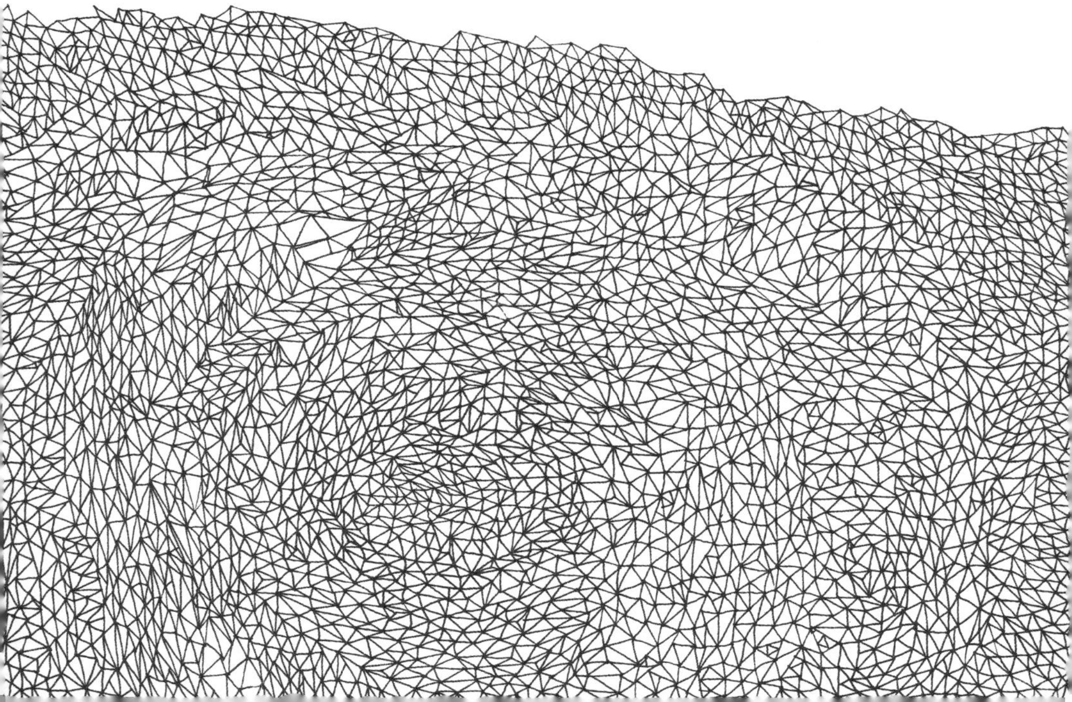

공상과학을 좋아하는 사람들은 타디스TARDIS, BBC 방송국의 드라마 〈닥터 후Dr. Who〉에 등장하는 타임머신 전화박스. – 옮긴이나 워프 드라이브가 실현된 세상을 꿈꾸고 있을 것이다. 앞에서 나는 고차원 다중우주와 시간 되돌리기에 대해 짤막하게 언급한 적이 있는데, 대중적인 SF의 세계에서 이런 것은 명함도 못 내민다. SF 작가인 어슐러 르 귄Ursula Le Guin의 소설 『로캐넌의 세계*Rocannon's World*』에는 다음과 같이 적혀 있다.

> 거기에는 라디오파도 없고, 어떤 형태의 에너지도 들어 있지 않다. 작동원리는 원리적으로 중력과 비슷하다… 이 장치를 이용하면 임의의 지점에 즉각적으로 메시지를 전달할 수 있다. 거리가 아무리 멀어도 상관없다.

작가는 중력을 잘못 이해하고 있음이 분명하다. 중력이 즉각적으로 전달된다는 것은 완전히 틀린 서술이다. 중력이 전달되는 속도는 빛의 속도와 동일하다. 다시 말해서, 빠르긴 하지만 무한히 빠르지는 않다. 어슐러 르 귄은 물리학자가 아니므로 이 정도 오류는 눈감아줄 수 있다. 그런데 거리와 상관없이 즉각적으로 전달되는 통신수단을 과연 만들 수 있을까?(이런 통신수단을 앤서블ansible이라 한다.)

답은 간단하다 – 절대로 불가능하다.

진공 중에서 빛의 속도는 초속 30만km로 일정하며, 이 세상의 그 어떤 신호도 이보다 빠르게 전달될 수 없다. 이것은 권장사항이 아니라 물리학의 법칙이다. 그래도 미련이 남는 사람은 이렇게 묻고 싶을 것이다. "왜 그런가? 왜 빛의 속도가 모든 속도의 한계인가?"

어린아이가 "왜요?"라고 물었을 때 "그렇다면 그런 줄 알아!"라고 윽박지르는 것은 별로 바람직한 답이 아니다. 물론 어른의 경우도 마찬가지다. 빛이 모든 속도의 한계인 이유를 이해하려면 시간과 공간 사이에 존재하는 또 하나의 대칭을 깊이 파고들어가야 한다.

우리가 우주의 중심에 있는 것처럼 느껴지는 이유는 무엇인가?

3장에서 말한 바와 같이, 지구는 절대로 우주의 중심이 아니다. 지구는 태양 주변을 공전하고 있으며, 태양은 은하수(우리의 태양계가 속해 있는 은하) 주변에서 다른 별들과 함께 회전하고 있다. 이뿐만

이 아니다. 은하수는 수많은 은하들이 모여 있는 초은하단supercluster의 변방에서 특정 방향으로 이동하는 중이다. 이 모든 효과를 고려할 때, 지구는 시속 수백만km라는 무시무시한 속도로 우주 공간을 헤쳐나가는 중이다. 그러나 우리는 지구가 움직인다는 사실을 까맣게 잊은 채 살아가고 있다. 혹시 당신은 움직임을 느끼는가? 나는 한 번도 느껴본 적이 없다.

공포 분위기를 조성할 생각은 없지만, 지구는 우주 공간에서 정말 엄청나게 빠른 속도로 움직이고 있다. 이런 상황에서 우주 공간으로 날아가지 않으려면 방 안에 틀어박힌 채 문고리를 꽉 붙잡고 있어야 할 것 같다.

400년 전에 갈릴레오도 이와 비슷한 걱정을 한 적이 있다. 그는 지동설을 인정하지 않는 사람들의 어설픈 주장을 반박하면서 꽤 많은 시간을 보냈는데, 그의 대표작인 『프톨레마이오스와 코페르니쿠스의 2대 우주 체계에 관한 대화*Dialogue concerning the Two Chief World System*』에서는 자신의 주장을 관철시키기 위해 벌레와 함께 뛰어노는 멍청한 사람을 등장시켰다.

> 당신이 항해 중인 배의 갑판 아래에 있는 방에 갇혀 있다고 가정해보자. 방 안에는 각다귀와 파리 등 조그만 날벌레들이 이리저리 날아다니고 있다⋯ 배가 한 자리에 정지해 있을 때 벌레들은 (방향은 제각각이지만) 모두 똑같은 속도로 날고 있었다. 이 방에서 당신이 무언가를 집어던질 때, 팔에 똑같은 힘을 가한다면 방향과 상관없이 똑같은 거리만큼 날아갈 것

이다. 제자리에서 도움닫기를 해도 역시 방향과 상관없이 똑같은 거리만큼 나아갈 것이다. 그런데 배가 일정한 속도로 움직이고 있을 때에도 똑같은 현상이 나타날 것인가? 벌레들은 여전히 같은 속도로 날아가고 당신이 던진 물건도 똑같은 지점에 떨어질 것인가? 그렇다. 배가 아무런 요동도 없이 일정한 속도로 나아가고 있다면, 배 안에서 일어나는 모든 현상은 정지해 있을 때와 똑같다. 만일 방 안에 창문이 없다면 당신은 배가 정지해 있는지, 또는 일정한 속도로 진행하고 있는지 판별할 수 없다.

다시 말해서 배의 속도와 진행 방향이 일정하다면(즉, 등속운동을 하고 있다면), 당신이나 날벌레가 정말로 움직이고 있는지, 아니면 정지해 있는지를 판별할 만한 객관적인 방법이 없다는 이야기다. 일정한 속도로 날아가고 있는 비행기 안에서 당구를 치거나 캐치볼을 하는 경우에도 비행기의 창문을 모두 가려놓았다면 지금 비행기가 날아가고 있는지, 또는 지상에 착륙한 상태인지 구별할 수 없다. 두 경우에 나타나는 물리적 현상이 완전히 똑같기 때문이다.

'상대성'이라는 말을 들으면 제일 먼저 아인슈타인이 떠오르겠지만, 사실 운동의 상대성을 제일 먼저 간파한 사람은 갈릴레오였다. 그의 주장에 따르면 운동에 관한 한 우리가 인지할 수 있는 것은 '상대운동relative motion'뿐이다. 예를 들어 당신과 내가 아무것도 없는 우주공간에서 시속 100만km로 함께 움직이고 있다고 가정해보자. 이 정도면 가장 빠른 제트기보다 거의 300배 이상 빠른 속도이지만 둘 사이의 상대속도가 0이기 때문에, 당신과 나는 적막한 우주 공간에서 가만히 정지해 있다고 느낄 것이다.

그런데 여기에 주변 풍경을 추가하면 상황이 조금 달라진다. 예를 들어 당신이 달리는 자동차의 뒷좌석에 앉아서 꾸벅꾸벅 졸다가 어느 순간 깨어났다고 가정해보자. 당신의 몸에 수평 방향으로 아무런 힘도 느껴지지 않는다면 멀리 있는 산이 당신을 향해 다가오고 있다고 생각하겠는가? 물론 아니다. 이런 경우에 당신은 거의 반사적으로 자동차가 산을 향해 달리고 있다고 생각할 것이다. 그러나 당신이 자기중심적 관점을 고수하여 "나와 자동차는 가만히 정지해 있고, 그 외의 모든 우주가 일제히 뒤로 이동하고 있다"고 주장해도 갈릴레오의 논리는 여전히 성립한다.

이와 같이 실질적으로 중요한 것은 절대운동이 아닌 상대운동이다. 당신과 내가 우주 공간에서 각기 다른 우주선을 타고 시속 1000km의 속도로 날아가다가 서로 스쳐 지나갔다면, 당신은 "나는 가만히 있는데 저 친구가 탄 우주선이 시속 2000km로 지나갔다"고 생각할 것이다. 그러나 나의 관점에서 보면 움직인 사람은 내가 아닌 당신이다. 이런 경우에 두 우주선 사이의 상대속도는 1 + 1 = 2처럼 단순한 덧셈규칙을 따른다.

이제 상황을 조금 더 드라마틱하게 수정해보자. 사실 나의 임무는 당신이 탄 우주선을 파괴하는 것이었다. 그래서 당신의 우주선을 향해 돌진하다가 문득 이런 생각이 들었다. "가만, 저 친구의 우주선과 정면충돌하면 임무는 완수할 수 있지만 나도 같이 죽어야 하잖아?" 그래서 무식한 치킨게임 대신 우주선에 장착된 레이저포를 발사했다. 레이저는 빛을 증폭한 것이므로 진행 속도는 빛의 속도와 똑같다. 만일 갈릴레오에게 이 이야기를 들려준다면 그는 레이저의 속도가 우주선의 속도에 따라 다르게 보인다고 주장할 것이다. 나를 태운 우주선은 시속 1000km로 비행 중이었으니, 여기서 발사된 레이저는 당신이 볼 때 시속 $c + 1000$km라는 속도로 다가와야 한다(c는 내가 바라본 레이저의 속도이다).

갈릴레오의 관점에서 보면 아무런 문제가 없다. 빛의 속도는 그것을 관측하는 사람의 운동 상태에 따라 다르게 보일 수 있다. 글쎄… 과연 그럴까?

빛을 매개한다는 에테르는 정말로 존재하는가?

19세기 말까지만 해도 물리학자들은 갈릴레오식 속도 합산법이 옳다고 생각했다. 임의의 광원에서 빛이 방출되었을 때, 광원을 향해 다가가는 사람(A)과 광원으로부터 멀어져 가는 사람(B)이 동시에 빛의 속도를 관측했다면, A가 얻은 값은 B가 얻은 값보다 크다는 것이 정설이었다. 딱히 그렇지 않을 이유도 없지 않은가?

하위헌스는 빛이 파동임을 입증했고, 모든 파동은 매질이 있어야 앞으로 나아갈 수 있다. 예를 들어 지진파는 바위층을 통해 전달되고, 음파는 공기를 통해 전달된다. 따라서 빛이 정말로 파동이라면 빛을 매개하는 물질이 어딘가에 있어야 한다. 이것은 매우 중요한 사안이다. 빛의 매질이 존재한다면 매질 자체의 움직임에 따라 빛의 속도가 빨라지거나 느려질 수 있기 때문이다.

19세기의 물리학자들은 '에테르aether'라는 발광성 물질이 빛을 매개한다고 생각했다. 그런데 우주 공간에는 빛이 전달되지 않는 지역이 없으므로, 에테르가 존재한다면 우주 전체에 골고루 퍼져 있어야 한다. 또한 별에서 방출되는 빛의 속도는 별과 지구의 상대운동, 그리고 에테르 자체의 움직임에 따라 달라져야 한다.

나는 지금 이 글을 쓰면서 심기가 다소 불편하다. 사실이 아닌 내용을 마치 사실인 것처럼 서술한 후에 "결국 그것은 틀렸다"고 결론지어야 하기 때문이다. 틀린 내용을 굳이 이렇게까지 설명할 필요가 있을까? 그렇다. 그럴만한 가치가 있다. 이 문제를 해결하려던 와중에 상대성이론이 탄생했기 때문이다.

에테르 가설은 일련의 관측을 통해 결국 틀린 것으로 판명되었다. 그러나 이 가설이 '틀릴 수밖에 없는 이유'만은 짚고 넘어갈 필요가 있다. 에테르가 우주 공간을 가득 메우고 있다면 태양 주변을 공전하는 지구는 에테르로 가득 찬 바다 속을 헤쳐나가고 있는 셈이다. 그런데 지구가 진행하는 방향은 계절마다 달라지므로, 지구에서 측정한 빛의 속도도 계절에 따라 달라져야 한다.

이 효과를 관측하는 실험은 19세기 말에 몇 차례 실행되었는데, 그중에서 가장 유명한 것이 1887년에 실행된 앨버트 마이컬슨Albert Michelson과 에드워드 몰리Edward Morley의 실험이다. 두 사람은 미세한 속도 차이를 감지하는 간섭계interferometer까지 직접 제작해가며 계절에 따른 광속의 변화를 끈질기게 측정했으나, 아무런 차이도 발견하지 못했다. 빛의 속도는 지구의 진행 방향과 상관없이 항상 동일했던 것이다. 그로부터 50년 후, 영국의 물리학자 제임스 진스James Jeans 경은 에테르에 대해 다음과 같이 말했다.

> 지구가 에테르에 대해 정지해 있건, 시속 수백만km로 움직이건 간에, 지구에서 일어나는 물리적 사건의 패턴은 조금도 달라지지 않는다. 그렇다면 에테르는 존재하지 않거나, 존재한다 해도 그다지 중요한 역할을 하지 않는 것이 분명하다. 이런 가설을 굳이 고집할 필요가 있을까?

에테르가 존재하지 않는다면 빛은 정말로 희한한 파동이 된다. 빛을 제외한 그 어떤 파동도 매질 없이는 진행할 수 없기 때문이다. 도대체 빛의 정체가 무엇이길래, 이토록 유별난 특성을 갖고 있다는 말인가? 이 지독한 수수께끼를 푼 사람은 아인슈타인이었다. 그는 1905년에 물리학의 판도를 바꾸는 4편의 논문을 한꺼번에 발표했는데* 그중 하나인 특수상대성이론에 문제의 해답이 들어 있었다.

차폐막 만드는 법

젊은 아인슈타인은 맥스웰이 완성한 고전 전자기학 이론에 완전히 빠져 있었다. 그도 그럴 것이, 맥스웰의 방정식은 수학적 아름다움의 극

* 아무리 생각해봐도 그는 정말 대단한 사람이다. 오죽하면 1905년을 '기적의 해'라고 부르겠는가?

치일 뿐만 아니라 나침반 바늘이 항상 북쪽을 향하는 이유에서부터 원자의 미세 구조에 이르기까지, 이 세상에서 일어나는 거의 모든 자연현상을 완벽하게 설명하고 있었기 때문이다.

맥스웰 방정식 중 패러데이의 법칙을 서술하는 방정식이 있는데, 이 법칙에 의하면 시간에 따라 변하는 자기장은 전기장을 만들어낸다. 그리고 또 하나의 방정식인 앙페르(암페어)의 법칙*은 그 반대 과정을 서술하고 있다. 즉, 변하는 전기장은 자기장을 만들어낸다. 우주에 존재하는 모든 전자기적 현상들은 위의 두 효과가 서로 맞물려 나타난 결과이다. 물리학자들은 이 사실을 강조하기 위해 빛을 굳이 '전자기파electromagnetic wave'라는 긴 이름으로 부르고 있다. 아인슈타인은 전자기학이라는 체계 안에서 전기와 자기가 하나로 통합된다는 사실에 큰 감명을 받았다.

한 가지 예를 들어보자. 지금 당신과 나는 각자 우주선을 타고 우주 공간을 날아가는 중이다. 평화로운 비행이면 좋겠지만, 상황이 별로 좋지 않다. 우리 둘은 뼈에 사무친 원수지간이어서, 서로 상대방 우주선으로 돌진하여 자폭하겠다는 무시무시한 생각을 품고 있다. 그런데 평화를 사랑하는 외계인 앨리스가 또 다른 우주선을 타고 우리 쪽으로 다가왔다. 사태를 짐작한 그녀는 최악의 사태를 상상하며 발을 동동 구르다가 한 가지 아이디어를 떠올렸다. 두 우주선의 선

* 전기 및 자기와 관련된 법칙에는 패러데이, 앙페르, 렌츠 등 한결같이 발견자의 이름이 붙어 있는데, 정작 전자기학을 완성한 맥스웰의 이름은 보이지 않는다. 맥스웰은 전자기적 현상을 발견한 사람이 아니라, 이미 알려진 여러 개의 법칙들을 하나의 우아한 수학 체계로 통일한 사람이다. 그의 업적은 '맥스웰의 전자기학'이라는 말 속에 함축되어 있다.

체에 전자를 쏟아부으면 전자들 사이에 반발력이 작용하여 가까이 접근하지 못할 것 같다. 전자에 의해 형성된 전기장이 일종의 차폐막 역할을 해줄 것이다. 이 차폐막은 자기력과 아무런 관련도 없이, 오직 전기력을 통해 작동한다.

앨리스는 필사적으로 두 우주선에 전자를 살포했고, 그녀의 노력에 감동받은 우리 두 사람은 바보 같은 짓을 그만두기로 했다. "그래, 저 녀석이 미운 건 사실이지만 복수보다는 내 목숨이 중요하지!" 당신과 나는 극적으로 화해한 후 나란히 편대비행을 하기로 합의했다. 그런데 뒤에 남은 앨리스가 사이좋게 날아가는 우리 우주선을 지켜보다가 깜짝 놀랐다. 당신의 우주선과 내 우주선에는 이미 다량의 전자가 살포되었으므로 서로 밀어내는 힘이 작용하는 건 당연한데, 앨리스의 눈에는 이 힘이 정지해 있을 때보다 약해진 것처럼 보였다. 왜 그럴까? 전자를 뒤집어쓴 우주선이 움직이면 전자가 움직이게 되고, 전자의 이동은 곧 전류가 흐른다는 것을 의미한다. 그리고 전류가 흐르는 곳 근처에는 자기장이 생성된다. 내가 탄 우주선은 당신이 탄 우주선이 만든 자기장을 느끼고, 그 반대도 마찬가지다. 이런 경우에 두 우주선 사이에는 서로 잡아당기는 쪽으로 자기력이 작용하게 된다.

지금까지의 상황을 정리해보자. 전자를 뒤집어쓴 우주선 두 대가 가까운 거리에서 가만히 정지해 있으면 둘 사이에는 서로 밀어내는 힘(전기력)만 작용한다. 그러나 이 우주선들이 임의의 방향으로 움직이면 잡아당기는 쪽으로 자기력이 작용하여 전기적 척력을 일부 상쇄시킨다.

그런데 좀 이상하지 않은가? 첫 번째 경우(전기적 척력만 작용하는 경우)와 두 번째 경우(전기적 척력과 자기적 인력이 동시에 작용하는 경우)의 차이점이라곤 앨리스의 관점뿐인데, 어떻게 다른 결과가 나올 수 있단 말인가? 만일 앨리스가 뒤에 남아 있지 않고 우리와 똑같은 속도로 따라오면서 바라본다면, 두 우주선 사이에 작용하는 자기력은 사라진다. 앨리스는 당신과 내가 타고 있는 우주선에 손가락 하나 대지 않고서도 힘을 변화시킬 수 있다.

움직이는 좌표계에서 바라본 자기력

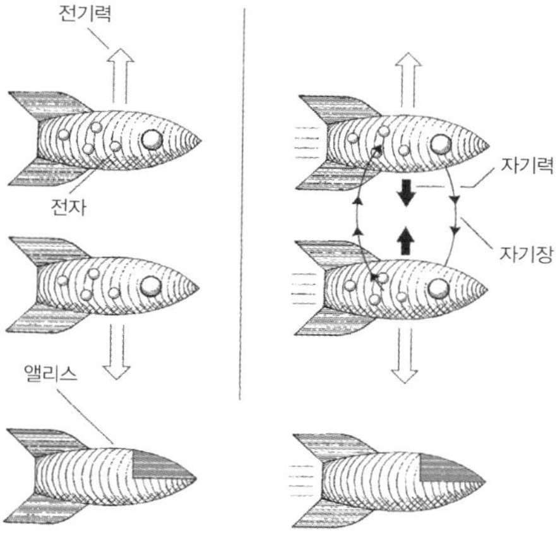

아인슈타인, 갈릴레오의 이론을 수정하다

아인슈타인은 이것을 문제점으로 간주하지 않았다. 그는 전기장과 자기장의 이상한 거동과 마이컬슨-몰리가 실험으로 입증한* 광속의 균

* 아인슈타인은 마이컬슨과 몰리의 실험에 얼마나 영향을 받았을까? 특수상대성이론에서 내세운 두 번째 가정은 이 실험을 염두에 둔 것일까? 마이컬슨과 몰리의 실험은 1887년에 실행되었고 특수상대성이론이 발표된 것은 1905년이니, 어떻게든 영향을 받았을 것 같다. 그런데 아인슈타인은 이와 관련된 질문을 받을 때마다 상반된 대답을 하여 사람들을 헷갈리게 만들었다. 어떤 자리에서는 "마이컬슨과 몰리의 실험에 대해 전혀 모르고 있었다"고 말했다가, 또 다른 자리에서는 "알고는 있었지만 영향을 받지는 않았다"고 하는 등, 대답이 수시로 오락가락하여 종잡을 수가 없다. 그러나 사실 여부를 떠나서 "마이컬슨과 몰리의 실험이 선행되지 않았다면 특수상대성이론은 탄생하기 어려웠을 것"이라는 게 학자들의 중론이다.

일성을 하나로 엮어서 '특수상대성이론'이라는 찬란한 금자탑을 완성했다. 이 이론은 아래의 두 가지 가정에서 출발한다.

1. 전자기학과 광학에 등장하는 모든 물리 법칙들은 역학 방정식이 성립하는 모든 기준계에서 똑같은 형태로 적용된다. 즉, 모든 관성기준계에서 물리 법칙은 변하지 않는다.

2. 진공 중에서 빛의 속도 c는 광원의 운동 상태에 상관없이 항상 똑같은 값을 갖는다.

여러 명의 관측자들이 각기 다른 속도로 움직인다 해도, 물리 법칙과 빛의 속도는 이들 모두에게 똑같다. 다시 말해서, 아인슈타인은 이 우주에 또 다른 형태의 대칭이 존재한다고 가정한 것이다. 이 가정은 다음과 같은 대칭을 통해 포괄적으로 표현될 수 있다(그런데 여기에는 아인슈타인이 아닌 다른 사람의 이름이 붙어 있다).

로렌츠 불변성 Lorentz Invariance : 물리계 전체를 회전시키거나 일정한 속도로 이동시켜도 물리학의 법칙은 변하지 않는다.

아인슈타인의 첫 번째 가정에 의하면 관성계에 있는 당신이 자연현상을 관찰하여 얻은 물리 법칙은 당신에 대하여 상대적으로 등속운동을 하고 있는 다른 관찰자들이 얻은 물리 법칙과 같다.

그런데 여기에는 몇 가지 주의할 점이 있다. 특히 모든 사람들이 관성계에 있지 않다는 점에 유의해야 한다. 예를 들어 당신이 자동차의 가속페달을 밟으면 몸이 뒤쪽으로 밀리면서 차의 속도가 빨라지고 있음을 느낀다. 이런 경우에 당신은 관성계에 있지 않으며, 따라서 당신이 주변을 관측하여 얻은 물리 법칙은 얼마든지 달라질 수 있다.당신에게 아무런 힘도 가해지지 않았는데 몸이 뒤로 밀린다는 것 자체가 뉴턴의 운동법칙에 위배된다. 뉴턴의 운동법칙은 관성계(정지해 있거나 등속으로 움직이는 좌표계)에서만 성립한다. – 옮긴이 특수상대성이론 앞에 '특수special'라는 접두어가 붙은 이유는 이론이 특별나서가 아니라, '그 많은 운동 중에서 등속직선운동을 하는 특별한 경우에 적용되는 상대성이론'이기 때문이다.

아인슈타인에게도 최대의 현안은 대칭이었다. 과거의 물리학자들은 시간과 공간을 완전히 다르게 취급했으나, 사실 이들은 관측자가 움직일 때마다 서로 섞이는 상호 불가분의 물리량이었다. 지금 당장 '휘어진 시공간spacetime, '시간과 공간'을 줄여서 부르는 말이 아니라, 이들이 하나의 세트로 통일된 4차원 공간을 일컫는 신조어. – 옮긴이'을 상상하기는 어려울 테니, 준비운동 삼아 '일상적인 공간의 회전'부터 알아보기로 하자.

피타고라스의 정리

아무리 수학을 싫어하는 사람도 이 정리는 들어본 적이 있을 것이다.

$$A^2 = B^2 + C^2$$

피타고라스의 정리

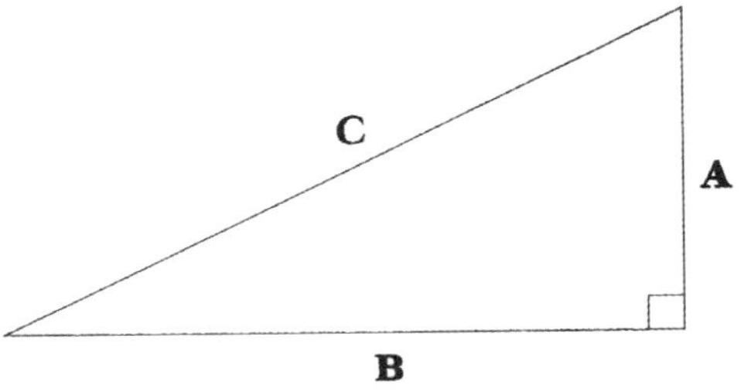

$$A^2 + B^2 = C^2$$

아주 간단명료한 등식이다. 직각삼각형에서 직각을 끼고 있는 두 변의 길이를 각각 A, B라 하고 빗변을 C라 했을 때, 이들 사이에는 위와 같은 관계가 성립한다.

그런데 피타고라스의 정리를 어디에 써먹을 수 있을까? 일단 직각삼각형에서 두 변의 길이를 알고 있으면, 이 정리를 이용하여 나머지 변의 길이를 구할 수 있다. 그러나 이것이 전부가 아니다. 피타고라스의 정리를 이용하면 두 점 사이의 거리를 계산할 수 있다. 독자들은 학창 시절에 다음과 같은 문제를 종종 풀어봤을 것이다. "출발점에서 동쪽으로 3km 걸어간 후 그곳에서 다시 북쪽으로 4km를 걸어갔다면, 출발점과 도착점 사이의 거리는 얼마인가?" $3^2 + 4^2 = 5^2$이므로 답은 5km이다. 이제 워싱턴 D. C.의 도로 지도를 펼쳐놓고 피타고라스의 정리를 현실 세계에 적용해보자.

지형에 따라 약간의 차이는 있지만 대부분 도시의 도로는 편의를 위해 동서 방향이나 남북 방향으로 나 있는데, 그 대표적인 사례가 워싱턴 D. C.이다. 이곳의 동서 방향 도로에는 알파벳이 붙어 있고, 남북 방향 도로에는 번호가 매겨져 있다.

예를 들어 4–E가의 코너에 있는 주디시어리 광장 역에서 7–G가에 있는 차이나타운 역까지 걸어간다고 해보자. 보행자는 보도를 벗어날 수 없으므로 군기 잡힌 군인들처럼 직각 보행을 해야 한다. 지금의 경우에는 E가를 따라 정서 방향으로 약 600m쯤 걸은 후 7번가를 따라 정북 방향으로 250m쯤 더 걸으면 목적지에 도착할 수 있다.

워싱턴 D. C. 도로 지도

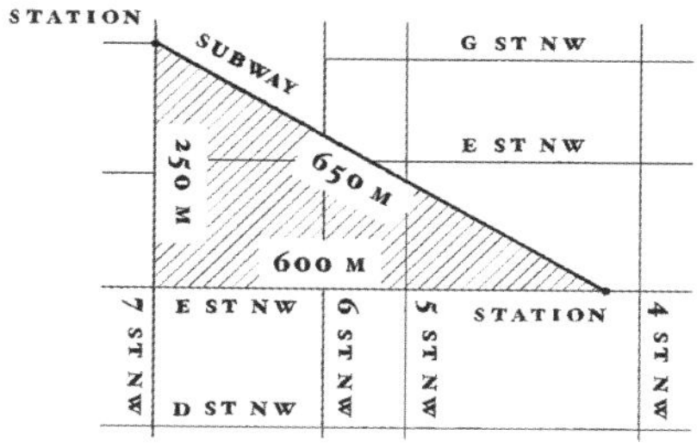

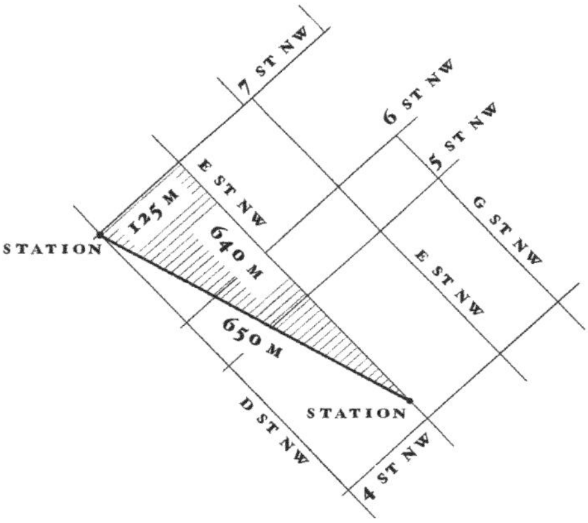

걷기 싫은 사람은 지하철을 타도 된다. 주디시어리 광장 역과 차이나타운 역은 지하철 노선 상에서 직선으로 연결되어 있다. 그렇다면 두 역 사이의 거리는 얼마나 될까? 역무원에게 물어볼 수도 있지만, 피타고라스의 정리를 알고 있다면 위에 주어진 정보로부터 답을 구할 수 있다. $A^2 = B^2 + C^2$에서 지금의 상황에 맞게 기호를 조금 바꿔 쓰면

$$x^2 + y^2 = (\text{거리})^2$$

이 된다. 이로부터 계산된 거리는 약 650m이다.

그런데 위의 계산을 수행하려면 위치의 기준인 좌표를 도입해야 한다. 직교좌표를 처음 도입한 사람은 17세기 프랑스의 수학자이자 철학자였던 르네 데카르트René Descartes였다. 직교좌표계(또는 '데카르

트 좌표계'라고도 한다)는 우주에서 일어나는 모든 사건과 그곳에 존재하는 모든 물체의 위치를 나타내는 일종의 지도로서, 전통에 따라 동서 방향은 x로, 남북 방향은 y로 표기한다. 운전자들이 사용하는 도로 지도는 각 도시와 도로의 위치를 직교좌표 위에 표현한 것이다. 그러나 지도는 평면이기 때문에 지형의 높이나 특정 건물의 층수까지 표현할 수는 없다. 우리가 사는 공간은 3차원이므로, 위아래까지 표현하려면 또 하나의 좌표변수인 z를 도입해야 한다(평면 지도에 등고선을 사용하면 굳이 z를 도입하지 않아도 높이를 표현할 수 있다. 물론 지도는 엄청 복잡해질 것이다).

물론 우리가 사는 지구의 표면은 평면이 아닌 구면이므로, 평면 좌표로는 정확한 지형을 표현할 수 없다. 세계 지도를 평면에 그리면 각 대륙의 면적이 실제와 크게 달라진다.* 그러나 워싱턴 D. C.와 같이 좁은 지역에서는 평면 지도를 사용해도 큰 문제가 없다. 구면 위에서 아주 작은 면적을 취하면 평면과 거의 같기 때문이다.

여기서 약간 황당한 가정을 해보자. 당신이 주디시어리 광장 역에 막 내려서 밖으로 나가려고 하는데 갑자기 온 도시에 통행 금지령이 내려졌다. 웬 무모한 도시계획자들이 워싱턴 D. C.의 모든 도로를 시계 방향으로 45도만큼 돌려서 새로 깔겠다고 나선 것이다. 단, 도로만 바꾸고 각종 건물과 전철 노선, 그리고 전철역 등 기반시설은 옛날

* 지난 2007년에 J. 리처드 고트J. Richard Gott와 나는 실제와 가장 비슷한 도법圖法(지도 작성법)이 빙켈도법Winkel Tripel임을 수학적으로 입증했는데, 내셔널 지오그래픽National Geographic 측에서도 같은 결론에 도달했음이 분명하다. 이들은 지난 수십 년 동안 빙켈도법으로 작성된 지도를 사용해왔다.

자리에 그대로 둔다고 했다. 이런 황당한 경우가 있나! 몇 달 동안 역 안에서 숙식을 해결하다가 밖으로 나와보니 삐딱한 방향으로 도로가 나 있어서 몹시 헷갈렸다.

모든 도로가 시계 방향으로 45도 돌아갔는데 건물은 옛날 자리에 그대로 있으니, 모든 건물의 주소가 바뀔 수밖에 없다. 물론 도로망이 바둑판처럼 배열되어 있는 것은 예나 지금이나 똑같다. 당신의 목적지는 차이나타운 역인데, 새로 바뀐 도로에서는 가는 방법이 완전히 다르다. 그러나 걷기를 포기하고 다시 역으로 들어가 지하철을 탄다면 어떻게 될까? 지하철 노선은 달라지지 않았으므로 두 역 사이의 거리는 이전과 완전히 똑같다!

회전대칭은 앞에서도 여러 번 언급된 적이 있다. 우주가 등방적이라는 것은 회전대칭을 갖고 있다는 뜻이며, 미시적 스케일에서 일어나는 상호작용은 다른 각도에서 바라봐도 구별할 수 없으므로 역시 회전대칭을 갖고 있다. 또한 회전대칭이 있는 물리계에서 각운동량이 보존된다는 것도 앞에서 이미 언급되었다. 그런데 그 유명한 피타고라스 정리까지 회전대칭과 깊이 관련되어 있지 않은가! 여러분은 이 정리를 어린 시절에 배웠겠지만, 거기 함축된 의미는 결코 아이들 장난이 아니었다.

시공간에서 '거리'는 무엇을 의미하는가?

시간과 공간은 비슷한 점이 많지만 완전히 같지는 않다. 아인슈타인이 특수상대성이론에서 내세웠던 가정이 맞는다면(지금까지 실행된 수많은 실험들은 그의 가정이 옳다는 것을 한결같이 입증하고 있다) 시간과 공간은 '시공간'이라는 하나의 틀 속에 어떻게든 통합되어야 할 것 같다. 아인슈타인은 4차원 시공간을 도입하면서 다음과 같이 말했다.

> 4차원 공간은 수학적으로 가능하지만, 머릿속에 그리는 것은 불가능하다… 나 역시 4차원 공간을 추상적으로 상상만 할 수 있을 뿐이다. 4차원을 상상하는 것은 전기와 관련된 현상을 머릿속에 그리는 것만큼 어려운 일이다. 그러나 시공간 자체는 전자기 현상 못지않게 현실적인 존재이다. 생명체는 말할 것도 없고, 우주를 제어하는 모든 힘들도 3차원이 아닌 4차원 시공간에 존재하고 있다.

이 말을 좀더 쉽게 이해하기 위해, 우리에게 친숙한 영화 〈스타트렉〉을 예로 들어보자. 외계종족 벌컨Vulcan의 고향 행성은 지구로부터 약 16광년 거리에 있고,* 그곳에 사는 스퍽Spock의 증조부 솔카Solkar는 지금 젊은 우주선 파일럿이다.** 우리는 솔카와 공간적으로 16광년만큼 분리되어 있지만 시간적으로는 분리되어 있지 않다(즉, 같은 시대를 살고 있다).

* 스타트렉의 원저자인 진 로든베리Gene Roddenberry의 설명에 의하면 벌컨 행성은 지구로부터 약 16.4광년 거리에 있는 에리다니 AEridani A라는 별의 행성이다. 그 이상은 나도 아는 바가 없으니, 외계종족에 대한 질문은 삼가주기 바란다.

** 이제 곧 알게 되겠지만, '지금'이라는 말에는 모호한 구석이 있다.

시간적으로 분리된 경우에도, 분리된 양(시간적인 거리)을 계산하는 것은 그리 어렵지 않다. 지금 당신은 이 책을 읽고 '있고', 10초 전에는 이 책을 읽고 '있었다.' 그 사이에 당신의 몸이 전혀 움직이지 않았다면, 두 개의 사건은 시간상으로 '10초'라는 거리만큼 분리되어 있으면서 공간적으로는 전혀 분리되어 있지 않다.

그렇다면 두 개의 사건이 시간적, 공간적으로 둘 다 분리되어 있다는 것은 무슨 뜻일까? 16광년 떨어진 행성을 $1m^2$ 단위로 들여다볼 수 있는 초고성능 천체망원경이 있다고 치자. 이 망원경으로 벌컨 행성을 바라보면 스퍽의 증조부인 솔카가 우주선을 타고 날아가는 모습을 볼 수 있을까? 아니다. 망원경에 비친 광경은 지금의 모습이 아니라 16년 전의 모습이다. 벌컨 행성이 우리 눈에 보이려면 빛이 있어야 하는데, 이곳에서 빛이 지구에 도달하는 데 16년이 걸리기 때문이다. 이처럼 빛은 시간적-공간적으로 분리되어 있는 두 지점을 연결해준다.

아인슈타인은 1905년에 특수상대성이론을 발표했지만, 그의 이론을 통해 시간과 공간이 하나로 합쳐진 것은 1907년의 일이었다. 이 작업을 수행했던 독일의 수학자 헤르만 민코프스키Hermann Minkowski는 시공간의 통일을 다음과 같이 거창하게(그러나 정확하게) 표현했다.

> 그동안 독립적으로 존재해왔던 시간과 공간은 이제 그림자 속으로 사라지고, 이들이 하나로 통합된 시공간이 그 자리를 대신하게 될 것이다. 진정한 실체는 시간이나 공간이 아닌 시공간이었다.

민코프스키는 시간과 공간이 '서로 반대 방향으로 진행한다'는 개념을 창안했다. 문자 그대로 반대 방향이라는 뜻은 아니고, 시공간상의 거리를 산출할 때 시간과 공간이 서로 반대쪽으로 기여한다는 뜻이다. 한 가지 예를 들어보자. 오리온자리에서 사각형을 이루는 네 개의 별들 중 왼쪽 위에서 붉게 빛나는 별이 있다. 이것이 바로 베텔게우스Betelgeuse라는 별인데, 관측 결과에 의하면 머지않아 초신성 폭발을 일으킬 것으로 보인다.* 그런데 베텔게우스는 지구로부터 약 600광년쯤 떨어져 있기 때문에, 내일 당장 초신성 폭발이 일어난다 해도 실제 폭발은 600년 전에 일어난 사건이다. 이런 경우에 지구와 베텔게우스는 공간상으로 떨어져 있고(600광년) 시간상으로도 분리되어 있지만(600년), 시간과 공간을 조합한 '시공간상의 거리'를 산출할 때는 약간의 트릭이 필요하다.

빛의 속도는 유한하기 때문에, 600광년 떨어진 곳에서 일어난 사건을 600년보다 짧은 시간 안에 알아차릴 방법은 없다. 따라서 초신성 폭발이 지금 막 망원경에 포착되었다면, 이것은 '현실적인 의미에서' 지금 이곳에서 일어난 사건으로 간주할 수 있다. 민코프스키는 피타고라스의 정리를 조금 수정하여 시공간에서의 '간격'을 다음과 같이 정의했다(형태는 똑같고 부호만 다르다).

$$(\text{거리})^2 - (\text{시간})^2 = (\text{간격})^2$$

* 천문학에서 "머지않아 ~된다"라는 말은 대충 10만 년 이내에 그렇게 된다는 뜻이다.

이 '간격interval, 이 용어도 일상적으로 자주 사용되는 단어여서 오해의 소지가 다분하다. 두 점 사이의 거리는 그냥 '거리'라고 불러도 되지만, 두 사건 사이의 시간 차이는 '시간'이 아니라 '시간간격'이라고 써야 의미가 통한다. 그런데 거리간격과 시간간격의 차이를 또 '간격'이라고 부른다니 몹시 헷갈릴 것이다. 이것은 그냥 수학적 정의이므로 일상적인 의미를 따지지 말고 그냥 수용하는 편이 정신건강에 좋다. – 옮긴이'은 시간상의 거리와 공간상의 거리를 조합한 양이다.* 위의 정의에 의하면 지금 우리 눈에 보이는 모든 사건들은 (공간상으로 아무리 멀리 떨어져 있다 해도) 간격이 0이다. 여기서 더욱 중요한 것은 두 사건 사이의 간격이 관측자의 관점과 무관하다는 사실이다. 우주선을 타고 빠르게 움직이는 사람과 지면에 대해 정지해 있는 당신이 두 개의 사건을 관측했을 때, 두 사건 사이의 거리와 시간 차이는 다를 수도 있지만, 두 사람이 관측한 '간격'은 항상 동일하다.

앞서 우리는 도시의 도로망을 임의의 각도로 회전시켜도 두 지점 사이의 거리가 변하지 않는다는 사실을 확인한 바 있다. 방금 정의한 간격은 지도 상의 거리와 조금 다른 개념이지만, 회전 변환에 대해 불변이라는 사실만은 똑같이 적용된다. 아인슈타인은 관성기준계에 있는 모든 관찰자들에게 빛의 속도가 똑같다고 선언했는데, 이는 곧 "당

* 수학과 친한 독자들은 눈치챘겠지만, 위의 식에서 거리간격보다 시간간격이 더 크면 두 사건 사이의 간격interval의 제곱이 0보다 작아져서 간격 자체는 허수가 된다. 물리량이 허수라는 게 납득이 안 가겠지만 사실 이것은 단순한 수학적 규약으로, 두 개의 사건이 '시간 꼴로 분리되어 있음time-like separated'을 의미한다. 다시 말해서, 한 사건이 다른 사건에 영향을 줄 수 있다는 뜻이다. 간격의 제곱이 양수이면 두 사건이 '공간 꼴로 분리되어 있음space-like separated'을 의미하는데, 이런 경우에는 인과율causality(원인이 결과보다 시간적으로 앞선다는 법칙)이 적용되지 않는다. 수학적 규약이 직관에 위배된다고 해서 어려워할 필요는 없다. 이것은 수학자와 물리학자들 사이에 체결된 약속일 뿐, 그 이상도 이하도 아니다.

신이 공간 속을 아무리 빠르게 움직이고 있어도 특정한 두 사건 사이의 간격은 변하지 않는다"는 말과 동일하다.시간간격이 커지면 공간간격이 작아지고, 공간간격이 커지면 시간간격이 작아지면서 간격은 항상 일정하게 유지된다. – 옮긴이

이로써 우리는 한 단계 더 깊이 들어왔다. 대칭이라는 추상적 개념에서 출발하여 시간과 공간 사이에 존재하는 놀라운 연결고리를 찾아낸 것이다. 수학적 관점에서 볼 때, 공간에서 좌표축의 회전 변환과 시공간에서의 속도 변환은 비슷한 종류의 대칭을 낳는다. 물론 이 두 가지 변환에는 그에 상응하는 보존량이 존재한다. 공간을 회전시키는 경우에는 두 점 사이의 거리가 보존되고, 속도를 변환시킨 경우에는 위에서 정의한 '간격'이 보존된다.

벌컨 행성의 우주선 파일럿이 베텔게우스에서 지구로 향하는 항로를 따라 거의 광속에 가까운 속도로 비행하고 있다고 가정해보자. 이제 곧 알게 되겠지만, 이런 경우에 파일럿의 눈에 보이는 거리는 600광년보다 짧다. 그러나 베텔게우스에서 출발한 빛이 지구에 도달하는 데 걸리는 시간도 그의 관점에서는 600년보다 짧다. 즉, 빠르게 움직이는 관찰자에게는 거리가 짧아지고 시간간격은 길어진다. 이 두 가지 효과가 서로 상쇄되어 간격이 일정하게 유지되는 것이다.

시간은 어떻게 길어지는가?

시간에 관하여 갈릴레오가 세웠던 가정은 별도의 설명이 필요 없을 정도로 우리의 직관과 잘 일치한다: "시간은 모든 사람들에게 똑같은

속도로 흘러간다." 그런데 여기에 "빛의 속도는 광원에 대해 정지해 있는 사람이 관측하건 움직이는 사람이 관측하건, 항상 똑같다"는 가정까지 도입하면 상황이 복잡하게 꼬이기 시작한다.

시간은 우리가 생각했던 것보다 훨씬 난해한 특성을 갖고 있다. 지금부터 간단한 사례를 통해 그 비밀을 파헤쳐보자. 스퍽의 증조부인 솔카가 광속의 절반으로 내달리는 우주선을 타고 날아가다가 방금 지구를 지나쳤다. 우주선의 속도가 일정하게 유지된다면, 그는 아무런 움직임도 느끼지 못할 것이다. 이것은 "모든 관성기준계에서 물리학의 법칙은 동일하다"는 특수상대성이론의 첫 번째 가정과 일맥상통한다. 지금 솔카는 우주선 안에서 신문을 읽고, 낮잠도 자고, 우주인터넷을 서핑하는 등 편안한 휴식을 취하고 있다. 즉, 그의 관점에서 볼 때 시간은 흐르지만 공간이동은 없는 상태이다.

그러나 지구에 있는 당신이 볼 때 솔카는 시간뿐만 아니라 공간적으로도 이동하고 있다. 이처럼 솔카와 당신은 운동 상태가 다르지만, 4차원 시공간에서의 간격은 두 사람에게 똑같아야 한다. 간격을 구하는 공식 $(\text{간격})^2 = (\text{거리})^2 - (\text{시간})^2$에서 보다시피 두 항이 뺄셈으로 연결되어 있기 때문에, 부분적으로 상쇄가 일어나서 간격이 일정하게 유지되는 것이다.

특수상대성이론은 속도가 일정한 물체를 다루는 이론이므로, 이 이론의 범주 안에서 모든 관찰자는 자신이 정지해 있다고 간주해도 무방하다. 예를 들어 지구에 있는 당신이 볼 때 솔카가 우주선 안에서 8시간 동안 수면을 취했다고 가정해보자. 솔카는 자신이 낮잠을

자는 동안 시간이 흘렀다는 사실을 알고 있지만, 그 사이에 우주선이 특정 거리만큼 이동했다는 느낌은 전혀 없다. 이런 경우에 솔카가 계산한 간격과 당신이 계산한 간격이 일치하려면 솔카가 느끼는 수면 시간은 8시간이 아니라 약 7시간으로 줄어든다. 굳이 서머타임summer time(일광 절약 시간제)을 실행하지 않아도, 특수상대성이론은 움직이는 관측자의 시간을 절약해주는 셈이다.

움직이는 시계는 정지해 있는 시계보다 느리게 간다. 빛이 늦게 도달하거나 관측 장비에 이상이 생겨서 그런 것이 아니라, 정말로 느려진다. 그러나 이 효과가 크게 나타나려면 관측자의 이동속도가 광속에 견줄 만큼 빨라야 한다. 일본의 초고속열차 신칸센의 속도는 약 500km/h인데, 이 기차를 타고 달려봐야 시간이 줄어드는 비율은 수조 분의 1에 불과하다. 우주가 처음 태어났을 때 당신이 신칸센을 타고 지금까지(137억 년 동안) 쉬지 않고 달렸다면, 당신은 나머지 우주보다 13시간 30분 정도 젊다.

이와 같은 시간팽창(또는 시간지연) 효과는 속도가 빠를수록 크게 나타난다. 광속의 90%로 움직이는 시계는 정지해 있는 시계보다 약 2.3배쯤 느리게 가고, 광속의 99%로 움직이는 시계는 무려 7배나 느려진다! 다시 한 번 강조하건대, 이것은 광학적 효과나 기계적 결함 때문에 나타나는 현상이 결코 아니다. 움직이는 물리계를 밖에서 바라보면, 그 안에서는 모든 사건들이 일제히 같은 비율로 느리게 진행된다. 솔카의 심장박동과 신진대사가 느려지고, 컴퓨터의 연산속도도 느려진다. 이뿐만 아니라 우주선 안에서 시간을 측정하는 모든 장치들도 일제히 느리게 작동된다. 그래서 솔카가 볼 때는 모든 것이 정상이다. 심장박동이 느려졌는데 그것을 측정하는 시계까지 느려졌기 때문이다.

시간팽창
속도에 따른 시간팽창 효과

움직이는 물체	속도	시간이 느려지는 정도
우사인 볼트(육상선수)	37.6km/h	1경 분의 6
신칸센(가장 빠른 기차)	500km/h	10조 분의 1
국제우주정거장	27000km/h	30억 분의 1
은하수에서 움직이는 태양	792000km/h	370만 분의 1
광속의 절반($c/2$)	215000000km/h	7분의 1
대기중의 뮤온	광속의 99.5%	약 10배
대형강입자충돌기(LHC) 속의 양성자(최고속도)	광속의 99.9999991%	약 7500배

위 표의 제일 오른쪽 세로줄에 나열된 값들 중 '~분의 1'이란 "시간이 1+~분의 1배로 느려진다"는 뜻이다. – 옮긴이

사람이 만든 도구 중에는 광속에 견줄 만한 물건이 없지만, 뮤온muon이라는 중간자를 이용하면 시간팽창 효과를 직접 관측할 수 있다. 뮤온은 물리적 특성이 전자와 거의 비슷하면서 질량이 전자보다 200배쯤 무거운 입자이다. 앞서 말한 대로 무거운 입자는 스스로 붕괴하여 가벼운 입자로 변하려는 경향이 있는데, 뮤온도 예외가 아니어서 처음 생성된 후 (평균적으로) 50만 분의 1초가 지나면 전자와 뉴트리노–반뉴트리노 쌍으로 붕괴된다.

이처럼 뮤온은 순식간에 붕괴되기 때문에 관측하기가 쉽지 않다. 그러나 자연적으로 생성된 뮤온은 우리에게 중요한 정보를 제공해준다. 우주선cosmic ray이 대기 상층부와 충돌하면 새로운 입자들이 생성되는데, 이들 중에 뮤온이 다량으로 섞여 있다. 즉, 뮤온은 해발 10km가 넘는 상공에서 생성된다. 그러나 방금 말한 대로 뮤온의 수명은 50만 분의 1초밖에 안 되기 때문에, 빛의 속도로 내려온다 해도 600m쯤 하강한 후에는 다른 입자로 붕괴되어 사라져야 한다(실제로 뮤온의 속도는 광속의 99.8%이다). 따라서 지표면에 설치된 입자감지기에는 뮤온이 감지되지 않을 것 같다. 그런데 희한하게도 뮤온은 지표면 근처에서 수시로 감지되고 있다. 이들이 10km 상공에서 생성되는 것은 분명한 사실이고 수명이 50만 분의 1초라는 것도 의심의 여지가 없는데, 이 짧은 시간 동안 10km를 이동한 것처럼 보인다. 그렇다면 뮤온은 빛보다 빠르게 움직이는 것일까? 아니다. 그럴 리가 없다. 어떤 물체도, 어떤 신호도 빛보다 빠를 수 없다는 것은 특수상대성이론의 제1계명이다.

1941년에 시카고대학의 브루노 로시Bruno Rossi와 데이비드 홀David Hall은 대기 중에서 생성된 뮤온을 해발 2km의 산꼭대기와 해발 0인 지면에서 관측했다. 갈릴레오의 주장대로 시간이 모든 사람들에게(또는 모든 관성기준계에서) 똑같은 빠르기로 흐른다면, 모든 뮤온들은 대략 9.4km 상공에서 사라져야 한다. 그런데 로시와 홀이 설치한 감지기에는 뮤온의 흔적이 남아 있었다. 두 사람은 관측 결과를 분석한 끝에 뮤온의 시간이 5배쯤 느리게 흐른다고 결론지었다. 즉, 뮤온의 수명이 50만 분의 1초가 아니라 10만 분의 1초라는 이야기다.

앞에서 "움직이는 시계는 느리게 간다"고 했으니, 로시와 홀의 설명은 나름대로 설득력이 있다. 그러나 여기에 특수상대성이론을 적용하면 더욱 흥미로운 결과가 얻어진다. 이 이론의 첫 번째 가정에 의하면 등속운동을 하는 물체는 자신이 움직이고 있는지, 또는 정지해 있는지를 판별할 방법이 없다. 로시와 홀은 물체가 아닌 사람이기 때문에 모든 상황을 '인간 중심적인' 관점에서 분석했다. 이제 특수상대성이론을 이용하여 동일한 상황을 다른 관점에서 분석해보자.

당신이 인간이 아닌 뮤온이라고 가정해보자. 당신은 광속의 99.8%에 달하는 무시무시한 속도로 지면을 향해 치닫고 있지만, 자신이 움직이고 있다는 느낌은 전혀 없다. 당신(뮤온)은 가만히 있고 지구와 대기가 반대 방향(위)으로 움직일 때도 동일한 현상이 나타나기 때문에, 누가 움직이고 있는지 판별할 수 없다. "움직인다는 느낌이 없다"는 말은 이런 의미이다. - 옮긴이 이런 상황에서 당신이 지표면에 있는 로시와 홀을 바라본다면, 그들의 움직임은 정상보다 5배 느려진 것처럼 보일 것이다.

나는 물리학을 꽤 오래 공부해왔지만, 이 결과를 접할 때마다 아직도 어안이 벙벙해진다. 상대운동을 하고 있는 두 사람 A, B(또는 사람과 입자, 또는 상대운동을 하고 있는 두 물체) 중 A가 B를 바라봤을 때 움직임이 느려진 것처럼 보인다면, B의 눈에는 A의 행동이 빨라진 것처럼 보여야 할 것 같은데, 실제로는 B의 눈에도 A는 느려진 것처럼 보인다. 어떻게 그럴 수 있을까? 논리적으로 틀린 걸까? 아니다. 논리적으로 옳다. 더 이상 옳을 수 없을 정도로 완벽하게 옳다.

상대성이론은 시간뿐만 아니라 공간의 개념도 바꿔놓았다. 뮤온의 관점에서 볼 때, 2km 상공에서 지면으로 내려오려면 약 100만 분의 1.3초라는 시간이 소요된다. 뮤온의 수명은 50만 분의 1초(또는 100만 분의 2초)이므로, 이 정도 거리는 충분히 도달할 수 있다. 그러나 로시와 홀의 관점에서 볼 때 뮤온은 100만 분의 1초당 300m밖에 못 가기 때문에, 100만 분의 1.3초 동안 갈 수 있는 거리는 약 400m에 불과하다. 따라서 뮤온이 붕괴되기 전에 지표면에 도달하려면 광속의 5배에 달하는 속도로 내려와야 한다.

물체의 속도가 광속에 가까워지면 거리가 짧아지는데, 그 비율은 시간이 늘어나는 비율과 똑같다.예를 들어 시간이 2배로 늘어나면 거리는 1/2로 짧아진다. – 옮긴이 다시 말해서, 물체가 이동하는 방향으로 공간이 수축되는 것이다.

사실, 시간팽창과 길이수축 효과를 처음 알아낸 사람은 아인슈타인이 아니었다. 그가 상대성이론을 발표하기 몇 해 전에 몇몇 물리학자와 수학자들이 운동하는 물체의 좌표 변환 공식을 유도했는데, 그중에서 가장 큰 공헌을 한 사람은 헨드리크 로렌츠Hendrik Lorentz와 조지 피츠제럴드George FitzGerald였다. 이들은 각자 독립적으로 움직이는 물체와 정지된 물체 사이의 좌표 호환법을 계산하다가 "움직이는 물체는 운동 방향으로 길이가 줄어들고 시간은 느리게 흐른다"는 사실을 알아냈다. 그런데 왜 이들 두 사람은 상대성이론의 발견자로 대접받지 못했을까?

몇 가지 이유가 있겠지만, 내가 보기에 가장 큰 이유는 이들이 에테르의 존재를 믿었기 때문일 것이다. 로렌츠와 피츠제럴드의 좌표 변환 공식은 시간과 공간의 근본적인 특성과 무관하게 에테르의 거동을 설명하기 위한 수단이었다(이들이 유도한 변환 공식은 지금도 쓰이고 있다). 이미 10여 년 전에 마이컬슨과 몰리의 실험이 실패로 끝났음에도 불구하고, 로렌츠와 피츠제럴드는 에테르가 존재한다고 믿었던 것이다. 이들은 날아가는 우주선이 진행 방향으로 수축되는 이유가 시공간의 고유한 특성 때문이 아니라, 에테르의 영향을 받아 우주선과 관측기구들이 원자 수준에서 압축되기 때문이라고 생각했다. 자동차의 뒷좌석에 탄 개가 창 밖으로 얼굴을 내밀었을 때 표정이 일그러지는 것과 비슷한 이치다.

그러나 시간팽창과 길이수축은 에테르에 의한 역학적 효과가 아니라, 시간과 공간 자체가 변형되기 때문에 나타나는 현상이다. 아인슈타인이 지금까지 역사상 최고의 과학자로 추앙받는 이유는 이 놀라운 사실을 알아냈기 때문이다. 그는 전자기학의 법칙들이(당시에는 중력을 제외하고 유일하게 알려진 힘이었다) 로렌츠 변환 하에서 완벽하게 불변임을 입증했다. 이것은 정말 말로 표현하기 어려울 정도로 위대한 업적이다. 시간과 공간이 관측자의 운동 상태에 따라 변형된다는 사실과 함께 모든 물리학에 적용되는 일반적인 대칭 원리를 단 한 방에 유도한 것이다. 전자기력뿐만 아니라 약력과 강력도 로렌츠 변환에 대해 불변이다(앞서 말한 대로 움직이는 관찰자에 대한 좌표 변환 공식을 유도한 사람은 로렌츠와 피츠제럴드였으나, 공식의 명칭에는 로렌츠의 이름만 남아 있다). 이는 곧 힘을 서술하는 법칙들이 모든 관성기준계(등속운동을 하는 좌표계)에서 똑같은 형태로 적용된다는 것을 의미한다. 훗날 아인슈타인은 다음과 같은 말을 남겼다.

> 모든 자연 법칙들은 로렌츠 변환에 대하여 불변성이 유지되도록 적절한 조건을 갖추고 있다.

로렌츠와 피츠제럴드는 좌표 변환 공식을 유도했고, 아인슈타인은 그로부터 우주의 저변에 깔려 있는 대칭을 발견했다. 일단 대칭성이 규명되었으니 변환식의 의미도 자연스럽게 설명되었다. 로렌츠 불변성이 좀더 일찍 발견되었다면 기적의 해(1905년)도 몇 해 더 앞당겨지지 않았을까?

왜 $E = mc^2$인가?

상대성이론은 관측자들 사이의 상대운동을 고려하느라 꽤 복잡한 형태를 띠고 있지만, 근본적인 출발점은 대칭이었다. 이 이론에 의하면 시간과 공간은 독립적인 객체가 아니며, 우리가 생각했던 것처럼 확고한 양도 아니었다. 그러나 만일 내가 이런 설명 없이 다짜고짜 "상대성이론에서 가장 중요한 내용은 무엇이라고 생각하는가?"라고 물었다면, 대부분의 독자들은 길이수축이나 시간팽창이 아닌 $E = mc^2$을 떠올렸을 것이다.

에미 뇌터는 자연의 대칭과 보존법칙에 관하여 우리에게 매우 중요한 사실을 알려주었다. 그중 하나만 예를 들자면 시간은 에너지와 밀접하게 관련되어 있고, 공간은 운동량과 밀접하게 관련되어 있다. 미국 대학입학자격시험SAT에 흔히 등장하는 문제의 형식을 빌어 표현하면 다음과 같다.

공간 : 시간 → 운동량 : (?)

괄호 안에 들어가야 할 답은 '에너지'다. 앞에서 말한 대로 시간과 공간은 당신의 관점에 따라 얼마든지 달라질 수 있다. 즉, 움직이는 관찰자와 정지해 있는 관찰자는 전혀 다른 시간과 공간을 느낀다. 그런데 시간은 또 한 가지 특성을 갖고 있다. 당신이 어떤 식으로 움직이건 간에, 시간은 항상 미래로 나아간다. 아무리 빠르게 움직여도 시간을 멈출 방법이 없는 것이다. 공간상에서는 마음만 먹으면 한 자리에 가만히 머무를 수 있지만, 시간에서는 이것이 불가능하다.

우리의 영원한 영웅, 총알보다 빠르게 날 수 있는 슈퍼맨을 떠올려보자. 그가 총알과 똑같은 속도로 나란히 날고 있다면, 그의 관점에서 볼 때 총알은 공간 속에서 정지해 있는 거나 마찬가지다. 즉, 슈퍼맨이 자신의 관점을 변형시키면(총알과 같은 속도로 날아가면) 총알의 운동량을 0으로 만들 수 있다는 이야기다.

자, 여기가 중요한 부분이다. 방금 말했듯이 에너지는 공간이 아닌 시간과 비슷하다. 당신이 어떻게 움직이건 시간을 멈출 수 없는 것처럼, 당신이 입자를 어떤 상태에서 바라봐도 입자의 에너지를 완전히 사라지게 만들 수 없다. 왜 그럴까? 굳이 관련 수식을 써내려 가지 않아도 우리에게는 이미 힌트가 주어져 있다. 입자의 속도를 아무리 낮춰도, 모든 입자는 $E = mc^2$이라는 엄청난 양의 에너지를 이미 갖고 있기 때문이다.

독자들은 이렇게 생각할지도 모른다. "이 친구가 지금 $E = mc^2$을 대충 설명하고 있는데, 실제로 이것을 유도하는 수학적 과정은 끔찍하게 복잡하겠지…" 아니다. 시간과 공간의 상대성으로부터 에너지와 질량의 등가等價 관계를 유도하는 과정은 놀라울 정도로 간단명료하다. 아인슈타인은 상대성이론에 관한 논문을 1905년 6월에 발표한 후, 불과 3개월 만에 $E = mc^2$을 증명한 논문을 연달아 발표했다. 3개월이나 걸렸으면 복잡한 거 아닌가? 아니다. 이 유명한 방정식을 유도하는 과정은 매우 간단하여, 대학 1학년생이 배우는 교양 물리학 교과서에도 나와 있다. - 옮긴이

물론 아인슈타인은 내가 설명하는 식으로 대충 넘어가지 않았다. 그러나 계산 과정은 논문 3페이지에 불과하다. 지금부터 그의 논문에서 수식을 몽땅 걷어내고, 논리의 핵심만 골라내서 조심스럽게 따라가보자. 여기, 정지 상태에 있는 원자에서 강도가 같은 두 줄기의 빛이 서로 반대 방향으로 방출되었다(아인슈타인은 이 논문을 발표하기 6개월 전인 1905년 3월에 광자의 존재를 처음 알게 되었다. 그때 새로운 개념의 참신함에 매료되었는지, 굳이 그럴 필요가 없는데도 $E = mc^2$을 증명하는 데 광자, 즉 빛을 등장시켰다).

빛은 근본적으로 에너지와 운동량의 집합체이며, 두 물리량은 광속 c를 통해 간단한 방식으로 연결되어 있다. 이것은 19세기 중반

부터 이미 알려진 사실이었다(그 주인공이 바로 맥스웰이다). 원자의 관점에서 볼 때 두 줄기의 빛은 서로 반대 방향으로 똑같은 운동량을 실어 나르고 있으므로, 빛을 방출한 후에도 원자의 속도는 변하지 않는다. 즉, 원자는 처음이나 나중이나 여전히 정지 상태를 유지한다. 뉴턴과 갈릴레오의 운동량 보존법칙에 입각하여 말하자면 "원자는 처음에 정지된 상태였으므로, 동일한 강도의 두 줄기 빛을 서로 반대 방향으로 방출한 후에도 여전히 정지 상태에 있어야 한다."

여기까지는 아무런 문제가 없다. 그러나 아인슈타인은 보는 관점을 바꿔서 이 심심한 상황을 드라마틱하게 바꿔놓았다. 만일 당신이 빠른 속도로 움직이면서 원자를 관측한다면 어떻게 보일 것인가? 예를 들어 당신이 오른쪽으로 방출된 광자를 마주보며 정면으로 돌진한다 해도, 당신의 눈에 보이는 광자의 속도는 달라지지 않는다(특수상대성이론의 두 번째 가정을 생각해보라). 그 대신 당신의 눈에는 광자의 에너지가 커진 것처럼 보이는데, 이것은 관측자와 광원의 상대적

광자와 상대성이론

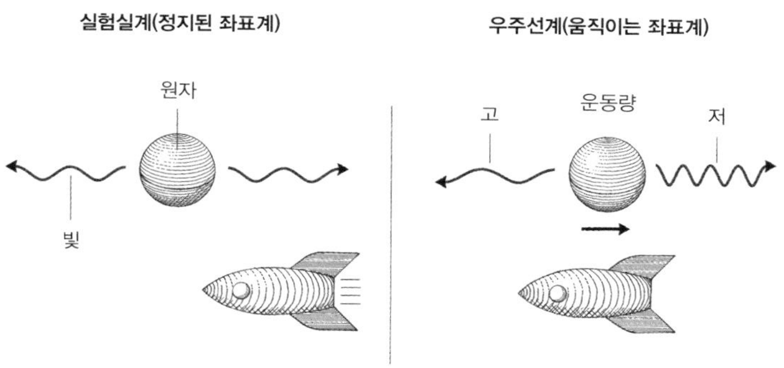

인 운동 상태에 따라 파동의 에너지가(또는 빛의 색깔이) 다르게 보인다는 도플러 효과Doppler effect에 의해 나타나는 현상이다. 진행하는 빛을 향해 달려가면서 보면 빛은 원래 색상보다 푸른색 쪽으로 이동하고, 멀어져 가면서 보면 붉은색 쪽으로 이동한다.

그런데 여기에는 한 가지 문제가 있다. 어떤 경우에도 운동량은 보존되어야 하는데, 움직이는 관찰자가 보기에 자신을 향해 다가오는 빛은 운동량이 (정지 상태의 관찰자가 느끼는 값보다) 크고, 멀어져 가는 빛은 운동량이 감소하여 둘을 더한 값이 0으로 떨어지지 않는 것이다. 그렇다면 둘을 더해서 남은 여분의 운동량은 어디서 온 것일까? 지금의 경우에 이런 일을 벌일 수 있는 용의자는 원자밖에 없다. 그리고 원자의 속도가 느려지지 않으면서 운동량이 작아지려면 질량을 잃어버리는 수밖에 없다. 이때 손실된 질량 m은 정확하게 $E = mc^2$을 통해 에너지로 전환된다!

실시간 통신이 불가능한 이유

이 장의 서두에서 언급했던 어슐러 르 귄의 소설『로캐넌의 세계』에서처럼, 서로 멀리 떨어져 있는 두 장소에서 '즉각적인 통신(앤서블)'을 주고받는 것이 과연 가능할까? 앤서블은 2013년에 개봉된 영화 〈엔더스 게임Ender's Game〉을 비롯한 여러 SF 소설에서 약방의 감초처럼 등장하고 있다. 일부 물리학자들은 양자역학적으로 얽힌 관계에 있는 입자를 이용하여 신호를 '즉각적으로' 전달하는 실험을 하고 있는데,

아직 성공한 사례는 없다. 이제 곧 알게 되겠지만, 양자역학은 "그 어떤 물체나 신호도 빛보다 빠르게 전달될 수 없다"는 상대성이론의 계명을 더욱 확고하게 뒷받침하고 있다.

나는 이 장의 첫 부분에서 "은하들 사이의 실시간 통신은 왜 불가능한가?"라는 질문을 던져놓고 "내가 그렇다면 그런 줄 알아라!"는 식으로 얼버무렸다. 그러나 이제 우리는 이 질문의 답을 구할 수 있는 단계에 이르렀다.

상대성이론에 의하면 시간과 공간은 그야말로 마술처럼 절묘하게 얽혀 있다. 시간은 더 이상 절대적인 양이 아니며, 이 세상 어느 누구도 "두 개의 사건이 동시에 일어났다"고 단언할 수 없다. 그 이유를 이해하기 위해, 지금 내가 앤서블을 구현하는 환상의 통신장비를 갖고 있다고 가정해보자. 나는 이 장비를 이용하여 벌컨 행성에 있는 솔카에게 전화를 걸었다. 장비가 제대로 작동한다면 그는 나의 목소리를 즉각적으로 듣게 될 것이다. 즉, 그와 나 사이는 공간상으로 16광년 떨어져 있지만, 시간적인 간격은 0인 셈이다.

앞서 말한 바와 같이 움직이는 관찰자의 눈에는 거리가 짧아 보이지만, 거리와 시간을 조합한 '간격interval'은 관측자의 운동 상태에 상관없이 항상 일정하다. 이는 곧 송신과 수신 사이의 시간간격이 절대로 0이 될 수 없음을 의미한다.

예를 들어 솔카가 지구행 우주선을 타고 벌컨 행성을 출발하는 순간에 지구에서 메시지를 전송했다고 가정해보자. 우주선의 속도가 광속의 절반이라면($c/2$), 솔카는 출발 후 9년 만에 메시지를 받게 된다. 실시간 통신과는 거리가 멀어도 한참 멀다!

여기서 관점을 바꾸면 상황은 더욱 황당해진다. 지구를 출발하여 벌컨 행성으로 가는 우주선에서 바라보면 사건의 진행 순서가 거꾸로 뒤집혀서 솔카는 지구에서 메시지를 전송하기 '9년 전에' 메시지를 받게 된다. 물론 이것은 광학적 효과가 아니라 시공간의 고유한 특성 때문에 나타나는 현상이다. 내가 메시지를 전송하기도 전에 솔카가 메시지를 받는다니, 대체 이게 말이나 되는가? 그러나 이 관점도 완벽하게 옳다. 따라서 우리의 우주가 인과율을 따른다면 즉각적인 통신은 불가능하다.*

상대성이론에 의하면 두 물체의 속도를 더하는 방법도 기존의 상식과 크게 다르기 때문에, 굳이 앤서블을 동원하지 않아도 과거로 메시지를 전송할 수 있다. 1907년에 아인슈타인은 빛보다 빠른 신호를 이용하면 과거로 메시지를 전송할 수 있음을 깨달았다(당시 물리학자들은 빛보다 빠르게 움직이는 입자를 타키온tachyon이라 불렀다). 방법은 간단하다. 빛보다 빠른 신호용 송수신장치가 탑재된 우주선에 당신과 친구가 각각 나눠 타고 날아가

실시간 통신의 시공간 다이어그램

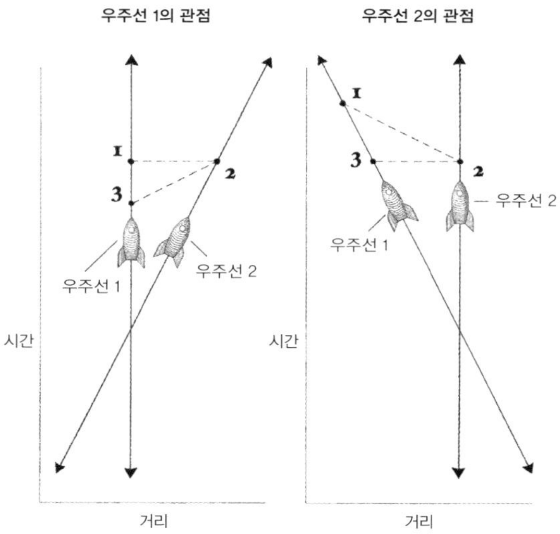

면 된다. 여행 도중에 당신이 친구에게 (빛보다 빠른) 메시지를 전송하면 친구로부터 응답이 올 것이다. 한 가지 희한한 것은 당신이 메시지를 보내기 전에 응답을 받게 된다는 것이다. 예를 들자면 당신의 친구로부터 "아니, 아직 안 먹었어"라는 응답을 받은 후에 "야, 밥은 먹었냐?"라는 질문을 던지는 식이다. 인과율에 익숙한 우리에게는 정말로 황당한 시추에이션이지만, 물리학자들은 앤서블을 개념적으로 증명하기 위해 이와 같은 논리를 즐겨 사용하고 있다. 그리고 노파심에서 하는 말인데, 당신이 어느 날 앤서블 개발에 성공하여 스톡홀름(노벨상 심사위원회)에 전화를 걸었다면, 그것은 당신의 발명품이 제대로 작동하지 않는다는 뜻이다. 앤서블이 제대로 작동한다면 당신이 전화를 걸기도 전에 그쪽에서 "정말 앤서블 개발에 성공하셨습니까? 축하드립니다!"라는 응답이 먼저 올 것이다.

2011년에 일단의 물리학자들이 빛보다 빠른 통신의 가능성을 제시한 적이 있다(결국은 불가능한 것으로 판명되었다). 이들은 이탈리아의 그란사소연구소에서 OPERA 실험 프로젝트를 수행하다가 빛보다 빠른 뉴트리노를 발견했는데, 이때 관측된 뉴트리노의 속도는 광속의 1.00002배로서 초과량이 아주 작긴 하지만 이 정도면 거대한 안티텔레폰antitelephone(과거로 거는 전화기)을 만드는 데 부족함이 없다.

결과가 발표되자 과학계는 충격에 휩싸였고 인터넷 블로거들은

* 물론 우리의 우주가 인과율을 반드시 따라야 한다는 법은 없다. 특수상대성이론에 의하면 그 어떤 것도 빛보다 빠르게 이동할 수 없지만, 일반상대성이론에서는 그렇지 않다. 웜홀wormhole 같은 특수한 경로를 이용하면 인과율을 위배하는 것은 물론이고 원리적으로는 시간여행까지 가능하다. 물론 즉각적인 통신(앤서블)도 구현할 수 있다.

공상과학이 현실로 이루어졌다며 흥분을 감추지 못했다. 일부 물리학자들은 100년이 넘는 세월 동안 최고의 권위를 지켜온 상대성이론에 더 이상 연연하지 않고, 광속보다 빠른 입자의 존재를 설명해주는 다양한 이론을 제시했다. 심지어는 뉴트리노가 "5차원 이상의 고차원 공간을 통해 지름길로 이동했다"고 주장하는 이론도 있었다.

그러나 당시 학계에는 OPERA 실험팀의 결과를 회의적인 시각으로 바라보는 물리학자도 많이 있었다(그중에는 나도 포함된다. 이제 와서 얘기지만, 그 무리에 속했다는 게 자랑스럽다). OPERA의 실험 논문이 발표된 후 몇 주 만에 수십 편의 관련 논문이 쏟아져 나왔는데, 일반상대성이론의 인공위성 효과에서 통계적 비정상anomaly에 이르기까지, 내용도 참으로 다양했다. 그러나 '빛보다 빠른 뉴트리노'는 처음 발표될 때부터 무언가 이상한 점이 있었다. 입자물리학자들은 우주에서 쏟아지는 뉴트리노를 여러 해 동안 관측해왔는데, 이들 중에 정말로 빛보다 빠른 것이 있다면 진작에 관측되었어야 했다.

얼마 후 OPERA 실험팀은 외부의 의심스런 눈초리를 종식시키기 위해 자체적으로 확인 작업을 하다가 참으로 허망한 사실을 발견했다. 사건의 발단은 뉴트리노가 아니라 '느슨해진 케이블' 때문이었던 것이다. 이 사건을 계기로 과학자들은 한 가지 뚜렷한 교훈을 얻었다. 전 세계를 떠들썩하게 만들 과학적 발견을 했다 해도, 확신이 서기 전에는 발표를 자제해야 한다. OPERA 실험팀은 모든 가능한 경우를 철저히 분석한 끝에 자신들의 오류를 인정했고, 실험을 이끌었던 팀장들은 줄줄이 사표를 던졌다.

별로 아름답지 않은 사례를 여기서 굳이 거론하는 이유는 광속이라는 한계를 깨는 것이 엄청나게 큰 사안임을 강조하기 위해서이다. 단 한 번이라도 광속을 초과하는 사례가 발견되어 사실로 판명된다면, 지금의 물리학은 대대적인 수술이 불가피하게 된다. 빛의 속도 *c*는 그만큼 중요한 상수이다.

지금의 기술로는 광속 초과는커녕, 광속에 비슷한 속도도 낼 수 없다. 지금까지 개발된 가장 빠른 우주선은 아폴로 10호인데, 최고속도라고 해봐야 4만km/h에 불과하다. 물론 자동차나 기차와 비교하면 엄청나게 빠르지만, *c*와 비교하면 한없이 초라해진다(4만km/h는 광속의 0.004%밖에 안 된다!). 나는 이론물리학자로서 모든 가능성을 열어두고 있지만, 딱히 실마리도 없는 상태에서 우주에 부여된 물리학적 한계를 억지로 깨뜨릴 생각은 없다. 게다가 광속이라는 한계는 우리의 안전을 보장하는 차폐막이기도 하다. 우주선이 광속에 훨씬 못 미치기 때문에, 외계인이 지구를 침공할 염려도 없는 것이다.

사람들은 '한계'라는 말을 들으면 흔히 부정적인 이미지를 떠올린다. 그러나 우주가 지금과 같은 상태를 유지할 수 있는 것은 물리학적 한계가 부과되어 있기 때문이다. 그 덕분에 우리는 삶을 만끽하면서 미래까지 설계할 수 있다. 이 정도면 충분하지 않은가?

THE UNIVERSE IN THE REARVIEW MIRROR

HOW HIDDEN SYMMETRIES SHAPE REALITY

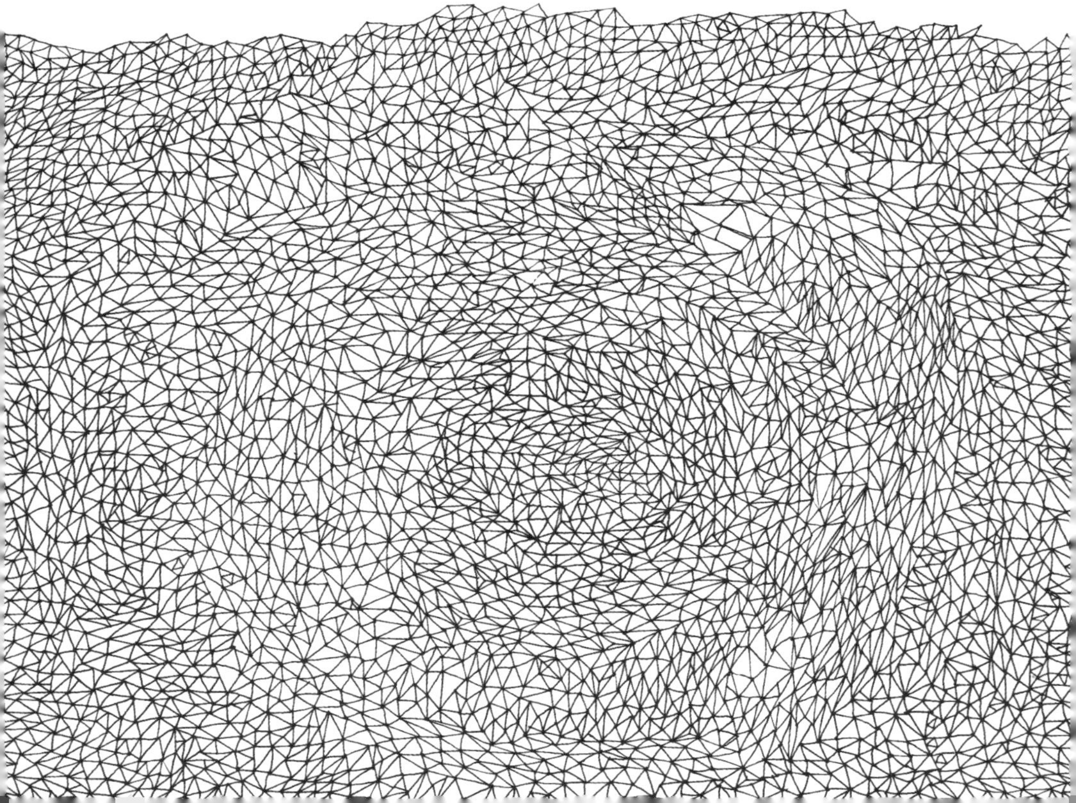

6

중력

블랙홀은 왜 영원히 존재할 수 없는가?

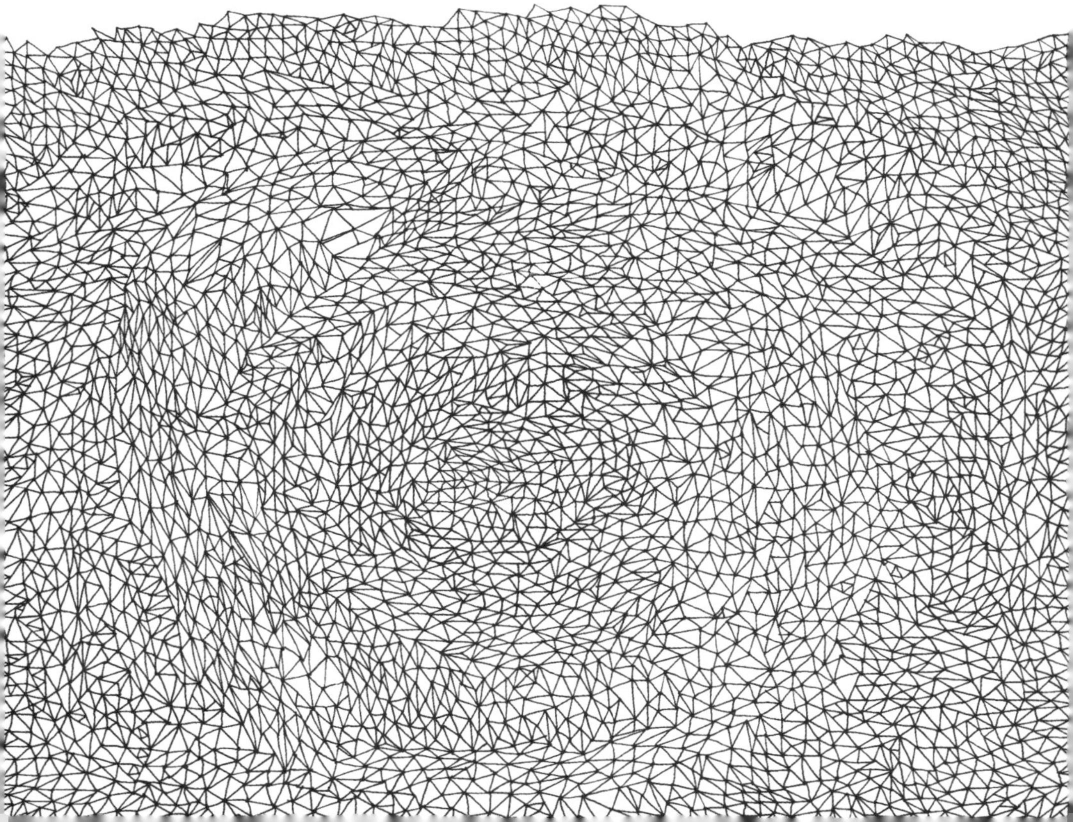

특수상대성이론은 현대 물리학을 비약적으로 발전시켰지만, 그와 함께 새로운 질문을 양산해내기도 했다. 특히 중력과 관련된 문제들은 오랜 세월 동안 물리학자들을 괴롭혀왔다.

독자들도 잘 알다시피 중력이라는 힘을 최초로 인지한 사람은 뉴턴이었다. 그러나 상대성이론이 등장한 후 뉴턴의 중력이론은 수정이 불가피해졌다. 당장 드러나는 문제는 뉴턴의 중력이론에서 중력이 전달되는 속도가 무한대라는 것이다. 만일 우주 최고의 악당인 갤럭투스Galactus가 은하수의 다른 부분을 지금 막 파괴시켰다면, 뉴턴의 중력은 지구에 '즉각적으로' 전달되어 전 세계가 공포에 휩싸일 것이다.

그러나 아인슈타인의 상대성이론에 의하면 위의 시나리오는 말짱 헛소리다. 전자기력이 그랬던 것처럼, 중력 역시 빛의 속도로 전달된다. 즉, 중력의 전달 속도는 절대로 광속을 초과할 수 없다. 1905년 이전만 해도 물리학자들은 중력의 작동원리를 알고 있다고 자부했으나, 1905년부터 완전히 장님이 되고 말았다.

중력과 빛은 특이한 곳에서 마주친다. 우주에는 별의별 희한한 천체가 많지만, 그중에서도 가장 유명한 '스타'는 단연 블랙홀일 것이다. 독자들도 이런 책에 관심을 가질 정도면 블랙홀에 대해 어느 정도 알고 있으리라 믿는다. 이 괴물 같은 천체는 밀도가 너무 커서 그 속에 한 번 빨려 들어가면 탈출할 방법이 없다. TV 과학 다큐멘터리에서 이 부분을 설명할 때면 내레이터가 갑자기 목소리를 깔면서 마지막 한마디를 날린다. "빛조차도 빠져나올 수 없다…"

블랙홀은 중력을 탐구하는 궁극의 실험실이다. 언뜻 보기에는 무지막지한 식욕으로 주변의 천체들을 집어삼키다가 결국에는 우주 전체를 먹어치울 것 같지만, 사실은 그렇지 않다. 블랙홀도 나름대로 약점이 있어서, 어느 정도 시간이 지나면 완전히 사라져버린다. 왜 그럴까? 그 이유를 이해하려면 또 다른 대칭의 세계로 들어가야 한다. 일단은 특수상대성이론에서 제기된 지독한 역설에서 시작해보자.

쌍둥이 역설

특수상대성이론이 발표되고 몇 주가 지난 후에, 아인슈타인은 다음과 같이 SF 소설을 능가하는 사고실험을 제안했다.

상자 안에 살아 있는 생명체 A를 넣고 우주선에 태워 날려보낸다… 이 우주선은 꽤 먼 곳까지 날아갔다가 지구로 귀환하도록 설계되어 있다. 이들이 우주여행을 하는 동안 같은 종류의 또 다른 생명체 B는 지구에 남아 있다. 그런데 우주선이 지구로 돌아왔을 때 A는 별로 나이를 먹지 않았는데, B는 이미 2세를 낳고 부모 세대가 되었다. 우주선의 속도가 광속에 가까우면 이와 같은 역설적 상황이 발생할 수 있다.

이것이 바로 그 유명한 쌍둥이 역설Twin Paradox이다.

위의 설명은 너무 간략하니, 좀더 구체적인 상황을 가정해보자. '에밀리'와 '보니'라는 쌍둥이 자매가 있었다. 동생인 보니는 어릴 적부터 우주인이 되기를 꿈꿔오다가 성인이 된 후에 드디어 꿈을 이뤘다. 그녀는 벌컨 행성으로 가는 최첨단 우주선 '번개호'의 승무원으로 발탁되었는데, 이 우주선의 속도는 광속의 90%에 달한다. 보니에게 주어진 임무는 아주 간단했다. 벌컨 행성에 도착하자마자 그곳의 대표를 만나 외교협정 비준서에 서명만 받아오면 된다. 이 모든 과정은 단 몇 분이면 충분하다(사실, 외교를 맺기 위해 물밑작업으로 시간과 돈을 퍼붓는 것은 어느 모로 보나 낭비다. 그렇지 않은가?).

보니는 16광년 떨어진 벌컨 행성으로 출발하여 지구 시간으로 약 18년(정확하게는 17.777…년)만에 도착했다. 그곳에서 간단하게 임무를 완수한 후 똑같은 길을 되돌아와야 하므로, 보니의 왕복여행에 소요된 시간은 대략 35년하고 6개월 18일쯤 된다. 그런데 지구로 귀환한 보니는 마중 나온 가족들을 보고 깜짝 놀랐다. 다들 생각보다

쌍둥이 역설

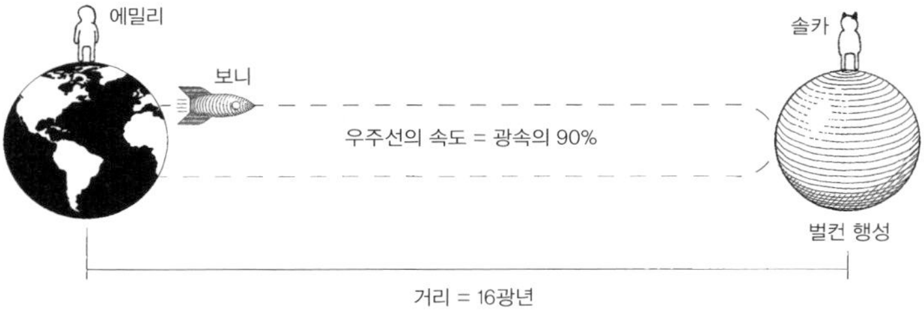

너무 늙어 있었기 때문이다. 특히 보니의 쌍둥이였던 에밀리는 보니의 어머니라고 해도 믿을 만큼 나이가 들어 보였다. 하긴, 지구에서는 35년이 넘게 흘렀으니 에밀리가 그 정도로 늙은 것은 당연하다. 그런데 보니가 우주여행을 하면서 체감한 시간이 15년밖에 되지 않기 때문에, 이와 같은 역설적 상황이 벌어진 것이다. 보니가 타고 갔던 우주선의 컴퓨터 메모리에는 15년치 데이터만 저장되어 있고, 모든 시계는 지구에서 출발한 날로부터 약 15년 후를 가리키고 있다. 번개호에 장착된 주행거리계를 살펴보니, 왕복거리가 애초 예상했던 32광년의 절반도 되지 않는다.

여기까지는 특수상대성이론에 위배될 것이 없다. 빠른 속도로 움직이면 체감 시간과 체감 공간이 변형된다고 하니, 이 정도는 있을 수 있는 일이다. 그렇다면 이 스토리의 제목은 "특수상대성이론 때문에 이상한 일을 겪은 쌍둥이 자매"라고 붙여도 될 것 같은데, 왜 굳이 "역설"이라는 꼬리표를 달아놓은 것일까? 거기에는 그럴만한 이유가 있다.

특수상대성이론은 만물의 상대운동만이 관측 가능하다는 전제에서 출발한 이론이다. 다시 말해서, "A는 정지해 있고 B가 움직이고 있다"는 서술은 A에 대해 정지해 있는 특정한 관측자의 시점이지, 모두에게 수용되는 일반적 서술이 아니라는 이야기다. 예를 들어 B와 똑같은 속도로 움직이고 있는 관측자에게는 B가 정지해 있고 A가 반대 방향으로 움직이는 것처럼 보일 것이다. 그렇다면 누구의 관점이 옳은가? 특수상대성이론에 의하면 둘 다 똑같이 옳다. A와 B 사이의 상대운동이 등속으로 진행되는 한, 누가 정지해 있고 누가 움직이는지를 판별하는 방법은 이 우주에 존재하지 않는다. 우주 공간에서 두 대의 우주선이 등속으로 스쳐 지나갔다면, 둘 다 "나는 정지해 있었는데 저 친구가 나를 스쳐 지나갔다"고 주장할 것이다. 즉, 두 사람의 관점은 완전히 대칭적이다. 이런 경우에 누구의 주장이 옳은지를 판별할 수 없다는 것이 특수상대성이론의 기본 가정이다.

쌍둥이 자매의 경우, 보니는 움직이고 에밀리는 정지해 있었다. 지구에 남아 있던 사람들은 이 관점에 동의할 것이다. 그래서 지구로 귀환한 후에 보니는 에밀리보다 훨씬 젊다. 그런데 특수상대성이론에 의하면 누가 움직였는지 판별할 수 없고 두 관점이 똑같이 옳다고 했으니, 상황을 바꿔서 보니는 우주선을 탄 채로 그 자리에 정지해 있고, 에밀리를 포함한 지구 전체가 반대쪽으로 왕복운동을 한 경우에도 똑같은 결과가 나와야 한다. 그런데 이런 경우에 위의 논리를 똑같이 적용하면 젊은 쪽은 보니가 아니라 에밀리가 된다! 대체 뭐가 잘못된 것일까? 똑같은 결과가 나와야 하는 상황에서 정반대의 결과가 나왔기 때문에, 이 사고실험을 '역설'이라고 부르게 된 것이다.

과연 두 사람의 관점이 똑같다고 할 수 있을까? 아인슈타인은 이 역설을 풀기 위해 한참 동안 고민하다가 둘 사이의 결정적인 차이점을 발견했다. 보니는 벌컨 행성을 왕복했으므로 행성에 거의 도달했을 무렵에 분명히 '감속 운행'을 했을 것이고, 그곳을 떠날 때는 정지 상태에서 출발해야 하므로 분명히 '가속운동'을 했다. 즉, 보니는 왕복 운동을 하는 동안 일정한 속도를 유지하지 않은 것이다. 반면에 지구에 남아 있는 에밀리가 35년 동안 조용히 한 자리를 지켰다면, 그녀는 가속운동을 전혀 하지 않았다고 주장할 수 있다.물론 지구 자체가 가속운동을 하고 있으므로 에밀리도 약간의 가속운동을 한 셈이지만, 문제의 단순화를 위해 지구는 한 자리에 정지해 있다고 가정한다. - 옮긴이

특수상대성이론은 등속으로 움직이는 물체에 적용되는 이론이다. 따라서 보니의 운동은 특수상대성이론의 범주 안에서 설명될 수 없다. 특수상대성이론으로 커버되지 않는 가속운동 - 바로 여기에 중력의 비밀이 숨어 있었다.

아인슈타인은 이 문제와 사투를 벌이다가 가속운동과 중력의 상관관계를 규명하는 일반상대성이론을 탄생시켰다. 특수상대성이론을 비롯한 거의 모든 이론들이 그렇듯이, 일반상대성이론도 역시 대칭이라는 개념에서 출발한다. 에미 뇌터가 괴팅겐으로 가서 그 유명한 정리를 유도하게 된 것도, 바로 이 일반상대성이론의 대칭에 매료되었기 때문이다.

일반상대성이론의 대칭을 이해하기 위해, 지금부터 SF 영화에 수

시로 등장하는 몇 가지 문제들을 살펴보기로 하자.

인공중력

우주 공간을 배경으로 하는 영화를 본 적이 있는가? 다들 알다시피 그런 곳에는 중력이 작용하지 않는다.깊은 우주 공간에서는 중력을 행사할 만한 천체가 없기 때문에 무중력 상태가 유지된다. – 옮긴이 그래서 모든 장면들이 매우 이색적이고 흥미로운 요소들도 많다.* 그런데 영화를 우주 공간으로 가서 찍으려면 엄청난 비용이 들기 때문에 어쩔 수 없이 지구에 있는 세트장에서 찍을 수밖에 없고, 감독들은 이 모순적인 상황을 해결하기 위해 '인공중력'을 도입하곤 한다. 그래서 배경은 우주 공간인데도 등장인물들은 마치 지구에 있는 것처럼 편안하게 걸어다니고 있다.

인공중력 자체를 문제 삼을 생각은 없다. 그게 없으면 영화를 만들 수가 없으니, 얼마든지 눈감아줄 수 있다. 여기서 내가 문제 삼고자 하는 것은 '인공중력이 작동하는 원리'이다. 상의에 꽂기만 하면 어떤 외계인과도 대화할 수 있는 '범우주 통역기'나 빛보다 빠른 '초광속 비행'은 불가능하지만, 인공중력은 이미 300여 년 전에 뉴턴에 의해 가능한 것으로 확인된 바 있다. SF 작가인 아서 C. 클라크Arthur C. Clarke의 〈2001 스페이스 오디세이2001 A Space Odyssey〉에 등장하는 인

* 무중력 상태에서는 우주인용 아이스크림을 아무리 많이 먹어도 체중이 늘지 않는다. 물론 살은 찌겠지만, 체중계에 올라가도 눈금은 항상 0을 가리킨다. 그러다가 지구로 귀환하면 그때서야 관절이 아프고 몸이 둔해졌음을 느끼게 될 것이다.

공중력도 원리적으로는 얼마든지 가능하다.

중력을 어떻게 인위적으로 만들어낼 수 있을까? 방법은 의외로 간단하다. 우주정거장을 거대한 도넛 모양으로 만든 후 적절한 속도로 회전시키면 된다. 놀이공원에서 그래비트론Gravitron, 원통 모양의 탈것에 사람을 태우고 빠르게 회전하는 놀이기구. – 옮긴이을 타본 독자들은 내 말의 뜻을 이해할 것이다. 도넛이 회전하면 바깥쪽으로 원심력이 작용하는데, 이때 발바닥이 벽을 향하도록 서 있으면 원심력이 중력처럼 느껴진다. 그런데 원심력의 크기는 회전 속도의 제곱에 비례하므로, 빨리 돌아갈수록 인공중력도 커진다.

원심력이 중력처럼 작용하는 이유는 무엇일까? 그 해답은 관성의 법칙에서 찾을 수 있다. 모든 물체의 가장 자연스러운 상태는 똑바른 직선을 따라 동일한 속도로 움직이는 상태이다. 그런데 우주정거장이 회전하고 있으면 당신의 발과 맞닿아 있는 바닥(밖에서 볼 때는 벽에 해당함)의 진행 방향이 수시로 변하기 때문에 관성력이 작용하게 되고, 그 안에 있는 사람은 자신의 몸이 아래쪽으로 당겨지는 듯한 힘을 느끼게 되는데, 이것이 바로 인공중력이다. 회전 반경이 충분히 큰 경우에는 회전 속도를 적절히 조절하여 인공중력의 크기가 지구 표면에서의 중력과 같도록 만들 수 있다. 그러나 회전 반경이 작으면 당신의 머리에 작용하는 인공중력과

우주정거장을 거대한 도넛 모양으로 만든 후 적절한 속도로 회전시키면 인공중력이 생겨난다.

발에 작용하는 인공중력의 세기가 크게 달라져서 온갖 부작용을 낳게 된다.

빙글빙글 도는 게 싫다면 다른 방법으로 인공중력을 만들 수도 있다. 그냥 일직선을 따라 꾸준히 가속운동을 하면 된다. 엘리베이터를 타고 위로 올라갈 때, 처음에는 약간의 인공중력이 발생하여 잠깐 체중이 늘어났다가 도착할 때가 되면 잠깐 몸이 가벼워진 듯한 느낌을 받은 적이 있을 것이다. 우주 공간으로 장거리 여행을 할 때, 가는 동안은 꾸준히 가속하여 뒤쪽으로 인공중력을 만들고 오는 동안은 꾸준히 감속하여 앞쪽으로 인공중력을 만들면, 승무원들은 여행 기간 내내 지구와 비슷한 환경에서 지낼 수 있다. 단, 가는 동안은 우주선의 뒤쪽이 '바닥'이 되고 오는 동안은 우주선의 앞쪽이 바닥이 된다. 한 가지 문제는 가속모드에서 감속모드로 바뀔 때 중력의 방향이 갑자기 바뀐다는 것인데, 이 정도 기술을 구현하는 수준이면 방향 전환 문제도 쉽게 해결될 것으로 믿는다(아님 말고…).

내가 지금 장광설을 늘어놓고 있는 것은 영화에 등장하는 황당무계한 인공중력을 변호하기 위해서가 아니다. 나는 SF 영화 매니아도 아니고, 영화 속의 황당한 설정을 어떻게든 납득시키려는 지지자도 아니다. 내가 여기서 강조하고 싶은 것은 인공중력과 진짜 중력이 정말로 똑같다는 사실이다. 무중력 상태에서 인공중력을 생성하여 중력을 느끼게 만들 수 있다면, 그 반대로 중력이 작용하는 곳에서 무중력 상태를 만들 수도 있다. 다시 말해서, 인공중력과 진짜 중력 사이에 명확한 대칭이 존재한다는 뜻이다.

다들 알다시피 NASA의 우주인들은 우주선을 타기 전에 무중력 상태에 적응하는 훈련을 받아야 한다. 그런데 지구 상에서 무중력 상태를 어떻게 만들 수 있을까? 방법은 단 하나뿐이다. 높이 올라가서 뛰어내리는 수밖에 없다. 떨어지는 동안은 (공기 저항을 제외하면) 완벽한 무중력 상태이므로, 이때 적응 훈련을 하면 된다. 물론 위험천만한 발상이지만, 다행히도 이 훈련은 절벽이 아니라 보밋 커밋Vomit Comet이라는 커다란 비행기 안에서 실행된다. 비행기에 우주인을 태우고 높이 올라간 후 엔진을 끄면 한동안 비행기는 자유낙하를 할 것이고, 그 안에 있는 모든 사람과 물체들은 중력의 굴레에서 벗어나게 된다.* 물론 고도가 어느 정도 낮아지면 다시 엔진을 켜고 하늘로 날아오른다. 이런 식으로 곡예 비행을 반복하면 그 안에 타고 있는 우주인들은 20~30초짜리 무중력 상태를 여러 번 경험할 수 있다. 왜 그런가? 비행기가 자유낙하하는 동안에는 그 안에 있는 모든 물체들도 비행기와 똑같은 가속도로 떨어지기 때문이다. 즉, 우주인과 비행기의 상대속도가 0이기 때문에 허공에 떠 있는 듯한 느낌을 받게 되는 것이다.

400km 상공에서 지구 주변을 선회하고 있는 국제우주정거장International Space Station, ISS을 예로 들어보자. 많은 사람들은 우주정거장이 우주 공간에 떠 있다고 생각하지만, 사실은 '엎어지면 코 닿는

* 사실은 비행기가 추락할 때 날개와 동체에 공기 저항이 작용하기 때문에, 이런 식으로는 완벽한 무중력 상태를 구현할 수 없다. 그러나 이것이 최선이다. 무중력 상태를 실감나게 체험하겠다고 10km 상공에서 유선형 캡슐에 탄 채 낙하하거나, 절벽에서 맨몸으로 뛰어내릴 수는 없지 않은가?

곳'에 있다. 400km면 서울에서 부산까지 거리밖에 안 된다. 지구본에서 이 높이를 상상해 보라. – 옮긴이 지구의 중력은 지구 중심에서 물체까지의 거리에 반비례하는데, 지구의 반지름은 약 6400km이므로 400km 상공으로 올라가면 중력이 11%쯤 약해진다. 그런데 우주정거장에서 촬영된 동영상을 보면 우주인들이 허공을 둥둥 떠다니고 있다. 어떻게 그럴 수 있을까? 우주정거장에는 지표면의 89%에 해당하는 중력이 여전히 작용하고 있는데, 왜 무중력 상태처럼 보이는 것일까? 아폴로 11호의 착륙선이 달 표면에 착륙할 때처럼 무슨 사기를 치고 있는 것일까?*

아니다. 거기에는 아무런 속임수도 없다. 무중력 상태를 체험하게 해주는 보밋 커밋처럼, 우주정거장도 사실은 자유낙하를 하는 중이다. 물론 우주정거장은 수평 방향으로 매우 빠르게 내달리고 있기 때문에 지표면으로 떨어지지 않고 원궤도를 그리지만, 중력의 관점에서 보면 분명히 지구를 향해 떨어지고 있다. 그런데도 대기 중으로 추락하여 지면과 충돌하지 않는 이유는 수평 방향 속도가 충분히 빠르기 때문이다. 이 모든 상황은 진정한 무중력과 아무런 상관도 없다.

등가원리

뉴턴은 가장 근본적인 단계에서 중력과 가속도 사이에 대칭이 존재한

* 아폴로 11호는 출발에서 귀환까지, 아무런 사기도 치지 않았다. 그런데도 상당수의 사람들은 달에서 찍은 영상이 가짜라고 아직도 우기고 있다. 궁금한 사람은 유튜브에서 관련 영상을 찾아보라. 물리학에 대해 약간의 상식만 있다면 사기극이 아니라는 것을 금방 알 수 있을 것이다.

다는 사실을 잘 알고 있었다. 그러나 둘 사이의 관계는 처음 생각했던 것보다 훨씬 미묘했으며, 깊이 파고들어갈수록 심상치 않은 특성을 속속 드러냈다. 가장 신기한 점은 질량이 물체의 관성을 나타내는 척도일 뿐만 아니라, 중력의 척도까지 겸한다는 사실이었다.

> 두 물체 사이에 작용하는 중력은 두 물체의 질량을 곱한 값에 비례한다. 목욕탕에 있는 저울은 당신의 몸과 지구 사이에 작용하는 중력의 크기를 측량하는 도구이다. 따라서 당신의 질량이 클수록 저울의 눈금은 많이 돌아간다. 그러나 질량은 중력과 아무 상관없는 다른 양을 나타내는 척도이기도 하다. 물체의 속도를 변화시키려면 외부에서 힘을 가해야 하는데, 동일한 가속도를 얻기 위해 요구되는 힘은 물체의 관성에 따라 다르다. 이때 관성의 크기를 나타내는 양이 바로 질량이다. 즉, 물체의 질량이 클수록 속도를 변화시키기 어렵다.

질문: 중력의 척도인 질량(중력질량)과 관성의 척도인 질량(관성질량)이 같다는 게 뭐 그리 대단한 일이란 말인가? 답: 대단한 정도가 아니라, 물리학을 송두리째 뒤흔든 일대 사건이다. 중력과 관성이 밀접하게 연관되어 있는 것은 분명하지만, 중력질량과 관성질량이 반드시 같아야 할 이유는 없을 것 같다.

그러나 중력질량과 관성질량은 한 치의 오차도 없이 완전하게 같다. 갈릴레오*는 크기와 밀도가 제각각인 여러 개의 바퀴를 언덕에서 굴리는 실험을 반복한 끝에 "지구의 중력은 물체의 질량과 관계없이 항상 똑같은 가속도를 야기한다"는 결론에 도달했다. 그 후 뉴턴은 단진자의 주기가 추의 질량과 무관하다는 사실을 알아냈다. 단진자의 주기를 좌우하는 요인은 추의 질량이 아니라, 추가 매달려 있는 줄의 길이였다.

중력과 질량 사이의 미묘한 관계를 이해하기 위해, 전기력을 예로 들어보자. 전자와 양성자는 크기가 같고 부호가 반대인 전하를 띠고 있다. 따라서 1m 거리를 두고 떨어져 있는 한 쌍의 전자 사이에 작용하는 척력은 동일한 거리에 있는 한 쌍의 양성자 사이에 작용하는 척력과 정확하게 같다.

그러나 입자의 가속도에 초점을 맞추면 상황은 크게 달라진다. 양성자의 질량은 전자의 2000배나 되기 때문에, 가속운동을 하기도 그만큼 어렵다. 1m 떨어져 있는 한 쌍의 전자들은 전기적 척력에 의해 중력가속도의 26배에 달하는 가속운동을 하게 되지만, 동일한 상황에 놓인 한 쌍의 양성자들은 질량이 너무 커서 거의 움직이지 않는다.

만일 우리가 중력장이 아닌 전기장 속에서 살아가는 금속제 로

* 전하는 이야기에 의하면 갈릴레오는 피사의 사탑에서 다양한 물체로 자유낙하 실험을 실행한 끝에 물체의 가속도가 질량에 상관없이 일정하다는 사실을 알아냈다고 한다(그러나 갈릴레오가 이 실험을 했을 것으로 추정되는 시기에, 그는 피사가 아닌 피렌체에 있었다. 그가 피사에서 실험을 했다는 주장은 피사대학 관계자들의 일방적인 주장일 뿐, 확인된 사실이 아니다. - 옮긴이). 실제로 공기 중에서 실험을 해보면 밀도가 큰 물체일수록 공기저항의 영향을 적게 받아서 밀도가 작은 물체보다 지면에 먼저 도달한다. 그러나 낙하 실험을 진공 중에서(또는 대기가 없는 달에서) 실행하면 질량에 관계없이 동시에 떨어지는 것을 눈으로 확인할 수 있다. 1971년에 아폴로 15호를 타고 달 표면에 착륙한 우주인 데이비드 스콧David Scott은 깃털과 망치를 동시에 떨어뜨리는 실험을 했는데, 예상대로 두 물체는 정확하게 동시에 지면에 도달했다.

봇이라면, 같은 높이에서 뛰어내렸을 때 바닥에 도달할 때까지 걸리는 시간은 사람(로봇)마다 다를 것이다. 이런 경우에는 질량 대 전하의 비율이 큰 로봇일수록 가속도가 크다.즉, 같은 질량이라면 전하가 많은 쪽이 더 빠르게 가속되어 지면에 더 빨리 도달한다. – 옮긴이

중력과 질량은 매우 밀접하게 연관되어 있다. 이것은 중력의 본성이 다른 힘들과 크게 다른 이유 중 하나이다. 그러나 중력과 질량 사이의 미묘한 관계는 아인슈타인이 등장하기 전까지 철저한 미스터리로 남아 있었다. 웬만한 사안이면 몇 가지 가설이 등장하기 마련인데, 중력과 질량에 관해서는 어설픈 가설조차 제기되지 않았다.

아인슈타인은 가속운동을 하는 물체의 상대성을 파고들다가 등가원리Equivalence Principle라는 결론에 도달했다. 이것은 일반상대성이론의 대칭을 담고 있는 획기적인 아이디어로서 이 장의 주제이기도 하다. 아인슈타인은 등가원리를 다양한 버전으로 소개했는데, 최종적으로 '약-등가원리'와 '강-등가원리'라는 두 가지 버전으로 압축되었다. 그중 약한 등가원리를 간단히 서술하면 다음과 같다.

약-등가원리 Weak Equivalence Principle : 자유낙하하는 입자와 관성기준계에 있는 입자는 서로 구별할 수 없다.

이 원리는 매우 당연하여 논쟁의 여지가 없다. 갈릴레오와 뉴턴이 살아 있다면 그들도 여기에 쉽게 동의할 것이다. 국제우주정거장이 자유낙하를 하고 있는 한(즉, 지금과 같은 궤도를 돌고 있는 한),

그 내부는 무중력 상태와 완전히 동일하다. 우주정거장 안에서 물리학자가 어떤 실험을 한다 해도, 밖을 내다보지 않는 한 자신이 깊은 우주 공간에서 무중력 상태로 표류하고 있는지, 아니면 지구로부터 400km 떨어진 상공에서 선회하고 있는지 판별할 방법이 없다.

지구의 중력은 거리가 멀수록 약해진다(정확하게는 거리의 제곱에 반비례한다). 그러므로 우주정거장에서 지구에 가까운 쪽에 작용하는 중력은 지구에서 먼 쪽에 작용하는 중력보다 조금 더 강하다. 이처럼 한 물체의 양 끝에 작용하는 중력의 차이 때문에 나타나는 인장력을 조력潮力, tidal force이라고 한다. 지금도 450톤짜리 우주정거장에는 0.5kg(중)이 조금 안 되는 조력이 선체를 위아래로 잡아당기고 있다.

아인슈타인은 자유낙하하는 물체를 상상하다가 진짜 중력이 작용하는 원리를 알아냈다. 그는 일반상대성이론을 발표하고 2년이 지난 1917년에 아래와 같이 등가원리를 조금 더 강하게 표현했다.

> 중력장에 의한 효과와 가속운동에 의한 효과는 물리적으로 완전히 같다고 가정한다.

이것은 등가원리의 가장 극단적인 표현이다. 아인슈타인은 (적어도 국소적인 영역에서는) 진짜 중력과 가속운동에 의한 효과가 구별할 수 없을 정도로 완전히 똑같다고 생각했다. 단 한 사람의 머릿속에서 탄생한 등가원리는 향후 우주를 바라보는 우리의 관점을 송두리째 바꿔놓았다.

중력과 가속운동이 실험적으로 완전히 똑같다면 중력의 세기는 시간과 장소를 불문하고 변하지 않아야 한다. 만일 이 값이 변한다면 중력질량과 관성질량의 비율도 수시로 변할 것이다. 이뿐만이 아니다. 등가원리가 맞는다면 자유낙하 실험이나 깊은 우주 공간에서 실행되는 모든 실험은 항상 동일한 결과를 낳아야 한다. 만일 아인슈타인이 옳다면(등가원리는 어디까지나 가정임을 기억하라) 물리학은 모든 시간과 공간에서 똑같은 방식으로 작동할 것이다.

가봉의 오클로 우라늄 광산과 변하지 않는 미세구조상수는 등가원리가 옳다는 것을 보여주는 강력한 증거이다. 또한 등가원리에서 예견되는 시간과 공간의 대칭은 에미 뇌터의 가장 큰 관심사이기도 했다. 등가원리는 우주에 존재하는 대칭들이 어떤 형태로 나타나야 하는지를 말해주고 있으므로, 단순한 '대칭'보다는 '메타-대칭meta-symmetry(대칭을 넘어선 대칭)'이라는 표현이 더 어울린다.

그러나 학계에는 일반상대성이론(또는 등가원리)이 틀렸거나 불완전하다고 주장하는 학자들도 있다. 빅뱅의 순간이나 블랙홀의 중심부처럼 에너지가 극단적으로 큰 환경에서는 상대성이론이나 양자역학으로부터 얻은 결과가 우리의 예상을 벗어나는 경우도 있기 때문이다.

블랙홀을 파헤치는 것은 이 책의 주제가 아니므로 깊이 들어갈 필요는 없을 것 같다. 또한 양자역학의 이중슬릿 실험double-slit experiment은 두 개의 작은 구멍으로 전자 빔을 통과시키는 실험인데, 양자적 불확정성 때문에 전자가 둘 중 어느 쪽 구멍을 통과했는지 알 수 없다. 엄밀히 말하면 전자는 두 개의 구멍을 '동시에' 통과한다. 양자역학은 워낙 비상식적인 기초에 세워진 이론이니, 이 정도는 어떻게든 수용할 수 있다. 그러나 중력의 관점에서 보면 상황은 더욱 기이해진다. 전자가 구멍-1을 통과했을 때 주변에 형성되는 중력장은 구멍-2를 통과한 경우와 아주 조금 다를 것이기 때문이다.

양자역학과 중력이론(일반상대성이론)은 물과 기름처럼 섞이지 않는 것으로 악명 높다. 물리학자들은 지난 반세기 동안 이들을 조화롭게 합치기 위해 안간힘을 써왔지만 아직 이렇다 할 소득은 없는 상태이다. 그러나 앞으로 언젠가는 두 이론을 하나로 통일시키는 이론이 등장할 것으로 믿는다. 지금 당장은 주어진 실험에 집중하는 것이 최선이다. 그런데 지금까지 얻어진 실험 결과들은 등가원리가 참임을 말해주고 있다.

개미들의 세계

아인슈타인은 특수상대성이론을 발표한 후 거의 10년 동안 '모든 운동에 적용되는 일반적 상대성이론'을 구축하기 위해 혼신의 노력을 기울였다. 그는 최종 결과인 일반상대성이론이 완성되기 전부터 이론의 대략적인 형태를 이미 머릿속에 그리고 있었는데, 이 무렵에 그가 진짜 중력과 인공중력 사이의 관계를 보여주기 위해 개발했던 논리를 잠시 들여다보자.

여기, 회전하는 원판으로 이루어진 평면 세계가 있다. 이것은 3장에서 언급했던 2차원 우주와 비슷하다. 거기서 나는 2차원 생명체가 원리적으로 불가능하다고 주장했지만, 지금 우리의 주제는 생명체와 직접적인 관계가 없으니 사소한 사항들은 무시하고 넘어가자. 어쨌거나 3차원 우주보다는 2차원 우주가 훨씬 단순하고 머릿속에 그리기도 쉬우니까.

2차원 원판 위에는 뛰어난 지능을 가진 개미들이 이리저리 기어가고 있다. 그리고 원판의 중심에는 마리 앤트와네트Marie ANToinette(죄송!)라는 이름의 여왕개미가 아무런 미동도 없이 앉아 있고, 호위병들이 왕궁 주변을 지키는 중이다. 이 개미왕국은 바깥에서 볼 때 여왕이 있는 곳을 중심으로 서서히 회전하고 있지만, 개미들은 이 사실을 전혀 모르는 채 "이 세상에는 우리를 아래쪽으로 당기는 힘이 항상 작용한다"고 믿고 있다. 물론 이들이 말하는 '아래'는 '원판의 바깥쪽'을 의미한다. 어떤 상황인지 이해가 가는가? 그렇다. 개미들이 말하는 당기는 힘이란 다름 아닌 원심력이다. 〈2001 스페이스 오디세이〉에서

개미들의 세계

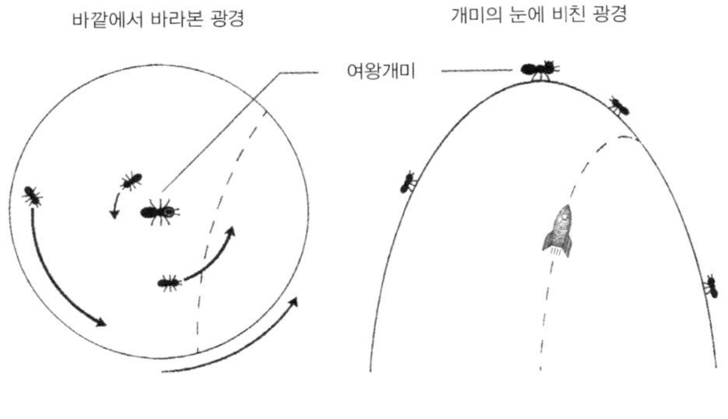

도 인공중력의 원천은 원심력이었다.

개미들이 여왕으로부터 멀어질수록 회전 속도가 빨라지고, 이들을 바깥쪽으로 밀어내는 힘도 강해진다. 개미의 관점에서 볼 때 원판 세계는 언덕과 비슷하다. 언덕 꼭대기에 여왕개미가 앉아 있고, 꼭대기에서 멀어질수록 경사가 급해진다. 여기서 한 번 미끄러지면 가속도가 점점 커지면서 언덕 아래로 대책 없이 떨어질 것이고, 원판 위에서 보면 가장자리로 대책 없이 밀려나게 된다.

회전하는 원판을 언덕에 비유하면 많은 부분이 잘 맞아떨어지지만, 완벽하게 같지는 않다. 지면 위에 솟아 있는 진짜 언덕에서 미끄러지면 아래로 굴러떨어지면서 꼭대기와의 수평거리도 점차 멀어진다. 그러나 '원판 언덕'에서 미끄러진 개미는 아래로 떨어지면서 원판이 회전하는 방향과 반대 방향으로 경로가 휘어지게 된다. 이것이 바로 그 유명한 '코리올리 힘Coriolis force'으로, 북반구에 형성된 저기압의 중심부에서 바람이 항상 반시계 방향으로 부는 것도 이 힘 때문에 나타나는 현상이다(남반구에서는 회전 방향이 반대이다)*.

우리의 개미들은 위와 같은 환경에 매우 익숙할 것이므로, 코리올리 힘은 무시하기로 하자. 그러면 이들의 세계는 '회전하지 않는 일상적인 언덕'과 같아진다. 바깥세상에서 볼 때 여왕개미는 움직임이 전혀 없고 제자리에서 빙빙 돌아가겠지만, 개미의 몸을 점으로 간주하면 이 또한 무시할

* 지구는 자전하고 있으므로 우리도 코리올리 힘의 영향을 받는다. 그러나 세간에 떠도는 소문과 달리 화장실 변기를 내릴 때 물이 회전하는 방향은 코리올리 힘과 무관하다. 자전하는 지구의 영향을 받기에는 변기가 너무 작기 때문이다.

수 있다. - 옮긴이 중심 근처에 있는 개미들은 서서히 회전하고 있다. 그리고 중심에서 멀어질수록 회전 속도가 빨라져서, 원반의 가장자리에 있는 개미들은 가장 빠른 속도로 움직인다. 이제 앞에서 익힌 특수상대성이론을 개미의 세계에 적용해보자. 이 이론에 의하면 빠르게 움직일수록 시간이 천천히 흐른다. 그러므로 일반 개미의 시간은 여왕개미의 시간보다 천천히 흐를 것이다. 중심에서 멀리 떨어져 있는 개미일수록 나이를 천천히 먹는다는 뜻이다.

이 상황을 등가원리의 관점에서 다시 해석해보자. 원판이 회전하면 앞에서 말했던 인공중력이 작용하게 되는데, 개미의 입장에서 볼 때 이 힘은 우리가 느끼는 중력과 다를 것이 없다. 개미들 중에 제아무리 똑똑한 과학자가 있다 해도, 자신이 느끼는 힘이 인공중력인지, 또는 질량에 의해 생기는 진짜 중력인지를 판별할 방법이 없는 것이다.

개미들은 자신의 세계가 회전하고 있다는 사실을 전혀 모르고 있으므로, 길이수축이나 시간팽창 효과가 나타나도 그것이 특수상대성이론에 의한 효과임을 눈치채지 못할 것이다. 이들은 그저 자신이 중력장 안에서 살고 있다고 생각할 뿐이다. 그러나 우리의 개미들은 똑똑하기 때문에, 중력이 작용하는 방식 정도는 경험을 통해 알고 있다 – '아래쪽으로' 많이 내려갈수록 시간이 천천히 흐른다.

개미들의 생각은 완벽하게 옳을 뿐만 아니라, 우리가 사는 우주에도 똑같이 적용된다. 즉, 무거운 물체에 가까이 다가갈수록 시간이 느리게 흐르고, 이 효과는 질량이 클수록 크게 나타난다. 일상적인 스케일에서는 질량에 의한 시간팽창 효과가 너무 미미해서 감지되지 않지만, 분명히 실재하는 현상이다. 지표면에서의 시간은 깊은 우주 공간에서 측정한 시간보다 10억 분의 1 정도 느리게 흐른다. 이 효과는 지표면에서 멀어질수록 작아지는데, 예를 들어 에베레스트산 꼭대기로 올라가면 느려지는 비율이 1조 분의 1로 줄어든다. 그러나 인간의 모든 경험은 지표면에서 축적되었으므로, 아인슈타인이 등장하기 전까지 이 사실을 모르고 살아온 것은 너무도 당연하다.

시간팽창 효과를 확인하기 위해 멀리 떨어진 별까지 날아갈 필요는 없다. 우리가 매일같이 사용하는 자동차나 스마트폰의 위성항법장치GPS에도 시간팽창 효과가 고려되어 있다. GPS의 정확도는 위성에 탑재된 시계의 정확도에 의해 좌우된다. 그런데 중력에 의한 시간팽창 효과를 고려하지 않으면 GPS 시계는 하루에 100만 분의 45초씩 빨라지고, 이에 따른 위치의 오차는 10km나 된다. 다시 말해서 시계를 며칠만 보정하지 않아도 뉴욕과 플로리다 주를 구별할 수 없게 된다는 뜻이다. 그래서 GPS에 탑재된 시계는 매일 한 번씩 보정해주어야 한다. 아인슈타인의 등가원리가 틀렸다면 이런 효과는 나타나지 않았을 것이다.

깊은 우주에서는 더욱 극단적인 상황이 벌어지고 있다. 죽은 별의 잔해인 중성자별은 밀도가 높은 것으로 유명한데, 그 근처에서 시간은 무려 20%나 느려진다. 만일 당신이 중성자별 근처에서 10년 동안 머물다가 돌아온다면, 바깥세상에서는 12년의 세월이 흘러 있을 것이다. 가만… 그렇다면 당신은 2년 후의 미래로 시간여행을 한 셈이 아닌가? 그렇다. 시간팽창 효과를 이용하면 멋지게 생긴 타임머신 없이도 시간여행을 할 수 있다. 그러나 중성자별 근처에 있다 보면 당신의 몸은 무지막지한 중력에 눌려 팬케이크처럼 납작해진다. 이런 상황에서는 시간여행이고 뭐고 일단 탈출하는 것이 급선무다.

블랙홀 근처에서는 상대성이론에 의한 시간팽창 효과가 중성자별보다 훨씬 크게 나타난다. 블랙홀은 다음 절에서 자세히 다룰 예정인데, 그 전에 한 가지 명심할 것이 있다. 앞에서도 말했지만, 상대성이론에서 변형되는 것은 시간뿐만이 아니다.

원판의 가장자리에 사는 개미가 원의 테두리를 따라 세계일주를 하기로 마음먹었다고 하자. 이 개미는 여행 허가를 받기 위해 여왕에게 일정을 보고했고, 여왕은 거리를 가늠하기 위해 유클리드의 평면기하학을 이용하여 원의 테두리를 측정했다. 그러나 테두리에 살고 있는 개미가 동일한 경로를 측정하여 얻은 값은 여왕이 얻은 값보다 작다. 개미들의 관점에서 볼 때, 그들이 사는 세상이 휘어져 있는 것이다.

이 결과는 우리가 사는 3차원 공간에도 똑같이 적용된다. 일반상대성이론의 대가인 존 아치볼드 휠러John Archibald Wheeler는 시공간과 물질의 관계를 다음과 같이 간단한 문장으로 표현했다.

> 시공간은 물체의 운동을 말해주고, 물질은 시공간의 휘어진 정도를 말해준다.

앞에서도 말했지만, 아인슈타인은 동적動的, dynamic인 우주의 개념을 끝까지 거부하면서 자신이 유도한 장 방정식에 우주상수를 도입하여 인위적으로 정적인 우주를 만들어냈다(에드윈 허블이 우주 팽창의 증거를 좀더 일찍 발견했다면, 아인슈타인은 처음부터 우주상수를 도입하지 않았을 것이다). 훗날 그는 '일생 최대의 실수'라며 우주상수를 철회했지만, 사실 그가 저지른 실수는 이것만이 아니었다. 일반상대성이론은 복잡한 방정식과 방대한 관측 데이터가 절묘하게 결합되어야 어떤 결론을 얻을 수 있는 이론이기 때문에, 탄생 초기부터 온갖 실수와 논쟁을 야기하는 등 복잡다단한 과정을 거쳐왔다.

1908년에 헤르만 민코프스키는 시공간의 개념을 수학적으로 완벽하게 정립했다. 아인슈타인의 특수상대성이론이 1905년에 발표되었으니, 민코프스키는 불과 3년 만에 시간과 공간을 수학적으로 통일한 것이다. 그 후로 물리학자들은 시간과 공간을 별개로 생각하지 않고 동일한 기초에서 다룰 수 있게 되었다.

시간과 공간 중 어느 한쪽을 무시하면 심각한 오류가 초래된다. 특히 빛은 시간과 공간을 동시에 지나가기 때문에, 빛과 관련된 문제를 다룰 때는 각별한 주의를 기울여야 한다. 예를 들어 일반상대성이론에 의하면 빛은 무거운 물체 근처를 지나갈 때 경로가 휘어진다. 태양에 가려서 보이지 않는 별도 태양 근처에서 빛이 적절한 각도로 휘어지면 지구에서 관측될 수 있다. 1911년에 아인슈타인은 태양에 의해 빛이 휘어지는 각도를 예측하면서 천문학자들에게 이 사실을 확인해줄 것을 부탁했다.

빛의 경로는 중력에 의해 휘어진다. 따라서 태양의 뒤에 숨어 있는 별도 지구에서 관측될 수 있다. 단, 이런 별을 관측하려면 모든 장비를 들고 개기일식이 일어나는 곳으로 관측여행을 떠나야 한다. 내가 보기에는 천문학자들이 나서는 게 바람직할 것 같다.

그 후 1914년 8월에 러시아의 크림반도에서 개기일식이 일어났다. 독일의 과학자들은 사전에 관측팀을 구성하여 그곳으로 파견했으나, 일식이 일어나기 몇 주 전에 1차 세계대전이 발발하는 바람에 팀원들은 러시아 군대에 체포되어 관측 장비를 모두 압수당했다. 그러나 이들이 체포되지 않았다 해도 일식 당일 크림반도에 짙은 구름이 끼어서 어차피 관측은 실패로 돌아갈 운명이었다.

1차 세계대전은 독일의 관측팀에게 불운한 일이었지만, 아인슈타인에게는 행운으로 작용했다. 1911년에 계산을 수행할 때 '시간성space-like' 부분을 무시하는 바람에 2배 작은 결과가 얻어졌기 때문이다. 만일 독일 연구팀이 관측에 성공했다면 아인슈타인의 이론은 한동안 틀린 이론으로 낙인찍혔을 것이다. 항상 그렇듯이 과학은 사람들의 우연한 만남과 학계의 여론, 그리고 (아인슈타인의 경우처럼) 전쟁과 날씨 등 다양한 요인에 의해 희비쌍곡선을 그리며 발전해왔다. 이 책을 읽는 독자들 중에 새로운 이론을 개발한 젊은 과학자가 있다면, 첫 번째 논문에서 틀린 구석이 없어야 한다는 점을 명심하기 바란다.

아인슈타인은 잘못된 계산을 수정하여 1915년에 논문을 발표했고, 영국의 물리학자 아서 에딩턴은 1919년에 개기일식 사진을 촬영하여 아인슈타인의 이론이 옳다는 것을 확인했다. 사람들은 이 일을 '아인슈타인에게 최고의 명성을 안겨준 사건'으로 기억하고 있지만, 나는 '이념을 초월한 합작품'이라는 데 더 큰 의미를 부여하고 싶다. 1차 세계대전 때 영국과 독일은 적국이었음에도 불구하고 독일의 물리학자가 발표한 이론을 영국의 물리학자가 아프리카까지 가서 증명했으니, 과학에 국경이 없음을 행동으로 보여준 셈이다.

블랙홀의 사건지평선

원판 위의 개미 세계와 태양에 의해 휘어지는 빛 등 지금까지 언급된 중력 효과들은 비교적 얌전한 축에 속한다. 블랙홀과 같이 엄청난 중력을 행사하는 천체는 시공간을 극단적으로 왜곡시켜서 물리학 자체를 무색하게 만들기도 한다.

블랙홀은 이름에서 알 수 있듯이 '검은 천체'이다. 검다는 것은 빛이 없다는 뜻이고, 빛이 없으면 망원경에 잡히지 않는다. 그러나 블랙홀은 분명히 존재하는 실체이다. 우리의 은하(은하수)를 포함한 대부분의 은하들은 중심부에 초대형 블랙홀을 갖고 있는 것으로 추정되는데, 개중에는 질량이 태양의 10억 배에 달하는 것도 있다. 은하의 중심에 있는 블랙홀은 그 근처에 있는 별들의 운동에 막대한 영향력을 행사하고 있다.

독자들은 블랙홀이라는 말을 들으면 대부분 부정적인 이미지를 떠올리겠지만, 사실 블랙홀은 허망할 정도로 단순한 천체이다. 게다가 이 책에서는 자전하지 않는 블랙홀만 다룰 예정이다. 이런 블랙홀들은 중심부에 밀도가 무한대인 '특이점singularity'과 함께 경계면에 해당하는 '사건지평선event horizon'을 갖고 있다. 어떤 물체이건 간에, 블랙홀의 사건지평선을 한 번 넘으면 절대로 탈출할 수 없다. 또한 블랙홀은 명성에 어울리지 않게 의외로 덩치가 작다. 우리의 태양이 블랙홀이 되려면 반지름이 필라델피아 크기 정도로 압축되어야 한다.* 은하수의 중심에는 질량이 태양의 400만 배에 달하는 블랙홀이 있는 것으로 추정되는데, 그래 봐야 크기는 수성의 공전궤도 정도밖에 안 된다.

블랙홀의 특성은 야생 곰과 비슷하다. 극도로 위험하지만 가까이 가지 않으면 해를 끼치지 않는다. 그럴 리는 없겠지만 우리의 태양이 어느 순간 갑자기 블랙홀이 된다 해도 지구가 잡아먹히는 불상사는 일어나지 않는다. 어느 날 태양이 정말로 블랙홀로 돌변한다면, 8분 19초(태양에서 방출된 빛이 지구에 도달하는 데 걸리는 시간)가 지난 후에야 비로소 우리는 태양이 없어졌음을 알게 되고, 그때부터 지구는 얼어붙기 시작할 것이다. 그러나 죽어가는 와중에도 영화 〈스타트렉〉의 광팬들은 J. J. 에이브럼스J. J. Abrams, 〈스타트렉〉의 연출자. – 옮긴이가 거짓말을 했음을 알아차리고 크게 실망할 것 같다. 태양이 블랙홀로

* 우리의 태양은 질량이 미달이어서 수명이 끝나도 블랙홀이 되지 못한다. 블랙홀이 되려면 질량이 최소한 태양보다 10배 이상 커야 한다. 그러나 이것을 다행이라고 생각한다면 오산이다. 우리의 태양이 수명을 다하면 적색거성이 되는데, 이 과정에서 덩치가 부풀어 수성은 물론이고 지구까지 삼켜버릴 것이다. 물론 이것은 50억 년 후의 일이므로 벌써부터 걱정하며 밤잠을 설칠 필요는 없다.

변해도 지구는 그 속으로 빨려 들어가지 않고 공전을 계속한다. 이전과 다른 점은 지구가 차가워진다는 것뿐이다.

그러나 중력이 이보다 훨씬 강한 경우에는 완전히 다른 상황이 연출된다. 태양과 수성 사이의 거리는 태양과 지구 사이의 거리의 절반이다. 따라서 수성이 태양으로부터 받는 중력은 지구의 4배쯤 된다. 이 정도면 그다지 강한 편이 아닌데도 수성의 공전궤도에 영향을 줘서 관측 가능한 변형을 일으킨다. 이 현상은 일반상대성이론의 타당성을 입증하는 또 하나의 사례가 되어, 아인슈타인을 완전한 슈퍼스타로 만들어주었다.

뉴턴과 케플러는 태양 주변을 공전하는 모든 행성들의 궤도가 타원임을 알아냈다. 케플러는 관측을 통해 알아냈고, 뉴턴은 자신의 운동 방정식을 이용하여 수학적으로 증명했다. – 옮긴이 그런데 정밀 관측을 해보니 수성의 근일점(태양에 가장 가까워지는 지점)이 100년마다 약 2도씩 이동하고 있었다. 알고 보니 수성은 닫힌 타원을 그리는 것이 아니라 세차운동을 하고 있었던 것이다. 관측 자료에 입각하여 1만 8000년에 걸친 수성의 궤적을 그려보면 타원 대신 활짝 핀 꽃 모양이 얻어진다. '100년당 2도'라는 값에서 1도 59분 17초는 목성을 비롯한 다른 행성들의 중력에 의한 영향으로 설명할 수 있다(1도=한 바퀴의 1/360, 1분=1/60도, 1초=1/60분). 그러나 이 효과를 고려하고 남은 '100년당 43초'의 이동은 아무리 애를 써도 뉴턴의 중력이론으로는 설명할 수 없었다. 목성의 세차운동은 태양 근처에서 시공간이 휘어지는 현상을 고려해야만 완전하게 설명된다.

우리의 태양이 블랙홀이라면 지구와 태양 사이의 거리는 지금보다 훨씬 가깝고, 중력에 의한 효과는 더욱 극적으로 나타날 것이다. 앞서 말한 대로 질량이 큰 물체 근방에서는 시간이 느리게 흐르는데, 블랙홀의 경계면인 사건지평선에서는 느려지는 정도가 무한대에 달한다. 다시 말해서, 시간이 아예 흐르지 않는다는 뜻이다.

이제 깊은 우주로 나가서 조금 위험한 실험을 해보자. 과학을 위해 몸을 바칠 준비가 되어 있는가? 웃기지 말라고? 음… 그렇다면 좋다. 이상한 나라에 익숙한 앨리스를 함께 데려가자. 당신과 앨리스는 우주선을 타고 한참을 날아간 끝에 토끼 굴처럼 생긴 블랙홀(정확하게는 블랙홀의 중력장) 근처에 도달했다. 이제 누군가가 블랙홀에 가까이 다가가야 하는데, 당신은 준비가 안 되어 있는 관계로 앨리스가 가기로 했다. 그녀는 튼튼한 밧줄을 허리에 묶고 토끼 굴처럼 생긴 사건지평선의 바로 바깥까지 접근하는 데 성공했다. 앨리스가 그곳에서 "야호~"를 몇 번 외친 후 밧줄을 잡고 되돌아왔는데, 당신의 모습이 보이지 않는다. 당황한 앨리스가 지구의 관제센터를 호출했더니, 사람은 없고 원숭이들의 꺅꺅거리는 소리만 들려온다. 대체 뭐가 잘못된 것일까? 문제는 바로 시간이었다. 앨리스는 사건지평선까지 갔다오는 데 불과 몇 분밖에 안 걸렸다고 생각하겠지만, 그 사이에 바깥세상에서는 수천 년의 세월이 흐른 것이다. 그래서 당신은 이미 오래전에 늙어죽었고, 지구는 원숭이들이 지배하는 세상이 되었다!

너무 허무한가? 그러면 처음부터 다시 해보자. 이번에는 앨리스가 과학을 위해 정말로 몸을 바치기로 했다. 밧줄에 매달린 채 천천히 내려가지 않고, 똑바로 선 자세로 블랙홀을 향해 뛰어내리기로 마음먹은 것이다. 당신은 차마 앨리스의 등을 떠밀 수가 없어서 몇 차례 말려보았지만, 블랙홀의 정체를 밝히겠다는 그녀의 결심은 당신의 두려움보다 확고했다. 어쩌겠는가? 그냥 보내주는 수밖에…

앨리스가 블랙홀의 중심을 향해 떨어지고 있다. 처음에는 잘 몰랐는데, 잠시 후부터 그녀의 발에 작용하는 중력과 머리에 작용하는 중력의 차이가 느껴지기 시작한다. 블랙홀에 가까이 다가갈수록 이 차이가 점점 커지더니, 결국에는 몸 전체가 스파게티 국수처럼 길게 늘어난다. 그렇다. 앨리스의 발이 블랙홀에 더 가깝기 때문에, 블랙홀이 발을 잡아당기는 힘이 머리를 잡아당기는 힘보다 훨씬 강하게 작용하는 것이다! 이처럼 블랙홀에 접근했을 때 물체가 길게 늘어나는 현상을 스파게티피케이션spaghettification이라 한다. 없는 단어 맘대로 만들지 말라고? 아니다. 이건 정식으로 통용되는 용어다. 스파게티피케이션은 블랙홀에 가까이 다가갈수록 더욱 크게 나타나는데, 이 힘이 바로 앞에서 말했던 '블랙홀의 조력潮力'이다(지구에서도 조력이 발생하지만, 너무 작아서 느껴지지 않는다). 감이 잘 오지 않는다면 구체적으로 숫자를 들어보자. 태양과 질량이 같은 블랙홀은 반지름이 3km쯤

스파게티피케이션

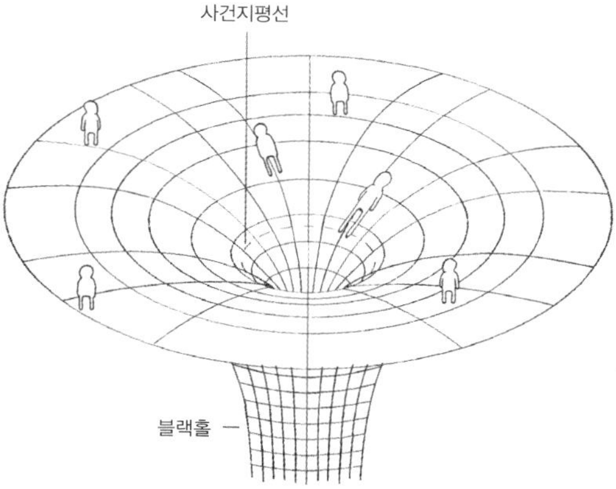

된다. 이 정도면 산책하기에 딱 좋은 거리다. 이 블랙홀에서 1400km 떨어진 곳에 앨리스가 매달려 있다면, 발과 머리에 작용하는 중력의 차이는 20*g* 정도이다(여기서 *g*는 질량의 단위(g)가 아니라 지구 표면에서의 중력가속도이고, 값은 $9.8m/s^2$이다. 간단히 말해서, 발과 머리에 작용하는 중력의 차이가 앨리스의 몸무게의 20배라는 뜻이다). 지구에 사는 우리는 1*g*라는 가속도에 익숙해져 있으니, 20*g*면 가히 살인적인 힘이다.

대충 계산해보면 앨리스가 자신의 몸이 잡아당겨지는 듯한 힘을 처음 느낄 때부터 몸이 완전히 분해될 때까지 걸리는 시간은 0.2초 정도이다. 엄청나게 큰 블랙홀이 아니라면, 이 시간은 블랙홀의 질량에 상관없이 거의 비슷하다.

별로 떠올리고 싶지 않은 상황이지만, 앨리스는 0.2초 동안 끔찍한 고통을 겪을 것이다. 그러나 블랙홀의 질량이 아주 크면 고통을 느낄 겨를도 없다. 예를 들어 질량이 태양의 1만 배인 블랙홀은 조력이 훨씬 약해서 끔찍한 상황이 연출되지 않는다. 이런 경우에 앨리스는 살아 있는 채로 사건지평선에 도달할 수 있으며, 앨리스가 사건지평선을 통과하는 즉시 블랙홀의 질량은 앨리스의 질량만큼 증가한다.

이쯤에서 독자들이 오해하기 쉬운 몇 가지 사항을 짚고 넘어가고자 한다. 첫째, 블랙홀은 외부 물질을 집어삼키면서 질량을 키워나가고 있지만, 동족을 상습적으로 잡아먹는 식인종은 아니다. 블랙홀의 주식은 먼지와 기체, 또는 작은 별이며, 큰 블랙홀이 근처에 있는 작은 블랙홀을 삼키는 경우는 그리 흔하지 않다.

둘째, 중력의 원천은 질량뿐만이 아니다. 에너지와 질량은 등가이므로, 모든 형태의 에너지는 중력을 행사할 수 있다. 만일 누군가가 블랙홀에 전등을 비춘다면, 블랙홀의 질량은 아주 조금 증가할 것이다. 반면에 태양은 복사에너지를 방출하면서 질량을 서서히 잃어버리고 있다.* 사실 질량은 에너지를 전달하는 가장 효율적인 방법이다. $E = mc^2$의 우변에 있는 c^2(광속의 제곱)은 엄청나게 큰 숫자이기 때문에, 질량 손실이 아주 조금만 일어나도 막대한 양의 에너지가 생성된다. 거꾸로 말하면 에너지가 행사하는 중력은 아주 미미하다는 뜻이기도 하다. 그래서 특정 지역에 중력이 작용할 때, 우리는 에너지가 아닌 질량에 관심을 갖는 것이다.

셋째, 앨리스가 블랙홀로 빨려 들어가는 시점은 바깥에서 바라보는 당신의 관점에 따라 크게 달라진다. 블랙홀 근방에서는 시간이 느리게 흐르고, 사건지평선에 가까워지면 시간이 거의 멈춘다. 앨리스는 블랙홀을 향해 엄청나게 빠른 속도로 떨어진다고 느끼겠지만, 당신이 보기에는 모든 과정이 답답할 정도로 느리게 진행될 것이다.

앨리스가 사건지평선에 가까워지면 상황은 더욱 기이해진다. 앨

* 태양의 질량을 감소시키는 주범은 복사에너지가 아니라 표면에서 방출되는 태양풍이다. 복사에너지의 원천은 태양 중심부에서 일어나는 핵융합반응인데, 이 과정에서 발생하는 질량 손실은 극히 미미하다.

리스의 몸이 스파게티피케이션을 이겨내고 온전하게 남아 있다 해도, 당신은 그녀가 사건지평선을 통과하는 모습을 결코 볼 수 없다. 바깥에서 볼 때 앨리스가 사건지평선을 통과하는 데에는 무한대의 시간이 걸리기 때문이다.

앨리스의 시계가 느리게 간다는 것은 시곗바늘만 느리게 돌아간다는 뜻이 아니라, 빛의 진동수를 포함하여 시간을 측정하는 모든 도구들이 일제히 느려진다는 뜻이다. 예를 들어 앨리스가 송신장치를 갖고 있었다면, 거기서 방출된 빛의 파장은 사건지평선에 가까워질수록 점점 길어질 것이다. 이 효과는 앨리스의 발끝에서 가장 크게 나타나고, 머리 쪽으로 갈수록 작아진다.

그런데 한 가지 이상한 것이 있다. 사건지평선에서 시간이 흐르지 않는다면, 블랙홀로 빨려 들어가는 물체가 사건지평선을 통과하는 것이 과연 가능할까?

특수상대성이론에서도 그랬듯이, 그 해답은 "누구의 관점에서 서술하는가"에 달려 있다. 먼 곳에서 바라보면 블랙홀의 중력은 그 안으로 빨려 들어간 질량과 에너지의 혼합물일 뿐이며, 물체가 사건지평선을 통과하는지의 여부는 중요하지 않다. 사실 블랙홀에서는 '현재'라는 시제가 불분명하기 때문에, "현재 블랙홀의 질량은 얼마인가?"라는 질문 자체가 무의미하다.

이로부터 또 하나의 미스터리가 해결된다 – 블랙홀에서 빛조차도 빠져나올 수 없고 빛의 속도가 c로 일정하다면, 중력장은 어떻게 블랙홀을 탈출하여 주변의 물체들을 끌어당기는 것일까?

일반상대성이론에 대한 휠러의 설명을 떠올려보자. 질량과 에너지를 알면 시공간의 휘어진 정도(곡률)를 계산할 수 있다. 블랙홀의 중력장을 트램펄린에 비유하면 블랙홀의 질량은 트램펄린의 한복판에 올라탄 덩치 큰 아이와 비슷하다. 그 위에 작은 아이가 올라갔을 때 중심 쪽으로 끌리는 이유는 큰 아이의 질량 때문이 아니라(적어도 직접적인 원인은 아니다) 트램펄린의 면이 중심을 향해 기울어져 있기 때문이다. 블랙홀과 같이 질량이 큰 천체는 그 주변의 시공간을 트램펄린처럼 휘어지게 만들고, 이로 인해 앨리스를 비롯한 모든 물체들이 블랙홀 쪽으로 빨려 들어가는 것이다.

복사輻射

이처럼 블랙홀은 모든 물체를 사정없이 빨아들인다. 그 무지막지한 중력 앞에서는 당할 자가 없을 것 같다. 이름이 괜히 '블랙홀'이겠는가? 이곳에서는 빛조차도 빠져나올 수 없다. 그러나 블랙홀은 오직 빨아들이는 것밖에 모르는 진공청소기가 아니다.

우리는 다른 은하에 존재하는 퀘이사에서 블랙홀을 "볼 수 있다." 퀘이사는 은하의 중심에서 엄청나게 밝은 빛을 발하는 괴물 같은 천체로서, 그 중심에 자리 잡은 거대한 블랙홀이 주변의 뜨거운 먼지 구름을 닥치는 대로 잡아먹고 있다. 독자들은 뉴스나 TV 다큐멘터리에서 이런 영상을 본 적이 있을 것이다. 그러나 망원경의 성능이 아무리 좋다 해도 블랙홀 주변의 구름을 볼 수는 없다. 그런 영상들은 포토샵이나 MS 페인트 등 그래픽 소프트웨어를 이용하여 조작한 것이다.

그런데 퀘이사에서 방출되는 복사를 무시한다 해도, 블랙홀은 완전히 검지 않다. 그 이유를 이해하기 위해, 지구 상공을 선회하고 있는 국제우주정거장ISS을 다시 한 번 떠올려보자. 우주정거장 안에 거주하는 우주인은 자신의 몸을 비롯한 모든 물체들이 무중력 상태에 있다고 확신할 것이다. 물론 우주인은 고등교육을 받은 전문가이므로 진짜 무중력 상태가 아니라 가속운동과 중력이 상쇄된 상태임을 잘 알고 있겠지만, 자신의 몸무게가 느껴지지 않는 것만은 확실하다.

우주정거장의 중앙에는 반 데 그라프 발전기Van de Graaff generator가 설치되어 있다. 이것은 움직이는 벨트를 이용하여 금속구에 전기 전하를 대전시키는 장치로서, 옛날 공포 영화의 단골 메뉴였다. 반 데 그라프 발전기가 있는 곳에는 정신 상태가 살짝 불안한 과학자가 있기 마련이다.

우주정거장에 타고 있는 승무원들의 안전을 위해, 반 데 그라프 발전기는 허공에 매달려 있다. 아니, 매달린 게 아니라 아예 허공에 떠 있다. 우주정거장 내부는 무중력 상태이므로, 어떤 물체이건 공중으로 들어올렸다가 가만히 놓으면 그 자리에서 움직이지 않는다. 등가원리에 의해 중력과 가속운동은 동일한 효과를 낳기 때문이다.

한편, 당신은 다른 우주선을 타고 우주 공간을 날아가다가 우주선을 잠시 멈추고 국제우주정거장을 바라보고 있다. 당신의 우주선은

두 개의 다른 관점에서 바라본 전하의 가속운동

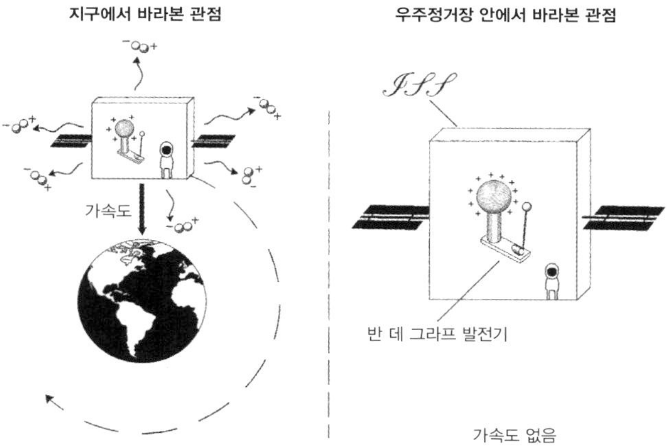

지구로부터 충분히 멀리 떨어져 있어서, 지구의 중력이 거의 작용하지 않는다고 하자.

당신이 볼 때 우주정거장과 그 안의 승무원들, 그리고 반 데 그라프 발전기는 시속 2만 7000km라는 엄청난 속도로 움직이고 있다. 게다가 이들 모두는 매 순간 이동 방향이 바뀌고 있다. 우주정거장은 지구 주변을 공전하고 있으므로, 우주정거장의 선체와 승무원들, 그리고 반 데 그라프 발전기는 당신의 관점에서 볼 때 등속직선운동이 아닌 가속운동을 하고 있는 것이다.

그런데 전자기학 이론에 의하면 가속운동하는 전하는 복사輻射, radiation를 방출한다. 예를 들어 라디오 송신기는 전자를 진동시켜서 특정한 진동수의 복사를 만들어내는 장치이다.모든 진동은 가속운동이다. -

옮긴이 미국 롱아일랜드의 브룩헤이븐 국립연구소에는 반지름이 무려 800m에 달하는 거대한 고리형 자석이 설치되어 있다. 전자와 같이 전하를 띤 입자가 자석 근처로 진입하면 원운동을 하게 되는데, 여기에 전기장을 적절히 걸어주면 전자의 회전 속도를 더욱 빠르게 만들 수 있다. 브룩헤이븐의 가속기는 전자를 광속의 99.999999%까지 가속시킬 수 있으며, 이 과정에서 방출되는 싱크로트론 복사synchrotron radiation는 다양한 실험에서 광원으로 사용된다.

따라서 우주정거장에 설치된 반 데 그라프 발전기가 원운동을 하고 있다면, 어떤 식으로든 복사가 방출될 것이다(우주정거장이 그리는 원궤도의 반지름은 지구의 반지름보다 크지만, 그래도 상관없다). 그러나 등가원리가 옳다면 우주정거장 안에서 어떤 실험을 해도 가속운동의 징후는 발견되지 않아야 한다. 즉, 우주정거장에 타고 있는 우주인들의 눈에는 복사가 관측되지 않아야 한다.

바깥에서 보면 복사가 관측되는데 우주정거장 안에서는 관측되지 않는다니, 이상하지 않은가? 빛(복사)은 있거나 없거나, 둘 중 하나여야 한다. 빛의 존재 여부가 관점에 따라 달라질 수는 없다.*

독자들은 내가 별것 아닌 일을 문제 삼는다고 생각할지도 모른다. 입자 하나가 가속되면서 방출하는 복사는 지극히 작은 양이고,

* 본문에서는 '조금 이상하다'는 정도로 얼버무렸지만, 사실 이것은 커다란 미스터리다. 전자가 정말로 복사를 방출한다면, 그중에는 파장이 몇 광년이나 되는 광자도 포함되어 있다. 이 정도면 우주정거장은 물론이고 조력潮力을 무시할 수 있는 스케일보다 훨씬 크다. 조력에 의한 효과를 무시할 수 없다면 등가원리를 적용할 때 세심한 주의를 기울여야 한다. 그러나 어떤 경우에도 중력과 가속도, 그리고 복사에 관한 일반적 논리는 항상 성립한다.

지구의 중력가속도도 천문학적 스케일에서 보면 무시할 수 있을 정도로 작다. 그러나 실제 우주에는 하전입자가 엄청나게 많기 때문에, 결코 가볍게 넘길 문제가 아니다.

19세기에 탄생한 양자역학은 지난 100년 사이에 실로 놀라운 발전을 이루었다. 그동안 양자역학은 우주의 다양한 비밀을 밝혀냈는데, 그중에서도 가장 놀라운 것은 진공vacuum이 완전히 비어 있지 않다는 사실이다. 우리는 입자와 반입자들이 정신없이 들끓는 '입자의 바다' 속에서 살고 있다. 그런데도 입자의 존재를 느끼지 못하는 이유는 이들의 수명이 너무나 짧기 때문이다. 예를 들어 진공 중에서 탄생한 전자–양전자 쌍의 수명은 약 10^{-21}초에 불과하여, 이들이 살아 있는 동안 이동할 수 있는 거리는 기껏해야 원자의 반지름 정도이다. 다시 말해서, 전자–양전자 쌍은 평생 원자 하나도 제대로 구경하지 못하는 셈이다.

또한 입자와 반입자의 전하는 크기가 같고 부호가 반대이기 때문에, 진공 중에서 일어나는 양자 요동은 전기적으로 중성이다.

진공에너지는 분명히 존재하는 양이다. 물리학자 중에는 뻔한 사실을 배배 꼬아서 어렵게 만드는 사람도 있지만, 진공에너지는 그런 의도로 만들어낸 개념이 결코 아니다. 1948년에 헨드리크 캐시미르Hendrick Casimir는 전기적으로 중성인 금속판 두 개를 가까이 가져갔을 때 서로 잡아당긴다는 사실을 알아냈다. 이른바 '캐시미르 효과'로 알려진 이 현상을 제대로 이해하려면, 전하를 띤 가상 입자들이 두 금속판 사이를 가득 채우고 있다고 생각해야 한다. 즉, 진공에너지는 이론적 가설이 아니라 '실재하는 양'인 것이다.

그런데 우주의 진공에너지 밀도를 생각하면 걱정이 앞선다. 우주 공간의 모든 곳에서는 온갖 파장을 가진 광자들이 수시로 생성되고 있는데(앞서 말한 대로 광자는 자기 자신의 반입자이다), 파장이 짧을수록 에너지가 크다. 따라서 모든 종류의 파장이 공존한다면 임의의 순간에 우주 공간의 진공에너지는 모든 곳에서 무한대가 된다.

그러나 대부분의 경우에 물리학자들은 방정식에 무한대가 나와도 별로 개의치 않는다. 우리에게 필요한 것은 에너지 자체의 값이 아니라 두 지점 사이의 '에너지의 차이'이기 때문이다. 그러므로 모든 곳에서 에너지가 똑같이 무한대라면 별로 문제될 것이 없다. 무한대에서 무한대를 빼서 유한한 값이 나오면 그것으로 족하다. 그래서 물리학자들은 아무도 눈치채지 못하기를 은근히 바라면서 무한대 연산을 태연하게 수행하고 있다.

사실 이 계산은 꽤 미묘하고 복잡하다. 요즘 물리학계에는 플랑크스케일Planck scale이라는 최소단위 이하의 영역으로 들어가면 기존의 물리 법칙이 적용되지 않는다는 가정이 널리 퍼져 있는데, 이 가정을 수용하면 방정식에서 무한대를 제거할 수 있다. 그런데 광자가 가질 수 있는 파장의 최솟값이 플랑크스케일 근처라고 가정해도, 이론에서 얻어진 에너지 밀도는 실제 우주 공간의 에너지 밀도보다 10^{120}배나 크다! 이론과 현실이 항상 맞아떨어질 수는 없다지만 10^{120}배 차이는 너무 심하지 않은가?

이것은 아마도 이론물리학 역사상 최악의 오류일 것이다. 오차가

진공 속의 가속운동

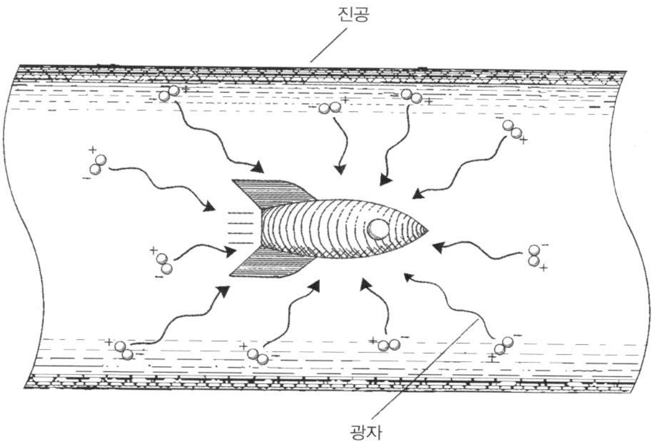

너무 커서 달리 할 말도 없으니, 이 문제는 잠시 뒤로 미뤄두자. 그러나 가상 입자가 존재한다는 것만은 부인할 수 없는 사실이며, 이들은 블랙홀에서 매우 중요한 역할을 하고 있다.

당신이 로켓을 타고 텅 빈 진공 속을 비행한다고 상상해보자. 이 로켓은 전자와 양전자가 만났을 때 생성되는 '소멸에너지'로 작동된다고 하자. 이런 경우에 전하를 띤 가상 입자들은 당신에 대해 가속운동을 하는 셈이다. 그리고 앞서 말한 것처럼 전하를 띤 입자가 가속운동을 하면 복사에너지가 방출된다. 다시 말해서, 당신이 가속되는 우주선에 타고 있으면 추진장치의 출력을 조금 늘이거나 줄이기만 해도 진공 속에서 에너지가 창출되는 광경을 볼 수 있다는 뜻이다. 헛소리처럼 들리겠지만 이것은 이미 실험을 통해 검증된 사실이다.

1970년대에 캐나다의 윌리엄 언러William Unruh를 비롯한 몇 명의 물리학자들이 각기 독립적으로 연구를 수행하여 가속운동 중인 관찰자에게 복사에너지가 감지된다는 사실을 확인했다(그래서 이 현상을 언러 효과Unruh effect라 한다). 물론 일상적인 조건하에서는 에너지가 너무 작아서 감지되지 않는다. 예를 들어 당신이 진공 속에서 지구 표면의 중력가속도에 해당하는 g(9.8m/s^2)로 가속되고 있을 때 관측되는 에너지는 약 4×10^{-20}K에 불과하다. 이 정도면 우주에서 가장 추운 곳의 온도보다 10^{20}배쯤 낮다.

가속운동 중인 관측자에게 복사에너지가 관측되는 현상은 아인슈타인이 도입했던 대칭성과 관련되어 있다. 그가 창안했던 일반상대성이론에 의하면 가속운동과 중력은 실질적으로 아무런 차이가 없다. 이제 곧 알게 되겠지만, 이것은 블랙홀의 특성에 지대한 영향을 미친다.

심각한 질문 – 블랙홀은 정말로 검은가?

이 책에서 우리가 앨리스를 마지막으로 만났을 때, 그녀는 블랙홀을 향해 떨어지고 있었다. 우리는 앨리스가 사건지평선을 넘어가기 직전에 올가미를 던져서 그녀를 구출하기로 마음먹었다. 물론 블랙홀의 중력을 이겨내야 하므로 밧줄은 엄청나게 튼튼해야 한다. 당신은 어렵게 구한 특수 밧줄을 던졌고, 다행히도 앨리스의 손 앞에 정확하게 떨어졌다. 이제 그녀는 블랙홀의 바로 바깥에서 단단한 밧줄에 대롱대롱 매달려 있다. 앞서 말했던 상대론적 관점에서 보면, 앨리스는

'가속운동을 하고 있는 관측자'가 된 셈이다. 즉, 앨리스는 가속되는 우주선 안에 타고 있는 승무원과 거의 비슷한 경험을 하게 된다(블랙홀의 조력은 무시하기로 하자. 어차피 밧줄이 조력을 이겨낼 정도로 튼튼하다고 가정했으므로, 앨리스의 몸도 그 정도로 튼튼하다고 가정하면 된다).

일반상대성이론의 등가원리에 의하면 추진장치에 의해 가속되고 있는 사람과 중력장 속에 놓인 사람 사이에는 아무런 차이가 없다. 따라서 가속되는 우주선의 승무원에게 언러 효과가 관측되었다면, 블랙홀 바깥에 매달려 있는 앨리스에게도 동일한 현상이 관측되어야 한다. 다시 말해서, 앨리스의 눈에는 블랙홀이 빛을 발하는 것처럼 보여야 한다는 뜻이다.

1974년에 스티븐 호킹Stephen Hawking은 양자역학과 일반상대성이론을 결합하여 블랙홀이 완전히 검지 않다는 사실을 증명했다. 아마도 이것은 천체물리학 역사상 가장 뛰어난 업적 중 하나일 것이다. 블랙홀을 직접 본 사람은 없지만, 대부분의 물리학자들은 호킹의 이론이 사실일 것으로 믿고 있다. 굳이 블랙홀을 직접 관측하지 않아도 우리에게는 등가원리가 있지 않

호킹복사

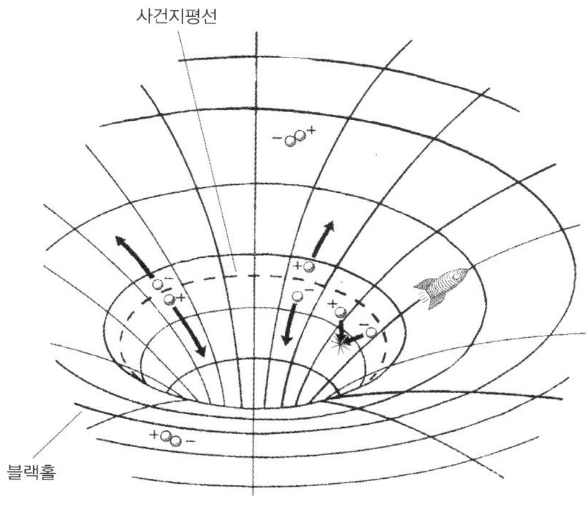

은가! 중력에 의해 나타나는 현상은 가속운동을 할 때에도 똑같이 나타나야 하므로 가속운동을 하는 사람에게 복사에너지가 관측된다는 것만 확인하면 된다.

등가원리 자체는 물리학의 법칙이 시간에 대해 불변임을 시사하고 있으며, 여기에 뇌터의 정리를 적용하면 에너지 보존법칙이 얻어진다. 그러나 여기에는 한 가지 수수께끼가 숨어 있다. 복사는 에너지의 한 형태이므로 블랙홀이 복사를 외부로 방출하려면, 어딘가에 에너지원이 존재해야 한다. 블랙홀 근방에서 에너지가 저장될 수 있는 장소는 어디일까? 가능한 후보는 블랙홀 자체의 질량밖에 없다.

무작위로 생성된 입자-반입자 쌍을 생각해보자.* 정상적인 상황이라면 두 입자는 다시 합쳐서 사라지기를 원한다. 게다가 이 과정은 너무 빠르게 일어나서 인지할 수도 없다. 양자역학의 불확정성 원리 uncertainty principle에 의하면 입자 쌍을 만들기 위해 진공에서 빌려온 에너지가 많을수록 두 입자가 별개로 존재하는 시간은 더욱 짧아진다. 이 경우에도 어떤 '힘'이 균형을 이루고 있는 것이다.

입자-반입자 쌍이 블랙홀의 사건지평선 근처에서 생성되었다고 해도, 입자의 관점에서 볼 때 특별한 점은 하나도 없다. 입자는 자신이 광활한 우주 공간에서 태어났는지, 무지막지한 괴물 옆에서 태어났는지 알 길이 없는 것이다. 국제우주정거장에 상주하는 우주인들처

* '호킹복사'를 생각할 때, 사람들은 흔히 블랙홀 근방에서 생성된 전자와 양전자를 떠올린다. 그러나 실제로 블랙홀 근방에서 호킹복사를 일으키는 주범은 전자가 아닌 광자이다. 광자는 자기 자신의 반입자이며, 질량이 없기 때문에 진공 중에서 훨씬 쉽게 생성될 수 있다.

럼, 입자는 자유낙하를 겪는 중이다.

가끔은 입자 쌍 중 하나가 사건지평선 바로 안쪽에 생성되고 나머지 하나는 사건지평선 바로 바깥에 생성되는 경우도 있을 것이다. 그러면 블랙홀은 '우주적 금지 영역'에 무단 침입한 입자를 무지막지한 중력으로 삼켜버리고, 나머지 입자는 달콤한 자유를 만끽하며 우주 저편으로 날아간다. 양자적 운명이란 참으로 기구하고도 매정하다. 한 쌍의 입자들 중 누가 살아남고 누가 죽을지는 완전히 무작위로 결정된다.

직관적으로 생각하면 블랙홀은 가상 입자를 꾸준히 집어삼키면서 덩치가 점점 커질 것 같다. 과연 그럴까? 여기서 명심할 것은 당신의 위치에 따라 에너지가 완전히 다르게 보인다는 점이다. 만일 내가 아파트 15층 베란다에서 피아노를 떨어뜨린다면, 그 밑을 지나가던 불쌍한 사람에게는 엄청난 충격이 가해지겠지만, 나의 관점에서 볼 때 피아노는 아무런 에너지도 갖고 있지 않았다.

마찬가지로, 블랙홀의 사건지평선 근처에서 바깥쪽을 향해 발사된 광자는 멀리 달아날수록 많은 에너지를 잃는다. 만일 광자가 정확하게 사건지평선 위에서 생성되었다면, 모든 에너지를 잃을 때까지 날아갈 것이다. 바로 이런 이유 때문에 광자는 블랙홀을 탈출할 수 없다! 멀리 떨어져 있는 관측자에게 광자가 얼마만큼의 에너지로 출발했는지는 별로 중요하지 않다. 그에게 중요한 것은 광자가 자신에게 도달했을 때 갖고 있는 에너지이다.

에너지가 큰 광자들은 서로 가까운 거리를 두고 생성된다. 그리고 광자가 생성된 지역이 사건지평선에 가까울수록 밖으로 탈출하면서 많은 에너지를 잃는다. 먼 곳에서 관측되는 광자의 에너지는 이 두 가지 효과에 의해 결정된다. 블랙홀이 클수록 방출된 광자의 에너지가 적고, 복사에너지의 온도도 더 낮다.

이상한 것은 이뿐만이 아니다. 앞서 말한 바와 같이 사건지평선 바로 바깥에서 생성된 입자는 에너지의 대부분을 잃는다. 그러나 정확하게 사건지평선에서 생성된 입자는 모든 에너지를 잃기 때문에, 이들은 블랙홀의 질량에 아무런 기여도 하지 못한다. 사건지평선 안쪽에서 생성된 입자는 음의 에너지를 갖고 있는데, 이는 곧 입자가 블랙홀의 내부로 추락했을 때 블랙홀의 질량이 감소한다는 것을 의미한다. 먹을수록 체중이 줄어든다니 선뜻 이해가 되지 않겠지만, 실제로 우리가 먹는 음식 중에도 이런 것이 있다. 셀러리가 우리 몸 속에 들어갔을 때 발휘되는 열량은 셀러리를 먹기 위해 움직이면서 소모하는 열량보다 적다. 즉, 셀러리는 '음의 열량을 가진 음식'인 셈이다. 사건지평선 안쪽에서 생성된 광자는 블랙홀의 입장에서 볼 때 셀러리와 비슷하다.

블랙홀이 사건지평선 안쪽에 생성된 광자를 먹어치우면서 잃어버린 질량은 블랙홀에서 탈출한 광자의 에너지와 정확하게 같다(질량에 c^2을 곱하면 에너지가 된다). 자, 어떤가? 블랙홀이 증발한다는 이론을 이제 이해할 수 있겠는가?

친구들과 대화를 나눌 때 좀더 인상적인 설명을 하고 싶은 독자들을 위해, 구체적인 숫자를 들어가며 위의 상황을 정리해보자. 태양과 질량이 같은 블랙홀은 절대온도 600억 분의 1K에 해당하는 복사에너지를 방출하는데, 이것은 우주배경복사보다 약 5000만 배나 낮은 온도이다. 그런데 열은 항상 높은 곳에서 낮은 곳으로 이동하므로, 결국은 우주의 복사에너지가 태양만 한 블랙홀을 먹여살리고 있는 셈이다. 현재 수축되고 있는 것은 달의 질량보다 작은 초소형 블랙홀뿐이다.

태양만 한 블랙홀은 우주의 온도가 지금보다 5000만 배쯤 낮아져야(또는 우주가 계속 팽창하여 지금보다 5000만 배쯤 커져야) 비로소 증발하기 시작할 것이다. 시간으로 따지면 수천억 년 후의 일이다. 다시 말해서 인류가 생존하는 기간 중에는 호킹복사를 활용할 기회가 전혀 없다는 뜻이다. 어딘가에 써먹기에는 온도가 너무 낮다.

사실, 블랙홀이 온도를 갖고 있다는 것 자체가 매우 놀라운 사실이다. 앞서 말한 대로 온도는 엔트로피와 관련된 양인데, 자신과 접촉하는 모든 것을 빨아들이는 물체의 경우에는 엔트로피의 의미조차 불분명하다. 질량 하나로 모든 특성이 정의되면서 '무엇이든지 아귀처럼 먹어치우는' 물체를 배열하는 방법의 수가 몇 개쯤 될까?

이뿐만 아니라, 물체가 추락할 때 발생하는 열은 그것이 어떤 물체인가에 따라 크게 달라진다. 예를 들어 지폐같이 복잡한 계는 엔트로피가 낮고 따뜻한 기체 덩어리는 엔트로피가 높다. 그런데 이들이 블랙홀을 향해 떨어질 때 블랙홀의 질량에 기여하는 양은 똑같다. 그렇다면 구체적인 정보는 다 어디로 사라졌는가? 이 문제에 관해 호킹은 다음과 같은 말을 남겼다.

당신이 블랙홀로 뛰어들면 질량에너지는 우주로 되돌려지지만, 당신의 몸에 저장된 정보는 엉망진창으로 뒤엉켜서 도저히 판독할 수 없게 된다. 이것은 마치 백과사전을 태우는 것과 비슷하다. 사전을 태워도 연기와 재를 잘 보존하면 정보는 어딘가에 남아 있겠지만, 내용을 복구하기란 거의 불가능하다.

블랙홀은 기본적으로 엔트로피 생성장치라 할 수 있다. 열역학 제2법칙에 의하면 엔트로피는 항상 증가한다. 그러나 호킹의 주장에 의하면 블랙홀은 외부에서 무엇이 유입되건 우주에서 무질서도가 가장 높은 물체로 남아 있다. 우주뿐만 아니라 물리학이 허용하는 최고의 엔트로피를 가진 물체가 바로 블랙홀이다.

우리 은하(은하수)의 중심에 있는 블랙홀의 엔트로피는 빅뱅이 일어나던 무렵에 우주 전체의 엔트로피보다 크다. 블랙홀 하나만 놓고 봐도 이 정도다. 우주의 엔트로피가 앞으로도 계속 증가하려면 블랙홀에서 저에너지 광자가 엄청나게 많이 방출되어야 한다.

물리학자들은 단순한 대칭(등가원리)으로부터 언러 효과와 블랙홀의 증발이라는 중요한 결과를 얻어냈다. 언뜻 보기엔 '추상적인 천체를 설명하는 깔끔한 이론'에 불과한 것 같지만, 사실 여기에는 우주의 미래가 고스란히 담겨 있다.

앞으로 별과 행성, 그리고 우주먼지들은 나선을 그리며 블랙홀로 빨려 들어가고, 1000조 년(10^{15}년)이 지나면 블랙홀마저 모두 증발되어 사라질 것이다. 그 사이에 우주는 계속 팽창하여 차가운 기체구름들은 완전히 고립된다. 결국 우리의 우주는 아무것도 없이 엔트로피만 존재하는 차가운 공간으로 남게 될 것이다. 이것은 시간이 오직 미래로만 흐르는 우주에서 어쩔 수 없이 치러야 할 대가이다. 대칭은 우주의 시작뿐 아니라 최후까지 좌우하는 기본 원리인 것이다.

THE UNIVERSE IN THE REARVIEW MIRROR

HOW HIDDEN SYMMETRIES SHAPE REALITY

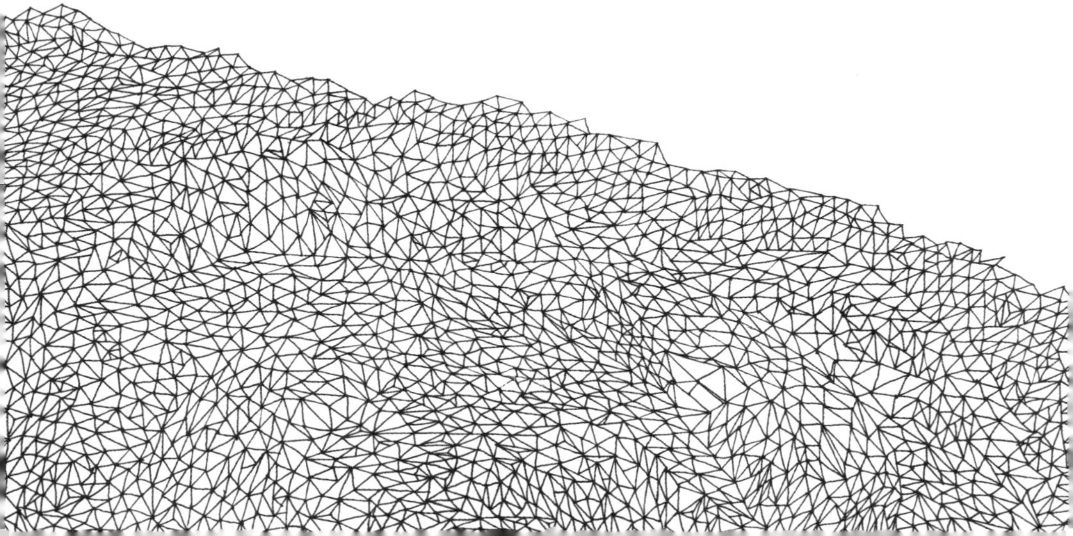

7

입자 맞바꾸기

공간이동장치의 원리

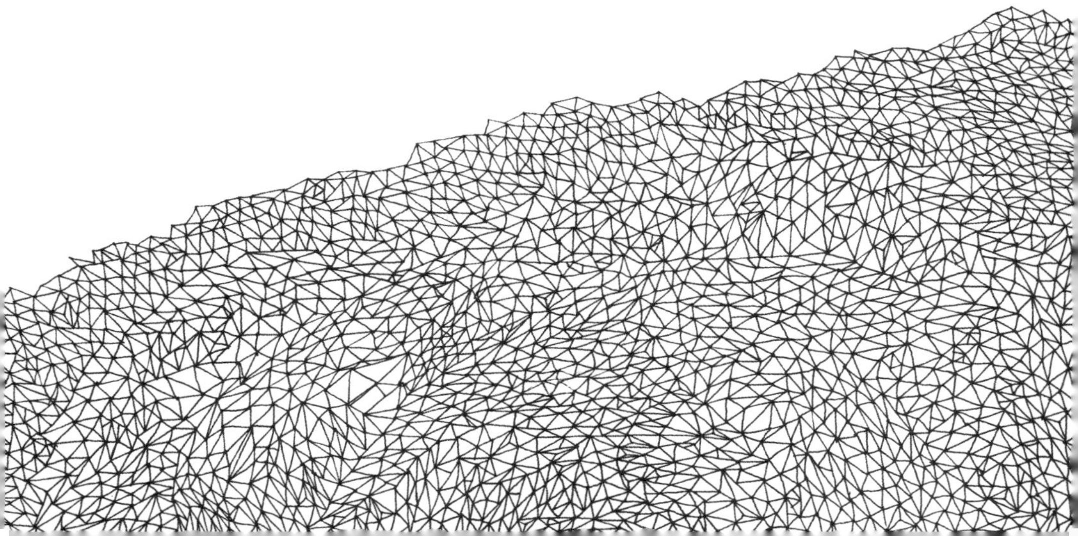

지금부터는 이야기를 좀더 신중하게 풀어가야 할 것 같다. 지금까지 우리는 양자역학으로 뒤죽박죽이 된 고전적 우주를 느긋한 마음으로 둘러보았는데, 이제는 냉혹한 현실을 직면할 때가 되었다. 양자역학은 우주에 영향을 미치는 요인 중 하나가 아니라, 우주의 운명을 좌우하는 모든 것이다. 게다가 양자 수준의 대칭은 고전적 대칭보다 훨씬 더 낯설고 기이하다. 이제 곧 알게 되겠지만, 양자세계에서는 '이' 입자와 '저' 입자를 구별할 수 없다.

입자들은 서로 바꿔치기할 수 있다. 그리고 미안한 얘기이지만 당신도 바꿔치기가 가능하다. 당신과 나를 비롯한 모든 개개인은 이 세상에서 유일한 존재인 것 같지만, 근본적으로는 양성자와 중성자, 그리고 전자라는 입자로 구성되어 있다. 단지 사람마다 입자의 개수와 배열 상태가 조금씩 다를 뿐이다. 우리는 자신의 몸을 구성하고 있는 원자를 "내 것"이라고 생각하는 경향이 있는데, 심리적 측면에서는 그럴 수도 있지만 현실적으로 보면 잠시 빌려온 것에 불과하다. 당신의 몸을 이루고 있는 입자가 얼마나 많은지, 그리고 당신이 그것을 외부와 얼마나 공유하고 있는지 실감하고 싶은가? 방법은 간단하다. 그냥 숨을 크게 들이쉬었다가 내뿜으면 된다.

사람들은 물에 빠져서 허우적거릴 때 빼곤 호흡을 별로 대수롭게 생각하지 않지만, 숨을 한 번 들이쉬고 내쉴 때마다 무려 수억 개의 분자들이 교환된다. 지금으로부터 2000여 년 전에 "브루투스, 너도 한패였냐?Et tu, Brute?"라는 말을 남기고 살해당한 율리우스 카이사르Julius Caesar를 떠올려보자. 카이사르가 죽은 후 꽤 긴 세월이 지났으므로, 그가 원망 어린 마지막 말을 남기면서 내뱉었던 공기입자는 지금쯤 전 세계에 골고루 퍼져 있을 것이다. 따라서 당신이 숨을 들이쉴 때마다 카이사르의 입에서 나왔던 공기분자 중 적어도 한 개 이상이 당신의 폐 속으로 유입되고 있다. 결국 우리는 현재 가까운 곳에 살고 있는 사람들, 그리고 수천 년 전에 살았던 선조들과 같은 공기로 호흡하고 있는 것이다.

우리가 어떻게 생각하건, 우리 몸을 이루고 있는 분자는 우리 것이 아니다. 당신 몸의 98%는 매년 새 것으로 교체되고 있다. 그래서 코미디언 스티븐 라이트Steven Wright는 다음과 같은 농담을 던지기도 했다.

어느 날 아침 침대에서 일어나 보니 누군가가 내 몸뚱이를 훔쳐가고 다른 걸로 바꿔치기 해놨더군요.*

라이트의 농담은 허황된 이야기가 아니라 실제를 조금 과장한 것뿐이다. 같은 종류의 원자들은 물리적으로 모두 동일하기 때문에, 몸에 있는 탄소원자를 다른 것으로 바꿔치기해도 당신은 여전히 당신으로 남는다. 이것이 바로 우주에 존재하는 근본적 대칭이다.

입자 맞바꾸기 대칭: 종류가 같으면서 동일한 상태에 있는 두 개의 입자를 서로 맞바꿔도 관측 가능한 물리량은 변하지 않는다.

입자 맞바꾸기 대칭은 우주 전역에 존재하는 대칭으로, 매우 중요하면서 지극히 현실적이다. 이 특성을 잘 활용하면 공간이동 teleportation의 원리와 별의 최후, 그리고 궁극적으로 화학의 모든 것을 알 수 있다.

공간이동장치 만드는 법

TV 시리즈 〈스타트렉〉을 본 사람이라면 공간이동장치가 무엇에 쓰는 물건인지 잘 알고 있을 것이다. 이 장치 안에 사람이 들어가면 몸

* 이런 일은 택배 과정에서도 종종 발생한다. 나도 많이 겪어봤다.

이 원자단위로 낱낱이 분해된 후 원하는 장소에서 재조립되어 나타난다. 새로 만들어진 사람은 이전의 사람과 겉모습이 완전히 똑같고, 과거에 대한 기억은 물론 성격까지 같다. 몸을 구성하는 원자의 배열이 이전과 완전히 동일하기 때문이다.

TV나 영화에서는 복제인간을 악당처럼 묘사하는 경향이 있다. 나와 똑같은 사람이 이 세상에 또 있다는 것이 결코 유쾌한 상황은 아니므로 복제된 나를 어떻게든 제거해야겠는데, 여기에 당위성을 부여하다 보니 어쩔 수 없이 복제인간을 "이 세상에 있어서는 안 될 해로운 존재"로 그릴 수밖에 없는 것이다. 그러나 당신과 복제인간이 동일한 원자 배열로 이루어져 있는데, 둘을 어떻게 구별한다는 말인가?* 동료들이 나의 정체성을 보호하기 위해 복제인간을 없애주는 것은 고마운 일이지만, 그들이 판단 착오로 나를 없앨 수도 있지 않은가?

TV 시리즈 〈스타트렉〉은 전 세계의 시청자들에게 공간이동장치를 홍보하는 데 지대한 공헌을 했다. 이 시리즈를 기획했던 진 로든베리는 전문 과학자가 아님에도 불구하고 공간이동의 원리를 TV 화면에 구체적으로 구현했는데, 몇 가지 사소한 오류를 제외하면 트집 잡을 만한 부분이 별로 없다. 현실 세계에서 당신을 공간이동시킨다면 몸을 이루는 원자들을 직접 전송하지 않고 관련 정보만 전송하는 식

* 스타트렉 오리지널 시리즈의 33번째 에피소드에서는 등장인물들이 수십 개의 평행우주를 정신없이 오락가락한다. 내가 이 시리즈에 충격 받아서 이 글을 쓰고 있다는 사실을 눈치챘는가? 그렇다면 당신은 SF 매니아대학 졸업자격이 충분하다. 축하한다!

으로 이루어질 것이다. 목적지에 정보가 전달되면 그곳에 준비된 원자들에 정보를 주입하여 새로운 당신을 만들어내는 식이다. 이 점만 빼면 〈스타트렉〉에 나오는 장면은 현실 세계에서도 얼마든지 구현될 수 있다.

정말로 환상적이지 않은가?

영국의 철학자 데릭 파핏Derek Parfit은 이와 비슷한 기계장치에 대해 언급한 적이 있다(물론 악마와는 무관하다).

> 지구에 있는 스캐너가 나의 두뇌와 몸을 낱낱이 분해하여 모든 세포의 정보를 읽어낸 후 라디오를 통해 전송한다. 라디오파는 빛의 속도로 날아가므로, 대략 3분이면 화성에 있는 복제장치에 도달할 수 있다. 이곳에서 미리 준비해둔 새로운 두뇌와 몸에 정보를 주입하면 나와 똑같은 내가 눈을 번쩍 뜨고 깨어나 화성에서의 삶을 시작한다.

새로 조립된 당신의 몸은 새로운 원자들로 이루어져 있지만, 이들은 원래 당신의 몸을 이루고 있던 원자들과 완전히 똑같기 때문에 복제장치를 통해 만들어진 당신도 분명히 당신이다.

파핏은 여기서 한 걸음 더 나아가 다음과 같은 질문을 제기했다. "지구에 있던 나의 원본이 스캔 과정에서 파괴되지 않고 그대로 남아 있다면, 둘 중 어느 쪽이 진정한 나인가?" 잠시 후에 언급되겠지만 실제로 진행되고 있는 공간이동 실험에서는 원본이 항상 파괴되기 때문에 이런 문제를 야기하지 않는다.* 그래도 마음 한구석은 여전히 찜찜하다. 당신이라는 사람이 단순한 입자의 집합이 아닌 그 이상의 무엇이라면, 대체 당신은 어떤 존재인가?

1993년에 IBM의 컴퓨터과학자 찰스 H. 베넷Charles H. Bennett은 인류 역사상 최초로 실질적인 공간이동장치를 고안했다. 여기서 '실질적'이라 함은 정말로 관찰자가 보는 앞에서 공간이동이 이루어졌다는 뜻이다. 단, 이 장치로는 한 번에 입자 하나만을 전송할 수 있다.

그런데 여기에는 다소 모호한 점이 있다. 어린아이 앞에서 동전을 옷소매에 살짝 숨겼다가 아이의 코나 귀를 만지면서 사라진 동전이 다시 나타난 것처럼 보여주는 마술을 기억하는가? 따지고 보면 공간이동도 이런 어설픈 마술과 비슷하다. 내가 당신에게 "전자를 이 방에서 저 방으로 공간이동시켰다"고 주장한 후, 풍선을 바지에 문질러 발생한 전자를 무작위로 골라 보여준다면, 내 말의 진위 여부를 무슨 수로 확인할 수 있겠는가?

불확정성과 스핀

모든 전자는 똑같다. 그러나 임의의 두 전자가 항상 동일한 상태에 있는 것은 아니다. 앞서 말한 대로 전자를 비롯한 모든 입자들은 '스핀spin'이라는 고유한 물리량을 갖고 있다. 아마도 가장 단순한 공간이동장치는 전자의 스핀 방향을 관측한 후 이 정보를 다른 전자에 전송

* 사람의 몸이 파괴된다고 하니 좀 꺼림칙하겠지만, 아직은 먼 훗날의 이야기다. 현재 기술로는 사람은커녕, 가장 단순한 세포조차 공간이동시킬 수 없다.

하는 식으로 작동할 것이다. 이 정도면 별로 어려울 것 같지 않다. 글쎄… 과연 그럴까?

아니다. 엄청나게 어렵다.

이제 양자세계에 본격적으로 접어들었으니, 양자역학에 대해 어느 정도 알아야 할 때가 온 것 같다. 지금까지 나는 양자역학적 효과를 대충 무시하고 넘어갔지만, 구체적인 내용을 언급한 적은 없다. 양자역학의 기본 개념은 다음 세 가지 항목으로 요약된다.

1. 물리계의 관측 결과는 동전 던지기 게임처럼 특정한 확률분포를 따른다. 동전을 던졌을 때 앞면이나 뒷면 외에 다른 결과가 나오는 경우는 없다.

2. 우주에는 무작위적 요소가 존재한다. 전자의 스핀이나 에너지를 확률적으로 예견할 수는 있지만, 한 번의 측정에서 어떤 결과가 나올지 예측할 수는 없다. 우리가 알 수 있는 것은 확률뿐이다.이것도 동전 던지기와 비슷하다. 앞면과 뒷면이 50 : 50으로 나온다는 것은 수학적으로 자명하지만 한 번 던졌을 때 어느 면이 나올지는 아무도 알 수 없다. 그렇지 않다면 모든 도박이 불가능해진다. – 옮긴이

3. 확률은 파동으로 서술된다. 양자이론의 '역학mechanics'이란 다양한 상황에서 시간과 공간에 따른 확률의 변화를 미리 예측하는 것이다.

이 세 가지 항목에는 한결같이 깊은 의미가 담겨 있는데, 물리

학에 관심 있는 독자라면 적어도 한 번쯤은 들어본 내용일 것이다. 1927년에 독일의 물리학자 베르너 하이젠베르크는 그 유명한 불확정성 원리를 세상에 공개했다. 이 원리에 의하면 전자의 위치를 정확하게 알수록 전자가 어디로 얼마나 빠르게 이동하는지는 불확실해진다(그 반대의 경우도 마찬가지다). 또한 우리가 전자를 관측한다는 것은 전자를 교란시킨다는 뜻이기도 하다. 다시 말해서, 어떤 대상을 관측하는 행위 자체가 그 대상의 원래 상태를 변화시킨다는 뜻이다.

우리는 전자의 스핀을 무작위로 세팅할 수 있다. 1장에서 말한 바와 같이 자석을 이용해서 전자의 스핀을 측정하면 '위' 아니면 '아래'라는 결과가 얻어진다. 그러나 측정하기 전에 어떤 결과가 나올지 미리 예측할 방법은 없다.

스핀의 무작위성은 허공으로 던져진 동전의 무작위성보다 그 정도가 훨씬 심하다. 동전의 경우, 어느 쪽 면이 나올지 '적어도 원리적으로는' 알아낼 방법이 있다. 바람의 속도와 동전에 가해지는 힘, 동전의 무게중심, 바닥과의 마찰과 탄성력 등 동전의 운명을 좌우하는 모든 요인들을 컴퓨터에 입력하여 시뮬레이션을 실행하면 50%보다 훨씬 높은 확률로 결과를 예측할 수 있다. 물론 데이터가 완벽하다면 100%도 가능하다. 우리가 동전 던지기를 무작위 게임으로 간주하는 이유는 이 모든 작업을 수행할 정도로 부지런한 사람이 없기 때문이다.

그러나 스핀의 경우에는 관측 결과를 미리 알려주는 데이터라는 것이 아예 존재하지 않는다. 아직 관측되지 않은 전자는 스핀-업과 스핀-다운이 섞인 상태로 존재하기 때문이다. 예를 들어 허공으로 던져진 동전이 테이블 위에 떨어져서 멈췄다고 가정해보자. 이 동전을 본 사람(관측한 사람)이 아무도 없다고 해도, 동전은 윗면 아니면 아랫면으로 이미 결정된 상태이다. 즉, 동전은 관측이 개입되기 전부터 이미 한 가지 상태로 결정되어 있다. 그러나 아직 관측되지 않은 전자는 두 가지 스핀이 혼재된 상태로 존재한다. 물리학자들은 이런 상태를 '중첩superposition'이라고 표현한다. 물리학자 폴 디랙은 입자의 스핀을 다음과 같이 설명했다.

> 양자역학의 특성을 올바르게 이해하려면 통계적 해석을 받아들이는 수밖에 없다. 많은 사람들은 자연을 서술하는 데 확률이나 통계가 개입되는 것을 별로 달가워하지 않지만, 지금으로선 다른 방법이 없다. 19세기까지는 "현재의 상태가 미래를 결정한다"는 결정론이 물리학을 지배해왔으나, 양자역학에서 현재 상태는 미래에 대하여 확률적 정보만을 제공할 뿐이다. 그런데 많은 사람들이 이 사실을 선뜻 받아들이지 못하고 있다… 나 역시 비결정론이 마음에 들지 않는다. 그러나 확률적 해석은 현재의 지식으로 우리가 할 수 있는 최선이며, 다른 선택의 여지는 없다.

비결정론이 현실 세계에 어떤 식으로 영향을 미치는지 알아보기 위해, 다시 한 번 앨리스에게 도움을 청해보자.* 그녀는 지금 공간이동 장치를 이용하여 전자 하나를 친구인 밥에게 전송하려는 참이다. 그러나 명심하라. 정지 상태에 있는 전자들 사이의 차이란 오직 스핀뿐이다. 이제 앨리스의 전자가 스핀-업일 확률이 80%이고 스핀-다운일 확률이 20%라고 하자. 앨리스는 이 사실을 어떻게 알 수 있을까?

전자가 아닌 동전이라면 간단하다. 허공으로 여러 번 던져서 앞면과 뒷면이 나오는 횟수를 헤아리면 된다. 그러나 양자적 스핀은 이런 방법이 통하지 않는다. 앨리스가 전자를 관측하는 순간, 전자를 포함한 계에 변화가 초래되기 때문이다. 처음 관측할 때는 스핀-업일 확률이 80%이지만 이 과정에서 본인의 의도와 상관없이 전자의 상태가 변한다. 게다가 변하는 정도를 제어할 방법도 없다.

앨리스의 관측은 스핀-업일 확률이 80%, 스핀-다운일 확률이 20%인 전자에서 시작되었다. 그런데 (예를 들어) 관측 결과가 스핀-업으로 나왔다면, 이제 전자의 스핀이 업일 확률은 100%로 돌변한다. 물리학자들은 이 현상을 "파동함수의 붕괴collapse of the wavefunction"라는 난해한 용어로 표현하고 있다. 어쨌거나 앨리스가 얻을 수 있는 결과는 스핀-업 또는 스핀-다운, 둘 중 하나이므로 일단 관측이 행해진 다음에는 원래 전자의 스핀이 어떤 확률을 갖고 있었는지 알 길이 없다. 즉, 전자의 정보를 밥에게 알려줄 방법이 없는 것이다.

모든 관측 행위는 관측 대상을 교란시킨다. 여기에는 어떤 예외도 없다. 하이젠베르크는 이 사실을 다음과 같이 간단명료하게 표현했다.

* 과학자들은 공간이동이나 암호전송을 논할 때, 흔히 앨리스Alice와 밥Bob을 주인공으로 등장시키곤 한다(찰스 베넷의 논문도 마찬가지다). 우리도 이 책에서 줄곧 앨리스와 친분을 다져왔고, 그녀가 지금 어디에 있는지도 알고 있다(블랙홀 근처에서 밧줄에 매달려 있다!).

스핀 측정하기

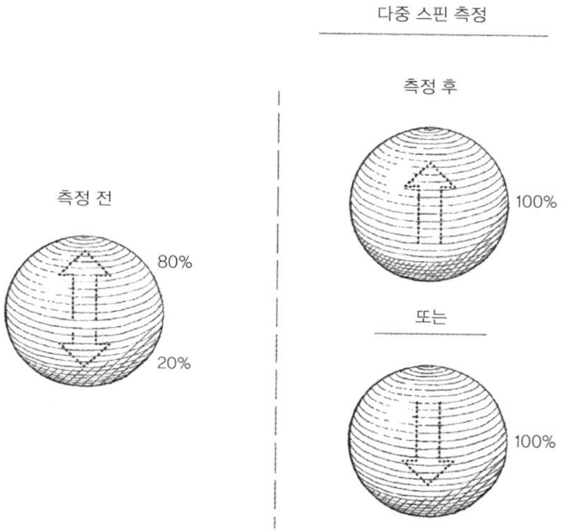

모든 실험은 실험 전에 우리가 갖고 있었던 사전 지식의 일부를 무용지물로 만든다.

그렇다면 손실된 정보를 어떻게 복구할 것인가? 우리에게 장애가 되는 것은 '부족한 지식'이 아니다. 입자를 공간이동시키려면 양자역학적으로 복잡하게 꼬인 '매듭'을 풀어야 한다.

양자적 얽힘

입자전송장치, 즉 텔레포터teleporter는 입자 빔이라기보다 팩스에 가깝다. 지금 앨리스는 이 점을 보여주기 위해 밥에게 입자를 전송하는 중이다.

이 과정이 모두 끝나면 밥은 앨리스가 전송하고자 했던 전자와 양자적 스핀이 동일한 '전자 복사본'을 확보하게 된다. 즉, 전자를 직접 이동시킨 것이 아니라, 전자의 정보만 전송하여 목적지에 있는 다른 전자에 주입하는 식이다. 따라서 공간이동이란 사람을 '사람만 한 크기의 화학물질'로 바꾸는 기술이지, 사람 자체를 옮기는 기술이 아니다.

그런데 입자의 스핀에는 참으로 미묘한 구석이 있다. 앨리스가 원본 전자의 스핀을 관측하여 밥에게 "내 전자의 스핀은 '업'이야!"라고 말해주면 좋겠지만, 그럴 수가 없다. 관측이 개입되면 전자의 상태가 변하기 때문이다. 그러나 다행히도 이 문제를 극복하는 방법이 있다. 이 방법을 적용하려면 '도우미 전자'가 추가로 필요하다.

도우미 전자를 생성하기 위해 앨리스와 밥은 스핀이 0인 불안정한 입자에서 시작하기로 했다. 이 입자는 잠시 후에 전자와 양전자로 붕괴되는데, 처음에 스핀이 0이었으므로 붕괴된 후에도 총 스핀은 0이어야 한다. 즉, 양전자의 스핀은 전자의 스핀과 정반대이다. 이것이 바로 양자적 얽힘의 가장 간단한 사례이다. 이 경우에 전자를 관측하면 양전자에 대한 정보도 자동으로 알 수 있다.

이 점만 놓고 보면 양자적 얽힘은 그다지 특별한 현상이 아닌 것 같다. 문득 세상에서 가장 뻔한 마술트릭이 떠오른다. 조그만 봉투 안에 흰 돌과 검은 돌이 하나씩 들어 있는데, 당신과 내가 하나씩 꺼내서 손에 쥐고 있다. 만일 내 손에 검은 돌이 쥐어져 있다면, 당신이

고른 것은 틀림없이 흰 돌일 것이다. 짜잔~!(너무 썰렁해서 웃음도 안 나온다…)

아인슈타인은 전자의 스핀이 흰 돌과 검은 돌처럼 미리 결정되어 있다고 믿었다. 거기에 무작위 같은 것은 존재하지 않으며, 확률 게임처럼 보이는 이유는 계에 대한 정보가 부족하기 때문이라는 것이다. 그래서 그는 양자론의 확률을 논할 때마다 "신은 주사위 놀음을 하지 않는다God doesn't play a dice"며 심한 불쾌감을 드러냈다.

아인슈타인이 주사위 운운하면서 양자역학을 거부했던 주된 이유는 무작위성 때문이 아니라 비국소성non-locality 때문이었다. 특수상대성이론에 의하면 어떤 정보도 빛보다 빠르게 전달될 수 없다. 그런데 양자적 얽힘은 이 대전제를 따르지 않고 있었다.

하지만 (1) 앨리스가 갖고 있는 양전자의 스핀이 근본적으로 무작위성을 띠고 있고, (2) 밥과 앨리스가 공간적으로 아무리 멀리 떨어져 있어도 이들이 갖고 있는 입자는 항상 정반대의 스핀을 갖는다는 것을 사실로 받아들인다면, 앨리스와 밥 사이에 무언가가 빛보다 빠른 속도로 전달되었다고 생각할 수밖에 없다. 그러나 아인슈타인에게 '빛보다 빠른 정보전달'은 일고의 가치도 없는 난센스였으므로, "전자와 양전자를 조정하는 숨은 변수가 어딘가에 존재하여 스핀이 항상 정반대로 유지된다"고 주장했다. 그렇지 않고서야 두 입자가 무슨 수로 상대방의 상태를 알 수 있단 말인가?

아인슈타인의 반론은 한동안 검증되지 않은 채로 남아 있다가 1980년대에 프랑스의 물리학자 알랭 아스펙Alain Aspect이 일련의 실험을 통해 "양자적으로 얽힌 입자의 거동을 서술하는 이론은 존재하지 않는다"는 사실을 증명했다.

아스펙 실험의 이론적 기초를 제공했던 물리학자 존 벨John Bell은 이 문제에 대하여 다음과 같은 말을 남겼다.

> 아스펙의 실험에서 광자*는 자신의 거동을 지시해주는 어떤 지침서를 항상 갖고 다니는 것처럼 보인다. 실험 결과를 접해본 사람이라면 이 말이 논리적임을 잘 알 것이다. 아인슈타인이 이 사실을 처음 지적했을 때 다른 물리학자들은 대부분 그의 주장을 부인했는데, 내가 보기에 그 당시 논리적인 사람은 아인슈타인뿐이었다. 다른 사람들은 (결국 물리학계는 이들의 손을 들어주었지만) 모래 속에 머리만 파묻은 채 온몸을 다 숨겼다고 착각하는 새들과 다를 것이 없었다.

양자역학은 입자들 사이에 빛보다 빠른 정보 교환을 어떻게든 허용하고 있다. 예를 들어 공간이동장치에서 앨리스가 양전자를 취하고 밥이 전자를 취하여 각자 스핀을 측정한다고 가정해보자. 이 입자들이 살아 있는 시간의 절반 동안 앨리스의 양전자는 스핀-업이고 밥의 전자는 스핀-다운이며, 나머지 절반의 시간 동안은 그 반대이다.

* 이 책에서는 주로 전자를 예로 들었지만, 양자적 얽힘은 광자를 비롯한 다른 입자에도 똑같이 적용된다.

현실적인 공간이동장치

앞에서 우리는 앤서블(거리와 상관없이 즉각적으로 전달되는 통신 수단)이 불가능하다는 것을 이미 확인했지만, 이 시점에서 다시 언급하지 않을 수 없다. 앨리스와 밥이 제아무리 똑똑하다 해도, 정보를 빛보다 빠르게 교환할 수는 없다. 1비트짜리 단순한 정보조차도 불가능하다. 양자적 얽힘이 광속의 한계를 극복해주지는 않는다.

예를 들어 앨리스가 양성자의 스핀을 관측하여 '업'이라는 결과를 얻었다고 해보자. 앨리스는 자신의 관측 결과가 '업'이기 때문에 나중에 밥이 '다운'이라는 결과를 얻게 되었는지, 아니면 밥이 관측을 먼저 시도해서 '다운'이 나왔기 때문에 자신의 관측 결과가 '업'이 되었는지 알 길이 없다. 또한 앨리스가 관측을 시도하기 전까지는 밥의 측정 결과가 업인지 다운인지도 알 수 없고, 자신이 스핀을 어떤 방향으로 측정할지도 결정하지 않았다.

밥도 마찬가지다. 그의 손재주가 아무리 뛰어나다 해도, 허공에서 전자를 낚아채서 스핀-업으로 만들 수는 없다. 만에 하나 이것이 가능하다 해도, 앨리스에게는 어떤 정보도 전송되지 않는다. 전자를 조금이라도 건드리면 양자적으로 얽혀 있던 관계가 곧바로 붕괴되기 때문이다. 물리학자들은 이것을 '결어긋남 상태decoherence'라고 부르는데, 쉽게 말해서 "양자적 얽힘은 영원히 지속될 수 없다"는 뜻이다. 대부분의 경우, 두 입자의 얽힌 관계는 순식간에 붕괴된다.

그럼에도 불구하고 양자적 얽힘은 공간이동장치의 핵심을 이룬다. 이제 스핀뿐만 아니라 입자의 모든 양자적 특성을 얽힘이라는 블랙박스 안에 담아보자. 앨리스와 밥은 조그만 전자상자를 하나씩 갖고 있는데, 여기에는 단추와 함께 '업' 또는 '다운'이라는 글자가 디스플레이되는 조그만 스크린이 달려 있다. 두 상자는 서로 연결되어 있으며, 연결케이블에 달린 계량기에는 '반대'라는 글자가 떠 있는 상태이다.

전자상자는 난수발생기를 이용하여 (아직은 알 수 없는) 관측 확률이 표현되도록 프로그램되어 있다고 하자. 그러나 앨리스가 단추를 누르는 순간 원래의 프로그램은 지워지고 새 프로그램이 작동되기 시작한다. 그리고 새 프로그램에 의하면 아무리 단추를 눌러도 항상 똑같은 답이 나온다. 처음에 우리가 알고 있던 사실은 "앨리스가 단추를 누르면 '업'이나 '다운'이라는 글자가 스크린에 나타난다"는 것뿐이었다. 그 후에 밥이 단추를 누른다면 앨리스와 정반대의 결과가 얻어질 것이다.

이 상자를 팩스머신으로 사용할 수 있을까? 간단할 것 같지만 아직 속단하기엔 이르다. 이제 앨리스 몰래 세 번째 상자(이것을 C라 하자)를 조작하여 단추를 누르면 항상 '업'이 나오도록 만들어놓았다고 하자. 여기서 C는 앨리스가 밥에게 전송할 프로그램(입자)을 의미한다.

앨리스는 상자 C를 자신이 갖고 있던 상자 A에 연결했다. 이렇게 되면 AC 케이블 계량기에는 '같음'이라는 글자가 뜨고, 상자 속의 파동함수가 붕괴되어 C의 프로그램도 무언가가 변할 것이다.

여기에는 별로 이상할 것이 없다. 물리계 중에는 두 객체의 조합

공간이동의 원리

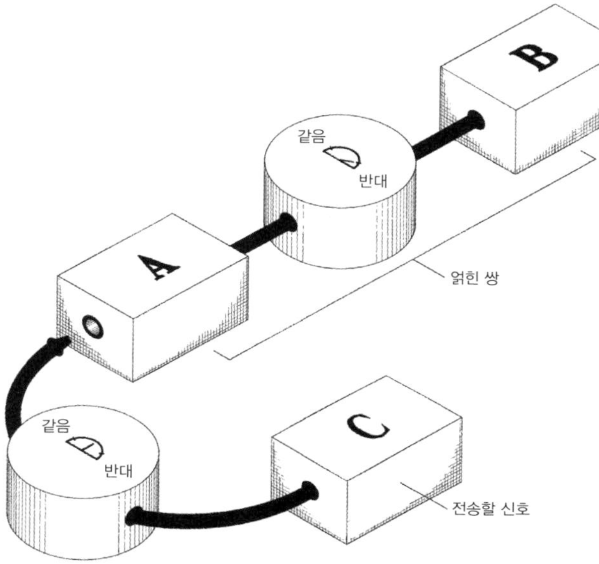

을 한꺼번에 관측할 수 있는 경우도 많다. 예를 들어 막대자석 두 개를 나란히 놓았을 때 에너지가 가장 낮은 상태는 두 자석의 N–S극이 서로 반대 방향을 가리키고 있을 때이다. 그래서 자석에 N/S라는 글자가 새겨져 있지 않아도 이들의 배열 방향을 쉽게 확인할 수 있다.

지금까지의 상황을 정리해보자. B는 A와 반대이고, A와 C는 같다. 이제 밥이 단추를 누르면 '다운'이라는 글자가 나타날 것이다. 이것 외에 다른 가능성은 없다.

이 얽힘은 즉각적으로 일어나기 때문에, 밥은 앨리스가 보낸 신호를 빛보다 빠르게 받은 것처럼 보인다. 그러나 잠깐! 앨리스에게는 아직 할 일이 남아 있다. 밥에게 전화를 걸어 "상자 A와 C는 동일한 상태에 있다"고 알려줘야 한다.

이 장치는 다른 방식으로 작동할 수도 있다. 계량기가 '반대'를 가리키고 있었다면(어차피 이것은 완전한 무작위다) B는 A와 반대이고 A와 C도 반대이므로 밥의 상자는 앨리스가 갖고 있는 상자의 완벽한 복사본이 된다.

다시 말해서, 당신이 갖고 있는 원본의 양각영상이 전송되었는지, 아니면 음각영상이 전송되었는지를 확인하려면 C의 입자를 관측한 후 이 정보를 당신의 친구에게 보내야 한다. 물론 이 정보가 전달되는 속도는 광속보다 빠를 수 없다.

상자 내부의 상태가 하나로 결정되어 있다면 아무런 문제가 없다. 그러나 상자 C는 '업'과 '다운'의 조합일 수도 있다. 앞에서도 '확률분포 80–20'인 상태를 논한 적이 있다. 앨리스가 상자 내부를 전혀 모르는 상태에서 C의 단추를 누르면 둘 중 하나의 가능성을 무작위로 선택하게 되고, 이 행동으로 인해 원래의 프로그램은 지워진다. 이와 마찬가지로 수신자인 밥은 복사된 프로그램을 직접 관측할 필요가 없다. 원본과 똑같은 복사본을 갖게 되었음을 아는 것으로 충분하다.

현실 세계의 공간이동은 이보다 훨씬 복잡하다. 실제로는 당신이 무엇을 측정하건, 항상 외부 요인이 개입되어 당신이 보내는 신호를 결어긋남 상태로 만든다. 전자나 원자를 외부와 완전히 고립시킨 채 관측하기란 보통 어려운 일이 아니다. 그래서 이 실험을 성공적으로 수행한 세르주 아로슈Serge Haroche와 데이비드 와인랜드David Wineland

는 2012년에 노벨 물리학상을 받았다.

주의 깊은 독자라면 지금쯤 공간이동에 부작용이 있다는 사실을 눈치챘을 것이다. 위에서 언급한 대로 모든 과정이 완료되려면 원본입자를 건드릴 수밖에 없기 때문에, 이 입자의 원래 상태는 완전히 붕괴된다. 물론 이것은 실험자의 부주의 때문이 아니다. 양자 공간이동장치를 어떤 식으로 설계하건 간에, 이동 후에도 원본입자의 상태를 보존하는 방법은 이 세상에 존재하지 않는다. 이것은 1980년대 초에 몇몇의 연구팀에 의해 입증된 사실로서, '노-클론 정리No Clone theorem'로 알려져 있다. 그러므로 공간이동장치에서 나의 악마 같은 복제인간이 깨어날 가능성은 없다. 거기서 걸어나온 인간은 바로 '나'이며, 원본에 해당하는 '나'는 더 이상 존재하지 않는다.

지금까지 소개한 내용은 공간이동장치뿐만 아니라 현실적으로 구현 가능한 신기술에도 적용될 수 있다. 요즘 사용되는 컴퓨터는 0과 1로 이루어진 2진법으로 모든 정보를 저장하고 있지만, 양자적 얽힘을 이용한 양자컴퓨터는 0과 1이 중첩된 큐비트qubit를 통해 엄청나게 복잡한 계산을 순식간에 처리할 수 있다. 양자컴퓨터가 상용화되면 전 세계의 보안시스템도 혁명적인 변화를 겪게 될 것이다.

양자적 얽힘과 공간이동은 탁상공론이나 공상과학이 결코 아니다. 1997년에 이탈리아와 영국의 물리학자로 구성된 연구팀이 광자 하나를 2.5m 떨어진 곳으로 공간이동시키는 데 성공했고, 2012년에는 중국의 연구팀이 이동거리를 거의 100km까지 확장시켰다.

그렇다고 크게 흥분할 것까진 없다. 고작 광자 하나에 불과하지 않은가? 게다가 이 분야에서 가장 숙련된 사람도 전송 성공률이 89%밖에 되지 않는다. 자신의 몸을 공간이동시키면서 나머지 11%에 들고 싶은 사람은 없을 것이다.

자동차나 사람을 공간이동시키는 기술도 기본적으로는 입자 하나를 전송하는 방식과 동일하다. 그러나 사람은 말할 것도 없고, 분자 하나의 양자 상태도 광자와는 비교가 안 될 정도로 복잡하다. 입자가 많아지면 전송해야 할 정보가 기하급수적으로 늘어나기 때문이다. 아마도 이 우주에서 공간이동시키기가 가장 어려운 대상은 우리 인간일 것이다(외계인은 확인된 존재가 아니므로 골치 아프게 따지지 말자!).

과연 누가 알 수 있을까?

사람들이 공간이동에 관심을 갖는 진짜 이유는 이동 수단으로서의 가치 때문이 아니라, 원본과 복사본이 정말로 같은지 궁금하기 때문이다. 이들이 완전히 같다면 여기에도 일종의 대칭이 존재하는 셈이다. 잠시 잊은 독자들을 위해 다시 한 번 강조하거니와, 이 책의 주제는 '대칭'이다.

모든 전자는 똑같다. 양성자와 중성자, 광자 등 다른 입자들도 같은 종류끼리는 완벽하게 같다. 동종 입자의 동등성은 방사능에서 중요한 역할을 한다. 우주에서 지구 대기로 쏟아져내리는 입자를 우주선cosmic ray이라고 하는데, 이 과정에서 탄소의 동위원소인 C-14가 생성된다. 어디서 많이 들어본 이름 아닌가? 그렇다. 유적지에서 발굴된 시체나 서적 등 고대 유물의 연대를 추정할 때 주로 사용되는 원소이다. 인디아나 존스가 도굴꾼이 아니라 진정한 고고학자라면, 여자와 노닥거리거나 말을 타고 달리는 시간보다 C-14와 씨름하는 시간이 훨씬 길어야 정상이다.

평상시에 C-14는 일상적인 탄소원자(C-12)와 다를 것이 없다. 식물이 C-14를 흡수해도 아무런 지장이 없고, 그 식물을 우리가 먹으면 C-14는 몸의 일부가 된다.

그러나 C-14는 안정한 원자가 아니어서, 평균적으로 약 6000년이 지나면 질소와 몇 개의 다른 입자로 붕괴된다(붕괴 과정은 꽤 복잡한데, 다행히도 이 책에서는 알 필요가 없다). '평균적'이라는 단어를 쓴 이유는 붕괴가 완전히 무작위로 일어나기 때문이다. C-14 한 덩어리를 갖다놓고 6000년을 기다리면 절반은 붕괴되고 절반은 그대로 남아 있다. 그래서 C-14의 반감기는 6000년이다.

C-14 원자 하나가 5999년이 지나도록 붕괴되지 않은 채 남아 있다고 가정해보자. 그리고 방금 우주선에서 갓 생성된 C-14 원자 하나를 포획했다. 두 원자를 나란히 놓고 기다리면 어느 쪽이 먼저 붕괴될까? 왠지 오래된 원자가 먼저 붕괴될 것 같다. 5999년이나 버텨왔으니 붕괴될 시기가 충분히 무르익었을 것 같다. 하지만 천만의 말씀이다. 다시 한 번 강조하건대, 원자의 붕괴는 완전히 무작위로 일어나는 사건이다. 입자 맞바꾸기 대칭에 의하면 C-14의 유통기간 같은 것은 없다. 아무리 오래되었어도 C-14는 여전히 C-14이다.

나는 두 입자를 나란히 놓고 어느 쪽이 먼저 붕괴되는지 확인하기 위해 수십 년 동안 지켜보다가 탈진하고 말았다. 그러던 어느 날, 내가 잠깐 조는 사이에 장난을 좋아하는 어떤 친구가 관측실에 몰래 들어와 갓 생성된 입자와 거의 6000년 된 입자를 맞바꿔놓고 사라졌다.

앞에서도 여러 번 강조했지만, 원자 두 개를 맞바꿔도 달라지는 것은 없다. 바꾸기 전에도 어떤 원자가 먼저 붕괴될지 알 수 없었으므로, 바꾼 후에도 여전히 알 수 없다. 게다가 이 과정에 극도의 신중을 기하여 두 원자의 물리적 상태까지 고스란히 맞바꿨다면, 그리고 우주에 입자 맞바꾸기 대칭이 존재한다면, 맞바꾸기 과정이 정말로 일어났는지 확인할 방법도 없다.

이 장의 서두에서 소개했던 양자역학의 법칙을 떠올려보자. 그중에서도 특히 중요한 것은 양자적 파동이다. 만일 우리가 임의의 순간에 우주 전체의 파동함수를 알고 있다면, 모든 사건들이 발생할 확률을 알 수 있다. 그렇다면 컴퓨터 시뮬레이션을 거쳐 직접 알아낼 수도 있지 않을까? 가능하긴 한데, 안타깝게도 이런 계산을 수행할 수 있는 컴퓨터는 우주 자체밖에 없다.

입자 두 개의 위치와 양자적 상태를 고스란히 맞바꾸면, 어떤 실험을 해도 맞바꾸기가 정말로 일어났는지 확인할 수 없다. 이 책의 서문에 인용했던 헤르만 바일의 말대로, 이것은 완벽한 대칭이다.

맞바꾸기 대칭은 우주의 특성을 결정짓는 가장 중요한 요소 중 하나이며, 모든 원소의 물리적, 화학적 특성도 여기서 기인한다. 그

연결고리는 다음 장에서 자세히 논할 예정이다.

8장으로 넘어가기 전에 음파와 광파(빛), 수면파, 그리고 양자적 확률파동 등 온갖 종류의 파동에 대해 몇 가지 알아둘 것이 있다. 일반적으로 파동의 진폭이 두 배로 커지면 파동의 세기(소리의 크기, 빛의 밝기, 입자가 감지될 확률 등)는 네 배로 커진다. 이것을 좀더 수학적으로 표현하면 다음과 같다: "파동의 세기는 진폭의 제곱에 비례한다."

파동함수에 변환을 가한 후에도 확률이 변하지 않는 경우는 단 두 가지뿐이다. 파동에 +1을 곱한 경우와 −1을 곱한 경우가 그것이다. 어떤 입자는 +로 정해진 길을 따르고, 또 어떤 입자는 −로 정해진 길을 따르는데, 이로부터 매우 의미심장한 결과가 초래된다.

당신이라는 존재가 마이너스 부호에서 비롯되었다고 주장하려는 것은 아니다. 그러나 우리의 몸은 결국 입자로 이루어져 있으므로, 당신의 존재가 양자역학에 기인한다는 것만은 분명한 사실이다. 양자세계의 대칭을 이해하기 위해, 지금부터 스핀의 세계로 들어가보자.

THE UNIVERSE IN THE REARVIEW MIRROR

HOW HIDDEN SYMMETRIES SHAPE REALITY

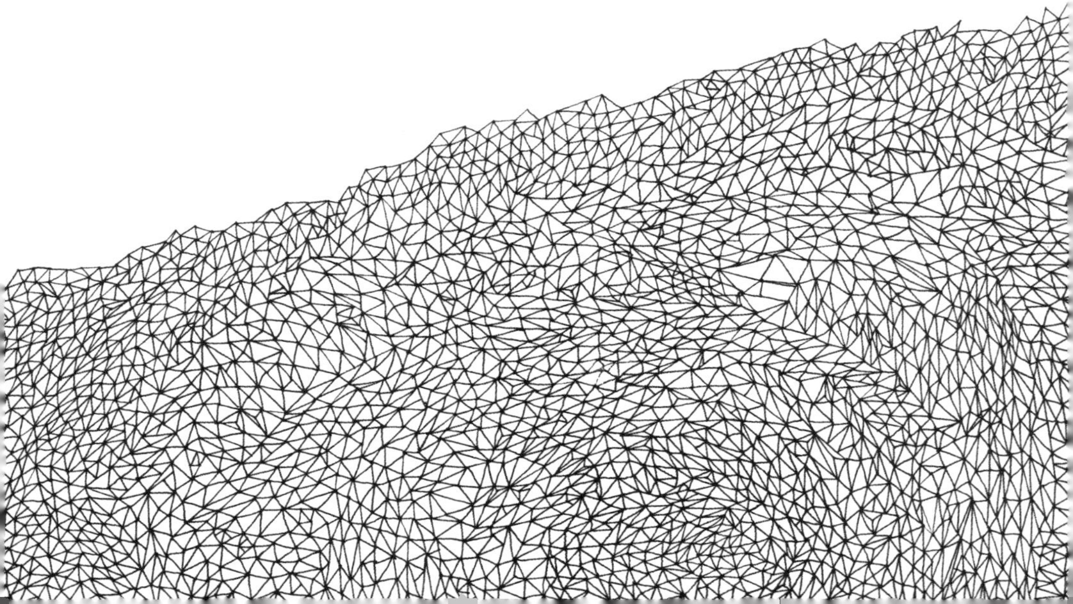

8

스핀

나는 왜 '의식을 가진 헬륨가스'가 아닌가?
중성자별 한 조각은 나에게 어떤 영향을 미치는가?

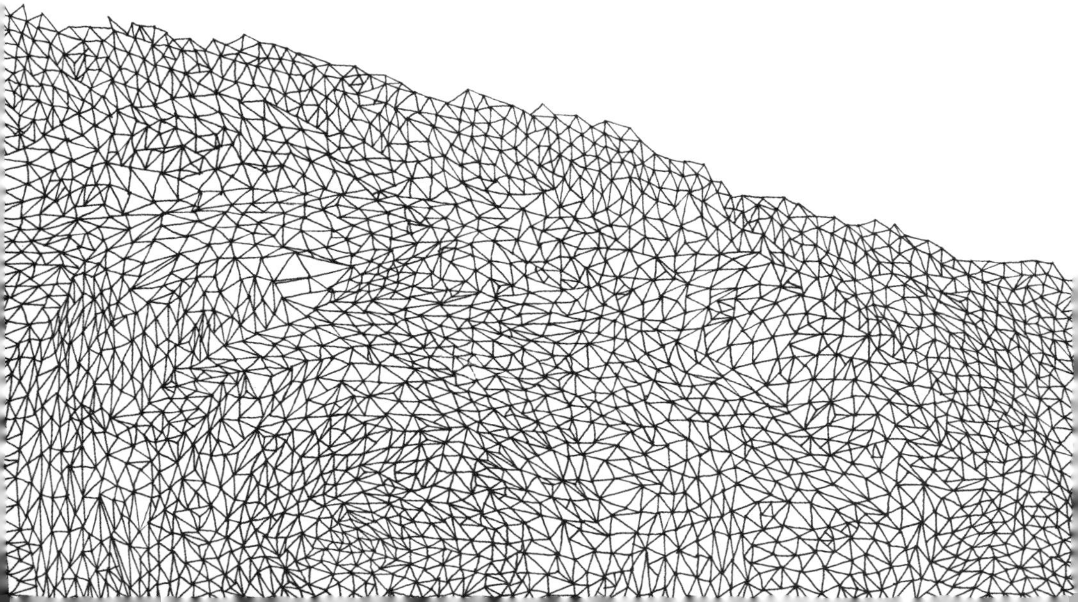

당신이 멋진 저녁파티에 초대되었다고 하자. 오랜만에 말끔하게 차려입고 파티장에 갔는데, 옆자리에 웬 물리학자가 앉아 있다(사실 물리학자들은 워낙 썰렁한 사람들이라 파티에 초대되는 일이 거의 없다. 그러므로 이 상황을 머릿속에 그리려면 탁월한 상상력을 발휘해야 한다). 당신은 어색한 분위기를 무마하기 위해 가볍게 인사를 건넸는데, 갑자기 그가 당신을 향해 돌아앉더니 물 만난 고기처럼 물리 이야기를 늘어놓기 시작한다. 이런 경우에 어떻게 대처해야 할까? 독자들을 위해 확실한 답을 여기 공개한다. 그가 무슨 말을 하건 끈기 있게 들어주다가, 그의 장광설이 끝났을 때 "그것 참 우아하군요!"라고 한마디만 하면 된다. 다른 말은 전혀 필요 없다. 우아하다는 말 한마디면 당신은 물리학자를 평생 친구로 삼을 수 있다(그러므로 물리학자를 친구로 두고 싶지 않다면 절대로 이런 말을 하면 안 된다!).

파티 석상에서 옷이나 매너로 우아하다는 칭찬을 듣기란 보통 어려운 일이 아니다. 그러나 물리학의 핵심을 이루는 대칭은 정말로 우아한 속성을 타고났다. 입자물리학에는 온갖 입자들이 너저분한 세탁물처럼 사방에 널려 있지만, 개개의 입자들은 정말이지 놀라울 정도로 단순한 창조물이다. 입자에 대해서 알고 싶은가? 그렇다면 몇 가지 숫자만 알면 된다. 그중에서 분명하게 드러나는 숫자는 질량과 전하이고, 직관적으로 다소 불분명한 것으로는 색color과 향flavor('맛깔'이라고도 함)이 있다(입자의 색과 향은 9장에서 다룰 예정이다). 그러나 입자의 특성 중에서 가장 미묘한 것은 다름 아닌 '스핀'이다.

스핀은 워낙 미묘한 양이어서, 새로 도입할 대칭이 없는데도 제대로 설명하려면 하나의 장을 몽땅 할애해야 한다. 이 점 독자들에게 미리 양해를 구하는 바이다. 그러나 좋은 소식도 있다. 이제 곧 알게 되겠지만 맞바꾸기 대칭은 입자마다 각기 다른 의미를 갖고 있으며, 입자마다 거동 방식이 다른 이유를 설명해준다. 그리고 이 장의 끝 부분에 가면 멋진 반전이 기다리고 있으니 기대해주기 바란다.

앞에서도 스핀을 다룬 적이 있지만, 양자적 특성에 대해서는 자세한 언급을 피하고 대충 넘어갔었다. 1장에서 다뤘던 '스핀의 방향'은 우리 몸이 반물질로 바뀔 염려가 없다는 가장 확실한 증거였다. 그러나 스핀의 속성을 깊이 파고들어가다 보면 당신이라는 존재 자체도 입자의 스핀에 전적으로 의존하고 있음을 알게 될 것이다.*

'스핀'은 굳이 양자역학이나 소립자를 들먹이지 않아도 일상적으로 흔히 쓰이는 단어이기 때문에, 이미 알고 있다고 착각하기 쉽다. 만일 전자를 '초소형 지구'나 '아주 작은 볼링공' 쯤으로 생각하고 있다면 이 기회에 바로잡아주기 바란다. 단언컨대, 전자는 거시적인 공의 축소판이 전혀 아니다.

스핀은 자전하는 행성과 본질적으로 다르다!

지구가 자전하는 모습을 직접 본 사람은 없겠지만, 어쨌거나 팽이처럼 회전하는 지구는 우리에게 매우 친숙한 개념이다. 그래서 지금부터 입자의 스핀과 회전하는 지구를 비교해볼 참이다. 결론부터 말하자면 이 두 가지는 완전히 다른 개념이다. 스핀에 대한 선입견을 갖고 있다면, 아래 내용을 잘 읽어보고 이 기회에 바로잡아주기 바란다.

일단 바보 같은 질문에서 시작해보자 – "어느 쪽이 위up인가?" 지표면에서는 중력의 방향이 위아래를 결정해주지만, 일반적으로는 참으로 모호한 개념이다.

영화를 볼 때 위아래에 혼동이 오지 않는 이유는 관객들이 스크린의 위쪽을 '절대적인 위'의 기준으로 삼고 있기 때문이다. 그래서 비행기 조종사의 머리가 그 반대쪽을 향하고 있으면 비행기가 뒤집어졌다고 생각한다. 물론 이것은 영화를 제작한 감독의 의도에 부합된다. 그러나 관객들이 '위쪽'을 향해 앉아 있다고 어떻게 장담할 수 있는가?

* 당신의 존재를 좌우하는 자연의 법칙은 헤아릴 수 없을 정도로 많지만, 그중에서도 스핀은 단연 으뜸이다. 스핀이 없다면 우리 육체는 정처 없이 떠다니는 헬륨구름에 불과했을 것이다.

사실 공간에서 '위'라는 개념은 아무런 의미가 없다. 대부분의 지구본과 세계 지도에는 북쪽이 위로, 남쪽이 아래로 표현되어 있는데, 이것은 북쪽이 '위'이기 때문이 아니라 역사에 바탕을 둔 사람들의 선입견 때문이다. 인류 역사를 돌이켜보면 군사적으로 우위를 점유한 나라들이 대부분 북반구에 있었고, 이런 나라들이 자신이 있는 곳을 자연스럽게 '위'로 인식했기 때문에 지금과 같은 도법이 상용화된 것이다.* 그러나 입자와 마찬가지로 행성의 위아래는 임의로 결정될 수 있다.

"북극점 위에서 지구를 내려다보면 지구는 반시계 방향으로 자전하고 있다" – 대부분의 사람들은 이 말에 동의하겠지만, 사실은 이것도 편의상 정해진 방향일 뿐이다(호주에서 제작된 지도 중에는 남과 북이 뒤집힌 것도 있다). 태양계에 속한 다른 행성들도 지구와 비슷한 역사를 갖고 있어서, 태양 주변을 일제히 같은 방향으로 공전하고 있다. 따라서 행성의 공전 방향을 논할 때 혼란을 방지하려면 "태양계의 '위'에서 봤을 때 반시계 방향"으로 정의해야 한다. 졸지에 태양계에서 퇴출당한 명왕성을 제외하고,** 여덟 개의 '반듯한' 행성들은 거의 원에 가까운 타원궤도를 따라 태양 주변을 공전하고 있다.

행성의 '위'와 태양계의 '위'는 반드시 같을 이유가 없다. 예를 들

* 지도로 인해 생기는 선입견은 이뿐만이 아니다. 메르카토르 도법으로 작성된 지도에는 극지방에 가까운 대륙들이 실제보다 훨씬 크게 그려져 있어서, 유럽과 아프리카의 면적이 거의 비슷하게 보인다. 그러나 실제로 아프리카 대륙은 유럽보다 거의 세 배나 넓다.

** 나는 명왕성에 아무런 감정도 없다. 다만 명왕성이 태양계에서 퇴출된 것에 대해 몹시 격분하는 사람들이 아직도 많다는 사실만은 알아두기 바란다.

태양계의 '위'

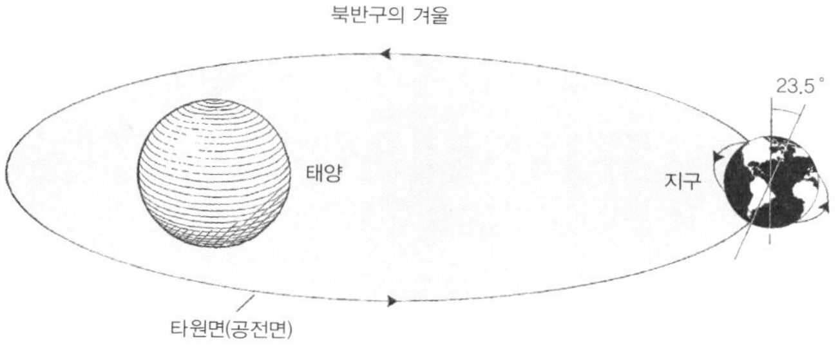

*이 그림은 실제 축척과 같지 않음.

어 지구의 자전축은 공전면(타원면)에 대해 23.5도 기울어져 있지만, 금성의 자전축은 금성의 공전면에 대해 약 3도 기울어진 채 지구와 반대방향으로 자전하고 있다. 행성에 스핀의 개념을 적용한다면 금성의 스핀은 태양계의 '아래쪽'을 향하고 있으며, 태양은 서쪽에서 떠서 동쪽으로 진다.

현재 지구가 어느 위치에 있건 간에, 자전축을 중심으로 한 바퀴 돌려도(다들 알다시피 이것은 하루에 해당한다) 겉모습은 완전히 똑같다. 지구 상에서 임의로 한 장소를 골라보자. 캐나다의 누나부트 준주에 있는 유레카가 좋겠다(북위 80도, 서경 86도). 유레카에 사는 사람들은 "배를 타고 북쪽으로 1100km 가면 북극점이 나온다"는 사실을 잘 알고 있다. 여기서 중요한 것은 지구를 임의의 방향으로 돌려도 유레카 사람들의 상식은 여전히 유효하다는 점이다.

이제 항해용 선박과 선원들을 입자 규모로 왕창 줄여서 전자의 표면 위를 항해한다고 가정해보자. 당신이 탄 초소형 배는 지구로 치면 캐나다의 유레카에 해당하는 지점에 놓여 있다. 자, 여기서도 전자의 북극으로 갈 수 있을까? 어차피 가상의 이야기니까, 전자의 북극을 탐지하는 장치가 있다고 가정하자. 그런데 이 장치를 작동시키면 "특정 방향이 북쪽일 확률이 몇 %, 그 반대 방향이 북쪽일 확률이 몇 %"라는 식으로 답이 나온다. 정말 황당하다.

이것이 바로 양자세계의 본질이다. 당신이 절대로 불가능하다고 생각했던 사건도 이곳에서는 "운이 조금 없으면 얼마든지 일어날 수 있는 사건"으로 돌변한다. 그리고 두 가지 가능성을 함께 갖고 있는 스핀은 입자와 관련하여 우리가 짐작했던 것보다 훨씬 많은 사실을 말해주고 있다.

입자들은 동일한 방식으로 회전하지 않는다

이 책의 서두에서 잠시 언급한 대로, 어니스트 러더퍼드는 모든 과학을 "물리학 아니면 우표수집"으로 요약했다. 당시(20세기 초)에는 러더퍼드도 몰랐겠지만, 물리학도 결국은 우표수집과 비슷한 형태로 변해왔다. 그런데 여기서 중요한 사실은 물리학자들이 새로 발행된 우표에 이름을 붙일 때 입자의 스핀을 중요한 기준으로 삼았다는 점이다.여기서 '새로 발행된 우표'란 새로 발견된 입자의 특성을 의미한다. 저자는 탁월한 유머감각을 갖고 있지만, 가끔은 너무 앞서간다는 느낌이 든다. - 옮긴이

입자는 질량이나 전하와 마찬가지로 각 종류마다 고유의 스핀을 갖고 있다. 그러나 스핀은 질량과 달리 몇 가지 값 중 하나만을 가질

수 있다(이 점은 전하와 비슷하다). 모든 입자는 '보존boson'과 '페르미온fermion'이라는 두 가지 카테고리 중 하나에 속하는데, 외우는 것을 싫어하는 독자들을 위해 이 책의 뒷부분에 입자의 목록을 요약한 커닝페이퍼를 마련해놓았으니 수시로 참고하기 바란다(고맙다는 인사는 안 해도 된다!).

스핀의 관점에서 볼 때 가장 단순한 입자는 스핀이 1인 입자이다. 양자역학에 등장하는 대부분의 물리량은 플랑크상수 $\hbar$(원래 플랑크상수는 h이고, $\hbar$는 $h/2\pi$를 줄여서 쓴 것이다)의 정수 배로 표현된다. 스핀은 플랑크상수의 정수 배나 반정수 배의 값을 가질 수 있는데, 여기서 $\hbar$를 떼어낸 값을 보통 스핀이라고 부른다. 그러니까 스핀이 1이라는 것은 정확히 말해서 스핀이 $\hbar$라는 뜻이다.

$\hbar$는 엄청나게 작은 상수이다. 시계 초침의 각운동량이 $\hbar$의 10^{29}배이니, 얼마나 작은 수인지 대충 짐작이 갈 것이다. 이처럼 스핀 각운동량은 믿기 어려울 정도로 작지만, 분명히 실재하는 양이다. 만일 내가 북극에서 편광된 빛줄기를 한 방향으로 꾸준히 발사한다면(광자의 스핀은 1이다) 지구의 자전을 멈추게 할 수도 있다. 물론 시간은 좀 오래 걸린다. 빛으로 지구의 자전을 멈추려면 약 10^{68}개의 광자를 발사해야 하는데, 이것은 태양이 지난 50억 년 동안 방출한 광자보다 수십만 배나 많은 양이다.

스핀이 1인 입자에는 여러 종류가 있는데, 이들 모두는 중요한 공통점을 갖고 있다. 광자는 전자기력을 매개하는 입자이고 글루온gluon은 강력(또는 강한 핵력)을 매개하는 입자이다. 그리고 이름이 좀

생소한 W입자와 Z입자는 약력(또는 약한 핵력)을 매개하고 있다. 이 정도면 감이 잡히는가?

스핀이 정수인 입자를 보존이라 한다. 이들은 힘을 매개하는 것 외에도 많은 공통점을 갖고 있다. 스핀이 1인 입자를 한 바퀴 돌리면 원래의 모습과 똑같아진다(바로 이런 이유 때문에 스핀이 1인 것이다). "한 바퀴 돌면 당연히 같아지지 않나?"라는 의문이 든다면, 당신은 아직도 입자를 볼링공으로 생각하고 있는 것이다. 다시 한 번 강조하건대, 입자는 거시적 스케일의 공과 근본적으로 다르다. 그리고 입자 중에는 스핀이 1이 아닌 것도 많다.

보존 중에서 힘을 매개하는 입자 외에 다른 입자로는 그 유명한 힉스입자Higgs particle(워낙 유별나고 중요한 입자이므로 다음 장에서 따로 다룰 예정이다)와 중력을 매개하는 것으로 추정되는 중력자graviton가 있다. 만일 중력자가 실제로 존재한다면(양자중력이론이 아직 완성되지 않아서 존재 여부를 장담할 수 없다) 스핀은 2가 되어야 한다. 스핀이 1인 입자가 한 바퀴 돌았을 때 똑같아지는 것처럼 스핀이 2인 입자는 반 바퀴 돌았을 때 똑같아지는데,* 이것은 나선은하가 갖고 있는 대칭과 비슷하다.

스핀이 정수라는 것은 입자가 힘을 매개한다는 사실과 함께 이

* 나의 물리학 전담 변호사의 충고를 받아들여 약간의 설명을 추가한다. 스핀이 1인 입자는 한 바퀴 돌면 똑같아지고 스핀이 1/2인 입자는 두 바퀴 돌면 똑같아지지만, 스핀이 2인 입자는 두 바퀴 돌았을 때 완전히 같아지지 않는다. 여기에는 좀더 복잡한 뒷이야기가 숨어 있는데, 그 내용을 설명하려면 완전히 삼천포로 빠져야 하기 때문에 어쩔 수 없이 생략한다.

들이 힘을 매개하는 방식까지 말해준다. 광자나 글루온처럼 스핀이 홀수인 입자들은 전하의 부호가 같은 입자들 사이에서 서로 밀어내는 힘을 만들어 낸다. 예를 들어 전하의 크기와 부호가 같은 두 개의 전자 사이에는 서로 밀어내려는 전기적 척력이 작용한다.

스핀이 2인 입자가 갖고 있는 대칭은 나선은하의 대칭과 비슷하다.

이와는 반대로 스핀이 짝수인 매개입자는 (만일 존재한다면) 같은 전하를 띤 입자들 사이에 잡아당기는 힘을 만들어낸다. 질량이란 중력을 유발하는 전하의 일종이고 모든 입자의 질량은 0이거나 0보다 크므로, 위의 논리를 적용하면 중력이 항상 인력으로 작용하는 이유를 설명할 수 있다. 물론 중력이 인력이라는 것은 누구나 알고 있는 사실이지만, 그 원인을 따지고 들어가면 결국 스핀에 도달하게 된다.

그러나 보존만으로는 전체 그림의 반밖에 그릴 수 없다. 당신의 몸을 이루고 있는 입자들은 과연 어떤 특성을 갖고 있을까?

디랙과 반물질, 그리고 페르미온

1905년에 아인슈타인은 물질이 에너지로 전환될 수 있다는(물론 그 반대도 가능하다) 놀라운 사실을 알아냈지만, 이 마법 같은 연금술을 구현하는 방법은 알지 못했다. 그 후 1928년에 폴 디랙은 양자역학과 특수상대성이론을 하나로 통합한 '상대론적 양자역학'을 구축하면서 정말로 놀라운 사실을 알아냈다 – 입자는 고정된 객체가 아니었던 것이다. 전자는 관측자가 보는 관점에 따라 여러 개의 입자와 반입자로 분리되었다. 보는 관점에 따라 다르게 보이는 것은 특수상대성이론의 기본 개념과도 일맥상통한다.

디랙은 모든 정황을 고려한 끝에 전자 한 개의 위치를 서술하는 것만으로는 부족하다는 사실을 깨닫고, 네 개의 양자파동으로 전자를 서술하는 방법을 개발했다. 처음에는 잘못된 길로 들어서서 많은 고생을 했으나, 결국 네 개의 파동은 스핀–업인 전자와 스핀–다운인 전자, 그리고 스핀–업인 양전자와 스핀–다운인 양전자로 밝혀졌고, 이들 중 하나를 얻으려면 네 개가 모두 필요했다. 여기서 더욱 중요한 사실은 전자가 다양한 속성을 갖고 있음을 인정할 수밖에 없었다는 점이다. 힌두교의 신 크리슈나가 각국의 문화적 배경에 따라 다른 모습으로 등장하는 것처럼, 전자도 다양한 모습을 갖고 있었다.

파동의 중첩에 의한 효과는 가히 상상을 초월한다. '양자quantum'가 존재한다는 것은 에너지와 전하, 그리고 각운동량 같은 물리량들이 임의의 값을 가질 수 없음을 뜻한다. 예를 들어 전자가 하나의 스핀 상태에서 다른 스핀 상태로 이동할 때, 두 상태는 정확하게 1만큼 차이가 난다. 즉, 전자의 스핀은 +1/2(업)과 −1/2(다운)의 두 가지뿐이다.

스핀이 1/2인 입자는 전자뿐만이 아니다. 디랙의 방정식은 페르미온에 속하는 모든 입자의 거동을 서술하고 있다. 여기에는 쿼크와 양전자, 그리고 뉴트리노 등 물질과 반물질을 이루는 모든 입자들이 포함된다.

스핀이 1/2인 입자는 거동 방식이 매우 희한하다. 스핀이 1인 입자는 한 바퀴 돌았을 때 원래의 모습과 완전히 같고 스핀이 2인 입자는 반 바퀴 돌았을 때 같아지는데, 이 논리를 그대로 적용하면 스핀이 1/2인 입자는 두 바퀴를 돌아야 원래 모습과 같아진다.

전자를 한 바퀴 돌리는 것은 전자를 제외한 우주 전체를 한 바퀴 돌리는 것과 같다. 그런데 우주를 한 바퀴 돌리면 정확하게 처음 상태로 되돌아온다. 고전적인 우주에서는 너무나 당연한 사실이다.

그러나 지금 우리가 다루고 있는 것은 고전적인 우주가 아니다. 7장에서 말한 대로, 우주의 파동함수를 그대로 유지하면서 가할 수 있는 변환은 두 가지가 있는데, 하나는 +1을 곱하는 것이고 다른 하나는 '놀랍게도' −1을 곱하는 것이다. 따라서 전자를 한 바퀴 돌리면 −1이 곱해지고 한 바퀴 더 돌리면 −1이 또 한 번 곱해진다. 양자세계가 제아무리 희한하다 해도, −1을 두 번 곱하면 +1이 되어 모든 것이 원래대로 돌아온다. 이 장의 끝 부분에 가면 이와 비슷한 현상을 한 번 더 접하게 될 것이다.

여기서 잠시 하이젠베르크의 말을 들어보자.

우리가 관측하는 것은 자연 자체가 아니다. 자연은 우리가 질문을 던지는 방식에 따라 그에 걸맞은 모습을 보여줄 뿐이다.

우리의 우주가 얼마나 불분명한 존재인지를 보여주는 간단한 실험이 있다. 흔히 '파인만의 판Feynman's Plate'이라 불리는 실험이 바로 그것이다. 이것 말고도 '디랙의 벨트Dirac's Belt'나 '네 가지 악수Quaternionic Handshake' 등 다양한 버전의 실험이 있는데, 자세한 내용은 유튜브를 찾아보기 바란다.

파인만의 실험은 물이 가득 담긴 컵을 오른손바닥에 얹어놓는 것으로 시작된다. 물론 물컵으로 보여주는 모든 시범에는 "어떤 경우에도 물을 엎지르지 않겠다"는 강한 의지가 담겨 있다. 잘못하면 옷을 적시는 수가 있으니, 잘 읽고 따라해보기 바란다.

자, 물이 담긴 컵을 오른손바닥에 올려놓은 채 팔꿈치를 어깨 아래에서 반시계 방향으로 한 바퀴 돌려보라(이때 물을 엎지르지 않도록 조심할 것!). 이 과정에서 컵은 360도 돌아갔지만, 당신의 오른팔은 처음 상태와 같지 않다. 팔꿈치가 위쪽을 향하고 있어서 몹시 불편할 것이다.

이 상태에서 물컵을 반시계 방향으로 또 한 바퀴 돌릴 수 있을까? 가능하다. 단, 팔꿈치를 아까처럼 어깨 아래에서 돌리지 말고 어깨 위로 치켜든 채 돌려야 한다(어차피 이 자세에서는 절대로 어깨 아래로 돌릴 수 없다).

짜잔~! 어떤가? 당신이 이 실험을 제대로 수행했다면 (1) 물컵과 당신의 팔은 처음 상태로 되돌아오고 (2) 이 과정에서 물을 한 방울도

파인만의 판

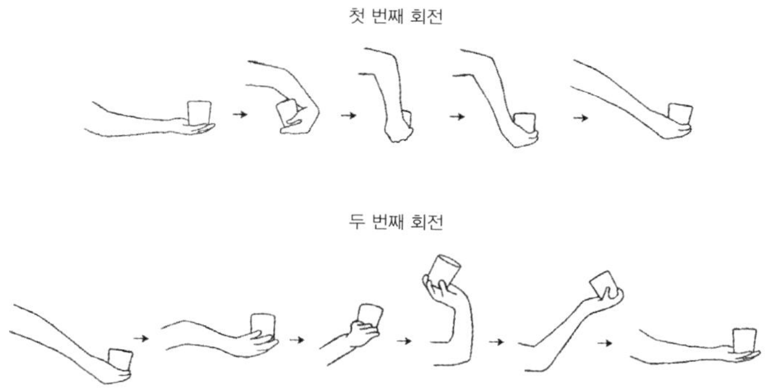

흘리지 않았을 것이다. 여기서 중요한 것은 원래의 상태로 되돌아오기 위해 '두 바퀴'를 돌았다는 점이다.

대칭과 반대칭

전자는 수학이라는 마법을 통해 두 바퀴 돌아야 원래대로 돌아오는 일종의 자이로스코프라 할 수 있다. 그러나 놀라기엔 아직 이르다. 전자의 특성을 깊이 파고들어갈수록 머릿속은 더욱 혼란스러워진다.

디랙은 스핀이 1/2인 입자의 특성을 처음으로 유도한 직후에 무언가가 잘못되었다고 생각했다. 음의 에너지를 갖는 이상한 입자가 방정식에 나타났기 때문이다. 훗날 이 입자는 '반입자antiparticle'라는 이름으로 불리게 된다.

이런 입자가 존재하면 우주는 정말로 혼란스러워진다. 지금도 우리 우주에서는 전자와 양전자가 진공 중에서 갑자기 나타났다가 순식간에 사라지기를 되풀이하고 있는데, 사실 이것은 그다지 대수로운 일이 아니다. 7장에서 말한 것처럼, 이런 입자들이 블랙홀을 증발시키고 있다.

그런데 진공 중에서 탄생한 입자들이 단명하지 않고 오래 살아남는다면 당장 문제가 발생한다. 양전자는 에너지가 음수이므로 전자-양전자 쌍이 생성되는 데에는 별도의 에너지가 필요하지 않다. 그러나 이들이 생성되기만 하고 사라지지 않는다면 온 공간이 물질로 가득 차서 더 이상 끼어들 곳이 없게 된다.

다행히도 전자는 이런 식으로 거동하지 않는다. 디랙은 자신이 유도한 방정식을 1928년에 발표했는데, 그보다 2년 앞서서 이탈리아의 물리학자 엔리코 페르미Enrico Fermi는 스핀과 반물질 등 새로운 개념이 대두되기도 전에 전자의 거동 방식이 광자와 근본적으로 다르다는 사실을 알아냈다(독자들도 눈치챘겠지만, 페르미온은 페르미의 이름에서 따온 것이다).

광자는 에너지와 위상이 비슷한 것들끼리 서로 뭉치려는 경향을 보이는 반면(레이저는 바로 이런 성질을 이용한 증폭장치이다), 전자들(특히 에너지가 낮은 전자들)은 서로 다른 상태를 점유하려는 경향이 있다. 그래서 보존(광자 등)과 페르미온(전자 등)은 둘 사이의 대칭이 알려지기 훨씬 전부터 이미 다른 종류로 분류되어 있었다.

물리학자들은 보존과 페르미온의 스핀이 다르다는 사실을 뒤늦게 알게 되었다. 1940년에 볼프강 파울리는 둘 사이의 차이를 이론적으로 정립한 스핀통계정리Spin Statistics Theorem를 발표했는데, 이 정리에 의하면 보존과 페르미온의 차이는 동일한 두 입자를 서로 맞바꿨을 때 극명하게 드러난다.

그 원리를 이해하려면 양자역학의 파동적 특성에 집중해야 한다. 양자적 파동은 진폭과 진동수, 파장 등 몇 가지 물리적 특성을 갖고 있는데, 그중에서 가장 간과하기 쉬운 것이 바로 파동의 위상이다. 파동은 임의의 시간, 임의의 장소에서 양(+)의 값을 가질 수도 있고, 음(−)이 될 수도 있다. 현재 위치가 파동의 골짜기보다 마루에 더 가까우면 양이고, 골짜기에 가까우면 음이다. 사실 파동의 부호는 별로 중요하지 않다. 우리에게 필요한 것은 파동을 제곱한 값이기 때문이다. 일반적으로 파동은 특정 방향으로 진행하면서 양과 음 사이를 오락가락하며, 위상은 그 타이밍을 나타내는 값이다.

여러 사람이 함께 부르는 돌림노래를 예로 들어보자. 당신이 "리, 리, 리자로 끝나는 말은…"까지 부르면 나는 같은 노래를 처음부터 부른다. 노래는 같은데 시작하는 시점이 다르기 때문에 서로 다른 부분이 화성을 이루며 진행하게 된다. 이런 경우에 물리학자는 "두 노래의 위상이 다르다"고 말한다.

그러나 양자적 파동의 위상은 관측할 수 없을 뿐만 아니라, 어떤 정해진 값을 갖고 있지도 않다. 만일 위상이 정해져 있고 측정 가능하다면, 입자를 공간이동시킬 때 양자적으로 얽힌 상태를 망가뜨리지 않은 채 모든 정보를 전송할 수 있을 것이다. 그러나 7장에서 확인한 바와 같이 이것은 원리적으로 불가능하다. 두 개의 양자적 파동이

파동의 간섭

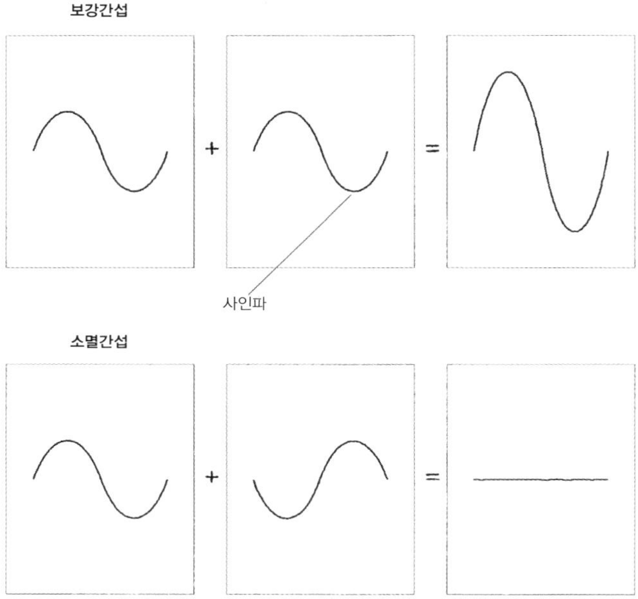

만나면 서로 간섭을 일으키는데, 두 파동의 위상이 완전히 일치하면 보강간섭이 일어나서 파동의 진폭이(또는 확률이) 커지고, 위상이 정반대인 파동끼리 만나면 소멸간섭을 일으켜 완전히 사라진다. 교향악단이 연주하는 대형 홀의 곳곳에 음향맹점acoustical dead spot(음파가 간섭을 일으켜 소리가 들리지 않는 지점)이 존재하는 것도 바로 이런 이유 때문이다.*

* 그냥 한번 잘난 척해봤다. 나도 여러분처럼 고전 음악 같은 거, 잘 모른다.

파동의 위상은 직접 관측할 수 없지만, 입자를 돌렸을 때 어떤 일이 일어나는지는 짐작할 수 있다. 페르미온을 한 바퀴 돌리면 파동함수의 위상은 180도 이동한다. 이것은 원래의 파동에 −1을 곱한 것과 정확하게 일치한다.

여기서 한 바퀴 더 돌리면 위상이 360도 이동하여 처음과 같아진다. 이것이 바로 스핀이 1/2인 입자의 거동 방식이다.

지금까지는 별 문제 없다. 그런데 바로 이 시점에서 논리상으로 약간의 점프가 필요하다. 페르미온을 한 바퀴 회전시켰을 때 −1이 나타나는 것처럼(보존의 경우에는 +1), 같은 종류의 페르미온 두 개를 서로 맞바꿨을 때에도 −1이 나타난다.

회전에 의한 효과와 맞바꾸기에 의한 효과가 같다는 것은(페르미온은 −1, 보존은 +1) 이들이 수학적으로 긴밀하게 연관되어 있음을 의미한다. 그런데 안타깝게도 그 이유를 설명할 방법이 없다. 회전과 맞바꾸기가 왜 동일한 효과를 낳는지, 그 이유는 아직도 오리무중이다. 강의 잘하기로 유명했던 파인만도 이 부분을 설명하면서 다음과 같이 털어놓았다.

> 이들이 같은 이유를 명쾌하게 설명하고 싶지만, 아직 아무도 그 이유를 밝혀내지 못했다. 이 점 미안하게 생각한다… 물리학에는 아주 간단하면서도 그 이유를 설명할 수 없는 법칙이 몇 개 있는데, 이것도 그중 하나이다… 아마도 이 문제의 저변에 깔려 있는 근본 원리를 완전하게 이해하지 못했기 때문일 것이다.

결국 모든 것은 '−1'이라는 숫자 하나로 귀결된다. 페르미온은 이것을 갖고 있고, 보존은 갖고 있지 않다. 매우 간단한 대칭이다.

입자의 종류가 두 가지(페르미온과 보존)인 이유는 선택의 여지가 −1과 +1밖에 없기 때문이다. 또한 이들의 거동 방식이 서로 다른 이유도 여기서 찾아야 할 것이다.

−1이 왜 그토록 중요한가?

−1은 물리학에서 자주 등장하는 상수이다. 특히 전기전하에서 가장 분명하게 드러난다.

여기에는 역사적인 사연이 숨어 있다. 전자의 전하를 −1, 양성자의 전하를 +1로 정한 사람은 피뢰침을 만든 발명가이자 미국산 100달러 지폐의 모델인 벤저민 프랭클린Benjamin Franklin이었다. 그는 양모를 밀랍에 대고 문지르면 양모에 초과 전하가 생기고 밀랍은 전하를 잃는다고 생각했지만, 사실은 이것은 양모에 있던 전자가 밀랍으로 옮겨가면서 나타난 결과였다. 그러나 +전하가 밀랍에서 양모로 이동했건, −전하가 양모에서 밀랍으로 이동했건, 겉으로 드러나는 현상은 똑같기 때문에 어떤 식으로 생각해도 상관없다. 전하들 사이의 상호작용을 좌우하는 유일한 요인은 두 전하의 곱이다. 두 개의 전자가 마주보고 있을 때 이 값은 (−1)×(−1) = +1이고, 두 양성자의 전하를 곱한 값도 똑같이 +1이다. 그래서 두 개의 전자(또는 두 개의 양성자) 사이에는 서로 밀어내는 힘이 작용한다.

페르미온과 보존의 경우에도 이와 비슷한 논리를 적용할 수 있다. 같은 종류의 입자를 맞바꿨을 때 페르미온의 파동함수에는 −1, 보존의 파동함수에는 +1이 곱해진다. 사실 맞바꾸기 같은 변환은 잊어버려도 된다. 중요한 것은 페르미온 = −1, 보존 = +1이라는 대응관계이다. 입자들이 여러 개 모여 있는 경우에는 각 입자에 할당된 숫자를 연달아 곱하면 된다. 예를 들어 양성자와 중성자는 세 개의 쿼크로 이루어져 있는데, 쿼크는 페르미온이므로 −1을 세 번 곱하면 −1이 된다. 즉, 양성자와 중성자는 페르미온이다.

또 다른 사례를 들어보자. 1장에서 말한 대로 입자 중에는 거울에 비췄을 때 똑같은 것도 있고, 반대로 뒤집어지는 것도 있다. 흔히 '반전성parity'으로 알려진 이 특성은 입자의 전하처럼 고정된 값으로 표현되는데, 거울영상이 변하지 않으면 +1, 반대로 뒤집어지면 −1이다. 지금까지 알려진 바에 의하면 쿼크의 반전성은 +1이고, 반쿼크(쿼크의 반입자)의 반전성은 −1이다.

반전성도 입자 맞바꾸기 법칙과 동일한 방식으로 적용된다. 따라서 입자가 여러 개인 경우에는 각 입자의 반전성을 연달아 곱하면 된다. 예를 들어 당신의 손은 반대칭이므로(즉, 반전성이 −1이므로) 거울에 비추면 상이 뒤집어진다. 그러나 양손을 동시에 거울에 비추면 전체적인 영상은 대칭성이 유지된다(반전성 = +1).

파이온pion이라는 입자는 하나의 쿼크(+1)와 하나의 반쿼크(−1)로 이루어져 있다. 이 입자를 거울에 비추면 어떻게 될까? 두 구성 입자의 반전성을 곱하면 −1이므로, 파이온의 반전성은 −1이다. 즉, 파이온을 거울에 비추면 상이 뒤집어진다.

동일한 논리에 의해 한 쌍의 파이온은 반전성이 +1이고 세 개의 파이온은 반전성이 −1이다. 반전성은 전자기적 상호작용과 강한 상호작용에서 보존되는 것으로 알려져 있다.

그러나 약한 상호작용으로 가면 이야기가 완전히 달라진다. 그리고 이 사실은 1장에서 언급했던 제임스 크로닌과 발 피치의 실험을 이해하는 핵심이기도 하다. 두 사람에게 노벨상을 안겨준 케이온은 정말로 희한한 입자이다.

케이온 한 뭉치를 용기에 담아놓으면 절반은 약 10억 분의 1초 만에 붕괴되고, 나머지 절반은 이보다 600배쯤 더 오래 살아남는다. 수명이 600배나 차이나는 데도 과연 이들을 같은 입자라고 할 수 있을까? 순식간에 붕괴된 절반과 나머지 다른 입자일 가능성이 높다.

이들은 붕괴되면서 각기 다른 잔해를 남긴다. 케이온이 붕괴되면 파이온이 생성되는데, 단명한 케이온은 두 개의 파이온으로 붕괴되고 (반전성 = +1) 수명이 긴 케이온은 세 개의 파이온으로 붕괴된다(반전성 = −1). 크로닌과 피치가 실험을 수행하기 전에, 물리학자들은 모든 케이온이 이와 같은 패턴을 따른다고 가정했다.

그러나 막상 실험을 해보니 수명이 긴 케이온 500개 중 한 개는 두 개의 파이온으로 붕괴되었다. 장수형 케이온 중 일부가 단명한 케이온으로 변한 것이다. 만일 그렇다면 이것은 보통 일이 아니다. 결국은 물리학자들이 보존된다고 믿었던 반전성이 보존되지 않은 것이고, 우주에 존재하는 모든 물질들이 이와 같은 성질을 갖고 있다는 뜻이다. 이 상황을 올바르게 이해하려면 −1에 숨어 있는 대칭의 미스터리부터 풀어야 한다.

나는 입자들 사이의 차이를 실감나게 설명하는 방법을 찾기 위해 별의별 궁리를 다 해보다가, 결국 "모든 차이는 마이너스 부호로 귀결된다"는 결론에 도달했다. 마이너스 부호? 그거 우리가 느낄 수 있는 건가? 물론 아니다. 아마 이 대목에서 독자들은 이렇게 외치고 싶을 것이다. "그런 거, 누가 신경이나 쓴대?"

파울리의 배타원리

본론으로 들어가기 전에, 양자적 파동과 관련된 내용을 간단하게 정리해보자.

• 양자역학적 파동을 제곱한 양은 입자가 특정 위치에서 발견될 확률을 말해준다. 그리고 우리는 이런 법칙이 성립하는 양자적 우주에서 살고 있다.

• 두 페르미온의 위치를 맞바꾸면 파동함수 앞에 마이너스 부호가 붙는다.

• 파동함수 앞에 마이너스 부호가 붙어도 확률은 달라지지 않는다. 어차피 확률은 파동의 제곱이고, 마이너스를 두 번 곱하면 플러스가 되기 때문이다.

앞에서 내가 마이너스 부호 덕분에 당신이 존재하게 되었다고 말했던가?

우리의 몸을 비롯하여 우주의 모든 물질을 구성하는 입자는 양성자, 중성자, 쿼크, 그리고 전자와 같은 페르미온이다. 여기 스핀의 방향이 같은 두 전자가 2층을 쌓고 있다고 가정해보자(물리학을 잘 아는 독자들을 위해 한마디 추가하자면, 이들은 운동량도 같다). 이제 두 전자의 위치를 맞바꿔보자. 우리 눈에는 달라진 게 없는 것 같지만, 양자역학의 관점에서 보면 이 간단한 행위 때문에 우주 전체가 혼돈에 빠진다. 물론 우리에게는 두 전자를 구별할 방법이 없으므로 파동함수는 달라지지 않아야 한다. 그러나 파동함수 앞에 마이너스 부호가 붙는 것도 사실이다.

전자의 파동함수를 φ라 했을 때, 위의 조건이 만족되려면 $\varphi = -\varphi$가 되어야 한다. 눈치챘는가? 그렇다. 이 방정식을 만족하는 해는 $\varphi = 0$밖에 없다. 다시 말해서, 파동함수가 그냥 0이라는 뜻이다. 그러면 당연히 전자가 발견될 확률도 0이다.

이로부터 우리가 내릴 수 있는 결론은 하나뿐이다. 스핀이 같은 두 개(또는 그 이상)의 전자들은 같은 시간에 같은 장소에 놓일 수 없다. 1925년에 파울리가 이 사실을 발견한 후로 물리학자들은 원자의 전기적 구조에서 별의 최후 상태에 이르기까지, 실로 방대한 양의 지식을 새로 습득할 수 있었다. 이것이 바로 그 유명한 '파울리의 배타원리'이다.

전문가가 아닌 일반 독자들은 여기서 별다른 감흥을 못 느낄지도 모른다. 입자는 아무리 작아도 크기가 있을 것이므로 두 개를 같은 장소에 놓는 것은 어차피 불가능하고, 따라서 입자를 맞바꾸거나 마이너스 부호를 붙이는 것은 이론적 유희라고 생각할 수도 있다. 우리의 일상생활에 배타원리가 대체 무슨 영향을 끼친다는 말인가?

그러나 천만의 말씀이다. 배타원리의 파급 효과는 가히 상상을 초월한다. 우주에 존재하는 모든 원자는(당신과 나, 그리고 어딘가에 있을 외계인까지 포함해서) 페르미온으로 이루어져 있다. 다만 원자의 종류에 따라 페르미온의 개수가 다를 뿐이다. 수소원자는 하나의 전자를 갖고 있고, 헬륨원자는 두 개의 전자를 갖고 있다. 그리고 이들은 전자와 같은 수의 양성자를 갖고 있어서 전체적으로는 중성이다. 이 작은 차이가 지금처럼 다양한 우주를 만들어낼 수 있었던 것은 전적으로 배타원리 덕분이었다.

지금까지 나는 이 책의 꽤 많은 페이지를 할애하여 전자의 스핀을 설명해왔는데, 특히 강조했던 부분은 전자의 스핀이 '업'과 '다운' 두 가지 뿐이라는 것이었다. 여기에 배타원리를 적용하면 원자의 최저 에너지상태(바닥상태)에는 스핀-업과 스핀-다운인 두 개의 전자만이 놓일 수 있다. 그 외에 다른 전자가 하나라도 더 들어오면 동일한 상태를 점유하게 되어 배타원리에 위배된다. 정상적인 중성 수소원자는 현재 갖고 있는 하나의 전자 외에 또 다른 전자를 애써 불러오려고 하지 않지만, 배타원리에 의하면 불가능하지도 않다. 중성 수소원자에 전자 하나를 추가로 주입하면 수소원자도 자신의 전자를 기꺼이 내놓고 공유함으로써 배타원리에 따른 안정화를 꾀한다. 이런 식으로 수소원자가 산소원자와 결합하여 탄생한 것이 물H_2O이고, 탄소원자와 결합한 것이 메탄CH_4이다. 그 외에도 수소원자는 수많은 이온과 결합하여 다양한 화합물을 만들어낼 수 있다.

반면에 헬륨He은 이와 같은 사치를 누리지 못한다. 전자를 수용할 수 있는 방이 이미 꽉 차 있기 때문이다. 진짜 호텔이라면 투숙객이 있어도 (본인들이 굳이 원한다면) 친구를 불러들여 소파나 욕조에서 자게 할 수도 있지만, 바닥상태의 헬륨에 투숙한 두 개의 전자에게는 그런 자유가 주어지지 않는다. 스핀-업과 스핀-다운인 두 개의 전자가 이미 바닥상태를 점유하고 있으므로, 배타원리에 의해 다른 전자가 끼어들 여지가 없는 것이다.

그래서 헬륨은 다른 원소와 반응을 거의 하지 않고 항상 외톨이로 남아 있다. 풍선에 수소 대신 헬륨을 주입하면 훨씬 안전한 것도 이런 이유 때문이다. 네온Ne과 아르곤Ar 등도 헬륨처럼 전자들이 만원사례를 이루고 있어서 다른 원소와 반응을 하지 않는데, 이들은 상온에서 기체로 존재하기 때문에 흔히 '불활성 기체noble gas'라 불린다.* 헬륨은 에너지가 가장 낮은 궤도에 두 개의 전자만 수용할 수 있고 네온은 여기에 추가로 8개의 전자를 더 수용할 수 있다(따라서 네온은 총 10개의 원자를 갖고 있다). 자세한 내용은 다소 복잡하고 굳이 알아야 할 필요도 없으므로 생략한다. 어쨌거나 불활성 기체들은 다른 원소와 전자를 공유하지 않는다.

* 아무리 생각해도 'noble gas(고귀한 기체)'라는 이름은 좀 오버인 것 같다.

반면에 구리Cu나 금Au처럼 다른 궤도에 여분의 전자를 갖고 있는 원소들은 전기적 성질이 예민한 도체이다. 이들은 원자세계에서 가장 자유분방한 히피족으로, 자신의 전자를 다른 원소와 공유하는 데 전혀 인색하지 않다.

우리의 몸을 비롯하여 모든 물질을 이루고 있는 입자들(양성자, 중성자, 전자)은 페르미온이기 때문에 파울리의 배타원리를 따른다. 그리고 바로 이 원리 덕분에 우리가 생각하는 '좋은 것들'이 우주에 존재하게 된 것이다. 그러나 앞서 말한 대로 입자 중에는 페르미온에 속하지 않는 것도 많다.

보존의 세계로 들어가면 상황이 완전히 달라진다. 이들은 자리를 맞바꿨을 때 +1이 나오기 때문에, 배타원리의 지배를 받지 않는다. 헬륨의 원자핵이나 광자를 여러 개 취하여 한 곳에 모아놓고 온도를 극저온으로 낮추면 놀라운 일이 벌어진다. 바로 입자들이 하나로 뭉쳐서 마찰이 전혀 없는 초유동체superfluid가 되는 것이다. 이들은 점성이 없는 얇은 막을 이룬 채 자유롭게 이동하는데, 심지어는 최소에너지 상태로 갈 때도 중력의 법칙을 따르지 않는 것처럼 보인다. 이것을 보스-아인슈타인 응축물Bose-Einstein condensation이라 한다. - 옮긴이

광자가 보존이라는 것은 우리에게 좋은 소식이다. 그렇지 않다면 레이저는 애초부터 불가능했을 것이다. 레이저는 모든 광자들이 동일한 상태와 동일한 에너지를 갖도록 동기화시켜서 강한 에너지를 만들어내는 장치이다. 따라서 만일 광자가 페르미온이었다면, 우리는 마트에서 물건을 산 후 점원이 일일이 손으로 물건값을 계산할 때까지 계

산대에서 한참을 기다려야 했을 것이다.

레이저에게는 보존이 고마운 존재이겠지만, 우리에게는 별로 이롭지 않은 입자이다. 페르미온이 없었다면 화학반응이라는 것이 애초부터 일어나지 않았을 것이고, 만물은 지금과 같은 구조를 갖지 못했을 것이다. 다시 말해서, 인간이라는 존재의 기원은 결국 −1로 귀결되는 셈이다. 배타원리가 없었다면 우주에는 생명체가 결코 탄생하지 못했을 것이다.

·

백색왜성, 중성자별, 축퇴

우리에게 배타원리*가 필요한 이유를 따지자면 한두 가지가 아니다. 지금 우리 몸을 구성하고 있는 모든 원자들이 과거 한때 별의 일부였다는 사실을 알고 있는가? 칼 세이건Carl Sagan의 말대로, 인간이라는 존재의 근원은 '별'이다. 언뜻 생각하면 배타원리는 별과 아무런 관계가 없을 것 같다. 두 개의 입자가 서로 겹칠 정도로 가까이 접근했을 때에만 배타원리의 경고등이 켜지기 때문이다[물리학자들은 이것을 '축퇴degeneracy(배타원리에 의해 전자에 압력이 가해지는 상태)'라고 부른다]. 그러나 별의 내부는 온도가 높아서 항상 밖으로 향하는 압력이 작용하기 때문에, 두 개 이상의 입자가 한 자리를 차지하려고 다투는 사건은 거의 일어나지 않는다.

* 혹시 잊어버린 독자들이 있을까 봐 다시 한 번 강조한다. 배타원리는 우리가 같은 종류의 입자 두 개를 '조물주도 모르게' 바꿔치기할 수 있다는 사실로부터 자연스럽게 유도된 결과이다.

별의 내부는 복잡한 원소가 만들어지는 궁극의 실험실이다. 빅뱅이 일어난 직후, 우주에 존재하는 원소는 수소와 헬륨이 전부였다. 이보다 무거운 원소가 만들어지려면 별의 도움이 필요하다. 지금 우리의 태양은 수소를 융합하여 헬륨을 만들어내고 있는데, 앞으로 세월이 흐르면 수소가 모두 고갈되고, 그때부터 태양은 '핵융합 다이어트' 모드로 돌입한다. 즉, 헬륨을 원료로 삼아 탄소와 산소 등 무거운 원소를 만들어낼 것이다. 그러다가 헬륨마저 다 떨어지면 태양은 더 이상 핵융합반응을 일으키지 못하고 자체 중력에 의해 안으로 수축되다가 백색왜성white dwarf으로 삶을 마감할 것이다. 하지만 당장 걱정할 필요는 없다. 태양의 크기와 현재 보유하고 있는 수소의 양으로 미루어볼 때, 앞으로 50억 년은 충분히 살 수 있다.

태양이 백색왜성으로 변하면 배타원리와 정면충돌을 일으킨다. 풍선에 뜨거운 공기를 주입하고 상온에 오래 놔두면 쭈그러드는 것처럼, 태양도 연료가 떨어지면 온도가 내려가면서 안으로 붕괴될 것이다(최종적으로는 지구만큼 작아진다). 그런데 중력의 세기는 거리의 제곱에 반비례하므로, 태양의 크기가 작아질수록 자체 중력은 점점 더 강해진다.

바로 이 시점에서 배타원리가 개입된다. 태양의 내부에서는 전자들이 정신없이 돌아다니고 있는데, 부피가 작아질수록 전자의 운신의 폭도 좁아지다가 결국에는 단단하게 뭉쳐진다. 그런데 입자 맞바꾸기 대칭에서 기인한 우주의 물리 법칙에 의하면 두 개의 전자는 같은 위치에 놓일 수 없다. 따라서 태양은 더 이상 수축되지 않고 중력과 배타원리가 팽팽하게 맞선 상태에서 균형을 유지하게 된다.

두 개 이상의 전자가 겹쳐지지 않는 것은 이들의 스핀이 1/2이기 때문이며, 우리의 우주에 맞바꾸기 대칭이 존재하기 때문이다.

축퇴는 인간의 기원과 함께 먼 훗날 닥치게 될 운명까지 말해주고 있다. 앞서 말한 대로 우리의 태양은 헬륨과 산소, 그리고 탄소를 만들어내는 공장이다. 그러나 태양보다 무거운 별들은 네온과 마그네슘, 실리콘, 철 등 무거운 원소를 만들어낼 수 있다. 그런데 우리 주변에 산재해 있는 원소들은 이것 말고도 많이 있다. 수은, 납, 우라늄과 같이 무겁고 복잡한 원소들은 대체 어디서 어떻게 만들어진 것일까?

그 해답은 가장 무거운 별에서 찾아야 한다. 처음에 별이 아무리 큰 덩치로 태어났다 해도, 시간이 흐르다 보면 핵융합 연료는 결국 바닥나기 마련이다. 태양보다 훨씬 큰 별이 지금 막 태어나서 막대한 양의 수소로 핵융합반응을 시작한다면, 태양보다 온도가 훨씬 높고 밝기도 훨씬 밝을 것이다. 이런 헤비급 별들에서는 모든 과정이 훨씬 빠르게 진행되기 때문에, 오히려 태양보다 수명이 짧다.

가장 무거운 별은 연료를 다 태우면 최종적으로 철Fe이 남는다. 이것으로 별의 수명은 끝이다. 철 덩어리를 아무리 세게 압축해도, 핵융합반응이 일어나려면 그보다 큰 에너지가 필요하기 때문이다. 그래서 우리는 핵에너지를 생산할 때 핵융합 대신 핵분열nuclear fission을 사용한다. 두 원소를 우격다짐으로 뭉개서 하나로 만드는 것보다는 한 원소를 몇 조각으로 쪼개는 것이 더 수월하기 때문이다(두 과정에서 모두 에너지가 생성된다). 핵융합이 산발적으로 일어나는 우주에서 철은 최종적으로 남겨진 핵폐기물인 셈이다.

가장 무거운 별에서 핵융합반응이 일어나지 않으면 외부로 향하는 압력이 발생하지 않으므로 자체 중력에 의한 붕괴를 막을 길이 없다. 전자의 겹침을 억제하는 축퇴압이 발생하긴 하지만, 가장 무거운 별의 붕괴를 막기에는 역부족이다. 그래서 결국에는 무지막지한 중력이 모든 양성자와 전자를 한 덩어리로 짓뭉개어 중성자로 바꿔버린다.

파울리의 배타원리가 개입되기 전에, 무거운 입자는 가벼운 입자보다 더 많이 압축될 수 있다. 중성자의 질량은 전자의 약 2000배이므로, 새로 태어난 중성자별은 자신과 질량이 같은 백색왜성보다 거의 2000배쯤 작아질 때까지 붕괴된다. '중성자별'이라는 이름만 놓고 보면 그저 그런 평범한 별 같지만, 항상 그렇듯이 속단은 금물이다. 이들은 반지름이 5km 정도에 불과한데도 질량은 태양의 2~3배나 된다. 덩치는 작지만 알고 보면 거의 괴물 같은 천체이다.

여기서 잠시 만화 같은 장면을 상상해보자. 극도로 단단하게 뭉쳐진 별이 공간의 아주 작은 영역을 점유하고 있다. 그 주변에 있는 다른 천체들이 잡담을 나누며 작은 별을 흉보고 있는데, 로드러너를 쫓던 코요테가 갑자기 이곳에 나타나서 위험천만한 고무줄 총에 매달렸다가 작은 별을 향해 빠른 속도로 발사되었다. 코요테의 속도는 점점 빨라지다가 작은 별에 도달할 무렵에는 거의 광속에 가까워진다.

드디어 작은 별의 표면에 충돌했다. 그러고는 곧바로 되 튀어오른다.

튀어오르는 와중에 별을 향해 떨어지는 다른 물체들과 부딪히면서 엄청난 폭발을 일으킨다. 이 광경은 근처에 있는 은하에서도 보일 정도로 장관이다. 만화 같은 이야기지만, 이것이 바로 초신성 폭발이다.'초신성 폭발'이라고 하면 초신성이라는 별이 멀쩡하게 존재하다가 어느 날 갑자기 폭발한 것처럼 들리지만, 사실 초신성이라는 단어 안에는 '폭발하는 별'이라는 의미가 이미 들어 있다. – 옮긴이

초신성은 두 가지 면에서 우리의 존재에 지대한 영향을 미쳤다. 첫째, 초신성은 폭발하는 과정에서 엄청난 양의 에너지와 탄소, 질소, 산소, 철 등 다양한 물질을 우주 공간에 흩뿌린다. 지구를 구성하는 원소들은 과거 한때 별의 일부였다가 초신성 폭발을 통해 우주 공간으로 흩어진 것이다. 우리 몸도 질량분석기로 분석해보면 대부분이 별에서 만들어진 원소들로 이루어져 있다.

그러나 무거운 원소들은 별에서 만들어지지 않는다. 앞에서도 말했지만, 별의 내부에서 핵융합을 통해 만들어지는 원소는 철이 마지막이다. 철보다 무거운 원소들은 다른 방식으로 만들어지는데, 그것이 바로 초신성 폭발이다. 초신성이 없었다면 니켈, 구리, 금, 크립톤 등은 우주에 존재하지 않았을 것이다.

결국 우리 인간은 우주적 대혼란의 산물인 셈이다. 그것도 한 번이 아니라 여러 번 순환되면서 지금에 이르렀을 가능성이 높다. 지금 당장 주변을 둘러보라. 무거운 원소들이 사방에 널려 있지 않은가? 그들 중 일부는 못을 박을 때 쓰이고, 일부는 동영상을 감상할 때 쓰이며, 심지어는 입 안으로 들어가서 우리 몸의 일부가 되기도 한다.

중성자별 한 스푼은 우리에게 어떤 영향을 미칠 수 있을까?

우리는 어떻게 존재하게 되었을까? 중성자별(그리고 초신성 폭발로 사방에 흩어진 온갖 금속원소들)은 궁극적으로 입자 맞바꾸기 대칭의 산물이다. 페르미온의 맞바꾸기 대칭과 회전대칭은 파울리의 배타원리를 낳았고, 배타원리는 축퇴압을 발생시켰다.

우주에서 가장 신기한 천체 중 하나인 중성자별을 눈으로 직접 보려면 그야말로 멀고도 험난한 길을 가야 한다. 이들은 정상적인 환경에서 우주가 얼마나 텅 비어 있는지를 보여주는 증거이자, 단순한 대칭이 얼마나 막강한 위력을 발휘하는지 보여주는 증거이기도 하다.

중성자별은 도처에 널려 있다. 크기는 작지만 절대 무시하면 안 된다. 엄청나게 위험하니까. 또한 중성자별은 배타원리를 보여주는 가장 모범적인 샘플이다. 그래서 나는 물질에 축퇴압이 발생하려면 얼마나 강하게 압축되어야 하는지, 지금부터 독자들에게 실감나게 보여주고자 한다. 어차피 이것은 사고실험이니, 다음과 같은 상황을 상상해보자. 당신이 중성자별 탐사대원으로 발탁되어 우주선을 타고 중성자별로 날아갔다. 당신의 임무는 별의 중심부에서 표본을 채취하여 지구로 가져오는 것이다. 자, 과연 성공할 수 있을까?

경고: 이 실험을 집에서 직접 해보겠다는 생각은 꿈에도 하지 말 것!

중성자별은 밀도가 너무 높아서 중력도 상상을 초월할 정도로 강하다. 이런 별의 작은 조각을 지구로 가져오면 블랙홀처럼 주변의 모든 물체들을 마구 빨아들일까? 거의 그렇다. 그래서 중성자별이 되려면 원래의 별이 태양 질량의 몇 배를 초과하지 않아야 한다. 이 한계질량을 초과하면 중성자별이 아니라 블랙홀이 된다.

당신이 중성자별에 가까이 접근하면 어떤 일이 벌어질까?

일단 착륙부터 불가능하다. 중성자별은 1초당 수천 번이라는 어마어마한 속도로 자전하고 있으며, 주변에 형성된 자기장은 지구 자기장보다 1000만 배 이상 강하다. 이런 곳에 착륙을 시도한다면 몇 가지 불상사가 발생할 텐데, 첫째로 무지막지한 자기장이 당신이 갖고 있는 모든 강자성체ferromagnetic material(철과 같이 자석이 될 수 있는 모든 물체들을 칭하는 멋진 용어이다)를 파괴할 것이다. 우주선에 설치된 컴퓨터는 물론이고 선체도 결코 안전하지 않다.

둘째, 강력한 자기장과 빠른 자전이 중성자별의 천연 방어 시스템으로 작동하여, 고에너지 복사에너지 빔을 1초당 수백~수천 번씩 뿜어낸다(이런 천체를 맥동성pulsar이라 한다). 셋째, 초속 수천km의 속도로 자전하는 별의 표면에 착륙하는 것도 문제다. 당신이 중성자별 탐사를 주제로 SF 소설을 쓴다면 이것이 얼마나 어려운 일인지 실감할 수 있을 것이다.

이 모든 어려움을 이겨내고 당신이 중성자별에 성공적으로 착륙했다고 가정해보자. 표면 온도가 수백만K에 달하겠지만, 앞에서 겪은 난관에 비하면 이 정도는 어린애 장난이다. 무엇보다도 무지막지한 중력이 문제다. 중성자별의 중력은 지구 중력의 2000억 배에 달한다. 중력이 하도 강하다 보니 끌어당기는 것도 문제지만 조력tidal force

이 더 무섭다. 당신의 발끝에 작용하는 중력과 머리에 작용하는 중력의 차이가 무려 6000만g나 되기 때문에,1g는 지구 표면에서의 중력가속도에 해당한다. g에 질량을 곱한 값이 지구에서의 중력이다. – 옮긴이 착륙과 동시에 당신의 몸은 산산이 분해될 것이다.

다행히도 당신은 특수 제작된 우주복을 입고 있어서 조력까지 이겨냈다. 이제 당신은 중성자별의 표본을 채취해서 지구로 가져와야 한다. 별의 표면 성분은 철과 비슷하므로 필요 없다. 우리에게 필요한 것은 중심부의 샘플이다. 당신은 미리 준비해간 굴착기를 이용하여 어렵게 표본 채취에 성공했다. 그리고 '스타트렉 스타일'의 공간이동장치에 티스푼 한 숟갈 분량의 샘플을 올려놓고 전송 단추를 눌러서 우주선으로 보냈다.

자, 그 다음엔 어떤 일이 벌어질까? 진짜 재미있는 부분은 지금부터다.

중성자별 중심부의 무게는 1m^{3}당 10^{18}kg이다(물 1m^{3}의 무게는 10^3kg이다). 이런 물질을 티스푼으로 한 숟갈만 떠도 질량은 거의 100억 톤에 달한다. 이 정도면 웬만한 산과 맞먹는 무게다.

중성자별의 내부에서는 엄청난 중력과 중성자의 축퇴압이 미묘하게 균형을 이루고 있다. 그런데 중심부에서 티스푼으로 샘플을 채취하면 아슬아슬했던 균형이 곧바로 허물어진다. 당신이 질량의 일부를 제거하여 중력이 약해졌기 때문이다. 그리고 기억하라. 이 중성자들은 온도가 수백만K에 달하고, 압력도 상상을 초월한다. 공간이동장치를 써서 샘플을 모선으로 보내는 데 성공했다 해도, 압력이 갑자기 낮아져서 별을 에워싸고 있던 기체가 엄청난 크기로 팽창할 것이다(사실 팽창이라기보다 폭발에 가깝다). 그리고 당신이 채취한 샘플을 모선의 화물칸에 잘 모셔놓았다고 해도,* 그것이 선체를 내리누르는 압력은 지구 대기압의 수천조 배에 달한다. 평범한 바위보다 밀도가 1000만 배나 높다.

꼭 기억하라. 당신이 중성자별의 샘플을 모선으로 전송할 때, 다른 승무원들이 그 근처에서 서성거리지 않도록 미리 경고해야 한다.

당신의 우주선이 중성자별의 폭발적인 팽창을 피해 살아남았다 해도, 최악의 시나리오가 아직 남아 있다. 중성자별의 내부에 작용하는 축퇴압이 중성자의 붕괴를 방해하는 것이다. 원자의 내부(원자핵)에 있는 중성자는 긴 시간 동안 안정된 상태를 유지할 수 있지만, 혼자서는 '엄청난 장수'를 누리지 못한다(인간의 수명과 비교했을 때 그렇다는 뜻이다). 고립된 중성자는 수명이 약 10분 정도인데, 갑자기 나타났다가 순식간에 사라지는 다른 소립자와 비교하면 수명이 꽤 긴 편이다. 평균적으로 10분이 지나면 중성자는 양성자와 전자, 그리고 거의 감지되지 않는 반뉴트리노(뉴트리노의 반입자)로 붕괴된다.

별일 아니라고? 천만의 말씀이다. $E = mc^2$를 떠올려보라. 중성자가 붕괴될 때 약 0.08%의 질량이 에너지로 변환된다. 작은 양 같지만 여기에 티스푼으로 뜬 샘플에 들어 있는 중성자의 수를 곱하면 태양이 2~3초 동안 방출하는 에너지와 맞먹는다.

* 우주선의 제원은 인터넷에 올라와 있는 '엔터프라이즈-D호'를 참고했으니, 더 이상 따지지 말아주기 바란다(엔터프라이즈호는 〈스타트렉〉에 등장하는 우주 항해 모선이다. - 옮긴이).

샘플에 들어 있는 중성자가 붕괴되면 1조 톤 급 핵폭탄과 같은 위력을 발휘한다. 참고로, 2차 세계대전 말기에 히로시마에 투하했던 원자폭탄은 200킬로톤(다이너마이트 20만 톤의 위력과 맞먹는다는 뜻)이었다. 따라서 중성자별 한 숟가락이면 지구의 모든 생명체를 가볍게 몰살시킬 수 있다. 자, 중성자별의 중심부에서 샘플을 채취하여 모선에 전송했는가? 그렇다면 이제 지구로 귀환하는 일만 남았는데… 뒷일은 나도 감당하지 못하겠다. 아무튼 행운을 빈다!

THE UNIVERSE IN THE REARVIEW MIRROR

HOW HIDDEN SYMMETRIES SHAPE REALITY

9

힉스입자

질량의 기원, 그리고 물리학이 우표수집과 다른 이유

우리는 수십억 광년 거리에 있는 은하를 관측할 수 있고, 느닷없이 나타났다가 순식간에 사라지는 소립자의 수명도 측정할 수 있다. 또한 우리는 비행기나 헬기 등 다양한 장치로 중력을 극복할 수 있으며, 심지어 팬티 잡아당기기 장난을 방지하는 속옷도 몇 달 후면 출시될 예정이라고 한다.

그동안 우리는 과학 덕분에 많은 것을 누리며 살아왔다. 물론 한결같이 돈이 있어야 누릴 수 있는 것들이지만, 게으른 사람에게도 최소한 돈을 벌고 싶다는 동기를 부여했으므로 모든 사람에게 긍정적인 영향을 미친 셈이다.

그러나 과학은 아직도 '목록 수집'의 단계를 완전히 벗어나지 못했다. 엔리코 페르미(1938년 노벨 물리학상 수상자)는 그의 제자인 레온 레더만Leon Lederman(1988년 노벨 물리학상 수상자)*이 수업 도중 입자의 종류에 대해 물었을 때 다음과 같이 대답했다.

> 이보게, 젊은이. 내가 그 많은 이름을 다 외울 능력이 있었다면 물리학자가 아니라 식물학자가 되었을 걸세.**

산업혁명이 그랬던 것처럼, 입자물리학도 "크고 복잡한 것은 작은 것의 조합이며, 작은 부품은 언제든지 교체될 수 있다"는 사실이 알려지면서 비약적인 발전을 이루었다. 지금까지 발견된 원소는 100종이 넘고, 이들의 조합으로 만들 수 있는 분자는 수십억 종에 이른다. 그러나 모든 원자는 결국 양성자와 중성자, 그리고 전자라는 세 종류의 입자로 이루어져 있다. 이들이 최종 단계가 아니라면, 얼마나 더 깊이 파고들어가야 할까?

우리의 우주가 단 세 종류의 입자만으로 이루어져 있다면, 물리학자들에게는 더할 나위 없는 희소식일 것이다. 그러나 실제로는 "별로 하는 일도 없어 보이는" 온갖 종류의 입자들이 사방에 널려 있다. 페르미온은 최소한 12종, 보존은 최소 5종류이며, 각 입자들은 자신

* 레더만은 저술가로도 유명하다. 그는 대칭을 주제로 멋진 책을 집필했고, 힉스보존을 설명한 『신의 입자God Particle』도 그의 작품이다. 하지만 책의 제목은 좀 아닌 것 같다. 신의 입자라니? 그럼 다른 입자는 누구의 입자란 말인가? 독자들도 힉스입자는 그냥 힉스입자라고 불러주기 바란다.

** 물리학을 제외한 모든 과학을 우표수집에 비유했던 러더퍼드보다 훨씬 예의 바른 표현이라고 생각한다. 아마 독자들도 내 의견에 동의할 것이다.

의 파트너인 반입자까지 동반하고 있다. 이들을 모두 합하면 61가지나 되고, 입자의 조합까지 고려하면 종류는 수백 가지로 늘어난다. 그동안 수많은 물리학자들이 이 분야에 투신하여 입자와 힘을 나열한 긴 목록을 만들었는데, 이들이 대체 어디서 왔는지, 그 기원은 아직도 오리무중이다. 그러나 물리학자들은 이 답답한 상황이 머지않아 바뀔 것으로 기대하고 있다.

입자물리학의 표준이론인 '표준모형'에는 입자와 힘의 완벽한 목록이 작성되어 있다. 이것은 역사 이래 인류의 지성이 이룩한 최고의 금자탑이며, 단순한 목록을 훨씬 뛰어넘는 값진 유산이다.

표준모형에 의하면 입자와 힘을 비롯한 우주의 삼라만상은 다름 아닌 대칭의 산물이다.

실재하는 것은 아무것도 없다

우리는 매트릭스Matrix에서 살고 있다. 주변에 보이는 모든 사물들은 매우 현실적이고 견고하게 느껴지지만, 실제로는 그렇지 않을 수도 있다. 만물의 근원인 '입자'라는 존재부터가 고정되어 있지 않고 길게 유지되지도 않는다. 지금도 진공 중에서는 입자-반입자 쌍이 수시로 생성되었다가 순식간에 사라지기를 되풀이하고 있다.

양자적 불확정성으로 가득 찬 우주에서 입자 하나를 논하는 것은 별 의미가 없으므로, 우주를 가로질러 날아가는 한 무리의 전자 집단을 상상해보자. 이들 중 하나가 어디서 수명을 다하고 새로운 전자가 어디서 생성될지, 누가 알겠는가? 그러니 이 점에 관해서는 언급을 회피하고, 전자가 존재하는 우주를 하나의 장場, field으로 간주하자.

우주는 텅 비어 있는 것 같지만, 사실은 장으로 가득 차 있다. 물리학에 관심 없는 사람들도 전기장이나 자기장이라는 용어는 한번쯤 들어봤을 줄 안다. 물리학자에게 장은 정말로 특별한 의미를 갖고 있다. 평소에 힘은 자주 느껴봤을 테니, 장을 힘과 비슷한 그 무엇이라고 생각해보라. 그것은 "우리 주변을 에워싸고 있고, 심지어는 우리 몸을 뚫고 지나간다. 또한 은하를 지금의 형태로 유지시켜준다."* 앞에서 우리는 몇 종류의 장을 이미 다룬 바 있다. 여기서 잠시 아인슈타인의 말을 들어보자.

> 맥스웰이 등장하기 전까지만 해도 사람들은 (자연을 서술할 때) 물리적 실체를 물질적 관점에서 이해했다. 물리적 객체가 변한다는 것은 움직였다는 뜻이고, 그 움직임은 미분 방정식을 풀어서 알아낼 수 있었다. 그러나 맥스웰 이후로 물리적 실체는 (역학적으로 설명하긴 어렵지만) 연속적인 장으로 표현되었다⋯ 이와 같은 개념적 변화는 뉴턴 이후로 물리학에 가장 심오하고 풍요로운 결실을 가져다주었다.

아인슈타인은 전자기장이 눈에 보이지 않는 그물망 같은 것이 아니라, 입자로 분해될 수 있는 불연속체임을 입증했다. 전자기장의 경

* 은하의 모양을 유지시키는 힘은 중력이지만, 중력도 장의 일종이다.

우, 이 입자는 다름 아닌 광자이다. 물결파와 물분자가 동전의 양면인 것처럼 광자와 전자기장도 동일한 객체를 생각하는 두 가지 방법이며,* 어떻게 생각하는가는 상황에 따라 달라질 수 있다. 예를 들어 가시광선(사람의 눈에 보이는 빛)은 낱개의 광자로 헤아릴 수 있고, 눈에 보이지 않는 라디오파는 파장의 개념을 도입하여 파동으로 취급한다. 그러나 이 두 가지는 근본적인 단계에서 동일한 객체이다.

중력도 장의 일종이다. 그래서 '중력'보다는 '중력장'이라는 용어가 왠지 더 근사하게 들린다. 그 외에 약력과 강력도 장의 개념으로 이해할 수 있다. 그러나 '전자장electron field'이라는 말은 별로 귀에 익지 않을 것이다. 지금부터 장의 세계로 깊이 들어가서 이들의 진정한 의미가 무엇이며 실제로 어떤 역할을 하는지 알아보기로 하자.

모든 입자는 그에 해당하는 장을 갖고 있다. 간단히 말해서 장은 특정 위치에 입자가 얼마나 많은지, 그리고 이들이 얼마나 빠르게 움직이는지를 말해주는 양이다.

장의 개념을 좀더 구체적으로 이해하고 싶다면 생기발랄한 아이들이 신나게 뛰어놀고 있는 트램펄린을 떠올려보라. 아이들이 위로 뛰어오를 때마다 트램펄린 면에는 작은 파동이 발생한다. 이것을 분석하는 수학모형이 존재한다면, 우주 전역을 가로지르는 입자의 밀도와 운동량 등 거의 모든 것을 알 수 있다.

* 물리학 전공자를 위한 첨언 – 많은 학생들이 장과 양자적 파동을 같은 것으로 생각하는 경향이 있는데, 사실은 그렇지 않다. 물론 간섭과 진동수 등 파동적 특성을 공유하고 있긴 하지만, 양자적 파동은 입자 하나를 서술하는 반면 고전적 장은 여러 개의 입자를 서술하고 있다.

장과 입자

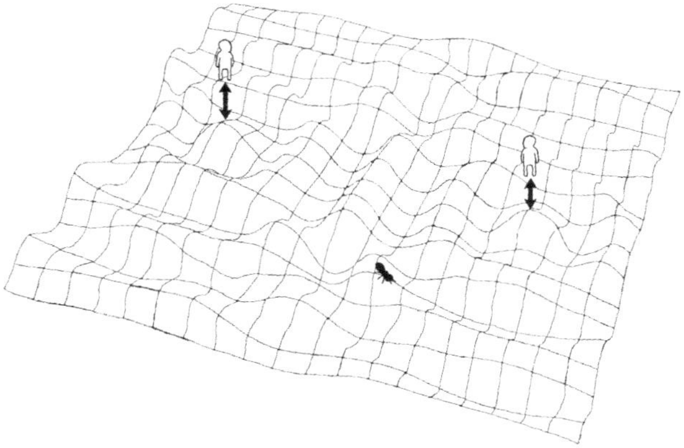

위아래로 진행되는 점프는 (전자기장의 경우) 전자의 흔들림으로 생각할 수 있다. 이것이 바로 라디오 송신장치의 원리이다.

그러나 위의 비유는 완벽하지 않다. 트램펄린은 2차원 면이고, 우리가 사는 공간은 3차원이기 때문이다. 4차원 공간에서 진동하는 3차원 트램펄린을 머릿속에 그릴 수 있겠는가? 만일 가능하다면 당신은 전문가도 못한 일을 해낸 셈이다. 축하한다!

잔잔한 연못에 돌멩이를 던지면 물결이 매우 복잡한 형태로 일어난다. 이것은 다양한 파동들이 간섭을 일으키면서 나타난 결과이다. 이 광경을 상상하기 위해 애써 머리를 쥐어짜거나 연못에 직접 가볼 필요는 없다. 지금 당신 눈앞에 보이는 광경도 방대한 양의 전자기파들이 복잡다단한 간섭을 일으키다가 당신의 눈에 도달한 결과이다. 소리도 이와 비슷한 과정을 통해 전달된다. 다만 수신장치가 눈이 아닌 귀라는 점이 다를 뿐이다.

언뜻 생각하면 장의 개념은 별로 중요하지 않은 것 같다. 수십 종의 소립자를 수십 개의 기본 장으로 대치한 것에 불과하지 않은가? 다루기는 쉬워졌을지 몰라도, 새로 얻은 정보는 별로 없지 않을까?

아니다. 엄청나게 많다. 장의 세계로 들어가면 대칭의 실체가 적나라하게 드러난다. 입자를 놓고 씨름하던 시절에는 결코 알 수 없었던 사실들이다. 간단한 장 몇 개만 도입하면 우주에 존재하는 거의 모든 입자를 서술할 수 있다.

소립자의 종류가 61가지라고 했으니, 이들의 형태와 색color, 스핀 등을 서술하려면 61가지 장이 필요할 것 같다. 만일 그렇다면… 생각만 해도 끔찍하다. 게다가 각 장마다 다른 법칙이 적용된다면 나는 진작에 물리학을 그만뒀을 것이다.

그러나 좌편향 입자left-handed particle와 우편향 입자는 거동 방식이 거의 비슷할 것이므로, 이 점만 고려해도 장의 수는 절반으로 줄어든다. 게다가 양전자가 과거로 가는 전자와 똑같다는 휠러의 아이디어를 채용하면 또 다시 반으로 줄어든다. 전자와 양전자는 하나의 장으로 서술할 수 있다.

다시 말해서, 일부 입자는 다른 입자와 매우 비슷하기 때문에 동일한 처방전을 써도 된다. 전자와 양전자, 스핀-업과 스핀-다운인 입자들은 질량과 스핀, 전하의 절댓값(전하의 부호를 무시한 양) 등 많은 특성을 공유하고 있어서, 동일한 장으로 서술된다. 그러므로 전자-양전자장으로 가득 차 있는 우주만 분석해도 이로부터 꽤 많은 사실을 알아낼 수 있다.

대칭에서 비롯된 전하

입자의 종류가 전자와 양전자뿐이었다면 우리의 우주는 정말로 따분했을 것이다. 이런 우주에서는 원자가 형성될 수 없고, 물론 분자도 존재하지 않는다. 어린아이들이 범우주적 트램펄린에서 마음껏 뛰다 보면 전자와 양전자가 생성되고, 이들의 파동이 사방으로 퍼져나간다. 그러나 광자가 없으면 전하를 띤 입자끼리 상호작용을 할 수 없다. 상호작용을 만들어내려면 내부대칭internal symmetry의 세계로 파고들어가야 한다.

지금까지 우리는 우주선을 타고 날아가거나 사물을 거울에 비췄을 때 눈에 보이는 대칭을 주로 다뤄왔다. 이런 대칭(외부대칭)은 겉으로 드러나기 때문에, 유사한 사례를 일상적인 경험 속에서 쉽게 찾을 수 있다. 그러나 장에는 외부대칭과 내부대칭이 모두 존재하며, 외부대칭보다는 내부대칭이 훨씬 중요한 역할을 한다.

내부대칭은 참으로 미묘하다. 그래서 다짜고짜 정의를 내리는 것보다는 사례를 제시하는 편이 더 나을 것 같다. 8장에서 우리는 파동의 위상을 다룬 적이 있다. 위상은 직접 관측할 수 없는 '숨겨진 양'으로, 이것이 변한다 해도 겉으로는 아무것도 달라지지 않는다. 따라서 위상은 내부대칭에 속한다.

우주 트램펄린에서 특정한 진동수(1초당 뛰는 횟수)로 뛰다 보면 전자와 양전자의 파동이 생성되어 외부로 퍼져나간다. 트램펄린에서 살고 있는 얼마 안 되는 생명체들은(6장에 등장했던 개미들을 떠올리면 된다) 평균 진동수를 느끼고, 이들의 실험 장비에는 실험실 안에 전자와 양전자가 돌아다니고 있다는 신호가 감지된다.

트램펄린에서 운동의 위상을 바꾸는 것은 아주 쉽다. 조금 늦게 뛰어오르거나 조금 일찍 뛰어오르면 된다. 그러나 개미들은 위상이 변했다는 것을 전혀 눈치채지 못한다. 이들에게는 이전과 똑같은 전자의 흐름이 감지될 뿐이다.

여기서 잠시 당신의 발 아래에 놓인 초대형 자석에 대해 생각해 보자. 다들 알다시피 지구는 거대한 자석이다. 그런데 신기하게도 지자기의 남극과 북극이 수십만 년을 주기로 뒤바뀌고 있다. 다행히도 앞으로 수천 년 동안은 바뀔 가능성이 거의 없으므로 크게 걱정할 필요는 없다. 이제 지자기의 극이 뒤바뀌는 시기에 당신이 살고 있다고 가정해보자. 한동안은 사람들이 혼란스러워하겠지만, 나침반의 N과 S를 바꾸기만 하면 문제될 것이 전혀 없다. 대처법이 이렇게 간단한 이유는 모든 나침반의 방향이 일거에 뒤바뀌기 때문이다(실제로는 징후가 나타난 후로 완전히 바뀔 때까지 수천 년이 걸리겠지만, 우리의 논지와 상관없으므로 무시한다).

물리학자들은 이것을 광역대칭 변환global symmetry transformation이라 부른다('광역'인 이유는 나침반의 극을 바꾸는 방식이 모든 곳에서 동일하기 때문이다). 나침반이 남쪽을 가리키건 북쪽을 가리키건, 당신은 특정 방향을 향해 똑바로 나아갈 수 있다.

위상과 관련된 수학은 나침반의 바늘과 거의 똑같다. 위상도 나침반도 특정 지점에 도달한 후 계속 진행하면 이전처럼 주기적인 변화를 반복한다. 이동하는 동안에는 위상이 조금씩 변하겠지만, 한 바퀴 다 돌고 나면 모든 것이 처음으로 되돌아와서 새로 시작된다. 이것은 가장 단순하면서도 기본적인 대칭으로, 흔히 '원대칭symmetry of circle'이라 한다.

광역위상대칭Global Phase Symmetry : 장의 위상은 시공간의 모든 지점에서 정해진 양만큼 바뀔 수 있다. 그리고 이 변화는 관측이 불가능하다.

수학자들은 대칭을 분류할 때 '군론group theory'이라는 그들만의 특수 언어를 사용한다. 우리가 양자역학의 대칭과 나침반의 방향, 양자장의 위상 등등을 아무리 떠들어봐야 수학자들은 아무 관심도 없다. 수학자들이 위상대칭에 부여한 이름은 U(1)이다.* 여기서 '1'은 아무도 모르게 변하는 숫자가 하나뿐이라는 뜻이다(지금의 경우에 1은 위상 자체를 의미한다. 'U'는 유니터리unitary의 첫 글자인데 신경 쓰지 않아도 된다).

에미 뇌터가 아니었다면 이것은 단순한 호기심거리에 머물렀을 것이다. 그러나 뇌터 덕분에 물리학자들은 위상과 같은 내부 속성에도 대칭이 존재하며, 그에 대응되는 보존량이 존재한다는 사실을 알 수 있었다. 지금의 경우에 보존되는 양은 전기전하이다(독자들을 귀찮게 할 것 같아 증명은 생략한다).

* 몇 페이지 뒤에 나올 표를 제외하고, U(1)은 이 책에서 언급되는 군론 용어의 처음이자 마지막이 될 것을 약속한다. 이것은 순전히 "친구들에게 잘난 척하기"용이다.

위상대칭 → 전하 보존

나는 이 책의 서두에서 전하가 보존되는 것이 우주의 법칙이라고 두루뭉술하게 말했었다. 그러나 지금은 대칭을 통해 "전하가 보존되는 이유"까지 이해하게 되었다. 전하 보존은 뇌터의 정리와 위상대칭의 결과이다.

우주에 광자가 반드시 필요한 이유

위상대칭으로부터 알 수 있는 것은 전하 보존뿐만이 아니다. 그 내용을 이해하려면 국소적인 특성에 눈길을 돌릴 필요가 있다.

지금, 성격이 별난 매드 해터Mad Hatter, 괴팍하고 유별난 사람의 총칭. – 옮긴이가 앨리스에게 장난을 치려고 한다. 그는 앨리스에게 나침반을 주면서 특정 방향을 향해 똑바로 걸어가서 목적지에 도달하면 선물을 주겠다고 했다. 블랙홀에서도 살아돌아온 터프한 소녀 앨리스에게 이 정도는 식은 죽 먹기다. 목적지로 가는 동안 나침반의 바늘이 돌아가지 않도록 방향만 잘 잡으면 된다.

그러나 괴팍한 매드 해터가 이런 단순한 제안을 했을 리 없다. 사실 그는 목적지로 가는 길목 곳곳에 여러 개의 자석을 묻어놓았다. 그래서 앨리스가 자석 근처에 도달하면 나침반이 엉뚱한 방향을 가리키게 된다. 그녀는 나침반의 바늘을 굳게 믿고 있으므로 자신은 직선 경로를 따라갔다고 믿겠지만, 계속 걷다 보면 엉뚱한 곳에 도달할 것이다.

앨리스의 관점에서 보면 한 방향으로 간 것이 맞다. 그러나 이 광경을 밖에서 바라보면 무언가 다른 요인이 개입되어 앨리스의 진행 방향에 영향을 미쳤음을 쉽게 알 수 있다.

물리학자에게 이 이야기를 들려준다면 그는 "매드 해터가 지구 자기장에 '국소 변환local transformation'을 가했다"고 말할 것이다.

다시 대칭 이야기로 돌아가서, 해터가 자석을 어떻게 심어놓았건 간에 앨리스의 동선이 물리학적으로 예측 가능하다고 가정하자(꽤 타당한 가정이다).

기본 아이디어는 "시공간의 각 지점마다 전자장의 위상을 각기 다른 양만큼 바꿀 수 있다"는 것이다. 장의 역학은 입자보다 훨씬 복잡하지만, 이 역학도 타당하다고 가정하자. 이제 우리가 할 일은 다른 힘을 도입하는 것이다. 앨리스의 경우, 이 힘은 '숨겨놓은 자석'이다.

이것은 좀 색다른 대칭으로, 물리학자들 사이에서는 '게이지대칭Gauge Symmetry'*으로 알려져 있다. 이 대칭이 제대로 작동한다는 사실을 처음으로 알아낸 사람은 독일의 수학자 헤르만 바일이었다. 즉, 물리학의 법칙들은 게이지대칭 변환에 대해 불변이었던 것이다.

게이지대칭은 "모든 상호작용과 간섭을 설명하려면 전자-양전자장 이외에 또 다른 장이 필요하다"는 것을 가정하고 있다. 구불구불한 길을 따라가는 앨리스처럼, 이 모든 혼돈의 근원은 외부에서 개입

* 게이지대칭의 '게이지'라는 단어는 기원이 다소 모호하지만, '규모scale'와 '시간timing'이라는 의미가 담겨 있다.

된 전자기장이다. 다시 말해서, 대칭을 복구하려면 전자기력과 광자장photon field을 도입해야 한다는 뜻이다.

1940년대 말에 도모나가 신이치로Tomonaga Sinichiro, 朝永振一郎와 줄리언 슈윙거Julian Schwinger, 그리고 파인만은 각자 독립적으로 위상에 게이지대칭을 도입하여 완전 맨땅에서 전자기력의 모든 특성을 유도해냈다.이 이론을 양자전기역학Quantum Electrodynamics, QED이라 한다. - 옮긴이 그러나 대칭이 제대로 작동하려면 기존의 방정식에 두 개의 요소를 새로 첨가해야 했다.*

1. 광자장을 서술하는 운동 방정식
2. 광자와 하전입자 사이의 상호작용에너지

그랬더니 모든 것이 마술처럼 튀어나왔다. 첫 번째 요소로부터 맥스웰 방정식이 모두 재현되었고, 광자는 질량이 없고 스핀이 1이어야 한다는 것까지 예측할 수 있었다. 게다가 이 모든 항목들은 실험 결과와 정확하게 일치했다.

광자와 전자기력의 특성은 그 전에도 알려져 있었으므로, 사실 이것은 예측이 아니라 '사후 예측'이었다. 하지만 아무것도 없는 맨땅에서 전자기학의 모든 법칙들이 고스란히 유도되다니, 단순히 대칭을 가정하여 얻은 결과치곤 너무나 완벽하지 않은가! 한 가지 문제는 전

* 여기서 기존의 방정식이란 '우주의 라그랑지안'을 의미한다. 4장에서 말한 대로 라그랑지안은 모든 상호작용에너지를 서술하는 양이며, 우리가 대칭을 요구하는 대상이기도 하다.

자기적 상호작용 세기를 좌우하는 전자의 전하를 손으로 직접 입력해야 한다는 점이었다.전자가 지금과 같은 전하를 갖고 있는 이유를 이론적으로 설명하지 못했다는 뜻이다. – 옮긴이 이론은 정말로 아름답고 우아했지만, 인위적으로 끼워 넣어야 할 상수가 존재한다는 것은 아직 개선의 여지가 남아 있다는 뜻이다.

입자들 사이의 진정한 차이는 무엇인가?

전자기력의 경우에는 정말로 운이 좋았다.

19세기 중반에 맥스웰은 전자기학의 모든 것을 설명하는 네 개의 방정식을 유도하여 고전 전자기학의 기틀을 확고하게 다져놓았다. 그 후 위상대칭을 이용하여 전자기학을 재현한 것은 물론 탁월한 업적이지만, 이미 답을 알고 있는 상황에서 다른 방식으로 동일한 답을 얻어내는 것은 상대적으로 쉬운 일에 속한다. 그러나 도모나가와 슈윙거, 그리고 파인만이 구축한 새 이론은 수학의 경지를 넘어 "대칭은 다른 힘을 낳을 수도 있다"는 강한 심증을 갖게 만들었다(스포일러 경고: 이 심증은 결국 사실로 밝혀졌다).

1954년에 브룩헤이븐에서 연구를 수행 중이던 첸닝양Chen Ning Yang과 로버트 L. 밀스Robert L. Mills는 대칭을 힘으로 변환시키는 일반적인 논리를 개발했다. 이들은 에미 뇌터의 지적 후계자로서 대칭을 향한 그녀의 열정을 물려받아 양-밀스 게이지장론을 구축했고, 그 결과는 화가 마우리츠 에스허르에게 깊은 영향을 주었다.

뇌터의 정리를 다시 한 번 새겨보자 – 대칭이 있으면 그에 대응하는 보존량이 존재한다. 양–밀스 이론의 핵심은 다음과 같다. "게이지대칭(곳곳에 숨겨놓은 자석으로 나침반을 교란시키는 트릭과 비슷함)이 존재하면 하나 또는 그 이상의 매개입자가 존재한다." 즉, 양과 밀스는 대칭을 가정하면 기본적인 상호작용을 이끌어낼 수 있음을 입증한 것이다.

물론 이것은 말처럼 쉬운 일이 아니다.* 수학자들은 대칭을 한 더미나 쌓아놓고 있는데, 대부분이 극히 추상적이거나 실제 우주와 아무 관련도 없는 것들이다. 다행히도 우리의 우주는 어떤 대칭이 제대로 작동하는지, 약간의 실마리를 제공하고 있다.

약력(약한 핵력)을 예로 들어보자.

약력은 수소가 헬륨으로 바뀌는 과정에 작용하는 힘으로, 양성자를 중성자로 변환시킨다. 따라서 약력이 없으면 우리도 존재하지 않았을 것이다. 양성자와 중성자는 원자를 이루는 기본 단위여서 평소에도 많은 주목을 받는데, 약력에서 조연 역할을 하는 양전자와 뉴트리노에도 관심을 가질 필요가 있다. 약력이 작용하는 곳에는 항상 뉴트리노와 반뉴트리노가 개입된다.

입자동물원을 들러보면 뉴트리노와 전자와 매우 밀접한 관계에 있음을 알 수 있다. 여기서 페르미온은 항상 짝을 지어 존재하는데, 이것은 관례상의 약속이 아니라 또 다른 대칭을 의미한다.

* 글을 쓰다 보니 알겠다. 말로 하는 것도 무지 어렵다.

수학자들은 전자와 뉴트리노 사이에 존재하는 대칭을 SU(2)라는 이름으로 부른다. 생소한 용어를 또 언급해서 미안하지만, 사실 우리는 이 대칭을 앞에서 접한 적이 있다. SU(2)는 바로 입자의 스핀을 서술하는 대칭이다. 전자의 스핀은 업이거나 다운이거나, 또는 업-다운의 조합일 수도 있다. 그리고 앞에서 말한 대로 전자가 어떤 상태를 점유하고 있는지는 별로 중요하지 않다. 위와 아래를 통째로 바꿔도 근본적인 단계에서 모든 상호작용은 불변이다.

전자와 뉴트리노의 유사성은 너무도 완벽하다. 그래서 물리학자들은 전자의 전하에 대응되는 양을 아이소스핀isospin이라는 특별한 이름으로 부르고 있다. 스핀-업이거나 스핀-다운인 전자의 총 스핀이 1/2인 것처럼, 방향과 상관없이 아이소스핀이 업이면 뉴트리노에 해당하고 다운이면 전자에 해당한다. 또한 약력은 입자의 향flavor(또는 맛깔)을 바꿀 수 있다. 만일 누군가가 우주에 존재하는 모든 전자를 뉴트리노로 바꾸거나 모든 뉴트리노를 전자로 바꾼다 해도 약력은 전혀 개의치 않을 것이다.

전자와 뉴트리노는 여러 가지 면에서 사뭇 다른 입자임에도 불구하고, 약력은 이들을 전혀 차별하지 않는다. 그래서 우리가 사는 세상의 대부분은 약력보다 훨씬 강한 전자기력의 지배를 받고 있다. 전자기력의 관점에서 볼 때 전자와 뉴트리노는 완전히 다른 입자이다. 무엇보다도 전자는 특정한 전하를 띠고 있지만, 뉴트리노는 전하가 아예 없다. 이로써 우리는 또 하나의 대칭을 확보했고, 이로부터 보존되는 양도 알아냈다.*

전자–뉴트리노 대칭 → 약한 아이소스핀weak isospin 보존

약력이 작용하는 방식은 전자기력이 하전입자에 작용하는 방식과 거의 똑같다. 또한 약력은 다소 복잡한 힘이어서 '약한 초전하weak hypercharge'라는 물리량이 개입되어 있는데, 자세히 들여다보지 않으면 일상적인 전하와 거의 비슷하게 보인다.

그 외에 힘을 매개하는 입자도 새로 추가되었다. 약력의 매개입자는 W^+, W^-, Z^0인데(이들을 '위크보존'이라 한다), 이제 곧 알게 되겠지만 거동 방식이 꽤 복잡하다. 또한 이들은 유행성 비만증을 앓는 것처럼 한결같이 질량이 커서 입자가속기를 통해 발견하는 데에도 꽤나 애를 먹었다.

원자는 왜 폭발하지 않는가?

표준모형을 마무리하기 전에, 혹시 남은 항목이 없는지 재고조사를 할 필요가 있다. 전자와 뉴트리노는 이야기의 마지막이 아니다. 무엇보다도, 이들만으로는 원자가 만들어질 수 없다. 원자의 주된 구성성분인 양성자와 중성자는 겉보기에도 명백한 대칭을 갖고 있는데, 여기서 잠시 리드컬리지의 물리학자 데이비드 그리피스David Griffiths의 말을 들어보자.

* 뇌터 여사님, 다시 한 번 감사드립니다!

1932년에 하이젠베르크는 중성자와 관련하여 놀라운 사실을 알아냈다. 중성자는 전하가 없다는 점만 빼고 양성자와 거의 같은 입자였던 것이다… 그래서 그는 양성자와 중성자를 "핵자nucleon의 두 가지 상태"로 간주할 것을 제안했다.

양성자와 중성자는 질량 차이가 0.1%에 불과하다. 게다가 중성자가 붕괴되면 양성자가 되므로, 이것을 베타 붕괴라 한다. - 옮긴이 이들은 단순한 이웃사촌이 아니다. 또한 이들은 구성 성분도 거의 비슷하다.

이 책을 처음부터 읽은 독자들은 이미 알고 있겠지만, 양성자와 중성자는 쿼크라는 입자로 이루어져 있다. 쿼크는 1967년에 스탠퍼드 선형가속기Stanford Linear Accelerator, SLAC에서 처음 발견되었지만, 그 존재는 전부터 이미 예견되어 있었다. 쿼크는 모두 6종류가 있는데, 그중에서 지금 우리에게 중요한 것은 위쿼크up-quark와 아래쿼크down-quark이다. 양성자는 위쿼크 두 개와 아래쿼크 한 개로 이루어져 있고, 중성자는 아래쿼크 두 개와 위쿼크 한 개로 이루어져 있다. 그러므로

핵자의 구조

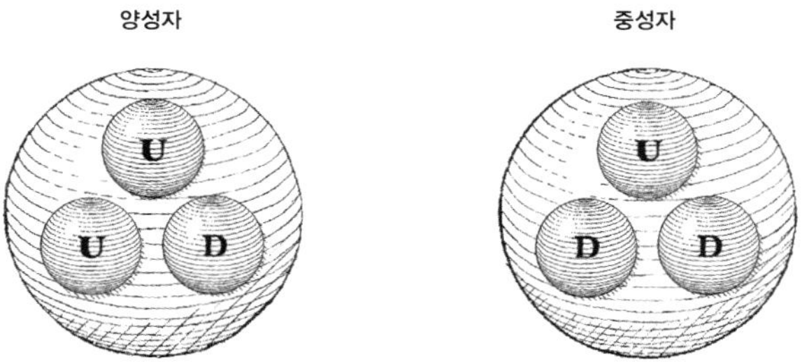

양성자가 중성자로 변하는 것은 위쿼크 한 개가 아래쿼크로 변하는 것과 동일하다. 위쿼크와 아래쿼크 사이의 관계는 전자와 뉴트리노의 관계와 매우 비슷하다. 그러나 쿼크 자체는 전자나 뉴트리노와 완전히 다른 입자이다.

표준모형을 페르미온과 보존으로 나눠서 생각했던 것처럼, 앞으로 페르미온도 두 종류로 나눠서 고려할 것이다. 이 책의 끝 부분에는 입자의 종류를 정리한 표가 첨부되어 있는데, 사실 이 분류는 앞에서 이미 완료되었다. 모든 물질의 근원인 페르미온은 원자핵 안에 있는 쿼크와 원자핵 바깥에 존재하는 렙톤lepton으로 분류된다. 쿼크는 방금 말한 대로 여섯 종류이며, 전자와 전자뉴트리노, 뮤온과 뮤온뉴트리노, 그리고 타우입자와 타우뉴트리노는 렙톤에 속한다. 쿼크는 강한 상호작용에 관여하는 반면, 렙톤은 강한 상호작용을 하지 않는다.

이 시점에서 독자들은 이렇게 묻고 싶을 것이다. "페르미온은 왜 두 종류인가? 똑같은 페르미온이면서 특성도 비슷한데, 왜 쿼크는 강한 상호작용을 하고 렙톤은 하지 않는가?" 솔직히 말해서 나도 잘 모르겠다. 전자기력과 약력은 이론적으로 완벽하게 통일되었지만, 강력은 아직도 여기에 합류하지 못했다.

강력은 원자핵을 단단하게 묶어주는 힘으로, 결코 얕잡아볼 상대가 아니다. 사실 양성자는 폭발을 기다리는 화약고나 마찬가지다. 양성자의 구성 성분 중 두 개의 위쿼크는 +전하를 띠고 있어서 둘 사이에 전기적 척력이 작용하는데, 이 힘은 지구 중력가속도의 10^{30}배에 달한다. 이렇게 무지막지한 척력을 이겨내고 쿼크를 단단히 결합시키려면 더욱 강한 힘이 필요하다.

약력과 마찬가지로 강력도 대칭을 갖고 있다. 이 대칭의 이름은 SU(3)이다. 물론 여기에도 보존되는 양이 있는데, 물리학자들은 이것을 입자의 '색color'이라 부른다. 색은 기본적으로 전하와 같은 개념이어서 '색전하color charge'라고도 하며, 쿼크만이 갖고 있는 특성이기도 하다. 신기한 것은 쿼크가 가질 수 있는 색이 빨강red, 초록green, 파랑blue의 세 가지라는 점이다. 물론 쿼크가 정말로 색깔을 띠고 있다는 뜻은 아니다. 그저 편의상 갖다 붙인 이름일 뿐이다. 만일 쿼크를 확대해서 눈으로 볼 수 있다 해도, 붉은 쿼크와 푸른 쿼크는 똑같이 보일 것이다. 어쨌거나 이름에 집착할 필요는 없다. 세 가지 부류로 세분되는 집단은 이것 말고도 많지 않은가? 한 반 학생들을 모범생과 문제아, 그리고 이도 저도 아닌 애들로 나누는 것도 그중 하나이다.

+전하와 −전하에 익숙한 사람에게 '세 종류의 전하'는 확실히 낯선 개념이지만, 그렇다고 지레 겁을 먹을 필요는 없다. 색은 종류가 3가지라는 것만 빼면 전기전하와 완전히 똑같다.

입자의 색이 3종류인 것은 우연히 얻어진 결과가 아니다. 이것은 SU(3)의 '3'과 깊이 관련되어 있다. 렙톤은 색이 없기 때문에 강력에 관여하지 않는다. 이것은 전기전하를 띠지 않은 입자가 전자기력의 영향을 받지 않는 것과 같은 이치다.

SU(3) 대칭에 의하면 붉은색 입자와 푸른색 입자를 맞바꿔도(또는 다른 색끼리 맞바꿔도) 상호작용은 변하지 않는다. 이것을 대칭과 보존량으로 표현하면 다음과 같다.

색대칭 → 색 보존

그렇다. 대칭성을 갖고 있는 양과 보존되는 양은 근본적으로 같다. 그런데 이상하게도 자연적으로 존재하는 입자들은 대부분 색이 없는 것처럼 보인다. 예를 들어 양성자는 붉은 쿼크와 초록 쿼크, 그리고 푸른 쿼크로 이루어져 있는데, 이들을 합쳐놓으면 색이 사라진다. 붉은색과 초록색, 그리고 푸른색을 섞으면 흰색이 되지 않는가? 하얗다는 것은 색이 없다는 뜻이므로, 양성자는 색을 갖고 있지 않다(그래서 세 가지 전하를 red, green, blue로 명명한 것이다. 다시 한 번 강조하거니와, 실제 색하고는 아무런 관계도 없다). 양성자와 중성자가 2개도 아니고 4개나 5개도 아닌 3개의 쿼크로 이루어진 이유가 바로 이것이다.

다른 게이지대칭과 마찬가지로, 색대칭은 글루온이라는 매개입자를 낳는다. 언뜻 보기에 글루온은 전자기력의 광자와 같은 역할을 할 것 같다. 두 개의 하전입자가 서로 상대방을 잡아끌거나 밀어낼 때 광자를 교환하듯이, 두 개의 쿼크는 글루온을 주고받는다.

그러나 광자와 글루온 사이에는 중요한 차이가 있다. 광자는 전기적으로 중성이어서 자기들끼리 상호작용을 하지 않지만, 글루온은 사정이 다르다. 혹시 어린아이가 두루마리 테이프를 벗기려고 애쓰는 모습을 본 적이 있는가? 내가 자주 봐서 아는데, 주변을 엉망진창으로 만들어놓고 포기하기 일쑤다. 테이프의 끈끈한 면에 다른 잡동사니가 쉽게 들러붙기 때문이다. 글루온은 자기들끼리 상호작용을 하기 때문에, 서로 상대방의 앞길을 가로막는 경향이 있다. 그래서 강력은 원자핵의 내부에서만 작용한다.

상호작용과 대칭의 종류

표준모형은 우아한 이론임에 틀림없지만, 아직도 갈 길이 멀다. 지금까지 언급된 대칭과 상호작용을 정리하면 아래 표와 같다.

약력의 대칭인 SU(2) 밑에 L이라는 첨자를 붙인 이유는 앞서 말한 대로 뉴트리노가 좌편향 입자이기 때문이다. 좌편향성은 약력과 밀접하게 관련되어 있다. 우편향 입자는 약력과 완전히 무관하며(색이 없는 입자가 강력과 무관하고, 전하가 없는 입자가 전자기력과 무관한 것과 같은 이치다) 이는 곧 같은 종류의 입자라 하더라도 좌편향과 우편향은 완전히 다른 입자임을 의미한다. 이제 곧 알게 되겠지만, 작은 비대칭이 입자의 특성을 크게 좌우한다.

물리학은 우표수집과 다르다고 우기고 싶지만, 여기까지 설명해 놓고 보니 슬슬 민망해진다. 아마 독자들도 처음에 생각했던 대칭에

대칭(수학자의 표기법에 준함)	상호작용	보존되는 양	매개입자
U(1)	전자기력	전기전하	광자
$SU(2)_L$	약력	약한 아이소스핀 약한 초전하	W^+, W^-, Z^0
SU(3)	강력	색전하	글루온

서 너무 멀리 왔다는 느낌이 들 것이다. 그래서 표준모형에 등장하는 모든 입자들을 하나의 다이어그램으로 요약해서 보여주기로 마음먹었다. 괜찮은 생각 아닌가? 결과는 아래와 같다.

앞에 나왔던 내용들을 떠올리며 다이어그램을 찬찬히 음미해보라. 우표치고는 정말 아름답지 않은가? 입자의 다양한 전하를 표현하

표준모형

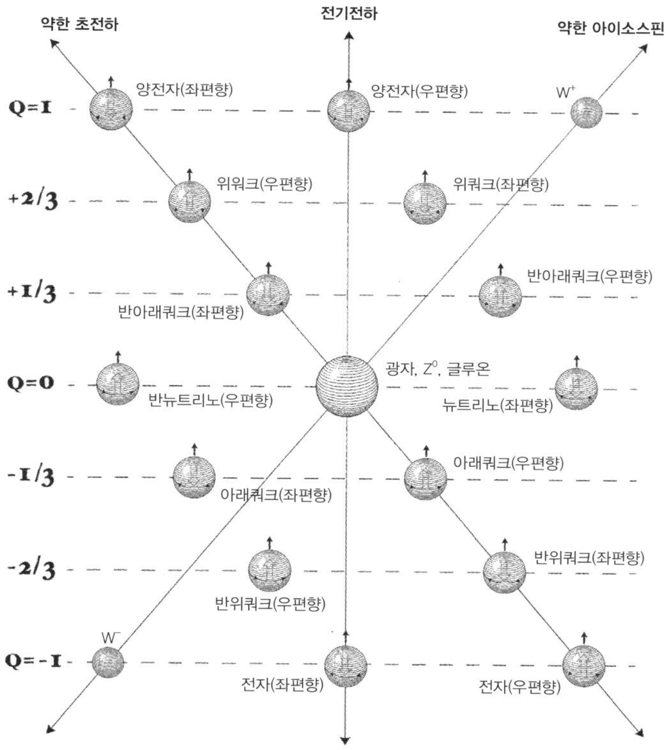

는 방법은 여러 가지가 있다. 이 그림은 그중 하나인데, 모든 점에 약한 아이소스핀과 약한 초전하가 할당되어 있다. 이 둘을 조합하는 방법만 알면 전기전하도 자동으로 알 수 있다.

그림을 보면 알겠지만, 입자들은 매우 규칙적인 패턴을 보인다. 물리학자들이 유난히 게으르거나 입자가속기가 신통치 않아서 입자들 중 몇 개가 아직 발견되지 않았다 해도, 다이어그램의 어느 지점에 어떤 입자가 누락되었는지 짐작할 수 있을 정도다. 또한 특정 법칙 안에서 어떤 양이 보존되는지도 금방 알 수 있다.

그러나 다이어그램을 3차원이 아닌 2차원 지면에 그렸기 때문에 많은 정보들이 누락되어 있다. 예를 들어 쿼크는 세 가지 색을 가질 수 있는데, 이 다이어그램에서는 붉은 쿼크와 푸른 쿼크가 같은 위치에 놓여 있다. 다시 말해서, 입자를 바라보는 방식에 따라 각기 다른 대칭이 적용되는 것이다.

약전자기력

이 대칭들은 수학적 테크닉 이상의 의미를 갖고 있다. 1960년에 셸던 글래쇼Sheldon Glashow는 약력과 전자기력이 "약전자기력electroweak force"이라는 하나의 힘으로 통일된다는 사실을 깨달았고, 이 가설은 몇 년 후 압두스 살람Abdus Salam과 스티븐 와인버그Steven Weinberg에 의해 완벽한 이론으로 탄생했다. 약전자기이론은 대칭의 아름다움을 유감없이 보여주는 좋은 사례이다. 약한 아이소스핀과 약한 초전하, 그리고 전기전하는 모두 밀접하게 연결되어 있으므로, 이와 관련된 힘들이 하나로 통일된 것은 어찌 보면 필연적인 결과라 할 수 있다.

상호작용(또는 힘)의 통일은 물리학의 최대 현안 중 하나이다. 모든 힘이 하나로 통일되면 우주에서 일어나는 모든 상호작용을 단 하나의 방정식으로 표현할 수 있게 된다. 그러면 이론 체계가 우아해질 뿐만 아니라, 외워야 할 내용도 크게 줄어든다. 또한 통일이론이 존재한다는 것은 물리 법칙들이 근본적인 단계에서 톱니바퀴처럼 정교하게 맞물려 돌아간다는 뜻이다.

뉴턴의 명성이 수백 년 동안 굳건하게 유지되는 이유는 행성의 운동과 흔들리는 진자, 그리고 나무에서 떨어지는 사과를 중력이라는 하나의 이론으로 통일시켰기 때문이다. 전기와 자기도 처음에는 완전히 다른 현상처럼 보였다. 과거에 전기는 스웨터에 풍선이 들러붙는 이유를 설명하고, 자기는 나침반의 원리를 설명하는 이론이었다. 그러나 좀더 깊이 파고들어가보니, 전기와 자기는 하전입자의 운동 상태에 따라 달라지는 동전의 양면이었다. 이로부터 전기와 자기를 하나로 통합한 이론이 바로 맥스웰의 고전 전자기학이다.

약전자기력은 조금 더 미묘한 구석이 있지만, 주된 내용은 다음과 같다: 우주 초기에는 힘이 한 종류뿐이었고 상호작용을 서술하는 방정식도 하나였지만, 매개입자는 네 가지가 존재했다. 그 후 우주가 식으면서 미스터리한 힉스 메커니즘Higgs mechanism이 작용하여 하나였던 힘이 두 개로 분리되었다.

전자기력과 약력을 통일한 약전자기이론에서 광자와 Z^0는 다른 입자가 아니라 한 입자의 두 가지 상태로 해석된다. 사실 따지고 보면 그렇지 않을 이유가 없다. 두 입자는 전하가 없으며, 스핀도 둘 다 1이다. 오늘날 Z^0는 질량을 갖고 있지만, 우주 초기에는 광자처럼 질량이 없는 입자였다.

다시 말해서, 광자와 Z^0는 동일한 입자로서 다른 입자와 상호작용을 교환하는 방식도 똑같았다는 것이다. 이들은 지금 우리가 사랑해 마지않는 전기전하 대신 입자의 초전하(약한 초전하와 전기전하의 조합)에 민감하게 반응했다.

우주가 충분히 식었을 무렵, 광자와 Z^0는 서로 다른 길을 가기 시작했다. 약전자기력은 약력과 전자기력으로 분리되었고, 이 과정에서 일부 입자들은 두 개 이상의 다른 입자들과 상호작용을 교환하게 되었다. 두 힘이 완전히 분리된 후, (예를 들어) 뉴트리노는 약력에만 관여하고 전자기력과는 완전히 무관한 입자가 되었다.

신기하긴 하지만, 그다지 이상한 현상은 아니다. 한 무더기의 입자를 분류하는 방법은 여러 가지가 있다. 당신은 "입자를 갖고 무엇을 할 것인가"에 따라 다른 방법을 선택할 것이다. 여러 개의 동전을 분류할 때 앞면이 위로 향한 동전과 뒷면이 위로 향한 동전으로 나눌 수도 있지만, 동전의 액면가에 따라 분류하는 것이 제일 타당하고 향후 쓰임새도 많다. 광자와 Z^0는 에너지가 많이 다르기 때문에, 요즘 물리학자들은 이들을 다른 입자로 분류하고 있다.

약전자기력이 약력과 전자기력으로 분리될 때 바로 이런 일이 벌어졌다. 그런데 이들은 왜 분리되었을까? 해답의 열쇠는 질량이 쥐고 있다. 양–밀스 이론에 의하면 힘을 매개하는 입자는 질량이 없어야 한다. 광자와 글루온은 이 조건을 만족하지만, 약력의 매개입자는 그렇지 않다. W^+와 W^-, 그리고 Z^0는 매개입자의 세계에서 초헤비급이다. W보존의 질량은 양성자의 85배이고, Z^0는 이보다 더 무겁다. 질량이 없기는커녕, 어이가 없을 정도로 크다. 그리고 이들의 거대한 질량은 약력이 작용하는 과정에서 핵심적인 역할을 한다. 결론부터 말하자면, 약력이 '약한' 이유는 바로 매개입자의 질량 때문이다. 그래서 셸던 글래쇼는 이 입자들을 "눈감아줄 수밖에 없는 애물단지"라고 표현했다.

그러나 W와 Z^0의 질량을 완전히 무시할 수는 없는 노릇이다. 이들에게 엄청난 질량을 부여한 장본인이 바로 힉스입자인데, 처음에는 별로 주목받지 못하다가 요즘 들어 폭발적인 인기를 누리고 있다. 약전자기력에서 힉스의 위치는 요코 오노Yoko Ono, 존 레넌의 부인으로, 비틀스가 해체되는 데 중요한 원인을 제공했다. – 옮긴이와 같다. 즉, 힉스입자는 약전자기력이 약력과 전기력으로 분해되는 촉매 역할을 했다. 그러나 힉스입자의 중요성을 제대로 이해하려면 질량에 대해 좀더 자세히 알아둘 필요가 있다.

질량과 장

아인슈타인은 정말 뛰어난 물리학자였다. 여기에 반대할 사람은 없을 줄 안다. 그는 시간과 공간이 상대적이라는 것과 빛이 입자라는 것,

그리고 원자가 실제로 존재한다는 것 등 실로 많은 사실들을 알아내어 현대 물리학의 새로운 장을 열었다. 그중에서도 최고를 꼽는다면 나는 망설임 없이 질량-에너지의 호환 관계를 꼽을 것이다. 우리는 질량으로부터 에너지를 얻을 수 있고, 그 반대로 에너지로부터 질량을 만들어낼 수도 있다. 이 관계는 다음과 같이 간단한 방정식으로 표현된다.

$$m = E/c^2$$

앞에서 나는 장場을 "다양한 우주 트램펄린의 표면에 생기는 물결"에 비유했었다. 그러나 트램펄린들 사이의 차이점에 대해서는 별다른 설명을 하지 않았다. 이제 와서 하는 얘기지만, 이들은 정말 많이 다르다. 어떤 트램펄린은 딱딱하고 또 어떤 트램펄린은 유연하다. 딱딱한 트램펄린은 뛰어놀기 어렵지만 한 번 뛰기만 하면 아주 높이 올라갈 수 있다. 이것은 질량과 아주 비슷하다. 질량이 큰 물체는 움직이기 어렵지만 한 번 움직이기 시작하면 멈추기도 어렵다.

트램펄린은 우주를 표현한 2차원 모형이다. 3차원 공간을 2차원 면으로 줄였으므로 문제가 많이 단순해졌다. 그러나 2차원도 부담된다면 1차원으로 줄일 수도 있다. 팽팽하게 당겨진 기타 줄을 떠올려 보라(개개의 줄은 각기 다른 입자에 대응된다). 가는 줄은 가벼워서 퉁기기 쉽고, 진동수가 커서 높은 소리를 낸다. 반면에 굵은 줄은 퉁기기 어렵고 진동수가 작아서 낮은 소리를 낸다. 기타 줄을 각기 다른 간격으로, 또는 각기 다른 힘으로 퉁기면 복잡한 소리를 만들어낼 수 있다.

장의 거동 방식을 이해하기 위해, 트램펄린의 일부를 크게 확대해보자. 트램펄린이나 고무 판, 또는 기타 줄처럼 탄성이 있는 물체는 변형이 가해졌을 때 원래 모습으로 되돌아가려는 경향이 있다.

시시포스Sysyphus라는 이름을 들어본 적이 있는가? 코린토스의 왕이었던 그는 신들을 기만한 죄로 거대한 바위를 산꼭대기로 밀어올리는 형벌을 받았다. 게다가 바위가 산꼭대기에 도달하면 다시 아래로 굴러떨어져서 모든 과정을 처음부터 다시 시작해야 했다.

이제 당신이 (시시포스처럼) 특정한 장을 흔든다고 가정해보자. 이것은 입자가 생성되기 위해 반드시 필요한 과정이다. 장의 바닥에서는 큰 힘을 들이지 않아도 바위를 옆으로 이동시킬 수 있다. 그러나 경사가 급한 곳으로 가면 이동이 훨씬 어려워진다.

시시포스 신화. 시시포스는 신들을 기만한 죄로 거대한 바위를 산꼭대기로 밀어올리는 형벌을 받았다.

시시포스와 트램펄린은 동일한 현상을 바라보는 두 가지 방법이다. 장을 광역적 관점에서 바라보면 트램펄린처럼 보이고, 국소적 관점에서 보면 시시포스가 바위를 밀어올리는 산비탈과 비슷하다. 시시포스가 바위를 동쪽으로 밀건 서쪽으로 밀건, 힘 드는 정도는 똑같다. 이것도 일종의 대칭이지만, 꽤나 추상적인 대칭이다. 시시포스가 바위를 밀고 있는 곳은 3차

질량과 퍼텐셜(위치에너지)

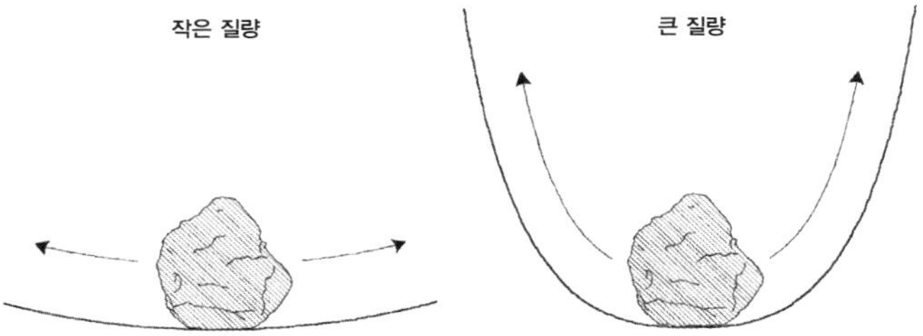

원 공간이 아니라 2차원 곡면이다. 그가 바위를 동쪽으로 미는 것은 트램펄린을 위로 퉁기는 것과 같고, 서쪽으로 미는 것은 트램펄린을 아래로 퉁기는 것과 같다.

골짜기의 생김새는 당신이 어떤 입자에 관심을 갖느냐에 따라 달라진다. 계곡의 경사가 급할수록 장을 헤치고 나아가기가 어려워지기 때문에, 입자는 더 많은 질량을 '느끼게' 된다.

이 정도면 이해가 가는가? 완벽한 비유는 아니지만 머릿속에 어느 정도 그림이 그려질 것이다. 그렇다고 안심하면 안 된다. 지금부터 나는 독자들을 어안이 벙벙하게 만들 작정이다.

모든 장들이 매끈한 계곡으로 깔끔하게 표현되지는 않는다. 개중에는 봉우리와 계곡이 정신없이 들쭉날쭉하여 수학적으로 표현하기가 매우 어려운 장도 있다. 당신이 바위에 에너지를 투입하지 않으면 바위는 혼자 구르다가 가장 낮은 곳에서 멈추겠지만, 그곳이 정말로 가장 낮은 지점인지, 아니면 산 중턱에 나 있는 작은 도랑인지 알 길이 없다.

그러나 시시포스의 관점에서 보면 바위가 가장 낮은 곳에 있건, 작은 도랑에 걸렸건 아무 상관없다. 중요한 것은 바위를 움직이기 위해 얼마나 많은 힘을 들여야 하는가이다.

다시 말해서, 입자의 겉보기질량apparent mass은 변할 수 있다는 뜻이다. 이 값은 당신이 노동 중인 산의 형태와 그곳에서 당신이 서 있는 위치에 따라 달라진다. 장을 나타내는 산의 복잡한 지형은 약력이 약한 이유를 이해하는 데 가장 중요한 요소이다.

대칭 붕괴

당신이 특이한 대칭을 가진 화산에서 바위를 옮긴다고 가정해보자. 이 화산은 두루뭉술한 원뿔 모양이고, 더 높은 봉우리들이 그 주변을 에워싸고 있어서, 언뜻 보면 멕시코의 전통 모자처럼 생겼다. 꼭대기에 도달한 당신은 아슬아슬하게 바위의 균형을 잡아놓고 피로에 지쳐 잠이 들었다.*

다음 날 아침, 당신은 잠에서 깨어나 주변을 둘러보다가 깜짝 놀랐다. GPS는커녕 나침반도 없는데, 구름이 태양을 완전히 가린 데다가 짙은 안개까지 껴서 도무지 방향을 가늠할 수가 없다. 아무래도 오늘은 무척 힘든 하루가 될 것 같다.

바위는 지금 매우 불안정한 상태에 있다. 아무 방향으로나 '아주

* 이런 상태에서 잠드는 것은 별로 현명한 행동이 아니다. 로드러너를 쫓다가 매번 실패하는 코요테라면 모를까!

힉스 산

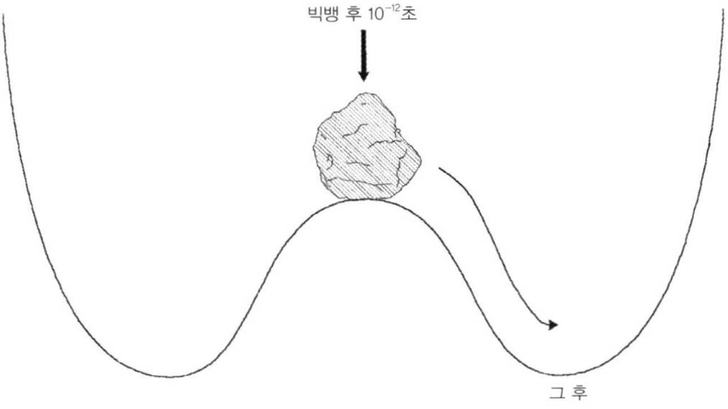

조금만' 밀면 아래로 굴러떨어질 판이다. 이런 상태에서는 바위를 구르게 하는 데 거의 아무런 힘도 들지 않으므로, 여기 대응되는 입자는 질량이 없어야 한다.

당신은 바위를 바라보며 긴 한숨을 내쉬었다. 그런데 입에서 나온 공기입자가 바위를 때리면서 아슬아슬했던 균형이 기어이 무너졌고, 결국 바위는 계곡으로 굴러떨어졌다. 이곳에서 빠져나오는 건 보통 일이 아니다. 물론 산 자체는 달라진 것이 전혀 없다. 지금도 산은 완벽한 대칭형이다. 그러나 당신이 중앙부에 솟아 있는 봉우리에서 이탈했기 때문에, 당신의 눈에 산은 더 이상 대칭적으로 보이지 않는다. 게다가 계곡에 있는 바위는 '질량이 있는 장massive field'에 해당한다. 질량이 없던 입자가 계곡으로 굴러떨어지면서 질량을 획득하게 된 것이다. 이것은 대칭 붕괴symmetry breaking의 한 사례로서, 우주 초기의 물리 법칙과 오늘날의 물리 법칙이 서로 다른 이유를 이해하려면 반드시 알아야 할 내용이다.

빅뱅 후 10^{-12}초가 지났을 무렵, 우주는 엄청나게 뜨거웠고 그 속에서 전자기력과 약력은 하나로 통일되어 있었다. 지금은 두 그룹으로 나뉘었지만, 이 무렵에 W^+, W^-, Z^0와 광자는 모두 약전자기력의 매개입자였다. 그리고 우주에는 또 다른 장이 존재했는데, 이것이 바로 그 유명한 힉스장Higgs field이었다.

힉스장에 대응되는 입자인 힉스보존은 지난 몇 년 동안 엄청난 유명세를 누렸다. 힉스입자는 표준모형에 등장하는 입자들 중 실험실에서 발견되지 않은 마지막 입자였는데, 이것이 마침내 발견된 것이다! 그 덕분에 입자물리학자들은 한동안 자신의 연구 분야가 일간지 1면에 실리는 호사를 누릴 수 있었다. "약력은 왜 약한가?" – 이 수수께끼의 해답을 쥐고 있는 것이 바로 힉스입자이다.

그뿐만 아니라 힉스입자는 약력의 매개입자인 W^+와 W^-, 그리고 Z^0의 질량을 설명해주고 있다. 매개입자가 무거우면 멀리 가지 못하기 때문에, 상호작용의 사정거리가 짧아진다. 그래서 두 개의 수소원자가 핵융합반응을 일으키려면 둘 사이의 거리가 엄청나게 가까워야 한다(앞에서도 말했지만, 핵융합반응에는 약력이 관련되어 있다). 예를 들어 물분자(두 개의 수소원자와 하나의 산소원자로 이루어져 있다) 안에서 약력이 작용하려면 수백만 분의 1로 압축되어야 한다. 우리 입장에서는 다행한 일이다. 우리 몸은 70%가 물인데, 핵융합이 자발적으로 일어난다면… 생각만 해도 끔찍하다.

1964년에 로버트 브라우트Robert Brout와 프랑수아 앙글레르

François Englert, 칼 헤이건Carl Hagen, 게리 구랄닉Gerry Guralnik, 피터 힉스Peter Higgs, 그리고 톰 키블Tom Kibble은 W와 Z입자의 질량을 설명해주는 결정적 단서가 대칭 붕괴에 있음을 간파했다.* 그러나 처음에는 논리가 너무 황당해서 아이디어를 제안한 장본인들조차도 확신을 갖지 못했다. 당시 힉스는 친구에게 보내는 편지에 다음과 같이 적어놓았다.

이번 여름에 뭔가를 발견하긴 했는데, 완전 무용지물인 것 같아.

힉스 메커니즘은 앞에서 말했던 '대칭형 화산'에서 시작된다. 이 산의 꼭대기에 힉스입자가 아슬아슬하게 놓여 있다. 그런데 전자와 뉴트리노가 한 동전의 양면인 것처럼, 힉스입자도 자신의 파트너를 갖고 있다.

이 점을 꼭 기억하기 바란다. 앞서 말한 바와 같이 전자 뉴트리노 대칭은 약력과 직접적으로 관련되어 있다. 그러므로 힉스입자가 무슨 짓을 하건 간에, W, Z입자와 어떻게든 상호작용을 할 것이다.

탄생 초기의 우주는 아주 뜨거웠다. 비유하자면 무수히 많은 사람들이 '힉스 트램펄린' 위에서 정신없이 뛰고 있는 상황과 비슷하다. 또는 무한 반복 중노동에 시달리던 시시포스가 갑자기 정신을 놓고 바위를 아무 방향으로나 닥치는 대로 밀고 있는 상황과도 비슷하다.

* 힉스는 자신이 예견했던 입자를 H^-입자라고 불렀다. 그러나 지금은 힉스의 이름을 따서 '힉스입자'라고 부른다. 물론 그는 이런 영예를 누릴 자격이 충분히 있다.

우주가 너무나 뜨거웠기에, 힉스바위는 봉우리 아래로 멀리 굴러 떨어질 수 없었다. 그러나 흐르는 시간과 함께 우주가 빠르게 식으면서 시시포스는 평정심을 되찾았고, 바위는 깊은 계곡으로 굴러떨어졌다. 초기의 아름다웠던 대칭이 깨진 것이다. 처음에 바위는 어떤 방향으로도 구를 수 있었지만 일단 구르기 시작하면서 하나의 방향이 선택되었고, 그때부터 이 방향은 특별한 의미를 갖게 되었다.

그 후 힉스장은 산꼭대기에 있던 시절을 까맣게 잊고 계곡 바닥에서의 삶에 빠르게 적응했다. 그러나 앞서 말한 대로 장이 계곡 속에 갇히면 그에 대응되는 입자는 질량을 획득하게 된다. 그리하여 힉스입자는 대칭 붕괴와 함께 질량을 갖게 되었다. 정말 놀랍지 않은가?

힉스장, 모든 입자에 질량을 부여하다

물론 힉스질량은 순수한 에너지로부터 탄생했다. 이것은 아인슈타인이 모두에게 선사한 값진 선물이다. 그러나 힉스입자가 유명해진 것은 자신이 질량을 획득했기 때문이 아니라, 다른 입자들에게 질량을 부여했기 때문이다.

힉스장이 질량을 만들어내는 원리를 속성으로 알고 싶다면, 힉스장이 다른 장들과 상호작용한다는 사실을 떠올려보라. 물리학에서 상호작용이란 에너지를 의미하고, 에너지는 $E = mc^2$을 통해 질량과 연결된다. 우리에게 친숙한 기타 줄 버전으로 설명하자면, 힉스의 역할은 기타의 목에 끼워서 줄의 진동수를 일괄적으로 높이는 카포와 비슷하다. 진동수가 높아졌다는 것은 에너지가 커졌다는 뜻이고, 이 여분의 에너지가 다른 입자의 질량으로 나타나는 것이다.

그러나 이런 식의 설명으로는 세부적인 내용을 전혀 알 수 없다. 힉스장이 다른 입자에 질량을 부여하는 과정을 제대로 이해하려면 힉스장이 시간에 따라 어떻게 변하는지를 알아야 한다. 다양한 장들은 서로 상호작용을 교환하고 있다. 예를 들어 전자기력은 전자장photon field과 광자장photon field이 상호작용을 교환하면서 나타나는 현상이다. 힉스장 역시 다른 장들과 상호작용을 교환하는데, 정상적인 상황에서는 별다른 효과를 낳지 않는다. 예를 들어 텅 빈 공간에서는 힉스장의 평균값이 0이기 때문에, Z^0입자와의 상호작용도 완전히 사라진다. 그러나 힉스가 산꼭대기에서 계곡 아래로 추락하면 상황은 크게 달라진다.

앞에서도 말했지만, 힉스장은 특히 약력에 민감하게 반응한다. 바위가 굴러떨어져서 계곡에 도달하면 균일한 장이 형성되고, 힉스장과 W, Z^0장이 상호작용하면서 균일한 에너지가 발생한다. 그러나 기억하라. 이 상호작용은 일방통행이 아니라 항상 양방향으로 교환된다.

뉴턴의 제3법칙: 모든 작용action에는 크기가 같으면서 방향이 반대인 반작용reaction이 수반된다. 물체 A가 B에 힘을 가하면 B는 크기가 같고 방향이 반대인 힘을 A에게 되돌려준다.

균일한 상호작용을 더하면 "펑~!" 하면서 입자가 탄생한다.실제로

소리가 나지는 않는다. – 옮긴이 "밀물은 모든 배를 위로 들어올린다A rising tide raises all boats"라는 속담이 딱 들어맞는 상황이다. 힉스는 더 이상 산꼭대기에 있지 않기 때문에, 힉스와 상호작용하는 다른 장들도 평형상태에서 벗어나 있다. 이제 힉스와 약력 매개입자들은 미시세계의 '원더트윈Wonder Twin'이 되어, 둘 중 하나가 변하면 다른 쪽도 따라서 변한다.

힉스는 보존boson이므로 광자나 글루온 등 입자세계에서 중개인 역할을 하는 매개입자들과 무리를 짓는다. 대부분의 물리학자들은 힉스를 매개입자로 간주하지 않지만, 따지고 보면 "입자가 자기 자신과 상호작용할 때 교환되는 매개입자"라고 생각할 수 있다. W^+입자는 힉스입자를 꾸준히 내보내면서 동시에 꾸준히 수용하고 있다. 단, 힉스입자를 다른 입자에게 보내는 것이 아니라, 자신이 뿌린 씨를 자기가 거두고 있는 것이다. 그런데 에너지는 곧 질량이므로, W^+입자는 공짜로 질량을 얻는 것처럼 보인다.

힉스 메커니즘은 몇 가지 사실을 예견하고 있는데, 그중에서 매개입자의 질량과 관련된 내용이 가장 유명하다. 이 메커니즘에 의하면 W와 Z^0는 질량을 가져야 하며, Z^0의 질량은 W의 1.14배가 되어야 한다. 놀랍게도 이 예견은 관측 결과와 정확하게 일치했다.

나는 힉스장이 다른 입자에 질량을 부여하는 과정을 장의 결합으로 설명했지만, 다른 책들과 비교해보니 가장 직관적인 설명은 아닌 것 같다. 최근에 나온 교양 과학도서에는 힉스입자와 힉스장의 거동이 매우 다양한 방식으로 서술되어 있다.

예를 들어 일부 물리학자들은 힉스장을 '끈적한 우주적 당밀설탕을 녹여 꿀처럼 만든 즙액. – 옮긴이'에 비유하고 있다. 입자가 그 속에서 움직이면 저항이 생길 텐데, 이것을 질량으로 해석하는 식이다.

이 비유는 꽤 그럴듯하게 들리지만, 잘 생각해보면 문제의 소지가 많다. 우주적 당밀 속에서 생긴 저항이 질량이라면, 왜 어떤 입자는 질량이 있고 어떤 입자는 질량이 없는가? 그리고 질량이 있는 입자들은 왜 질량이 제각각인가? 당신과 내가 끈적한 액체 속에서 헤엄을 치고 있다면 거의 같은 저항을 받을 것이다. 그런데 Z^0 입자의 질량은 전자보다 훨씬 크고, 광자는 질량이 아예 없지 않은가?

실제 상황을 떠올리면 당밀 비유의 허점이 더욱 또렷하게 드러난다. 끈적한 액체 속에서 헤엄을 치다 보면 속도가 점점 느려지다가 결국에는 완전히 멈추게 된다. 그러나 실제 입자들은 이런 식으로 거동하지 않는다. 독자들도 고등학교 물리시간에 배웠겠지만, 뉴턴의 운동법칙에 의하면 움직이는 물체는 현재의 운동 상태를 유지하려는 경향이 있다(이것을 '관성의 법칙'이라 한다).

다른 비유도 많은데, 그중에서 가장 유명한 것이 "파티에 참석한 유명인사의 걸음걸이" 비유이다. 유명한 여배우가 파티에 참석하여 홀을 가로질러 걸어가고 있으면 당연히 사람들이 그녀 주변을 에워싸면서 진행을 방해할 것이고, 이들의 행동은 그녀의 질량을 증가시키는 효과를 가져온다. 그러나 이 장소에 당신도 같이 있었다면 아무도 당신에게 관심을 갖지 않을 것이므로 당신은 자유롭게 앞으로 나아갈 수 있다. 그러니까 당신은 광자이고, 여배우는 Z^0입자인 셈이다.

힉스장(광적인 팬들)은 유명인사에게 접근하여 어떻게든 엮여보려고 애를 쓰지만, 우리같이 평범한 사람에게는 아무런 관심도 없다. 유명인사가 한 번 움직이기 시작하면 추종자들에게 떠밀리기 때문에 멈추기가 어렵다. 이런 식으로 해석하면 질량에 의한 관성도 어느 정도는 설명이 된다. 그런데 다른 무거운 입자들은 왜 힉스입자보다 가벼운가? 유명인사의 걸음걸이 비유로는 힉스입자가 가장 무거운 입자에 속하는 이유를 설명할 수 없다.

피터 힉스는 자신이 제안한 장을 유리의 굴절률에 비유하곤 했다. 빛이 유리나 물, 또는 다른 매질 속으로 진입하면 속도가 느려진다(즉, c보다 작아진다). 하지만 느려진 상태로 그 속도가 똑같이 유지되기 때문에, 매질 속에서도 뉴턴의 제1법칙이 만족되는 것처럼 보인다. 그런데 문제는 충분한 노력을 들이면 질량의 한계를 거의 뛰어넘을 수 있다는 것이다. 입자는 질량을 갖고 있지만, 가속기를 사용하면 광속의 99% 이상으로 가속시킬 수 있다.

요점은 간단하다. 힉스장을 무엇에 비유하건, 항상 문제가 따르기 마련이다. 직관적으로 생각하면 질량은 가장 근본적인 물리량인 것 같다. 질량이 상호작용 에너지로부터 창출된다는 주장은 우리의 일상적인 경험에 전혀 부합되지 않는다. 하지만 상관없다. 이제 곧 알게 되겠지만 우주에 존재하는 질량의 대부분은 환영에 불과하기 때문이다.

물론 힉스입자가 존재한다는 전제하에서 그렇다.

힉스입자는 정말로 존재하는가?

힉스입자의 존재를 이론적으로 예견하는 것과 그것을 실험실에서 검출하는 것은 완전히 다른 차원의 이야기다. 유럽 입자가속기센터 CERN에서는 스위스와 프랑스의 국경에 걸쳐 있는 직경 27km짜리 대형강입자충돌기LHC를 2010년부터 운용해오고 있다. LHC는 양성자를 광속의 99.999996%까지 가속시킨 후 다른 양성자와 충돌시켜서 다양한 입자를 만들어내고 있는데,* 입자의 속도가 어찌나 빠른지 우리가 느끼는 한 시간이 양성자에게는 1초밖에 되지 않을 정도이다(이것은 특수상대성이론의 시간팽창 효과 때문이다. 속도가 빠를수록 시간은 느리게 간다).

LHC는 과학역사상 최대 규모의 공동연구 프로젝트로서 관련된 과학자만 수천 명에 달하며, 공사비를 제외하고 처음 가동하는 데에만 40억 달러가 들어갔다.

LHC는 오직 힉스입자를 찾기 위해 만들어진 시설이 아니다. 우주의 대부분을 차지하고 있는 암흑물질 입자나 표준모형에서 예견된 초대칭입자 등 찾아야 할 입자는 아직 많이 남아 있다. 과거에는 꿈도 꾸지 못했던 고에너지 입자(질량이 큰 입자)들이 LHC 덕분에 이룰 수 있는 꿈으로 다가온 것이다. 그러나 물리학자들의 최고 관심사는 언제나 힉스입자였다.

양성자가 LHC에서 거의 광속으로 가속되어 다른 입자와 충돌

* 입자를 가속시키는 중노동은 거대한 자석이 맡아서 하고 있다.

하면 엄청난 에너지가 방출되면서 다양한 입자들이 쏟아져 나온다. 물론 이중에는 힉스입자도 포함되어 있다. 사실 힉스입자는 전기전하가 없고 복사에너지도 방출하지 않기 때문에 검출되기가 매우 어렵다. TV 뉴스나 일간지에 "LHC, 새로운 입자를 발견하다!"라는 기사가 뜨면 많은 사람들은 입자가 눈앞에 또렷하게 나타나는 장면을 상상하겠지만, 현실은 전혀 딴판이다. 입자를 페트리접시미생물을 배양하는 작은 그릇. – 옮긴이에서 배양했다는 뜻도 아니고, 거품상자bubble chamber, 액체 속의 거품으로 하전입자의 궤적을 관측하는 장치. – 옮긴이에서 입자의 궤적을 발견했다는 뜻도 아니다. 새로운 입자가 발견되었다는 것은 한 지점에서 두 가닥의 고에너지 감마선*이 방출되었을 때, 여기에 운동량 보존법칙과 에너지 보존법칙을 적용하여 생성된 입자의 질량과 속도를 추적했다는 뜻이다.

2012년 7월에 원환면 LHC 기구팀A Toroidal LHC Apparatus, ATLAS과 콤팩트 뮤온 솔레노이드팀Compact Muon Solenoid, CMS의 대변인은 힉스입자가 발견되었음을 공식적으로 선언했다. 지난 50년 동안 물리학자들이 목을 빼고 기다려왔던 낭보가 기적처럼 날아든 것이다. 이들은 힉스입자의 질량이 양성자의 약 133배라고 발표했다.**

* 소위 말하는 '감마-감마 채널gamma-gamma channel'은 에너지가 가장 강한 신호지만, 힉스입자는 가끔 두 개의 Z^0입자로 붕괴되었다가 다시 두 쌍의 전자-양전자, 또는 뮤온muon과 반뮤온antimuon으로 붕괴되기도 한다.

** 힉스입자와 관련하여 인터넷에 올라와 있는 대부분의 글에는 힉스입자의 질량이 125GeV로 나와 있다. GeV는 질량이 아니라 에너지의 단위인데, 질량과 에너지는 등가이므로 $m = E/c^2$을 통해 질량으로 바꿀 수 있다. 또한 이것은 "맨땅에서 힉스입자를 만들어내려면 125GeV의 에너지가 필요하다"는 뜻이기도 하다.

새로 발견된 입자는 힉스입자의 특성을 모두 갖추고 있었다. 그러나 변수가 워낙 많기 때문에 최종 결론을 내리려면 꽤 많은 검증 과정을 거쳐야 한다. 힉스보존은 스핀이 0으로 알려져 있지만 2일 수도 있고, 질량은 W나 Z^0입자와 비슷해야 한다. LHC 측은 면밀한 분석을 실행한 끝에 100% 확실하진 않지만 힉스입자가 발견된 것으로 결론지었고, 물리학자들의 동의를 얻어내는 데 성공했다.

힉스입자가 발견되었다는 소식이 발표되었을 때, 가장 신난 쪽은 물리학자가 아닌 언론사였다. 뉴욕타임스의 헤드라인에는 "물리학자들, 우주의 비밀을 풀어줄 신비의 입자를 발견하다"는 기사가 대문짝만 하게 실렸고, 온갖 신문과 잡지들은 힉스입자를 '신의 입자'라 부르면서* "이로써 우리는 물질의 모든 특성을 이해하게 되었고, 물리학은 거의 완성 단계에 접어들었다"는 논평을 쏟아냈다. 밀레니엄 팔콘영화 〈스타워즈〉에 등장하는 초대형 우주선. - 옮긴이이 코믹콘Comic-Con, 공상과학 영화와 만화를 주제로 미국에서 매년 개최되는 축제 분위기의 행사. - 옮긴이에 처음 전시되었을 때 사람들의 반응도 이와 비슷했을 것이다.

어쨌거나 힉스입자가 발견된 것은 물리학사에 길이 남을 대사건임이 분명하다. 그 덕분에 입자물리학의 표준모형은 완성도가 훨씬 높아졌다. 그러나 힉스입자로 설명되는 질량은 우주에 존재하는 질량의 극히 일부분에 불과하다.

* 다시 한 번 부탁하는데, 제발 이런 이름으로 부르지 말아주기 바란다.

힉스입자로 설명되는 질량과 그렇지 않은 질량은?

힉스 메커니즘은 W와 Z^0보존의 질량을 설명하기 위해 도입된 개념이다. 광자나 글루온 등 다른 매개입자들은 질량이 없는 데 반해 W와 Z^0는 매우 큰 질량을 갖고 있다. 입자물리학의 이론에 의하면 우주 초기에는 전자기력과 약력이 같은 힘이었지만, 대칭이 자발적으로 붕괴되면서 각자 다른 길을 가게 되었다.

그러나 이 이론은 다른 입자들까지 질량을 갖게 된 이유를 설명하지 못한다. 그리고 대칭 논리에 의하면 모든 페르미온은 질량이 없어야 하는데, 현실은 그렇지 않다. 물론 이것은 우리에게 더없이 다행스런 일이다. 만일 전자의 질량이 0이라면 안정된 원자나 분자가 만들어지지 않았을 것이고, 생명체도 존재할 수 없었을 것이다.

1장에서 말한 바와 같이, 우리의 우주에는 P–대칭(반전대칭)이 깨져 있다. 눈에 보이는 세계와 거울에 비친 세계에서 물리 법칙은 다른 방식으로 작동한다.

P–대칭을 망가뜨린 주범은 약력이다. 어떤 과정이건 간에, 일단 약력이 개입되면 좌편향 뉴트리노가 방출되기 때문이다. 다시 말해서, 이들은 당신을 향해 다가올 때 시계 방향으로 자전하는 것처럼 보인다. 페르미온에 질량이 없다면 약력에 관여하는 모든 페르미온들은 왼쪽으로 편향되었을 것이다. 그러나 현실은 그렇지 않다. 즉, 이 대칭은 완전하지 않다는 뜻이다. 입자의 스핀은 앞에서 언급했던 다른 대칭들 및 광속 c와 밀접하게 연관되어 있다.

질량이 없는 입자는 항상 광속으로 움직인다. 당신은 이들을 절대로 앞지를 수 없다. 당신이 아무리 빠르게 달려도(그리고 몸이 아무리 가벼워도) 당신 몸의 질량 자체가 광속으로 달리는 것을 원천적으로 방해하기 때문이다.

입자가 좌편향인지, 또는 우편향인지의 여부는 이들이 당신을 향해 똑바로 다가올 때 눈에 보이는 자전 방향에 따라 결정된다. 질량이 있는 입자의 경우, 당신의 운동 상태를 바꾸면 '다가오는 입자'를 '멀어져 가는 입자'로 만들 수 있다. 즉, 입자에 아무런 영향을 주지 않고 관측자의 관점만 달라져도 좌편향 입자가 우편향 입자로 바뀐다.

그러나 약력이 정말로 좌편향 대칭을 따른다면(우주에 물질이 반물질보다 많이 존재하는 이유는 이 대칭 때문이다) 약력과 관련된 모든 입자들은 질량이 없어야 한다.

이렇게 생각하면 쿼크와 전자, 뉴트리노는 질량이 없어야 할 것 같은데, 분명히 질량을 갖고 있다. 왜 그럴까? 바로 힉스장 때문이다. 우주 초기에 대칭이 붕괴되면서 힉스장이 이들에게 질량을 부여했다. 힉스 메커니즘은 아직 보완되어야 할 부분이 남아 있지만, 일단 힉스 입자가 발견되었으니 우리가 옳은 길을 가고 있다는 사실만은 확인된 셈이다.

그러나 힉스입자는 우주의 모든 것에 질량을 부여하지 않았다. 당신 몸의 질량도 힉스로부터 온 것이 아니다.

우리 몸의 대부분은 양성자와 중성자로 이루어져 있으며, 이들은 쿼크로 이루어져 있다. 그러나 앞에서도 말했지만, 각 부분을 단순히 더한다고 해서 전체가 얻어지는 것은 아니다. 양성자를 구성하는 쿼크의 질량을 모두 더해도 실제 양성자 질량의 2%밖에 안 되고, 나머지 98%는 쿼크들 사이의 상호작용에서 발생한 '에너지'로 이루어져 있다.

이런 것들이 모여서 원자가 되고, 원자가 모여서 우리의 몸을 이루고 있다. 또한 힉스입자만으로는 암흑물질dark matter의 기원을 알 길이 없다. 지금까지 알려진 바에 의하면 우주 총 질량의 85%가 암흑물질이다.

표준모형은 다양한 실험을 거쳐 올바른 이론으로 판명되었으나, 19개의 변수들이 왜 지금과 같은 값으로 결정되었는지는 여전히 오리무중이다. 이들의 값이 지금과 달랐어도 우주는 나름대로 존재했을 것이다. 관측을 통해 알아낸 값을 이론에 대입하긴 했지만, 찜찜한 구석은 여전히 남아 있다.

힉스입자의 발견으로 표준모형이 완성될 수는 있지만, 이것으로 물리학이 끝나지는 않는다. 그리고 (스포일러 경고!) 우리는 물리학의 종착역에 도달하지 못했어도 지금까지 항상 그래왔던 것처럼 대칭이 우리의 앞길을 인도해줄 것이라는 강한 심증을 갖고 있다.

THE UNIVERSE IN THE REARVIEW MIRROR

HOW HIDDEN SYMMETRIES SHAPE REALITY

10

숨은 대칭

거울에 비친 사물은 왜 겉보기보다 가까이 있는가?

많은 사람들은 물리학(일반적으로 모든 과학)을 “추상적인 대상을 연구하는 그들만의 학문”으로 생각하는 경향이 있는데, 나는 이것이 세상에서 가장 불공정한 편견이라고 생각한다. 고등학교 시절에 도르래 문제를 풀면서 위와 같은 느낌을 갖게 되었다면, 다시 한 번 생각해보기 바란다. 이것은 피아노로 도레미만 배운 사람이 음악의 즐거움을 평하는 것과 비슷하다.

과학은 재미있다. 아니, 재미있어야 한다. 물론 가끔씩은 길게 나열된 입자목록이나 외계언어 같은 법칙 때문에 거리감이 느껴지기도 하지만, 그렇다고 해서 ‘재미를 찾는 눈’까지 감아버릴 필요는 없다. 사실 물리학은 우주 전체를 배경으로 벌어지는 흥미진진한 게임이다.

과학을 게임에 비유하는 것이 과학을 폄하하는 것처럼 보일 수도 있다. 그러나 게임을 즐기기 위해 일단 규칙부터 알아야 한다는 점에서는 물리학이나 게임이나 다를 것이 없다. 퀴디치quidditch, 해리포터의 빗자루를 타고 날아다니면서 골든 스니치를 잡는 게임. – 옮긴이가 아무리 재미있어도 규칙을 모르면 무용지물이다. 게임을 마스터하기 위한 첫 걸음은 규칙을 이해하는 것이다.

우리는 물리학이 지배하는 세계에서 살고 있지만 게임의 규칙을 일목요연하게 적어놓은 가이드북 같은 것이 애초부터 존재하지 않기 때문에, 관찰과 실험을 통해 일일이 알아내는 수밖에 없다. 그러다가 지식의 한계에 부딪히면 한 걸음 뒤로 물러나 무엇이 누락되었는지 생각해본다. 다소 따분하게 들리겠지만 다른 방법은 없다. 이것이 최선이다.

물리학 도사로 정평이 나 있는 파인만도 과학을 우주적 체스 게임에 비유했다. 게임이 진행되는 과정을 꾸준히 관찰하다 보면 우주에 존재하는 대칭을 알게 되고, 그 대칭이 언제 붕괴되는지도 알 수 있다.

우리는 우주의 법칙에 따라 똑같은 게임을 계속 반복해오면서 세 종류의 내부대칭으로부터 우주에 존재하는 모든 입자와 힘의 목록을 작성했다. 필요하다면 이론적으로 존재할 수 있는 모든 페르미온(스핀이 1/2인 입자. 모든 물질은 페르미온으로 이루어져 있음을 꼭 기억하기 바란다)의 명단을 지금이라도 당장 만들 수 있다. 또한 우리는 모든 기본 힘과 이 힘을 매개하는 보존들도 미리 예견했으며, 각 입자의 전하와 색, 약한 아이소스핀, 약한 초전하 등도 알아냈다.

이 정도면 꽤 훌륭한 성과다.

표준모형에서 이론적으로 예견된 입자들은 힉스입자를 마지막으로 모두 발견되었다. 게다가 지금 우리는 모든 상호작용을 (편집증 같지만) 열 번째 유효숫자까지 정확하게 계산할 수 있다.

그러나 이 모든 성과에도 불구하고, 표준모형은 여전히 우아함과 거리가 멀다. 솔직히 말해서 일부 법칙은 임시변통으로 때워 넣은 흔적이 역력하다. 표준모형 이론을 공부해본 사람이라면 무언가 더 깊고 심오한 법칙이 있을 것 같다는 생각을 적어도 한 번은 떠올렸을 것이다. 비유하자면 표준모형은 겉모습만 매끈한 임대아파트와 비슷하다. 그곳에 사는 당신은 벽에 뚫린 구멍을 치약으로 메우면서 임대보증금을 돌려받을 수 있다는 희망을 갖고 살아간다. 물론 표준모형은 겉모습이 대단하게 '보일' 뿐만 아니라, 실제로 많은 부분이 대단하다. 그러나 중요한 부분으로 가면 무언가가 빠져 있다는 생각을 떨치기 어렵다.

물리학이 진보할수록 쌓여가는 문제들

표준모형은 그 자체로 문제점을 안고 있지만, 본론으로 들어가기 전에 약간의 변명을 늘어놓고자 한다. 사람들은 일을 하다가 무슨 문제가 생기면 처음으로 돌아가서 다시 시작해야 한다고 생각하는 경향이 있는데, 물리학자들은 그렇지 않다. 우주모형에서 문제점이 발견됐다 해도, 그들은 가던 길을 벗어날 수가 없다. 예를 들어 일반상대성이론은 뉴턴의 중력이론보다 정확한 이론임이 분명하지만, 그렇다고 해서 아인슈타인 이후의 사람들이 뉴턴을 우습게 봐도 된다는 뜻은 아니다. 양자역학과 중력을 통합하려는 시도가 어떻게 마무리되건 간에, 두 이론은 각자 맡은 분야에서 여전히 정확한 예측을 내놓을 것이다.

그래서 우선은 현대 물리학의 취약점을 몇 개 골라서 적나라하게 펼쳐 보인 후, 이 모든 문제점을 해결하는 최선의 방법을 제시하는 식으로 이야기를 풀어나가기로 했다.

왜 어떤 대칭은 중요하고, 어떤 대칭은 찬밥 신세인가?

우주를 서술하는 모형은 다양한 대칭에 기반을 두고 있다. 이들 중 물리학의 법칙이 모든 방향에 대해 똑같이 적용된다는 등방성isotropy과 모든 장소에 똑같이 적용된다는 균질성homogeneity, 그리고 모든 시간대에 똑같이 적용된다는 시간불변성time invariance은 발상 자체가 매우 자연스러워서 반론의 여지가 별로 없다. 심지어는 특수상대성이론에서 빛의 속도가 관측자의 운동 상태에 상관없이 항상 똑같다는 로렌츠 불변성Lorentz invariance조차도 지금은 자연스럽고 우아해 보인다.

그러나 표준모형의 내부대칭으로 들어가면, 솔직히 말해서 시작부터 땜질이 난무한다('흉물스럽다'고 말하는 사람도 있다). 전자기력의 근본적 원인인 위상대칭은 구조가 매우 간단하여 "그럴 수밖에 없겠다"는 느낌이 들지만, 약력과 강력을 낳은 대칭들은 "왜 하필 이 대칭인가?"라는 의문을 떨치기 어렵다. 수학적으로 비슷한 대칭은 이것

말고도 많기 때문이다. 우주는 왜 하필 그와 같은 대칭을 선택했을까?

자연에는 힘을 낳는 대칭 외에 다른 대칭도 존재한다. 표준모형의 입자목록을 보면 페르미온은 3세대로 분류되어 있다. 각 세대마다 입자의 종류는 비슷하지만 질량은 크게 다르다. 1세대에 속하는 위쿼크와 아래쿼크는 가장 가볍고, 2세대의 맵시쿼크charm quark와 야릇한쿼크strange quark는 전하와 스핀, 상호작용 등이 1세대와 거의 똑같지만 질량이 100배가량 크다. 그리고 3세대에 속하는 꼭대기쿼크top quark와 바닥쿼크bottom quark의 질량은 2세대 쿼크보다 또 100배쯤 크다.

이들 중 한 세대만 있어도 우리의 일상생활에는 아무런 지장이 없다. 그런데 왜 자연에는 페르미온이 3세대나 존재하는가? 노벨상 수상자인 이시도어 라비Isidor Rabi는 전자의 2세대 파트너인 뮤온이 발견되었을 때 약간 짜증 섞인 투로 다음과 같이 쏘아붙였다.

"아니, 이거 대체 누가 주문한 거야?"

아무래도 우주는 가장 간단한 대칭을 선택하지 않은 것 같다. 우주가 왼손잡이라는 사실만 봐도 그렇다.

모든 뉴트리노는 생성될 때마다 같은 방향으로 자전한다. 이것은 그저 신기한 일이 아니라, (적어도 우리에게는) 매우 중요한 사안이다. 우주는 분명히 어느 한쪽을 선택했다. 안드레이 사하로프의 말대로,

양손잡이 우주에서 물질이 반물질보다 많아질 수는 없다.

우주는 왜 둘 중 한쪽을 선택했을까? 우주가 오른손잡이어도 우리에게는 아무런 지장이 없는데, 우주는 왜 왼쪽을 선택했을까? 그리고 왜 유독 약력만 그 사실을 반영하고 있는 것일까?

이것은 결코 현학적인 질문이 아니다. 우리가 대칭으로부터 배운 가장 큰 교훈은 "이론적으로 가능하면 대체로 현실에도 존재한다"는 것이다. 특히 강력을 서술하는 양자색역학quantum chromodynamics*에는 반전대칭을 만족하지 않는 항이 자연스럽게 포함되어 있다.

한 가지 예를 들어보자. 지금 당신은 멋진 디너파티에 초대되어 정갈하게 차려진 테이블 앞에 앉아 있다. 테이블 위를 보니 물 잔이 당신의 왼쪽과 오른쪽에 하나씩 놓여 있다. 어느 쪽 물을 마실 것인가? 그 자리에 에밀리 포스트Emily Post, 서양식 에티켓에 대한 책을 저술한 유명 작가. – 옮긴이가 있다면 어떻게 해야 할지 친절하게 가르쳐주겠지만,** 당신은 나처럼 매너와 담쌓은 사람이고 물 잔도 그렇다고 가정하자. 이럴 때 당신이 왼쪽 잔을 선택한다면, 당신의 왼쪽에 앉아 있는 사람도 어쩔 수 없이 자신의 왼쪽에 놓여 있는 잔을 선택할 수밖에 없다. 대칭이 한 번 붕괴되기 시작하면 완전히 붕괴된다.

강력에는 방향성이 없다. 비대칭을 10억 분의 1까지 정밀하게 관측할 수 있는 장비로 강력을 관측했는데 한 번도 관측된 적이 없으

* 여기서 '색chromo'이란 강력에 관여하는 쿼크와 글루온의 색color을 의미한다.

** 에티켓을 가르치는 책에는 오른쪽 잔을 선택하라고 적혀 있다.

니, 이것은 거의 완벽한 사실이다.

1977년에 로베르토 페체이Roberto Peccei와 헬렌 퀸Helen Quinn은 "좌우대칭도 다른 대칭들처럼 입자를 낳는다"는 가설을 제안하고, 이 입자에 '액시온axion'이라는 이름을 붙여놓았다. 액시온은 강력의 대칭을 설명해줄 뿐만 아니라, (만일 존재한다면) 전하는 없으면서 질량이 엄청나게 크기 때문에 암흑물질의 강력한 후보로 거론되고 있다. 과학자들은 지금까지 수많은 실험과 천문 관측을 시도해왔음에도 불구하고, "우리가 망원경으로 확인한 천체는 우주의 극히 일부"라는 초라한 결론에 도달했다. 우주에는 눈에 보이는 물질보다 보이지 않는 물질이 압도적으로 많았던 것이다.

기본 힘들은 얼마나 강한가?

우주에 존재하는 기본 힘들은 그 이름만으로도 제일 중요한 특성을 짐작할 수 있다. 약력과 강력도 여기에 속한다. 앞에서 우리는 약력이 약한 이유를 알게 되었다(힉스 메커니즘). 그런데 강력은 왜 강한가? 만일 강력이 전자기력보다 약했다면 양성자와 중성자 사이의 척력이 인력보다 강하게 작용하여 원자가 형성되지 않았을 것이고, 당신은 물론 당신이 사랑하는 모든 것들도 존재하지 않았을 것이다. 강력이 강한 것은 우리에게 매우 다행한 일이다. 그러나 이것만으로는 '강할 수밖에 없는 이유'를 설명할 수 없다.

약력은 이름에 걸맞지 않게 전자기력보다 1.8배쯤 강하다. 약력이 상대적으로 약한 이유는 매개입자가 엄청나게 무겁기 때문이다. 만일 이 입자들의 속도가 광속에 접근한다면 약력은 상상을 초월할 정도로 강해질 것이다.

힘의 상대적 비교는 사실 빙산의 일각에 불과하다. 표준모형에는 모두 19개의 자유변수가 있는데, 여기에는 힘의 크기뿐만 아니라 다양한 입자의 질량 및 힘과 입자가 결합하는 방식이 포함되어 있다. 게다가 이들은 1이나 π처럼 수학적으로 깔끔한 숫자가 아니다. 예를 들어 전자기력의 세기는 1/137.0359…이고 힉스입자의 질량은 125GeV이다.

앞에서 나는 물리학의 법칙을 논하면서 인류원리에 대해 잠깐 언급한 적이 있다. 다중우주가 정말로 존재한다면 이 19개의 변수들은 각 우주에서 다른 값을 가질 수도 있으며, 이유는 알 수 없지만 그 다양한 조합들 중에서 단 몇 가지만이 입자가속기를 만들 정도로 복잡한 생명체의 탄생을 허용하고 있다(우리의 우주가 그중 하나이다).

물리학이 아직 이 값들을 예측할 정도로 발달하지 못한 것일까? 그럴지도 모른다.

질량이란 무엇인가?
(그리고 입자의 질량은 왜 그렇게 작은가?)

독자들도 눈치챘겠지만, 나는 기본 입자의 질량을 '이론적으로 결정할 수 없는 자유변수'의 목록에 슬그머니 밀어 넣었다. 당신은 이렇게 외치고 싶을 것이다. "잠깐! 저자는 질량의 출처를 설명하기 위해 9장을 통째로 할애하지 않았던가? 그런데 이제 와서 질량을 또 문제 삼다니, 대체 뭐가 더 남아 있다는 말인가?"

맞는 말이다. 질량의 출처는 힉스장이었다. 그러나 힉스장을 도입해도 각 입자의 질량만은 여전히 손으로 입력하는 수밖에 없다. 힉스입자가 발견되자 물리학자들은 크게 기뻐하면서도 다른 한편으로는 찜찜한 마음을 떨치지 못했다. 힉스입자는 다른 입자들에게 왜 하필 지금과 같은 질량을 할애했는가? 지금 당장 정답을 제시할 수는 없지만, 몇 가지 가능성을 타진해볼 수는 있다.

이상한 것은 당신이 입자의 질량을 아무리 애써 예측해도, 거의 대부분이 틀린다는 점이다.

입자의 질량을 예측하는 것은 넓은 광장에 홀로 서 있는 사람을 먼발치에서 바라보며 그가 무슨 행동을 하고 있는지 예측하는 것과 비슷하다. 단, 입자의 경우에는 물리 법칙에서 약간의 실마리를 찾을 수 있다. 좀더 구체적으로 말하자면 물리학의 가장 기본을 이루는 세 개의 상수(빛의 속도 c와 플랑크상수 h, 그리고 뉴턴의 중력상수 G)를 이리저리 조합해보는 식이다.

이 숫자들은 특정 힘이나 특정 대칭에만 관여하지 않는다는 점에서 매우 특별한 상수이다. 빛의 속도 c를 편의상 1로 잡는 것처럼(이 단위계에서 1광년은 1년이 된다), h와 G도 어떤 단위를 쓰건 상관없이 자유롭게 짜 맞출 수 있다. 예를 들어 c와 h를 곱해서 G로 나눈 후 제곱근을 취하면 질량의 단위가 되는데, 값은 5000만 분의 1kg(0.02μg)

에 불과하지만 양성자 질량의 10^{19}배이므로, 입자물리학에서는 엄청나게 큰 상수이다. 물리학자들은 이 값을 '플랑크질량Planck mass'이라는 이름으로 부르고 있다.*

플랑크질량에는 중력을 대변하는 G와 양자역학을 상징하는 h가 들어 있으므로, 중력 효과와 양자적 효과를 모두 포함하는 상수라 할 수 있다. 빅뱅이 일어나고 10^{-44}초가 지났을 때(우연히도 이 시간은 플랑크시간과 일치한다) 양자적 요동으로부터 탄생한 블랙홀이 온 우주를 가득 메웠다. 이 무렵에 물리학의 법칙이 어떤 형태였는지는 알 길이 없다.

입자의 자연스러운 크기는 플랑크질량으로부터 유추할 수 있다. 그러나 우리가 알고 있는 입자의 질량은 플랑크질량과 비교가 안 될 정도로 작다. 지금까지 발견된 입자들 중 가장 무거운 것은 꼭대기쿼크인데, 플랑크질량은 꼭대기쿼크의 10경 배(10^{17}배)나 된다. 둘 사이의 차이는 보통 체격의 사람과 명왕성의 차이와 비슷하다. 아마도 이것은 우리가 잘못된 길로 접어들었음을 알리는 신호일 것이다.

양성자의 질량은 플랑크질량의 10^{-19}배이다. 차이도 차이 나름이지, 이 정도로 차이가 나면 무슨 해명이 있어야 한다. 이토록 작은 입자들이 모여서 '우연히' 인간이 될 확률은 얼마나 될까? 지금까지 알려진 입자들은 이론적으로 짐작되는 자연스러운 질량보다 너무나 작다. 만물은 왜 이렇게 가벼운가?

* c와 h, 그리고 G를 이리저리 조합하여 질량 단위가 나오는 경우는 $\sqrt{\frac{hc}{G}}$ 밖에 없다.

중력은 어떻게 작용하는가?

앞에서 나는 표준모형을 설명할 때 '중력을 제외한 세 종류의 힘'만 다루었다. 왜 하필 중력만 제외시켰을까? 중력이 다른 힘보다 덜 중요해서가 아니다.

일반상대성이론은 중력의 본질을 설명하는 탁월한 이론이지만, 표준모형에서 힘을 설명하는 방식과는 완전히 다르다. 여기에는 매개입자도 없고 양자적 불확정성도 없다. 이토록 상이한 힘을 나머지 세 힘과 어떻게 합쳐야 할까? 아인슈타인의 중력이론을 양자역학 버전으로 바꿀 수는 없을까?

중력은 천체와 같이 질량이 큰 물체의 운명을 좌우하고 양자역학은 미시세계를 지배한다. 즉, 이들은 태생적으로 충돌할 수밖에 없는 이론이다. 앞에서 호킹복사와 언러 효과를 통해 정상적인 상황에서 양자역학과 중력을 섞는 방법에 대해 약간의 실마리를 얻긴 했지만, 두 이론을 하나의 체계로 통일하는 문제는 아직도 수수께끼로 남아 있다.

블랙홀의 중심과 빅뱅의 순간에 존재했을 특이점singularity도 지독한 미스터리다. 이 지점으로 가면 물리량들이 툭하면 무한대로 발산하고, 기존의 물리 법칙들은 완전 먹통이 된다. 무한히 많은 짐을 과연 유한한 가방 안에 욱여넣을 수 있을까? 아직은 아무도 알 수 없다.

그 외에 무엇이 누락되었는가?

앞에서 나는 물리학자들이 표준모형에서 예견된 '모든' 입자를 발견했다고 큰소리친 적이 있다. 거꾸로 말하면 자연에 존재하는 '모든' 입자를 표준모형이 미리 예견한 셈이다. 원칙적으로 따지면 틀린 말은 아니다. 그러나 여기에는 커다란 부분이 누락되어 있다. 게다가 표준모형으로는 그 존재를 규명할 가능성도 거의 없다. 문제의 주인공은 우주의 에너지 밀도의 95%를 차지하고 있는 암흑물질과 암흑에너지이다.

암흑물질이 없다면 은하는 산산이 흩어져야 한다. 대부분의 은하는 빠른 속도로 회전하고 있는데, 눈에 보이는 천체가 전부라면 지금의 형태를 유지하기에 중력이 턱없이 부족하기 때문이다. 지금까지 얻어진 천체 관측 자료에 따르면 암흑물질은 양성자와 중성자로 이루어진 일상적인 물질보다 5~6배쯤 많아야 한다. 즉, 눈에 보이지 않는 암흑물질 입자들이 지금도 사방을 날아다니고 있다는 이야기다.

암흑물질이 모여서 이렇게 큰 질량을 형성하려면 구성 입자도 그만큼 많아야 한다. 아마도 암흑물질은 전기적으로 중성일 것이다. 그렇지 않다면 쉽게 관측되기 때문이다. 표준모형에서 이 조건을 만족하는 유일한 후보는 뉴트리노인데, 양은 충분하지만 질량이 너무 가벼워서 암흑물질을 구성하기에는 역부족이다. 표준모형에는 없지만 액시온도 후보 중 하나이다. 그러나 앞에서도 말했지만 나는 이런 입자가 정말로 존재하는지 의심스럽다.

우주의 에너지를 항목별로 분류하다 보면 더 난감한 문제에 직면하게 된다. 우주의 에너지를 부피로 나눈 값을 에너지 밀도라 하는데, 이 값의 73%를 암흑에너지라는 괴물이 차지하고 있는 것이다. 슬쩍 덮어두기에는 너무나 많은 양이다.

가장 간단한 설명은 암흑에너지를 진공 중에서 생성되었다가 사라지는 입자의 순 효과net effect로 해석하는 것이다. 진공에너지는 여러 가지 면에서 암흑에너지의 완벽한 후보이다. 이와 관련된 방정식을 풀어보면 우주의 팽창속도가 점점 빨라지는 것도 진공에너지 때문이라는 결론이 내려진다.

그러나 항상 그렇듯이 여기에도 문제가 있다. 이론적으로 계산된 진공에너지 밀도가 실제 암흑에너지의 밀도보다 무려 10^{120}배나 크게 나온 것이다. 이 황당한 숫자가 어디서 왔는지 궁금한가? 이론상의 진공에너지는 1플랑크질량을 플랑크길이의 세제곱으로 나눈 값이다.

암흑에너지를 깊이 파고들수록 점점 더 미궁에 빠지는 데에는 그럴만한 이유가 있다. 이 에너지가 대체 물리학의 어느 분야에 속하는지, 물리학자 자신도 모르고 있기 때문이다. 우리가 표준모형을 잘못 해석했을 수도 있고, 암흑에너지가 아인슈타인의 우주상수와 밀접하게 관련되어 있을 수도 있다. 우리의 짐작이 맞는다면 암흑에너지를 '그냥 존재하는 것'으로 받아들이거나, 양자중력이론이 완성될 때까지 기다리는 수밖에 없다.

결론적으로 말해서, '어두운 우주'는 현재 우리 지식의 한계를 넘어선 곳에 존재하는 듯하다. 대략적인 양은 계산할 수 있지만, 그 실체는 완전히 오리무중이다.

다시 돌아온 대칭 붕괴

약점 들추기는 이것으로 충분하다. 물리학자들에게 질문을 던져서 “저도 모르겠는데요?”라는 대답을 들으면 내심 통쾌하긴 한데, 그런 질문거리를 길게 나열하느라 한동안 대칭을 등한시했다. 독자들도 통쾌감을 느끼기 위해서가 아니라 설명을 듣기 위해 이 책을 구입했으리라 생각한다.

한 걸음 물러서서 전체적인 상황을 관망해보면 결국 우리가 완벽하게 불완전한 페르시아산 담요처럼, 불완전한 대칭과 씨름을 벌이고 있음을 깨닫게 된다. 자연의 대칭은 양자역학의 무작위 확률에 의해 붕괴되었다. 그렇다면 우주가 처음 탄생한 후로 지금까지, 이 대칭들이 완벽하게 유지된 순간이 과연 있었을까?*

대칭 붕괴는 이 책에서 몇 차례에 걸쳐 다룬 적이 있다. 그러나 지금 우리의 주된 관심사는 내부대칭과 입자물리학이므로, 이 관점에서 짧게나마 기억을 되살릴 필요가 있다.

당신이 얼음으로 덮인 호스행성Hoth, 영화 〈스타워즈〉에 등장하는 얼음 행성. – 옮긴이을 탐사한다고 가정해보자. 이 행성은 우리의 태양 같은 모항성도 없이 텅 빈 우주 공간 한복판에 고립되어 있기 때문에, 생명체이건 무생물이건 꽁꽁 얼어붙어 있다. 즉, 행성 전체가 완벽한 구대칭형이다. 따라서 생명체가 있다면 어딜 가나 똑같을 것이고, 당신이 임의로 적도를 지정해서 남극점과 북극점을 지도에 표시한다 해도 별

* 답: 아마 있었을 것이다.

의미가 없다.

그러나 호스행성을 우리의 태양 근처로 옮겨오면 모든 것이 달라진다. 지구와 마찬가지로 적도 근처는 다른 곳보다 뜨거워지고, 극지방은 차가워질 것이다. 태양(외부 요인)의 영향을 받아 기후가 위도마다 달라지는 것이다.

이런 종류의 대칭 붕괴는 인간과 지구의 상호작용에 지대한 영향을 미쳤다. 생리학자이자 지리학자인 재레드 다이아몬드Jared Diamond는 자신의 베스트셀러인 『총, 균, 쇠*Guns, Germs, and Steel*』에서 "기술과 농업, 그리고 질병의 흐름은 동일 위도 상에서 동서 방향으로 진행되었고 이러한 특징이 유라시아에서 가장 두드러지게 나타나 아메리카 대륙보다 빠르게 발전할 수 있었다"고 주장했다.

상호작용을 창출함으로써 행성의 모든 지점이 똑같았던 2차원 대칭이 위도를 기준으로 획일화되는 1차원 대칭으로 변한 것이다. 그러나 열원(태양 등)의 등장으로 대칭이 붕괴되는 호스행성과 달리, 지구의 대칭을 붕괴시킨 주된 원인은 '온도의 하강'이었다.

철Fe을 예로 들어보자. 당신은 아이들이 그린 그림을 냉장고에 붙이면서 철(자석)의 위력을 실감했을 것이다. 자성을 띠는 물질은 여러 가지가 있지만, 철원자들은 가지런한 배열을 선호하는 경향이 있어서 적절한 환경이 조성되면 매우 강력한 자기장을 만들어낸다.

그러나 철의 온도를 1043K(이것을 '퀴리온도'라 한다. 퀴리부인의 남편인 피에르 퀴리Pierre Curie의 이름에서 따온 용어이다) 이상으로 올리면 자성이 사라진다. 마치 혼합기에 넣고 돌린 것처럼 원자들의 방

냉각된 철(Fe)

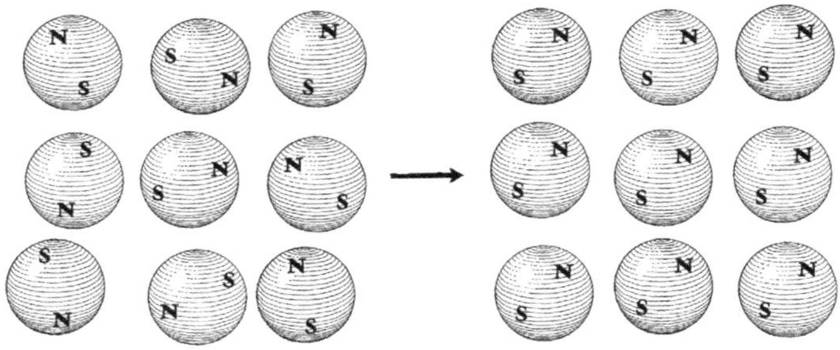

향이 무작위로 섞이기 때문이다. 명백하게 비대칭적인 상태에서(남극과 북극으로 분리된 자석은 분명히 비대칭적이다) 단순히 온도를 높이기만 했는데 대칭이 복구된 것이다.

이 상태에서 천천히 냉각시키면 원자들이 서로 평행하게 재배열되면서 철 조각은 다시 자석이 된다. 그런데 자극은 어느 방향을 향할 것인가? 아무도 모른다. 물론 철에 외부 자기장을 걸어주면 원하는 방향으로 자극이 형성되도록 만들 수 있다.

물리학의 일반적인 법칙도 (아마도) 이와 같은 특성을 갖고 있다. 빅뱅 후 10^{-36}초까지는 물리학자들에게 매우 중요한 시간이었다. 이 무렵에는 온도가 너무 높아서 대칭이 극명하게 드러나 있었다. 물론 우리 몸을 이루는 양성자도 개개의 쿼크로 분리된 상태였지만, 이것은 과학을 위해 치러야 할 대가이다.

저온에서 탄생한 세상

이 책의 주제는 우주가 얼마나 대칭적인지를 알아보는 것이었다. 그런데 우리가 사는 세상은 별로 대칭적이지 않다. 마우리츠 에스허르의 그림에 나타난 환상적인 대칭은 눈을 씻고 찾아봐도 없다.

현실적인 사례를 들어보자. 우리가 사는 세상에서는 '위'와 '아래'가 명확하게 구별된다. 당신이 아무리 고립되어 있어도, 떨어지는 물체나 냄비에 담긴 물의 움직임을 관찰하면 어느 쪽이 위이고 어느 쪽이 아래인지 금방 알 수 있다.

물분자들 사이의 상호작용을 관찰하는 화학자는 물방울을 어느 방향으로 돌려도 상호작용이 동일한 방식으로 진행된다고 생각할 것이다. 그러나 정상적인 환경의 지구에서는 결코 그렇지 않다. 개개의 물방울은 왼쪽이나 오른쪽으로 자유롭게 움직일 수 있지만, 물의 표면이 존재한다는 것은 (적어도 물의 입장에서 볼 때) 세 개의 공간차원들이 대칭적이지 않다는 확실한 증거이다.

그런데 물이 담긴 냄비를 난로 위에 올려놓으면 무언가 이상한 일이 벌어진다. 온도가 어느 정도 올라가면 물이 끓기 시작하면서 갑자기 수증기가 발생하여 위로 올라가는 것이다! 이럴 때는 마치 중력이 사라진 것처럼 보인다. 물이 액체일 때는 대칭성이 없었는데, 기체가 되면서 대칭성이 회복되었다. 이제 물분자는 세 가지 방향(앞뒤, 위아래, 좌우)으로 거의 똑같이 움직일 수 있다.

자연에 존재하는 기본 힘들도 이와 비슷한 특성을 갖고 있다.

매우 낮은 온도에서(초기 우주의 온도와 비교할 때 낮은 온도, 즉

수억K를 의미한다) 기본 힘들은 각기 다른 형태로 분리되었다. 그러나 여기서 온도를 다시 올리거나 우주의 시계를 거꾸로 돌리면 저변에 깔려 있는 대칭이 분명하게 드러난다.

하나로 통일된 힘에는 무엇이 포함되어 있을까? 다소 겸손한 이름의 '약전자기모형Electroweak Model'은 전자기력과 약력을 하나로 통일한 이론이다. 그러나 우리는 다른 힘도 통일되기를 원하므로 명칭을 좀 큰 스케일로 바꿀 필요가 있다. 그래서 등장한 것이 약력과 강력, 그리고 전자기력을 하나로 통합한 '대통일이론Grand Unified Theory, GUT'이다. 여기서 한 걸음 더 나아가 중력까지 통일한 이론을 '만물의 이론Theories of Everything, TOE'이라고 하는데,* 이름만 그럴듯하게 지어놓았을 뿐, 실체는 아직 오리무중이다.

복잡한 대칭을 다루는 복잡한 이론으로 들어가기 전에, 잠시 한 걸음 물러나서 "명백하게 다른 힘들을 같다고 주장하는 이유"부터 생각해보자.

여기 전자 하나가 진공 속에 홀로 놓여 있다. 그 주변에서는 수많은 입자-반입자 쌍들이 텅 빈 진공에서 시도 때도 없이 생성되고 있다. 이 가상 입자들은 바다의 파도 같은 역할을 한다.

하나의 파도는 수명이 거의 찰나에 불과하지만, 발생 횟수가 많다는 게 문제다. 이 세계에서 아주 짧은 시간 동안 가상 양성자들은 진짜 전자(공간 속에 원래 존재하던 전자)에게 끌려 전기장의 일부를

* 누군가가 산비탈에 난 동굴 속에 혼자 누워 있다가 문득 떠올렸을 것 같은 이름이다.

상쇄시키고, 가상 양전자들은 밀려날 것이다.

이 상황을 매출세sales tax, 매출액을 기준으로 부과되는 세금. – 옮긴이에 비유해 보자. 식당 주인이 음식값을 1달러로 정하면 손님들은 당연히 1달러로 사먹을 수 있어야 한다. 그러나 필라델피아에서는 매출세가 가격에 포함되어 있기 때문에, 1달러짜리 소시지 맥머핀을 사먹으려면 1.07달러를 내야 한다. 소비자 입장에서는 당연히 신경 쓰이는 가격이다.

전자 차폐

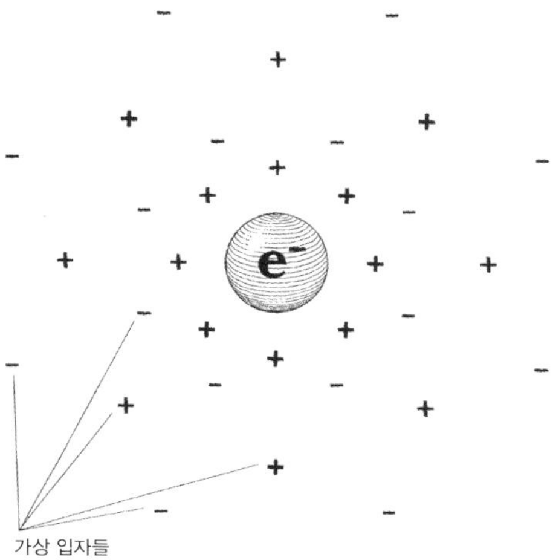

이와 마찬가지로, 우리는 가상 입자에 의한 효과를 모두 제거하고 남은 전자의 맨전하bare charge가 얼마인지 알 길이 없다. 입자의 차폐 효과는 세금보다 쿠폰에 가깝지만(값이 올라가지 않고 내려가므로), 효과는 똑같이 나타난다. 우리가 알고 있는 전자의 전하, 즉 겉보기전하apparent charge는 실제 액면가가 아니다. 전자에 무한히 가깝게 다가갈 수만 있다면 어떻게든 맨전하를 알아낼 수 있겠지만, 이것은 현실적으로 불가능하다. 따라서 겉보기전하는 맨전하보다 작을 수밖에 없다.

겉보기전하와 맨전하의 차이는 표준모형이 안고 있는 커다란 문제에 약간의 실마리를 던져준다. "기본 힘들의 세기가 각기 다른 진짜 이유는 무엇인가?"

에너지가 커질수록(즉, 겉보기전하가 맨전하에 가까워질수록) 전자기력은 강해지는 반면, 약력은 더욱 약해진다. 이상하게도 차폐 효과의 징후가 두 힘에서 반대로 나타나는 것이다. 앞에서 약력이 "역설적이게도 전자기력보다 강하다"고 했던 말을 기억하는가? 약력이 약해 보이는 이유는 매개입자인 W와 Z^0가 무겁기 때문이다. 그러나 에너지가 커지면 전자기력과 약력은 정확하게 같은 세기로 작용한다.

강력에서도 (원인은 다르지만) 동일한 현상이 나타난다. 다들 알다시피 양성자와 중성자는 3개의 쿼크로 이루어져 있다. 그렇다면 혼자 돌아다니는 쿼크가 있을 법도 한데, 이런 경우는 지금까지 단 한 번도 발견된 적이 없다. 왜 그럴까? 그 이유를 설명하는 논리가 바로 '점근적 자유도asymptotic freedom'이다. 다른 힘들은 입자들 사이의 거리가 멀어질수록 약해지지만, 강력은 멀어질수록 점점 더 강해진다. 그래도 양성자에 충분한 에너지를 투입하면 낱개의 쿼크로 분해되지 않을까? 가능하긴 한데, 이때 필요한 에너지는 맨땅에서 새로운 입자를 만들어내는 데 필요한 에너지와 거의 같다. 글루온은 영화 〈X-맨X-Men〉에 나오는 세바스찬 쇼X-맨의 숙적. - 옮긴이와 비슷해서, 공격을 가할수록 더욱 강해진다.

에너지를 10^{15}GeV 스케일까지 높이면 모든 힘의 크기가 똑같아진다. 고대 그리스의 기하학자 유클리드는 평행하지 않은 두 직선이 어디선가 반드시 만난다는 것을 증명한 바 있다. 그러나 직선이 세 개면 일반적으로 두 개씩 짝을 지어 각기 다른 곳에서 만난다. 세 직선

기본 힘의 세기

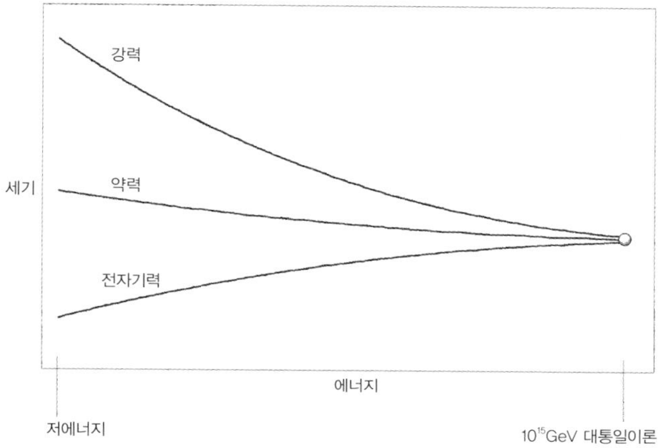

이 한 점에서 만나는 것은 극히 드문 현상이다.

안타깝게도 이 교점은 지금의 기술로 도저히 도달할 수 없는 에너지 영역에 있다. 현재 세계에서 출력이 가장 큰 입자가속기는 CERN에 있는 대형강입자충돌기LHC인데, 위 그림에서 약력과 강력, 그리고 전자기력이 하나로 만나는 점에 도달하려면 이보다 1조 배쯤 강력한 가속기가 있어야 한다. 우주 초기의 에너지를 재현하려면 거의 태양계 크기만 한 가속기를 만들어야 한다는 이야기다.

첫 번째 대통일이론

자연에 숨어 있는 대칭을 찾고 통일이론을 연구하는 것은 현대 물리학의 전유물이 아니다. 실제로 인류는 거의 2500년 전부터 이와 같은 시도를 해왔다. 그 원조는 탈레스Thales of Miletus로 알려져 있는데, 솔직히 말해서 이보다 더 오래되었을 가능성이 높다. 영국의 철학자 프랜시스 베이컨Francis Bacon은 고대의 통일이론을 다음과 같이 설명했다.

> 탈레스는 만물의 본질이 물이라고 주장했다… 공기의 근원은 물이며, 공기에 수분이 없으면 불을 지필 수도, 유지할 수도 없다. 또한 그는 수증기에 함유되어 있으면서 불에 생명을 불어넣는 기름기가 물의 중요한 구성 성분이라고 생각했다.

물론 우주는 물로 이루어져 있지 않다. 또는 헤라클레이토스가 생각했던 것처럼 흙과 바람, 또는 불로 이루어져 있지도 않다. 하지만 만물의 근원은 에너지이므로, 불을 에너지로 간주한다면 고대인 중에서는 헤라클레이토스가 우주의 본질에 가장 가깝게 접근한 셈이다.

그로부터 수천 년 후, 아인슈타인이 살던 시대에는 기본 힘들 중 중력과 전자기력만이 알려져 있었으므로, 그는 두 힘만 통일하면 모든 물리 법칙을 하나의 이론 체계로 엮을 수 있다고 생각했다.

이런 생각을 떠올린 사람은 아인슈타인만이 아니었다.

아인슈타인이 일반상대성이론을 발표하고 3년이 지난 후, 수학자이자 물리학자였던 테오도르 칼루자Theodor Kaluza는 중력과 전자기력의 관계를 조명하는 새로운 관점을 제안했다.

1926년에 스웨덴의 물리학자 오스카 클라인Oskar Klein은 칼루자의 아이디어를 이어받아 일반상대성이론의 방정식을 5차원 시공간 버전(4차원 공간과 1차원 시간)으로 확장하다가 놀라운 사실을 깨달았다(왜 하필 5차원이냐고? 그러면 안 된다는 법은 없지 않은가?). 새로운 방정식은 3차원 공간에서 일반상대성이론을 서술함과 동시에 맥스웰의 전자기 방정식까지 추가로 포함하고 있었던 것이다.

칼루자와 클라인은 흥분을 감추지 못했다. 전자기력을 '숨어 있는 여분의 차원'에 할당하면 중력과 전자기력이 하나의 방정식으로 통일되었기 때문이다. 공간이 5차원이라니, 언뜻 듣기엔 정신 나간 소리 같지만 사실 그렇게 황당한 발상은 아니다. 그러나 이들의 아이디어를 이해하려면 약간의 정신노동이 필요하다.

앞에서 나는 내부대칭의 중요성을 여러 번 강조했다. 내부대칭은 근본적으로 회계장부와 비슷한데, 여기 기록되는 숫자는 직접 관측되지 않고 복잡한 계산 속에 묻혀 있다. 위상대칭도 내부대칭의 일종이지만, 매우 특별한 성질을 갖고 있다. 위상을 360도 바꾸면 처음으로 되돌아가는데, 이것은 원의 특성과 정확하게 일치한다.

칼루자-클라인 이론의 핵심은 우리가 생각했던 내부대칭이 사실은 시공간에 존재하는 외부대칭이라는 것이다. 네 번째 공간차원은 팩맨 게임의 배경과 비슷하여, 한 방향으로 계속 가면 출발점으로 되돌아온다.

당시 물리학계의 분위기로 미루어볼 때 참으로 대담한 발상이었으나, 한 가지 심각한 문제가 있었다. 우리가 사는 공간은 4차원이 아니라 3차원이다. 그리고 앞에서도 말했지만, 공간이 3차원이라는 것은 우리에게 정말 다행스런 일이다. 그러므로 칼루자-클라인 이론이 현실에 비슷하게라도 부합되려면, 네 번째 공간차원의 스케일은 원자핵보다 작은 영역 안에 숨어 있을 정도로 작아야 한다.

이 아이디어는 한동안 서랍 속에 묻혀 있다가 끈이론의 등장과 함께 화려하게 부활했다. 최신 버전의 끈이론은 10차원 공간과 1차원 시간을 배경으로 하고 있는데, 실제 공간은 3차원이므로 나머지 7차원은 아주 작은 공간 속에 구겨져 있어야 한다.

결국 칼루자-클라인 이론은 현실에 맞지 않는 것으로 판명되었다. 여기에는 몇 가지 이유가 있는데, 무엇보다도 자연에 존재하는 기본 힘이 중력과 전자기력 외에 두 종류나 더 발견되었고, 이들의 방정식에는 약력과 강력을 끼워 넣을 자리가 없었기 때문이다. 또한 이들의 이론에는 양자역학과 광자, 그리고 중력자와 같은 새로운 개념이 누락되어 있었다.

요즘 연구되고 있는 대통일이론은 어떤 면에서 볼 때 탄생 초기보다 후퇴한 느낌을 준다. 그 사이에 약전자기이론으로 톡톡히 재미를 본 물리학자들은 강력과 약전자기력을 같은 방법으로 통일시키기 위해 혼신의 노력을 기울였고, 그 와중에 중력은 완전히 찬밥 신세가 되었다.

현재 상황은 그리 녹록치 않다. 그러나 대통일이론이 어떤 형태이며 우리에게 무엇을 말해줄지는 미리 짐작해볼 수 있다.

모든 만물이 똑같았던 시절

네 개의 기본 힘들에는 각기 다른 종류의 전하가 개입되어 있다. 전자기력은 전기전하, 강력은 색, 약력은 약한 아이소스핀과 초전하, 그리고 중력은 질량에 의해 좌우된다. 그러나 모든 입자들이 위에 열거된 전하를 모두 갖고 있는 것은 아니다. 예를 들어 렙톤은 색이 없고 우편향 입자와 좌편향 반입자는 약한 아이소스핀을 갖고 있지 않다. 그리고 광자는 질량도, 전기전하도 없다.

대통일이론으로 다가가려면 네 가지 힘과 여기 관련된 입자들이 오늘날 각기 다르게 보이는 이유와, 과거에 어떤 식으로 같게 보였는지를 알아야 한다.

현대적 의미의 대통일이론이 처음 등장한 것은 표준모형이 지금의 형태로 완성된 직후인 1970년대 초의 일이었다. 당시에 비슷한 이론이 여러 개 발표되었는데, 그중 제일 유명한 것은 1973년에 하워드 조자이Howard Georgi가 제안한 SO(10)이론이었다.

명칭은 신경 쓸 것 없다. 이것도 수학자들이 군group을 표기하는 방법 중 하나일 뿐이다. 조자이는 표준모형에 등장하는 모든 입자들이 하나의 메타입자meta-particle의 다양한 측면에 해당한다고 생각했다. 이론의 명칭은 SO(10)이지만, 메타입자는 16가지 형태를 취할 수 있다. 여기서 약간의 수학적 과정을 거치면 표준모형에서 말하는 16가지 입자가 정말로 유도된다.

위쿼크와 아래쿼크는 세 종류의 색을 갖고 있어서, 각 세대마다 6종류의 쿼크가 존재한다. 그 외에 전자와 뉴트리노는 색이 하나뿐이므로(아마도 베이지색이 아닐까 싶다) 두 개가 추가되어 여덟 개가 되고, 좌편향과 우편향의 두 가지 가능성을 고려하면 총 8×2 = 16가지이다.

이 이론은 두드러진 특징을 갖고 있다(성공을 거둔 다른 대통일이론도 마찬가지다). SO(10)은 렙톤과 쿼크를 동일한 입자의 다른 측면으로 설명하고 있으므로, 입자의 세대가 3인 이유는 알 수 없지만 각 세대의 입자 수가 같은 이유는 확실하게 알 수 있다. 또한 이 이론은 위쿼크의 전하가 2/3이고 아래쿼크의 전하가 −1/3이라는 등, 다양한 입자의 전하를 설명해준다.

그러나 문제가 전혀 없는 것은 아니다. 약력은 좌편향이고 뉴트리노는 약력을 통해서만 생성되므로, 우편향 뉴트리노는 존재하지 않는다. 즉, 실제 우주에는 각 세대마다 16종이 아닌 15종의 입자가 존재한다는 뜻이다. 그래서 일부 물리학자들은 머리를 있는 대로 쥐어짠 끝에 "우편향 뉴트리노가 존재한다 해도, 질량이 너무 커서 발견되지 않을 것"이라고 결론지었다.

SO(10)을 비롯한 여러 대통일이론들은 우리가 익히 알고 있는 매개입자들 외에 다른 입자의 존재도 예견했다. 흔히 X계열과 Y계열로 불리는 이 입자들은 렙톤을 쿼크로, 또는 쿼크를 렙톤으로 변환시킬 수 있는데, 특히 X입자가 없으면 양성자와 중성자의 초과분을 설명하기 어렵기 때문에 매우 중요한 발견으로 여겨졌다(1장에서 한 말을 기억하는가?).

이뿐만 아니라 쿼크–렙톤 상호변환이 없으면 양성자는 그야말로

'불멸의 존재'가 된다. 양성자는 가장 가벼운 바리온baryon, 세 개의 쿼크로 이루어진 페르미온의 총칭. – 옮긴이인데, 쿼크를 제거하지 못하면 더 이상 붕괴될 여지가 없기 때문이다.

그러나 대통일이론에서 렙톤과 쿼크는 동일한 메타입자의 다른 측면이므로, 높은 에너지에서(또는 아주 드물게) 쿼크는 자발적으로 전자로 변하고, 전자는 쿼크로 변한다. 그 결과 바리온의 총 수는 보존되지 않으며, 양성자는 영원히 살 수 없다. 따라서 양성자의 붕괴 여부를 관측하면 대통일이론의 옳고 그름을 판가름할 수 있다.

또 다른 대통일이론으로는 SU(5)가 있다(또는 '있었다')*. SU(5)는 수학적으로 SO(10)과 밀접하게 연관되어 있으면서 여러 가지 면에서 훨씬 단순하다. 비슷한 수준의 후보가 두 개 있을 때, 오컴의 면도날을 적용하면 복잡한 쪽보다 단순한 쪽을 선택하는 것이 바람직하다. 하워드 조자이와 셸던 글래쇼가 SU(5)를 주제로 발표한 논문에는 다음과 같이 적혀 있다.

> 우리의 가설은 현학적인 유희에 머물 수도 있고, 아예 틀렸을지도 모른다. 그러나 논리가 워낙 독특하고 단순명료하기 때문에 한 번쯤은 신중하게 검토해볼 필요가 있다고 생각한다.

SU(5)이론에서 얻어진 결론 중 하나는 양성자가 10^{30}년 안에 붕

* 하워드 조자이는 SO(10)이론을 구축한 바로 그날 밤에 SU(5)이론까지 발견했다.

괴된다는 것이다. 10^{30}년이면 영원에 가까운 세월이어서 검증 자체가 불가능할 것 같지만, 반드시 그렇지만도 않다. 엄청나게 많은 양성자를 한 곳에 몰아넣고 그중 하나라도 붕괴될 때까지 기다리면 된다. 예를 들어 양성자 10^{30}개를 큰 용기 속에 담아놓았는데 1년 후에 한 개가 붕괴되었다면, 양성자의 평균 반감기는 10^{30}년이 된다. 물론 붕괴가 일어나지 않으면 양성자의 예상 반감기는 대책 없이 길어진다. 그런데 지금까지 알려진 양성자의 반감기는 최소 10^{34}년이어서(그 많은 양성자들 중 아직 단 하나도 붕괴되지 않았다는 뜻이다), SU(5)이론에 대한 물리학자들의 신뢰는 거의 바닥으로 떨어진 상태이다.

이것으로 끝났을까? 천만의 말씀이다. 대통일이론을 향한 물리학자들의 열정은 아무도 못 말리는 수준이다. 그 후로도 다양한 형태의 대통일이론이 우후죽순처럼 난립했는데, 개중에는 온갖 종류의 새로운 입자들을 예견한 이론도 있고(아직 발견된 사례는 없다), 렙톤이 쿼크의 세 가지 색(적, 녹, 청) 외에 네 번째 색을 갖고 있다는 이론도 있다. 현재의 상황으로 미루어볼 때, 양성자의 붕괴가 관측되거나 암흑물질이 발견된다면 입자물리학은 새로운 국면으로 접어들 것이다.

이 밖에도 새로운 이론은 언제든지 나올 수 있다. 내 맘대로 상상의 나래를 펼치겠다는데, 누가 말리겠는가?

아주 단순한 만물의 이론

만족스러운 대통일이론은 아직 탄생하지 않았지만, 일부 과학자들은 중간 단계를 거치지 않고 곧바로 만물의 이론으로 도달하려는 시도를 하고 있다. 어떤 식으로든 기존의 세 힘과 중력을 하나로 통합하기만 하면 만물의 이론은 완성된다.

미국의 물리학자 개럿 리시Garrett Lisi는 학자의 통념을 깬 '자유인'의 표본이다. 그는 어떤 학회에도 소속되지 않은 채 여름에는 하와이에서 서핑을 하고 겨울에는 콜로라도에서 스노보드를 타며 자유를 만끽하고 있다. 독자들이 리시에 대해 여기까지만 알고 있다면 별로 신경 쓰고 싶지 않을 것이다. 연구는 뒷전으로 제쳐두고 제멋대로 사는 사람한테까지 관심을 가질 필요는 없으니까. 그러나 2007년에 리시는 물리학의 '모든 것'을 설명하는 이론을 발표하여 세상을 놀라게 했다. 더욱 놀라운 것은 그의 이론이 너무도 아름답고 우아해서 선뜻 반론을 제기하기가 어렵다는 점이다(아직 검증되지는 않았다).

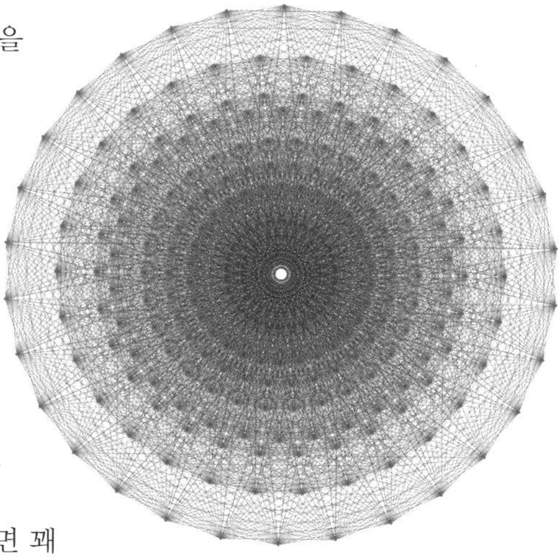

리시의 이론은 E_8로 알려진 수학적 대칭에 기초를 두고 있다. 그래서 그는 이 이론을 "예외적으로 단순한 만물의 이론Exceptionally Simple Theory of Everything"이라고 불렀다. 언뜻 들으면 꽤

나 당돌한 제목 같지만, 사실은 수학적 지식을 기반으로 한 일종의 농담이다. E_8은 "예외적 단순대칭Exceptionally Simple Symmetries"을 나타내는 다섯 개의 군 중 하나인데, 이렇게 유별난 이름을 붙인 사람은 리시가 아니라 19세기 말에 활동했던 독일의 수학자 빌헬름 킬링Wilhelm Killing이었다.

E_8 대칭을 도식적으로 표현하는 방법은 몇 가지가 있는데, 앞 페이지에 있는 그림이 그중 하나이다. 이 그림에서 모든 점들은 입자를 나타내며, 표준모형 다이어그램과 마찬가지로 색이나 스핀이 다른 쿼크는 다른 입자로 간주한다. 대부분의 독자들은 표준모형과 E_8 다이어그램에서 입자를 일일이 헤아려보지 않았겠지만, 이 기회에 시도해본다면 22개의 입자가 누락되어 있고 이들이 앞으로 찾아야 할 입자임을 알 수 있을 것이다.

E_8 대칭이 흥미를 끄는 이유는 강력과 중력을 모두 포함하고 있기 때문이다. 여기에는 중력에서 전하의 역할을 하는 질량이 각 세대마다 분리된 점으로 표현되어 있다.

리시는 자신의 이론이 아직 미완성이라고 했다. 그런데 여기서 한 가지 짚고 넘어갈 것이 있다. 우리는 중력을 포함하는 이론을 만물의 이론이라 부르고 있지만, 만물의 이론이라고 해서 반드시 양자중력이론이라는 법은 없다. E_8 이론이 장차 어떤 형태로 진보하건, 강한 중력장을 다루지는 못할 것이다.

그동안 많은 물리학자들은 리시의 이론을 회의적인 시각으로 바라보았다. 여기에는 몇 가지 이유가 있는데, 그중 하나는 우리에게 가장 친숙한 1세대 입자의 질량을 손으로 입력해도 2세대와 3세대 입자의 질량을 예측할 방법이 없다는 것이다.

또한 E_8 이론은 페르미온과 보존을 하나의 메타입자로 통합하는 문제에 대하여 아무런 신경도 쓰지 않았는데, 이것도 중요한 결점으로 작용했다. 앞에서 말한 바와 같이 페르미온은 두 바퀴 돌렸을 때 처음과 같아지고, 보존은 한 바퀴 돌리면 처음과 같아진다. 이런 대칭성을 유지하면서 페르미온과 보존을 하나로 묶을 수 있을까? 결코 쉽지 않을 것 같다.

많은 물리학자들은 우주의 대칭을 이해하는 핵심 정보가 페르미온과 보존의 관계 속에 숨어 있을 것으로 추정하고 있다.

초대칭

우주에는 페르미온과 보존이라는 입자가 무더기로 존재하면서, 힘이 발생할 징조가 보이면 어김없이 끼어들어 상호작용을 교환하고 있다. 그런데 겉으로 드러난 특징만 보면 이들은 공통점이 별로 없다. 페르미온은 가로줄과 세로줄을 따라 질서정연하게 배열되어 있는 반면, '무계획적' 대칭으로부터 탄생한 보존은 사방에 제멋대로 흩어져 있다.

그러나 페르미온과 보존은 놀라운 방식으로 서로 상대방에게 장난을 걸어오고 있다.

힉스보존을 다시 한 번 떠올려보자. 힉스가 다른 입자에 질량을 부여하는 것처럼, 다른 입자들도 힉스보존의 질량에 기여하고 있다.

힉스 메커니즘은 하나의 장이 다른 장과 상호작용하는 방식에 의해 전적으로 좌우된다. 그런데 상호작용이란 결국 '에너지의 교환'이고 에너지는 질량과 등가이므로, 대형강입자충돌기에서 관측된 힉스입자의 질량은 상호작용을 모두 걷어냈을 때 나타나는 질량이 아닐 수도 있다. 이것은 전자의 겉보기전하와 맨전하가 다른 것과 같은 이치이다. 눈에 보이는 것과 관측을 통해 얻은 결과는 얼마든지 다를 수 있다.

힉스입자의 질량을 보정하려면 거의 플랑크질량에 가까운 양만큼 수정해야 한다. 대형강입자충돌기로 힉스입자를 찾아낸 CERN의 연구원들은 힉스입자의 질량이 플랑크질량의 약 20경 분의 1이라고 발표했다.

질량이 엄청나게 작지만 0은 아니다. 우연이라고 보기에는 너무 극적이지 않은가? 이는 곧 힉스입자의 맨질량bare mass과 보정된 양이 10^{17}분의 1만 남기고 서로 상쇄되었음을 의미한다. 이런 일이 자연에서 우연히 일어날 확률은 정말 터무니없을 정도로 작다.

앞에서 전자와 양전자의 전하 보정에 관한 이야기를 잠깐 했지만, 자연에는 다른 종류의 입자도 많다. 이 모든 입자들이 힉스입자의 질량 보정에 조금씩 기여하고 있다.

그런데 여기에는 심각한 문제가 있다. 앞서 말한 대로 두 개의 동일한 페르미온을 맞바꾸면 파동에 −1이 곱해지고, 두 개의 보존을 맞바꾸면 +1이 곱해진다(즉, 달라지는 것이 없다).

지금의 경우에는 +1과 −1이 조금 다른 역할을 한다. 페르미온의 관측질량을 얻으려면 맨질량에서 특정 양을 빼야 하고, 보존의 관측

질량을 얻으려면 맨질량에 특정 양을 더해야 한다. 가만… 페르미온과 보존의 종류 수가 같다면 모든 것이 맞아떨어질 것 같지 않은가? 잘하면 이들의 보정 효과가 서로 상쇄될 수도 있을 것 같다.

앞에서 전자의 맨전하가 얼마인지 신경 쓰지 않았던 것처럼, 맨질량도 우리의 관심사가 아니다. 보정된 양이 지나칠 정도로 정확하다는 게 마음에 걸리긴 하지만, 타조처럼 머리만 땅 속에 파묻고 어떻게든 이 상황을 설명하고자 한다면 방법이 없는 것도 아니다.

파인만은 이런 생각을 별로 반기지 않았다(하지만 그 역시 이 방법을 사용했다).

> 우리가 하고 있는 셸 게임shell game, 세 개의 종지 중 하나에 작은 구슬을 넣고 종지를 뒤집어서 마구 섞은 후 구슬이 들어 있는 종지를 맞추는 게임. – 옮긴이을 전문용어로 "재규격화renormalization"라 부른다. 그러나 아무리 그럴듯한 이름을 갖다 붙여도, 내 눈에는 멍청한 짓으로밖에 보이지 않는다! 이런 야바위 같은 술수에 의존한다면, 양자전기역학의 수학적 타당성을 입증할 수 없다. 이 이론의 타당성이 아직도 입증되지 않았다는 것은 실로 놀라운 일이다. 누가 뭐라 해도 나는 재규격화가 수학적으로 타당하지 않다고 생각한다.

화학자가 분자의 성질을 연구할 때, 그는 원자 규모의 특성을 거의 고려하지 않는다. 그리고 원자물리학자는 쿼크의 상호작용을 무시한 채 연구를 진행하고 있다. 아마 생리학자들도 두뇌의 신경화학적 상호작용에 별로 신경 쓰지 않을 것이다. 두뇌에 대하여 완벽한 지식을 갖고 있으면 좀더 구체적인 결론을 내릴 수 있겠지만, 자세한 내용을 모른다고 해서 유용한 결론을 전혀 내리지 못하는 것은 아니다.

우리는 힉스입자의 맨질량을 알 수 없다. 그러나 겉보기질량이 엄청나게 작은 힉스입자가 실제로 발견되었다는 것은 정말로 놀라운 일이다. 어떻게 모든 것이 그토록 완벽하게 상쇄될 수 있을까? '정교한 보정'은 물리학에서 빈번히 발생하는 사건이지만, "자연은 원래 오묘한 거야!"라는 대답에 만족할 수는 없다.

이 질문에 답하기 위해 등장한 것이 바로 초대칭supersymmetry, SUSY이다. 대통일이론은 모든 페르미온(물질을 구성하는 입자들)을 하나의 입자로 통일하고 보존도 하나의 힘으로 통일했지만, 초대칭이론은 여기서 한 걸음 더 나아가 보존과 페르미온조차도 한 동전의 양면이라고 주장한다. 간단히 말해서, 모든 페르미온과 보존이 일대일로 짝을 이룬다는 이야기다. 그러나 E_8이론에서 보았듯이 페르미온과 보존은 매우 다른 입자이기 때문에, 초대칭이론을 구현하는 것은 결코 만만한 작업이 아니었다.

일단 표준모형에서는 페르미온과 보존의 종류 수부터 다르다. 스핀과 색의 모든 조합을 고려했을 때 보존은 28종, 페르미온은 무려 90종이나 된다.

하지만 걱정할 것 없다. 모자라는 짝들은 그냥 자연에 존재한다고 가정하면 된다. 모든 입자들은 자신의 초대칭 짝을 갖고 있다. 예를 들어 전자는 페르미온이고, 그 초대칭 짝은 셀렉트론selectron이라는 보존이다. 그리고 보존인 광자는 포티노photino라는 페르미온을 초대칭 짝으로 갖고 있다.*

입자를 무더기로 양산하는 해법은 (1) 너무 쉬워서 물리학 학위가 없어도 누구나 이해할 수 있고, (2) 너무 시시해서 새로운 내용도 거의 없을 것 같다. 그러나 누차 강조한 바와 같이 성급한 판단은 금물이다. 무엇보다도, 대칭을 동반한 아이디어는 물리학에서 항상 중요한 역할을 해왔다. 이전에도 전자와 뉴트리노(그리고 위쿼크와 아래쿼크)가 각기 한 입자의 다른 측면에 해당한다는 아이디어로부터 전자기력과 약력을 가장 근본적인 단계에서 이해할 수 있었다. 힉스입자를 이해할 수 있었던 것도 궁극적으로는 바로 이 대칭 덕분이었다.

그런데 모든 입자들이 자신의 파트너를 갖고 있다면, 우리는 왜 그 파트너를 한 번도 보지 못했을까?

초대칭이론에 의하면 초대칭입자들은 우리에게 친숙한 입자들보다 수백 배, 또는 수천 배쯤 무겁다. 그리고 독자들도 알다시피 무거운 입자는 한 곳에 오래 머물지 않는다.

예견된 입자들 중에는 '초중성소자neutralinos'에 속하는 입자들이 상당히 많다. 이들은 이름에서 알 수 있듯이 전기전하가 없는 중성입자로서, 입자가속기로 직접 검출하기가 매우 어렵다. 입자가속기에서 전자와 양전자, 또는 뮤온과 반뮤온이 충돌하면 엄청난 양의 에너지가 손실되는데, 초중성소자가 이 에너지에 묻혀 밤도둑처럼 감지기를

* 파티에 자주 참석하는 독자들을 위한 팁 - W입자의 초대칭 짝은 wino라고 쓰고 '위-노weeno'라고 읽는다.

빠져나갈 수도 있기 때문이다.

초기의 실험 데이터로 미루어볼 때, 대형강입자충돌기LHC가 초대칭입자를 직접 발견할 가능성은 거의 없다. 초대칭모형은 여러 가지가 있는데 그중 상당수가 최소 초대칭 표준모형Minimal Supersymmetric Standard Model, MSSM에 속하고, 또 이들 중 대부분은 검출 가능한 입자를 예견하고 있다. 즉, 초대칭이 정말로 존재한다면 초대칭입자가 이미 발견되었어야 한다는 뜻이다. 운 없게도 입자들이 매번 마지막 순간에 발견된다 해도, 지금쯤 한두 개는 발견되었어야 한다. 과거에 힉스입자를 찾을 때도 이와 비슷한 상황이 연출되었다.

그동안 초대칭이론은 다양한 문제에 극적인 해결책을 제시해주었다. 따라서 초대칭이론이 틀린 것으로 판명된다면 물리학자들은 사지에 맥이 풀릴 것이다. 가벼운 가장 가벼운 초대칭입자(아마도 가장 가벼운 초중성소자일 것이다)도 질량이 매우 크지만, 입자가속기 안에서 아무도 모르게 날아다니고 있을지도 모른다.

가만… 엄청나게 무거운 입자들이 붕괴되지도 않으면서 떼를 지어 몰려다닌다고? 그렇다면 혹시 암흑물질의 정체가 초중성소자 아닐까? 초대칭이론이 맞는다면 한 번쯤 의심해볼 만하다.

나는 초대칭이론이 맞기를 간절히 바라지만, 실험 데이터를 보면 볼수록 의구심이 드는 것도 사실이다. 아무래도 지는 게임에 내기를 건 것 같다.

우리의 우주에 초대칭이 존재한다 해도, 일부는 붕괴되어 있을 것이다. 그렇지 않다면 모든 초대칭입자는 일상적인 입자와 질량이 같았을 것이다. 그러나 이 모든 것이 사실이라 해도, 어쨌거나 초대칭입자는 오래전에 발견되었어야 한다.

또 한 가지, 끈이론이 초대칭을 도입하여 초끈이론superstring theory으로 진화한 것은 여분 차원을 다루는 데 초대칭이 반드시 필요했기 때문이다. 그러나 이것은 일방적인 구애였을 뿐, 그 반대는 성립하지 않는다. 즉, 초대칭은 끈이론이 없어도 얼마든지 혼자 살아남을 수 있다.

대칭을 넘어서

여러 개의 똑같은 팽이들이 오와 열을 맞춰서 돌고 있는 모습을 상상해보자.

시간이 흐르면 결국 이들 중 하나가 뒤뚱거리다가(영화 〈인셉션Inception〉에 나오는 토템처럼!) 주변에 있는 팽이를 향해 쓰러질 것이다. 어떤 팽이가 어느 방향으로 쓰러질지는 예측할 수 없지만 일단 하나가 쓰러지면 대칭이 붕괴되고, 한 번 붕괴된 대칭은 (누군가가 팽이를 다시 돌려주지 않는 한) 영원히 복구되지 않는다. 게다가 처음에는 아주 단순했던 배열이 하나둘씩 쓰러질 때마다 흐트러지면서 결국에는 아주 복잡한 배열이 되어버린다.

누군가가 인내심을 갖고 이 실험을 여러 번 반복한다면, 모든 팽이가 쓰러진 후의 배열은 매번 다르게 나타날 것이다. 우주 초기에 물리학이 겪었던 변화를 여기에 비유한다면, 다양한 다중우주를 머릿속에 그려볼 수 있다.

팽이와 대칭 붕괴

팽이들은 처음에 대칭적인 배열에서 돌기 시작했다가 흐트러진 배열로 끝난다. 우주가 진행되는 방식도 이와 비슷하다.

내가 이 책을 원과 다면체 등 간단한 기하학적 도형에서 시작한 이유는 멋진 그림을 보여주기 위해서가 아니라, 자연의 법칙이 정말로 대칭적임을 강조하기 위해서였다. 그러나 우주가 대칭적인 상태에서 시작되었다 해도, 그 끝은 사뭇 다를 것이다. 대칭은 우주의 앞날을 결정하는 중요한 요인임이 분명하지만, 이것이 전부는 아닐 것 같다.

우주라는 거대한 기계장치의 작동원리는 '대칭'과 '무작위성'이라는 두 단어로 요약된다. 그런데 솔직히 말해서 언제 하나가 끝나고 다른 하나가 등장할지는 아직도 알 길이 없다. 사람들은 흔히 무작위성(또는 혼돈)을 악당의 특성으로 치부하고 가지런한 질서(대칭)를 영웅의 상징으로 여기는 경향이 있는데, 이것은 결코 공정한 생각이 아니다. 철학적 관점에서 볼 때 음과 양은 대립 관계가 아니라 조화롭게 공생하는 관계이다.

우주의 법칙은 대칭적이다. 그러나 여기에 무작위성을 도입하면 전혀 대칭적이지 않다. 지금 우리 눈에 보이는 우주는 바로 이런 모습이다. 양자역학적 우주를 대표하는 단어가 '무작위성'이기 때문이다. 주어진 물리계의 초기 조건이 똑같다 해도, 관측할 때마다 다른 결과가 얻어진다. 조금 다른 정도가 아니라, 아주 판이하게 다르다.

거대 스케일의 우주에서 힉스입자의 대칭 붕괴에 이르기까지, 우리는 이와 같은 현상을 수도 없이 목격해왔다.

무작위성은 대칭을 가릴 수도 있지만, 우주의 숨은 대칭까지 완전하게 지울 수는 없다. 현재의 물리 법칙을 좌우하는 '붕괴된 대칭'에 무작위성이 얼마나 개입되었는지는 알 수 없지만, 대칭적인 물리 법칙이 살아 있어도 무작위성은 우리의 시야를 흐리게 만들 것이다. 다양한 천체가 탄생하고, 진화하고, 붕괴되고, 그 잔해로부터 생명이 탄생하는 모든 과정에 중력이라는 대칭적 법칙이 결정적인 역할을 했지만, 거기에 기본 구조를 처음 부여한 것은 무작위성이었다. 방사능과 태양의 핵융합, 그리고 우리의 두뇌 신경도 무작위성이 없으면 지금처럼 유지될 수 없을 것이다.

거울 속에 비친 우주는 우리 눈에 보이는 실제 우주와 다르다. 우리의 우주는 대칭이 붕괴되어 있어서 흥미롭다. 이런 우주에 살고 있다는 것이 기쁘고 자랑스럽지 않은가?

부록 1

입자동물원 입주자 명단

페르미온(스핀 = 1/2)

아래로 갈수록 질량이 커짐

	쿼크		렙톤	
1세대	위쿼크 up quark	아래쿼크 down quark	전자뉴트리노 electron neutrino	전자 electron
2세대	맵시쿼크 charm quark	야릇한쿼크 strange quark	뮤온뉴트리노 mu neutrino	뮤온 muon
3세대	꼭대기쿼크 top quark	바닥쿼크 bottom quark	타우뉴트리노 tau neutrino	타우 tau

보존(스핀 = 0, 1, 2?)

입자	스핀	역할	존재 여부
힉스 Higgs	0	W, Z, 쿼크, 전하를 띤 렙톤에 질량을 부여함	대형강입자충돌기를 통해 존재하는 것으로 확인됨
광자 photon	1	전자기력의 매개입자 (빛이라고도 함)	당연히 존재. 1905년에 광전 효과를 통해 처음으로 확인됨
W^+, W^-, Z^0	1	약력의 매개입자	1983년에 슈퍼프로톤 싱크로트론Super Proton Synchrotron에서 발견됨
글루온 gluon	1	강력의 매개입자 (총 8가지의 색이 있음)	1978년에 PLUTO 실험에서 발견됨
중력자 graviton	2	중력의 매개입자	아무도 모름. 어떤 식으로 작용하는지조차 오리무중

몇 가지 중요 입자의 구성 성분

양성자: 위 + 위 + 아래(쿼크)

중성자: 위 + 아래 + 아래

중성파이온: 위 + 반위(또는 아래) + 반아래

중성케이온: 아래 + 반야릇한(또는 야릇한) + 반아래

부록 2

간략한 대칭 사전

본문에 수시로 등장하는 대칭 관련 용어들을 간단하게 정리해보았다. 책을 읽다가 기억이 안 나거나 다시 확인하고 싶을 때 사용해주기 바란다. 물론 파티 석상에서 잘난체하고 싶을 때도 아주 유용하다.

뇌터의 제1정리: 모든 연속대칭에는 그에 대응되는 보존량이 존재한다.

물리학에 등장하는 불연속대칭

(전하켤레charge conjugation에 대한)**C-대칭**: 반입자를 서술하는 물

리 법칙은 입자를 서술하는 물리 법칙과 완전히 동일하다. 약력을 제외한 모든 힘들이 이 대칭을 갖고 있다.

(반전 변환에 대한)**P-대칭**: 우주를 통째로 거울에 비춰도 거기 적용되는 물리 법칙은 달라지지 않는다. 단, 약력만은 예외이다.

(시간반전에 대한)**T-대칭**: 시간이 거꾸로 흘러도 물리 법칙은 똑같이 적용된다. 그러나 약력은 여기서도 예외이다.

CP-대칭: C와 P를 결합한 대칭. 이것도 약력은 예외인데, 우리에게는 무척 다행스런 일이다. 만일 약력에 CP-대칭이 존재했다면 우주에는 여분의 물질이 존재하지 않았을 것이다.

CPT-대칭: C, P, T를 결합한 대칭. 결합하는 순서는 상관없다. 우리가 아는 한, 우주에 존재하는 가장 완벽한 대칭이다.

입자 맞바꾸기 대칭particle replacement symmetry: 같은 상태에 있는 두 개의 동일한 입자를 맞바꿔도 관측 가능한 모든 물리량은 변하지 않는다. 두 개의 페르미온을 맞바꾸면 파동함수에 −1이 곱해지는데, 이는 곧 "두 개의 페르미온은 동일한 상태에 놓일 수 없다"는 것을 의미한다.

물리학에 등장하는 연속대칭

시간병진대칭time translation symmetry: 물리학의 법칙은 모든 시간대에서 똑같이 적용된다. 여기에 뇌터의 정리를 적용하면 에너지 보존 법칙이 얻어진다.

공간병진대칭translational symmetry: 물리학의 법칙은 우주의 모든 장소에서 똑같이 적용된다. 이 대칭은 큰 스케일에서 '공간의 균질성homogeneity'과 '우주원리cosmological principle'로 나타나며, 여기에 뇌터의 정리를 적용하면 운동량 보존법칙이 얻어진다.

회전대칭rotational symmetry: 물리계를 임의의 방향으로 돌려도 물리 법칙은 달라지지 않는다. 이 대칭은 큰 스케일에서 '우주의 등방성isotropy'으로 나타나며, 우주원리를 떠받치는 가정이기도 하다. 여기에 뇌터의 정리를 적용하면 각운동량 보존법칙이 얻어진다.

로렌츠 불변성 Lorentz invariance: 모든 물리 법칙은 등속운동을 하고 있는 모든 관측자에게 똑같이 적용된다. 이로부터 특수상대성이론이 탄생했다.

등가원리equivalence principle: 중력에 의해 나타나는 현상과 가속운동으로부터 나타나는 현상은 구별할 수 없다. 이로부터 일반상대성이론이 탄생했다.

게이지대칭gauge symmetry (약간의 수학 기호가 포함되어 있음)

위상대칭phase symmetry, **U(1)**: 장의 위상은 바뀔 수 있으며, 이에 따른 변화는 관측되지 않는다.

전자-뉴트리노대칭electron-neutrino symmetry, **$SU(2)_L$**: 뉴트리노와 전자를 맞바꿔도 약력은 똑같이 작용한다. 단, 이들은 모두 좌편향 입자이다.

색대칭color symmetry, **SU(3)**: 강한 상호작용(강력)은 적, 녹, 청색 쿼크에 대하여 똑같이 작용한다. 즉, 쿼크의 색을 (일관성 있게) 바꿔도 강력은 변하지 않는다.

SU(5): 최초이자 가장 엄밀하게 검증된 대통일이론 중 하나로, 양성자의 붕괴를 예견했으나 실제 붕괴 사례가 발견되지 않아 틀린 것으로 판명되었다.

SO(10): 현재 인기를 끌고 있는 대통일이론으로, 양성자의 수명이 엄청나게 길다는 것과 질량이 매우 큰 우편향 뉴트리노의 존재를 예견했다.

E_8: 다분히 사색적인 만물의 이론으로, 각 세대에 속하는 입자의 질량과 이들이 3세대로 나뉘어져 있는 이유를 설명하고 있다. 게다가 이 이론에는 중력도 포함되어 있다.

초대칭SUSY: supersymmetry의 애칭으로, 모든 페르미온과 보존이 짝을 이룬다는 가설. 그러나 초기의 실험 결과에 의하면 맞을 가능성이 별로 없어 보인다.

더 읽을거리

물리학과 대칭을 주제로 한 명저들

(과학 매니아의 필독서)

Abbott, Edwin. *Flatland: A Romance of Many Dimensions.* New York: Dover, 1992. 계층적이고 기하학적인 우주에서 펼쳐지는 "사각형"의 흥미진진한 모험.

Bryson, Bill. *A Short History of Nearly Everything.* New York: Broadway Books, 2003. 몇 가지 기묘한 일화를 통해 풀어나가는 과학사의 경이로운 여행.

"Desperately Seeking Symmetry." *Radiolab.* WNYC Radio, April 18, 2011.

Du Sautoy, Marcus. *Symmetry: A Journey into the Patterns of Nature.* New York: Harper, 2008. 다소 자전적이지만, 자연과 수학에서 대칭의 중요성을 이해하고 싶다면 꼭 읽어볼 것을 권한다.

Gardner, Martin. *The New Ambidextrous Universe: Symmetry and Asymmetry from Mirror Reflections to Superstrings.* 3rd rev. ed. Mineola, NY: Dover, 2005. 수학과 자연, 그리고 물리 법칙의 대칭에 관한 고전(전문서적은 아님).

Goldberg, Dave, and Jeff Blomquist. *A User's Guide to the Universe: Surviving the Perils of Black Holes, Time Paradoxes, and Quantum Uncertainty.* Hoboken, NJ: Wiley, 2009. 시간과 공간을 가로지르며 유쾌하게 재잘거린 책.

Lederman, Leon M., and Christopher T. Hill. *Symmetry and the Beautiful Universe.* Amherst, NY: Prometheus Books, 2004. 물리학과 대칭의 관계를 설명하는 탁월한 책.

Stewart, Ian. *Why Beauty Is Truth: The History of Symmetry.* New York: Basic Books, 2007.

Weyl, Hermann. *Symmetry.* Princeton, NJ: Princeton University Press, 1952. 헤르만 바일은 물리학에서 대칭의 역할을 한 단계 끌어올리는 데 크게 기여했다. 이 책은 다소 고전적인 내용을 담고 있지만, 물리학뿐 아니라 타일공사, 철학, 그리고 역사까지 다루고 있다.

참고문헌

머리말

Anderson, P. W. "More Is Different." *Science* 177, no. 4047 (1972): 393~396. 도입 인용.

Feynman, Richard Phillips, Robert B. Leighton, and Matthew L. Sands. "Basic Physics." In *The Feynman Lectures on Physics*. Redwood City, CA: Addison-Wesley, 1989, p. 2. 파인만은 양자역학의 법칙을 체스에 비유했지만, 물리학을 이해하는 데에는 더 좋은 방법도 있다.

Feynman, Richard P., Robert B. Leighton, and Matthew L. Sands. "Symmetry in Physical Laws." In *The Feynman Lectures on Physics*. Reading, MA: Addison-Wesley, 1963, 1965, p. 52~112. 이 책은 물리적 대칭에 관한 한, 최고의 입문서로 꼽힌다. 이 책을 손에 넣었다면, 오디오 버전 강의도 함께 들어볼 것을 강력히 권한다.

Galilei, Galileo. *Two New Sciences*. Dover, 1914. 몸집이 아주 큰 거인을 도입하여 "거인의 몸집이 유지되려면 뼈가 말도 안 될 정도로 굵어야 한다"는 사실을 입증하는 부분이 압권이다.

Haldane, J. B. S. "On Being the Right Size." *Harper's Magazine*, March 1926. 벌레는 왜 중력보다 표면장력에 더 예민한가? 그 이유를 알고 싶다면 이 책을 읽어보라.

Horgan, John. *The End of Science: Facing the Limits of Knowledge in the Twilight of the Scientific Age*. Reading, MA: Addison-Wesley, 1996.

Scoular, Spencer. *First Philosophy: The Theory of Everything*. Boca Raton, FL: Universal, 2007. 대칭의 본질을 설명하는 책. 다양한 사례가 제시되어 있다.

Stannard, Russell. *The End of Discovery*. Oxford: Oxford University Press, 2010.

반물질

Birks, J. B. *Rutherford at Manchester*. New York: Benjamin, 1962. "모든 과학은 물리학 아니면 우표수집, 둘 중 하나"라는 인용구의 출처.

Brown, Dan. *Angels & Demons*. New York: Atria Books, 2000.

Carroll, Lewis. *Through the Looking-Glass*, and *What Alice Found There*. London: Macmillan, 1871. 어리석음과 대칭, 그리고 수학적 유머의 고전. 내가 이 책(『백미러 속의 우주』)을 집필하는 데 큰 영감을 주었다.

ChemSpider: The Free Chemical Database. www.chemspider.com. 이 웹사이트는 영국 왕립 화학회에서 제공한 약 2600만 개의 화합물 목록이 실려 있다.

Chown, Marcus. *The Magic Furnace: The Search for the Origins of Atoms*. Oxford: Oxford University Press, 2001. 이 책에서는 마리 퀴리의 납붙이 종이상자와 그녀의 방사성 지문에 관한 설명이 제일 눈에 뜨인다.

Close, F. E. *Neutrino*. Oxford: Oxford University Press, 2010. 뉴트리노의 발견과 진동, 질량 등 뉴트리노의 파란만장한 역사를 서술한 책.

Fukuda, Y., T. Hayakawa, E. Ichihara, et al. "Measurements of the Solar Neutrino Flux from Super-Kamiokande's First 300 Days." *Physical Review Letters* 81, no. 6 (1998): 1158~1162. 뉴트리노의 질량을 논한 최초의 실험 논문.

Hofstadter, Douglas R. *Gödel, Escher, Bach: An Eternal Golden Braid*. New

York: Basic Books, 1979. 대칭에 관한 호프스태터 특유의 관점이 담겨 있다. 대칭의 원리를 작곡기법의 일종인 J. S. 바흐의 '게 카논'에 비유한 부분이 눈에 뜨인다.

James, Laylin K. *Nobel Laureates in Chemistry*, 1901~1992. Washington, D. C.: American Chemical Society, 1993.

Rutherford, E. "The Scattering of α and β Particles by Matter and the Structure of the Atom." *Philosophical Magazine* 21 (1911): 669~688. 물리학의 신기원을 이룬 논문 중 하나. 러더퍼드는 원자의 본질을 발견했다.

Tuniz, Claudio. *Radioactivity: A Very Short Introduction*. Oxford: Oxford University Press, 2012.

Wald, G. "The Origin of Optical Activity." *Annals of the New York Academy of Science* 69, no. 2 (1957): 352~368. 물질과 반물질의 결투에서 물질이 최종 승리를 거둔 비결은? 아인슈타인의 생각이 부분적으로 인용되어 있다.

Xue, L., and the STAR Collaboration. "Observation of the Antimatter Helium-4 Nucleus at the RHIC." *Journal of Physics G: Nuclear and Particle Physics* 38, no. 12 (2011): 124072.

엔트로피

Albert, David Z. *Time and Chance*. Cambridge: Harvard University Press, 2000. 열역학의 기본 철학과 '과거가설'에 관한 흥미로운 논의.

Callender, Craig. "Thermodynamic Asymmetry in Time." In *The Stanford Encyclopedia of Philosophy*. Ed. Edward N. Zalta. Fall 2011. http://plato.stanford.edu/archives/fall2011/entries/time-thermo.

Callender, Craig. "There Is No Puzzle about the Low Entropy Past." In *Contemporary Debates in the Philosophy of Science*. Ed. C. Hitchcock. Oxford: Blackwell, 2004, chap. 12. 무언가를 예측하는 행위란 "일어날 법하지 않은 온갖 사건들을 현실 세계에 구현하는 각본"이다. 우주의 진화 과정을 거꾸로 돌리면 발생 가능성이 거의 없는 일련의 사건들이 연쇄적으로 일어나면서 엔트로피가 극도로 낮은 초기 우주로 되돌아간다.

Carroll, Sean M. *From Eternity to Here: The Quest for the Ultimate Theory of*

Time. New York: Dutton, 2010. 시간이 미래로만 흐르는 이유를 엔트로피 논리로 설명하다.

Clausius, Rudolf. Second Law of Thermodynamics described in Poggendorff's *Annalen der Physik* 93 (December 1854): 481. Available in English: *Journal de Mathematiques* 20 (1855) and *Philosophical Magazine* 12, s. 4 (August 1856): 81. 열역학 제2법칙과 응용에 관한 고전.

Feynman, Richard P. "Nobel Lecture." Nobelprize. org. December 11, 1965. www.nobelprize.org/nobel_prizes/physics/laureates/1965/feynman-lecture.html.

Hoyle, F. "A New Model for the Expanding Universe." *Monthly Notices of the Royal Astronomical Society* 108 (1948): 372. 호일은 "우주는 틈을 메우기 위해 끊임없이 물질을 만들어내고 있다"라는 정상우주론의 신봉자였다.

Isaacson, *Walter. Einstein: His Life and Universe*. New York: Simon & Schuster, 2007, p. 254~255. 아인슈타인이 일반상대성이론의 장 방정식에 우주상수를 도입했다가 우주팽창 이론이 사실로 확인되자 자신의 수정을 슬그머니 철회했던 비하인드 스토리.

Landauer, Rolf. "Irreversibility and Heat Generation in the Computing Process." *IBM Journal of Research and Development* 5 (1961): 183~191.

Lovelock, James. *The Ages of Gaia: A Biography of Our Living Earth*. New York: Norton, 1988. 오클로 지역의 천연 원자로에 대한 물리학 및 생리학적 분석. 신기한 자연현상임에도 불구하고, 이 문제를 다룬 서적은 그리 많지 않다.

Steinhardt, Paul J., and Neil Turok. "Cosmic Evolution in a Cyclic Universe." *Physical Review* D 65, no. 12 (May 24, 2002): 126003. 우주는 동일한 과정을 반복하고 있을까? 순환 우주모형 중 하나인 에크피로틱 우주모형에 관한 책.

Verlinde, E. "On the Origin of Gravity and the Laws of Newton." *Journal of High Energy Physics* 4, no. 29 (2011): 1~27. 버린의 주장 – "중력은 열역학 제2법칙의 산물이다."

White, T. H. *The Once and Future King*. New York: Putnam, 1958. 화이트는 멀린을 "뒷방 늙은이"로 묘사했다.

우주원리

Adams, Douglas. *The Hitchhiker's Guide to the Galaxy*. New York: Ballantine Books, 1980.

Aristotle. "Metaphysics." In *A New Aristotle Reader*. Ed. J. L. Ackrill. Princeton, NJ: Princeton University Press, 1987, p. 255~360.

Aristotle. "Physica." In *The Works of Aristotle*. Eds. W. D. Ross, Robert P. Hardie, and R. K. Gaye. Oxford, UK: At the Clarendon, 1930. 일급 천재였던 아리스토텔레스, 그러나 그가 물리학에 대해 언급한 내용은 맞는 것이 거의 없다.

Barrow, John D. "Cosmology, Life, and the Anthropic Principle." *Annals of the New York Academy of Sciences* 950, no. 1 (2001): 139~153.

Bruno, Giordano. "5th Dialogue." In *Cause, Principle and Unity*. Eds. Richard J. Blackwell and Robert de Lucca. Cambridge: Cambridge University Press, 1998.

Bryson, Bill. *A Short History of Nearly Everything*. New York: Broadway Books, 2003. 뉴턴이 『프린키피아』를 출간한 것은 핼리, 훅, 그리고 렌의 덕분이었다?

Copernicus, Nicolaus. *On the Revolutions of the Heavenly Spheres*. Ed. A. M. Duncan. Newton Abbot, UK: David & Charles, 1976.

Dyson, F. J. "Search for Artificial Stellar Sources of Infrared Radiation." *Science* 131, no. 3414 (1960): 1667~1668. 현존하는 위대한 미래물리학자 다이슨 - 그가 제안한 "다이슨 구"는 외계지성탐사 프로젝트와 SF의 단골 메뉴가 되었다.

The Extrasolar Planets Encyclopaedia Catalog. http://exoplanet.eu/catalog.php. 현재 백과사전에는 716개의 행성 후보가 등재되어 있다.

Feynman, Richard P. *QED: The Strange Theory of Light and Matter*. Princeton, NJ: Princeton University Press, 1985, p. 10. 본 책(『백미러 속의 우주』)에서 미세구조상수에 대해 파인만이 언급한 내용은 이 책에서 인용한 것이다.

Galilei, Galileo. *Discoveries and Opinions of Galileo: Including The Starry Messenger* (1610), *Letter to the Grand Duchess Christina* (1615), and *Excerpts from Letters on Sunspots* (1613), *The Assayer* (1623). Ed. Stillman Drake. New York: Anchor, 1990.

Gamow, George. *The Great Physicists from Galileo to Einstein*. New York: Dover, 1961. 물리학에 중요한 족적을 남긴 몇몇 인물에 대한 훌륭한 과학사 책. '물리

학physics'이라는 단어를 처음 사용한 사람은 아리스토텔레스였다.

Gould, Stephen Jay. "The Late Birth of a Flat Earth." In *Dinosaur in a Haystack: Reflections in Natural History*. New York: Harmony, 1995.

Harrison, E. *Darkness at Night: A Riddle of the Universe*. Cambridge: Harvard University Press, 1987.

Heath, Thomas. *Aristarchus of Samos: The Ancient Copernicus*. New York: Dover, 1981.

Kepler, Johannes. *New Astronomy*. Ed. William Halsted Donahue. Cambridge: Cambridge University Press, 1992.

"Kepler: A Search for Habitable Planets." NASA. www.nasa.gov/mission_pages/kepler/main/index.html.

Kepler, Johannes. *Mysterium Cosmographicum = The Secret of the Universe*. Ed. E. J. Aiton. New York: Abaris, 1981.

Koestler, Arthur. *The Sleepwalkers: A History of Man's Changing Vision of the Universe*. London: Hutchinson, 1959. 튀코 브라헤의 애완 사슴이 술에 취해 계단에서 굴러떨어져 죽었던 에피소드를 포함하여, 브라헤와 케플러가 겪었던 다양한 에피소드가 소개되어 있다.

Land, Kate, and João Magueijo. "Examination of Evidence for a Preferred Axis in the Cosmic Radiation Anisotropy." *Physical Review Letters* 95, no. 7 (2005): 71301. 우주배경복사에서 "악의 축"의 출처.

Ptolemy. *Almagest*. Trans. G. J. Toomer. New York: Springer-Verlag, 1984.

Shapley, H. "Globular Clusters and the Structure of the Galactic System." *Publications of the Astronomical Society of the Pacific* 30 (1918): 42.

Tegmark, Max. "The Multiverse Hierarchy." In *Universe or Multiverse?* Ed. Bernard Carr. Cambridge: Cambridge University Press, 2007. 다중우주에 관한 흥미로운 안내서. 저자는 다중우주의 다양성을 설명하기 위해 '계층(hierarchy)'의 개념을 도입했다.

Tegmark, Max. "On the dimensionality of spacetime." *Classical and Quantum Gravity* 14, no. 4 (1997): L69~L75.

Webb, J. K., J. A. King, M. T. Murphy, et al. "Indications of a Spatial

Variation of the Fine Structure Constant." *Physical Review Letters* 107, no. 19 (2011): id. 191101.

에미 뇌터

Angier, Natalie. "The Mighty Mathematician You've Never Heard of." *The New York Times*, March 27, 2012. 뇌터의 130번째 생일을 기념하여 발간된 훌륭한 전기.

Brewer, James W., and Martha K. Smith. *Emmy Noether: A Tribute to Her Life and Work*. New York: Dekker, 1981.

Dick, August. *Emmy Noether, 1882~1935*. Trans. H. I. Blocher. Birkhauser: Boston, 1981. 에미 뇌터를 기리는 헤르만 바일의 추념사가 인상적이다.

Goldberg, David M., and J. Richard Gott. "Flexion and Skewness in Map Projections of the Earth." *Cartographica: The International Journal for Geographic Information and Geovisualization* 42, no. 4 (2007): 297~318. 지도의 투사도법과 대권항로의 관계, 그리고 축척이 큰 지도에서 면적이 왜곡되는 이유에 대한 체계적 설명. 지구의 측지선을 따라가다 보면 지도상의 직선 경로에서 얼마나 멀어지는가?

Hamilton, W. R. "On a General Method in Dynamics." *Philosophical Transactions of the Royal Society* Part II (1834): 247~308; Part I (1835): 95~144. In *Sir William Rowan Hamilton (1805~1865): Mathematical Papers*. Ed. David R. Wilkins. Dublin: School of Mathematics, Trinity College, 2000.

Huygens, Christiaan. *Treatise on Light, in Which Are Explained the Causes of That Which Occurs in Reflexion, and in Refraction and Particularly in the Strange Refraction of Iceland Crystal*. Reprint ed. New York: Dover, 1962.

Maupertuis, Pierre-Louise Moreau. "Derivation of the Laws of Motion and Equilibrium from a Metaphysical Principle." 1746. Wikisource.en.wikisource.org/w/index.php?title=Derivation_of_the_laws_of_motion_and_equilibrium_from_a_metaphysical_principle&oldid=2169853.

Neuenschwander, Dwight E. *Emmy Noether's Wonderful Theorem*. Baltimore, MD: Johns Hopkins University Press, 2010. 뇌터의 정리에 관한 논의와 그로부터

유도되는 역학적 보존법칙들.

Newton, Isaac. *The Principia*. Trans. I. B. Cohen and A. Whitman. Berkeley: University of California Press, 1999. 『백미러 속의 우주』에서 뉴턴 역학에 관한 내용은 이 책을 참조했다. 이보다 권위 있는 책은 없으니까!

Noether, Emmy. "Invariante Variationsprobleme." *Nachrichten von der Gesellshaft der Wissenshaften zu Göttingen, Math-phys. Klasse* (1918): 235~257. Trans. M. A. Tavel. http://arxiv.org/abs/physics/0503066v1.

Pickover, Clifford A. *Archimedes to Hawking: Laws of Science and the Great Minds Behind Them*. Oxford: Oxford University Press, 2008. 다른 수학자들에게 최소시간 강하 곡선 문제를 내주면서 자신만만했던 베르누이 – 그 일화가 여기 소개되어 있다.

Singh, Simon. *Fermat's Enigma: The Epic Quest to Solve the World's Greatest Mathematical Problem*. New York: Walker, 1997. 페르마의 마지막 정리의 탄생, 그리고 고군분투 끝에 이 정리를 증명해낸 앤드류 와일즈의 비하인드 스토리.

Smolin, Lee. "On 'Special Relativity: Why Can't You Go Faster Than Light?' by W. Daniel Hillis." *Edge* 52 (March 28, 1999). http://edge.org/documents/archive/edge52.html.

상대성이론

Adam, T., N. Agafonova, A. Aleksandrov, et al. "Measurement of the Neutrino Velocity with the OPERA Detector in the CNGS Beam." http://arxiv.org/abs/1109.4897v2. 빛보다 빠른 뉴트리노에 관한 사전논문(프리프린트). 그러나 모든 것은 '느슨한 케이블' 때문에 일어난 해프닝이었다.

Card, Orson Scott. *Ender's Game*. New York: Tor, 1991. 영화로도 만들어진 SF 소설. 우주 함대에 명령을 내릴 때 앤서블(빛보다 빠른 통신 장치)을 사용한다.

Cartlidge, Edwin. "Leaders of Faster-Than-Light Experiment Step Down." *Science*, March 30, 2012. http://news.sciencemag.org/scienceinsider/2012/03/leaders-of-faster-than-light-exp.html. "빛보다 빠른 뉴트리노" 사건의 개요. 이 일이 있은 후 OPERA 대변인 안토니오 에레디타토(Antonio Ereditato)와 물리학 코디네

이터 다리오 오티에로(Dario Autiero)는 사표를 내고 실험팀을 떠났다.

Einstein, Albert. "Does the Inertia of a Body Depend on Its Energy Content?" In *The Principle of Relativity*. Trans. George Barker Jeffery and Wilfrid Perrett. London: Methuen, 1923.

Einstein, Albert. "On the Electrodynamics of Moving Bodies." In *The Principle of Relativity*. Trans. George Barker Jeffery and Wilfrid Perrett. London: Methuen, 1923.

Einstein, Albert. "Über die vom Relativitatsprinzip geforderte Trägheit der Energie." *Annalen der Physik* 328, no. 7 (1907): 371~384. 정보가 빛보다 빠르게 전달되면 인과관계가 뒤집어진다.

Frisch, D. H., and J. H. Smith. "Measurement of the Relativistic Time Dilation Using μ-Mesons." *American Journal of Physics* 31, no. 5 (1963): 342~355.

Galilei, Galileo. *Dialogue Concerning the Two Chief World Systems, Ptolemaic & Copernican*. Trans. Stillman Drake. Berkeley: University of California, 1953.

Isaacson, Walter. *Einstein: His Life and Universe*. New York: Simon & Schuster, 2007, p. 107~139. 아인슈타인의 특수상대성이론은 마이컬슨-몰리의 실험에 영향을 받았을까? - 이 질문에 대한 해답을 아인슈타인의 진술에서 찾는다. 그러나 그의 진술은 일관성 없이 오락가락한다.

Le Guin, Ursula K. *Three Hainish Novels*. Garden City, NY: Nelson Doubleday, 1966. 이 책과 『로캐넌의 세계』에서 빛보다 빠른 통신장비를 '앤서블'이라 불렀다.

Minkowsi, H. "Space and Time." In *The Principle of Relativity: A Collection of Original Memoirs on the Special and General Theory of Relativity*. A. Einstein, H. A. Lorentz, H. Weyl, and H. Minkowski. New York: Dover, 1952, p. 109~164. 1923년 초판본의 재발행.

Roddenberry, Gene. Letter. *Sky and Telescope*, June 1991. 이 편지에서 그 유명한 〈스타트렉〉의 창조자 로든베리는 벌컨 행성이 에리다누스자리 40 A 항성의 주변을 돌고 있다고 주장한다.

Rossi, B., and D. B. Hall. "Variation of the Rate of Decay of Mesotrons with Momentum." *Physical Review* 59, no. 3 (1941): 223~228. 지상에서 발견되는 뮤온

의 수가 산꼭대기에서 발견된 뮤온 수와 거의 비슷하다는 것을 입증한 최초의 실험. 특수상대성이론의 시간팽창 효과가 없었다면 이 실험 결과를 설명할 방법이 없었을 것이다.

Tolman, R. C. "Velocities Greater Than That of Light." In *The Theory of the Relativity of Motion*. Berkeley, CA: University of California Press, 1917, p. 54. 아인슈타인의 상대성이론이 발표된 직후에 출간된 이 책은 "과거 사람들과 통화하는 전화(타키온 안티텔레폰)"의 시초로 꼽힌다.

Viereck, George. "What Life Means to Einstein: An Interview by George Sylvester Viereck." *The Saturday Evening Post*, October 26, 1929, p. 17. "4차원 시공간을 머릿속에 그리기 어려운 이유"는 이 책에서 인용되었다.

중력

Casimir, H. B. G. "On the Attraction between Two Perfectly Conducting Plates." *Proceedings of the Koninklijke Akademie van Wetenschappen te Nederland* (1948): 793. 캐시미르 효과를 설명한 오리지널 논문. 진공에너지가 실재한다는 확실한 증거.

Einstein, Albert. "Die Relativitats–Theorie." *Naturforschende Gesellschaft, Zürich, Vierteljahresschrift* 56 (1911): 1~14. 그 유명한 '쌍둥이 역설'의 시초.

Einstein, Albert. "The Fundamentals of Theoretical Physics." In *Ideas and Opinions*. New York: Bonanza, 1954, p. 323~335. 로렌츠 불변성에 대한 아인슈타인의 견해.

Einstein, Albert. "The General Theory of Relativity." In *The Meaning of Relativity*. Princeton, NJ: Princeton University Press, 1955. 가속되는 좌표계에서 시간이 느리게 흐른다는 것을 증명하기 위해, 아인슈타인은 회전하는 원반 위에 서 있는 관찰자를 도입했다. 이 책은 일반상대성이론이 발표되고 5년이 지난 1921년에 처음 출간되었다.

Einstein, Albert. *Relativity: The Special and the General Theory*. Ed. Robert W. Lawson. New York: Three Rivers Press, 1961.

Einstein, A. "Über das Relativitätsprinzip und die aus demselben gezogenen

Folgerungen." *Jahrbuch der Radioaktivität und Elektronik* 4 (1907): 411~462. Available in English: "On the Relativity Principle and the Conclusions Drawn from It." In *The Collected Papers*. Vol. 2. Trans. Anna Beck. Eds. John Stachel and Varadaraja V. Raman. Princeton: Princeton University Press, 1989, p. 433~484. 특수상대성이론과 일반상대성이론 사이에는 10년의 간격이 있지만, 아인슈타인은 특수상대성이론을 발표한 직후에 중력적 시간팽창 같은 현상을 이미 알고 있었다.

Einstein, A., H. A. Lorentz, H. Weyl, and H. Minkowski. "The Foundation of the General Theory of Relativity." *The Principle of Relativity: A Collection of Original Memoirs on the Special and General Theory of Relativity*. New York: Dover, 1952, p. 109~164. 아인슈타인의 「일반상대성이론의 기초(Die Grundlage der allgemeinen Relativitätstheorie)」(1916)의 영문 번역서.

Gott, J. Richard III, and Deborah Freedman. "A Black Hole Life Preserver." 2003. http://arxiv.org/abs/astro-ph/0308325. 블랙홀에 살짝 당겨지는 듯한 느낌이 들 때부터 산산조각 날 때까지 데 걸리는 시간은 약 0.2초! 이 시간은 블랙홀 질량에 거의 상관없다(태양 질량의 1만 배인 블랙홀까지 성립한다). 일반상대성이론을 공부하는 대학원생의 시험문제로 안성맞춤.

Haugen, Mark P., and Claus Lammerzahl. *Principles of Equivalence: Their Role in Gravitation Physics and Experiments That Test Them*. New York: Springer, 2001.

Hawking, S. W. "Black Hole Explosions?" *Nature* 248, no. 5443 (1974): 30. 호킹복사에 관한 첫 번째 논문.

Hawking, S. W. "Information Loss in Black Holes." *Physical Review D* 72, no. 8 (2005): 084013.

Isaacson, Walter. *Einstein: His Life and Universe*. New York: Simon & Schuster, 2007, p. 191. 아인슈타인, "일반상대성이론이 옳다면 개기일식 때 중력렌즈 효과가 관측될 것"이라고 예견하다.

Norton, John D. "General Covariance and the Foundations of General Relativity: Eight Decades of Dispute." *Reports on Progress in Physics* 56 (1993): 791~858. 중력-가속운동 등가원리에서 출발하여 일반상대성이론의 기본 개념을 쉽게 풀어낸 책.

Unruh, W. G. "Notes on Black-Hole Evaporation." *Physical Review* D 14, no. 4 (1976): 870. 운루 복사에 의한 효과를 예측한 논문.

Wheeler, John Archibald, and Kenneth William Ford. *Geons, Black Holes, and Quantum Foam: A Life in Physics*. New York: Norton, 1998, p. 235. 휘어진 시공간에 대한 휠러의 관점은 여러 책을 통해 소개되었으나, 이 책이 가장 간결하고 명쾌하다.

입자 맞바꾸기

Bell, John. "On the Einstein Podolsky Rosen Paradox." *Physics* 1, no. 3 (1964): 195~200. 벨의 부등식을 설명한 오리지널 논문. 이 부등식은 1980년대에 실험을 통해 검증되었고, 양자역학의 정통 해석이 최종 승리를 거두었다. 숨은 변수나 무작위성, 유령 같은 원거리 작용(양자적 얽힘)은 존재하지 않았다.

Bennett, C. H., G. Brassard, C. Crepeau, et al. "Teleporting an Unknown Quantum State via Dual Classical and Einstein-Podolsky-Rosen Channels." *Physical Review Letters* 70 (1993): 1895~1899. "양자적 얽힘을 이용한 공간이동의 원리"를 신중하게 다룬 원조 논문.

Bernstein, Jeremy. *Quantum Profiles*. Princeton: Princeton University Press, 1991, p. 84. "결국 아인슈타인이 옳았다"는 인용구의 출처.

Boschi, D., S. Branca, F. De Martini, et al. "Experimental Realization of Teleporting an Unknown Pure Quantum State via Dual Classical and Einstein-Podolsky-Rosen Channels." *Physical Review Letters* 80, no. 6 (1998): 1121~1125. 양자 전송을 최초로 구현한 실험 논문. 그러나 이 실험에서 전송된 것은 달랑 광자 한 개뿐!

Dirac, P. A. M. "The Development of Quantum Mechanics." In *Conferenza Tenuta il 14 Aprile 1972*. Rome: Accademia Nazionale dei Lincei, 1974. 불확정성에 대한 디랙의 인용구의 출처.

Einstein, A., B. Podolsky, and N. Rosen. "Can Quantum-Mechanical Description of Physical Reality Be Considered Complete?" *Physical Review* 47, no. 10 (1935): 777~780.

Gilder, Louisa. *The Age of Entanglement When Quantum Physics Was Reborn*. New York: Knopf, 2008. EPR 역설, 벨의 부등식, 그리고 양자역학적 실험을 설명한 책.

Heisenberg, Werner. "Critique of the Physical Concepts of the Corpuscular Theory." In *The Physical Principles of the Quantum Theory*. Trans. Carl Eckhart and Frank C. Hoyt. Chicago: University of Chicago Press, 1930, p. 20. "모든 실험은 지식의 일부를 파괴한다"는 인용구의 출처.

Heisenberg, Werner. "Uber den Bau der Atomkerne. I." Z. *Phys*. 77, no. 1 (1932). Available in English: D. M. Brink. *Nuclear Forces*. Elmsford, NY: Pergamon, 1965.

Jin, Xian-Min, Ji‑Gang Ren, Bin Yang, et al. "Experimental Free-space Quantum Teleportation." *Nature Photonics* 4, no. 6 (2010): 376~381.

Krauss, Lawrence Maxwell. *The Physics of Star Trek*. New York: Basic Books, 1995. 빼어난 현대 물리학 입문서. 그러나 '양자적 공간이동'을 가장 중요하게 다뤘다.

Krulwich, Robert. "Commemorate Caesar: Take a Deep Breath!" *Morning Edition*, National Public Radio, March 15, 2006. www.npr.org/templates/story/story.php? storyId=5280420.

Parfit, Derek. "What We Believe Ourselves to Be." In *Reasons and Persons*. Oxford, UK: Clarendon Press, 1984, chap. 10.

Wootters, W. K., and W. H. Zurek. "A Single Quantum Cannot Be Cloned." *Nature* 299, no. 5886 (1982): 802~803. 임의의 양자상태는 복제될 수 없다는 '복제 불가능 정리'의 출처.

Yin, Juan, He Lu, Ji‑Gang Ren, Yuan Cao, et al. "Teleporting Independent Qubits through a 97km Free-Space Channel." http://arxiv.org/abs/1205.2024 (2012).

스핀

Dirac, P. A. M. "A Theory of Electrons and Protons." *Proceedings of the Royal*

Society of London A126 (1930): 360~365. 디랙은 반물질의 개념을 도입하면서 양성자가 전자의 반입자라고 생각했다(비록 틀리긴 했지만, 아주 합리적인 생각이었다).

Feynman, Richard P. "Identical Particles." *The Feynman Lectures on Physics.* Vol. 3. Eds. Robert B. Leighton and Matthew L. Sands. Reading, MA: Addison-Wesley, 1963, p. 4~3. 스핀 통계 정리는 파인만에게도 어려웠다!

Heisenberg, Werner. *Physics and Philosophy: The Revolution in Modern Science.* St. Leonard's: New South Wales, 1959. Lectures delivered at University of St. Andrews, Scotland, winter 1955~1956. 하이젠베르크 왈, "우리가 관측하는 것은 자연 그대로의 모습이 아니다!"

Pauli, Wolfgang. "The Connection between Spin and Statistics." *Physical Review* 58 (1940): 716~722.

Pauli, Wolfgang. "Über den Einfluss der Geschwindigkeitsabhängigkeit der Electronenmasse auf den Zeemaneffekt." Available in English: "Zeeman-Effect and the Dependence of Electron-Mass on the Velocity." *Zeitschrift fur Physik* 31 (1925): 373. 파울리가 배타원리를 제안한 오리지널 논문. 그는 이 논문으로 1945년에 노벨 물리학상을 받았다.

힉스입자

Englert, F., and R. Brout. "Broken Symmetry and the Mass of Gauge Vector Mesons." *Physical Review Letters* 13, no. 9 (1964): 321~323.

Feynman, Richard P. *QED: The Strange Theory of Light and Matter.* Princeton, NJ: Princeton University Press, 1985.

Griffiths, David. *Introduction to Elementary Particles.* Weinheim, Germany: Wiley-VCH, 2008. 대학교 학부생에게 걸맞은 입자물리학 교재.

Griggs, Jessica. "Peter Higgs: Boson Discovery Like Being Hit by a Wave." *New Scientist*, July 10, 2012.

Guralnik, G. S., C. R. Hagen, and T. W. B. Kibble. "Global Conservation Laws and Massless Particles." *Physical Review Letters* 13, no. 20 (1964): 585~587.

Higgs, Peter W. "Broken Symmetries and the Masses of Gauge Bosons."

Physical Review Letters 13, no. 16 (1964): 508~509.

"The Hunt for the Higgs Boson." *Science Scotland*. www.sciencescotland.org/feature.php?id=14. "이번 여름에 뭔가를 발견했는데, 무용지물인 것 같다"는 피터 힉스의 편지, 그리고 힉스와 진행된 인터뷰가 소개되어 있다.

"Latest Results from ATLAS Higgs Search." ATLAS Experiment, July 4, 2012. www.atlas.ch/news/2012/latest-results-from-higgs-search.html.

Lederman, Leon M., and Dick Teresi. *The God Particle: If the Universe Is the Answer, What Is the Question?* Boston: Houghton Mifflin, 1993. 제목만 들어도 무시무시한 책!

"Observation of a New Particle with a Mass of 125 GeV | CMS Experiment." CMS Public | CMS Experiment, July 4, 2012.

Oerter, Robert. *The Theory of Almost Everything: The Standard Model, the Unsung Triumph of Modern Physics*. New York: Pi, 2006. 표준모형의 뛰어난 입문서.

Overbye, Dennis. "Physicists Find Elusive Particle Seen as Key to Universe." *The New York Times*, July 4, 2012. www.nytimes.com/2012/07/05/science/cern-physicists-may-have-discovered-higgs-boson-particle.html. 힉스장을 '우주적 당밀'에 비유한 여러 책들 중 하나.

Peskin, Michael Edward, and Daniel V. Schroeder. *An Introduction to Quantum Field Theory*. Reading, MA: Addison-Wesley, 1995.

Thomson, J. J. *James Clerk Maxwell: A Commemoration Volume*, 1831~1931. Cambridge: Cambridge University Press, 1931. 맥스웰의 전자기장, 아인슈타인의 설명을 통해 물리학의 중심에 서다.

Weyl, H. "Eine neue Erwiterung der Relativitatstheorie." *Annalen der Physik* 59 (1919): 101. 헤르만 바일, 국소 게이지대칭을 가정하여 전자기학을 유도하다.

Yang, C. N., and Mills, R. "Conservation of Isotopic Spin and Isotopic Gauge Invariance." *Physical Review* 96, no. 1 (1954): 191~195.

숨은 대칭

Bacon, Francis. *Philosophical Studies: c. 1611-c. 1619*. Eds. Michael Edwards and Graham Rees. Oxford, UK: Clarendon, 1996. 탈레스 철학에 대한 베이컨의 관점은『원리의 기원(*De Principiis Atque Originibus*)』에 잘 서술되어 있다.

Diamond, Jared M. *Guns, Germs, and Steel: The Fates of Human Societies*. New York: Norton, 1998.

Dimopoulos, S., and H. Georgi. "Softly Broken Supersymmetry and SU(5)." *Journal of Nuclear Physics B* 193 (1981): 150~162. 대통일이론(GUT)에 초대칭을 적용한 논문.

Feynman, Richard P. *QED: The Strange Theory of Light and Matter*. New York: Penguin, 1990, p. 128. 일반인을 위한 양자전기역학(QED) 입문서.

Georgi, H., and S. L. Glashow. "Unity of All Elementary Particle Forces." *Physical Review Letters* 32 (1974): 438~441. SU(5) 대통일이론을 제안한 오리지널 논문.

Goenner, Hubert F. M. "On the History of Unified Field Theories." *Living Reviews in Relativity* 7 (2004): 2. www.livingreviews.org/lrr-2004-2.

Lisi, A. G. "An Exceptionally Simple Theory of Everything." 2007. http://arxiv.org/abs/0711.0770.

Lisi, Garrett. "Garrett Lisi: A Theory of Everything." TED Conference presented February 2008. www.ted.com/talks/garrett_lisi_on_his_theory_of_everything.html.

Lisi, G., and J. O. Weatherall. "A Geometric Theory of Everything." *Scientific American* 303, no. 6 (2010): 54~61.

Newton, Isaac. *The Principia*. Trans. I. B. Cohen and A. Whitman. Berkeley: University of California Press, 1999. 뉴턴의『프린키피아』중 세 번째 운동법칙에 관한 영문 번역서.

Peacock, John A. "The Standard Model and Beyond." In *Cosmological Physics*. Cambridge: Cambridge University Press, 1999, p. 216~270.

Susskind, Leonard. "New Revolutions in Particle Physics: Supersymmetry, Grand Unification, and String Theory." Lecture for Stanford Continuing Studies Program. 2009. http://itunes.apple.com/us/itunes‑u/supersymmetry-grand-unification/id384233338.

"WMAP Recommended Parameters Constraints." LAMBDA–Legacy Archive for Microwave Background Data, June 21, 2011. http://lambda.gsfc.nasa.gov/product/map/current. 우주 변수들은 끊임없이 변하고 있기 때문에 책마다 값이 다르다. 물론 여기에는 오차가 포함되어 있지만, WMAP 위성을 운영하고 있는 연구팀은 가장 이상적인 값들을 알고 있다.

감사의 말

책을 쓴다는 것은 확실히 재미있는 일이다. 왜 그런지 아는가? 물론 머릿속에 든 생각을 글로 옮기는 것은 쉬운 일이 아니지만, 이 과정에서 많은 사람들로부터 깊은 애정과 관심, 그리고 귀한 도움을 집중적으로 받을 수 있기 때문이다. 제일 먼저 나의 아내인 에밀리 조이Emily Joy에게 감사의 말을 전하고 싶다. 그녀는 내 원고를 꼼꼼히 읽으면서 내게 가장 필요했던 '터프한 사랑'을 아낌없이 발휘해주었다. 그리고 나의 사랑스러운 두 딸 윌라Willa와 릴리Lily에게도 (내 원고에 대해 아무런 말도 하지 않았지만) 고맙다는 말을 하고 싶다.

그동안 나와 대화를 나누면서 값진 충고를 해준 친구들도 빼놓을 수 없다. 특히 숀 캐럴과 리치 고트Rich Gott, 리처드 헨레타Richard Henreta, 앤디 힉스Andy Hicks, 린 호프만Lynn Hoffman, 조쉬 카멘스키Josh

Kamensky, 애드리언 레너드Adrienne Leonard, 숀 린치Sean Lynch, 케이트 메이슨Kate Mason, 케빈 오웬스Kavin Owens, 존 피콕John Peacock, 던 피터슨Dawn Peterson, 티나 피터스Tina Peters, 솜 티야기Som Tiyagi, 리즈 페켓 트루비Liz Fekete Truby, 그리고 엔리코 베스페리니Enrico Vesperini에게 깊은 감사의 말을 전한다.

io9.com의 애널리 뉴위츠Annalee Newitz와 찰리 제인 앤더스Charlie Jane Anders, 그리고 그곳에서 일하는 모든 사람들에게도 고마움을 느낀다. 특히 애널리와 찰리 제인은 시종일관 나를 든든하게 지지해주었다. 이 책에 수록된 내용의 상당 부분은 io9.com에서 '주행 테스트'를 거쳤는데, 이 과정에서 노상 장애물을 발견하고 제거하는 데 도움을 준 모든 분들에게 감사드린다.

물리학자가 일반 대중을 위한 교양 과학도서를 쓰면 과학 대중화에 그만큼 기여한 셈이지만, 학계에서는 그다지 환영받지 못하는 경우가 많다. 이런 점에서 우리 과의 학과장인 미셸 발리레스Michel Balieres와 도나 무라스코Donna Murasko 학장에게 심심한 감사를 표한다. 이분들은 나의 집필 활동을 학술적 연구의 일환으로 깊이 인정해주었다.

나의 출판 대리인 앤드류 스투어트Andrew Stuart에게도 고마운 마음을 전한다. 대부분의 대리인들은 책을 파는 일을 최우선으로 삼고 있지만, 앤드류는 내 원고를 사전에 검증해주는 최고의 독자이자 지지자였으며, 내 목소리를 글 속에 제대로 담아내기 위해 최선의 노력을 기울였다. 이 책을 편집한 스티븐 모로우Stephen Morrow와 그의 뛰어난 보조편집자 스테파니 히치콕Stephanie Hitchcock은 역시 프로였다. 그들은 나의 수다스러운 문장을 빨간 펜으로 가차없이 잘라내어 책의 완성도를 현격하게 높여주었다. 또한 나의 산만한 아이디어를 아름답고 깔끔한 그림으로 완성시켜준 일러스트레이터 허브 손비Herb Thornby에게도 고맙다는 말을 하고 싶다.

끝으로 실험 데이터를 쓸 수 있게 허락해준 마이클 브랜튼Michael Blanton과 슬론 디지털 서베이Slon Digital Survey 연구팀의 모든 분들에게 감사의 마음을 전한다.

옮긴이의 말

에미 뇌터Emmy Noether – 현대 과학에 가장 큰 영향을 준 수학자였지만, 살아 있는 동안 제대로 된 대접을 단 한 번도 받아보지 못한 불운한 여성이다. 아인슈타인과 비슷한 시기에 독일의 유태인 가정에서 태어나 어린 시절부터 수학자의 꿈을 키웠으나, 지독할 정도로 여성에게 폐쇄적이었던 당시 대학문화에 가로막혀 참으로 불운한 삶을 살았다. 그러나 진정한 보석은 진흙탕 속에서도 빛을 발하는 법, 그녀는 부당한 대접을 받으면서도 대칭이라는 수학적 개념을 끈질기게 파고든 끝에 현대 물리학의 기초를 이루는 '뇌터의 정리Noether's Theorem'를 발견하기에 이른다.

"모든 대칭에는 그에 대응되는 불변량이 존재한다" – 정말 간단명료하면서 의미심장하다. 이 한마디로 물리학은 또 한 벌의 든든한 갑옷을 갖춰 입게 되었고, 애매모호하던 개념들이 수학적으로 정리되면서 '통일unification'이라는 원대한 꿈까지 꿀 수 있게 되었다.

대칭은 현대 물리학을 떠받치는 핵심 개념이다. 일반인들을 '대칭'이라고 하면 좌우가 같은 도형을 떠올리겠지만, 사실은 이보다 훨씬 포괄적이고 심오한 의미를 담고 있다. 본문에서 충분히 설명되었지만, 아직도 살짝 헷갈리는 독자들을 위해 좀더 피부에 와 닿는 예를 들어보자.

한 남자(A)가 한 여인(B)을 마음속 깊이 좋아하고 있다. 그러나 B는 아랑곳하지 않고 자신만의 라이프 스타일을 즐기고 있다. B는 A에게 짜증을 부리거나 비난을 퍼붓기도 하고, 자기가 약속을 어겨놓고 되레 화를 내는 등 완전히 제멋대로인데, A의 마음은 언제나 한결 같다. 즉, A의 마음은 B의 심리 변화에 대하여 대칭적이다. 그런데 뇌터의 정리에 의하면 모든 대칭에는 그에 대응되는 불변량이 존재한다. 그렇다면 A의 불변량은 무엇일까? 사람의 마음을 수학 정리에 비유하는 것이 조금 꺼림칙하지만, 이런 경우에 변하지 않는 양은 'B를 향한 A의 사랑'일 것이다. 주변 환경이 변해도 대칭성이 유지되면 변하지 않는 무언가가 존재한다. 이런 식으로 생각해보니 당연한 것 같기도 하다.

자연에 존재하는 상호작용을 통일하는 과정도 전적으로 대칭에 의존하고 있다. 상호작용이 어떤 변환에 대하여 대칭적이면 그에 해당하는 불변량이 존재하고, 이를 수학적으로 서술하는 군gruop이 존재한다. 그런데 여기서 대칭의 규모를 키우면 겉으로 전혀 다르게 보였던 대상들이 하나의 군으로 서술되고, 따라서 이들은 하나의 (더 큰) 대칭을 갖는 상호작용으로 통일된다. 1970년대 말에 탄생한 약전자기이론은 바로 이런 방식으로 전자기력과 약력을 통일했고, 여기에 고무된 물리학자들은 대칭의 규모를 한 단계 더 키워서 강력까지 통일시켰다(그러나 실험적 검증에 실패하여 대안을 찾는 중이다).

물리학자들은 왜 그토록 통일에 집착하는 것일까? 전자기력과 약력이 우주 초기에 같은 힘이었다고 해도 어쨌거나 지금은 완연하게 다른 힘인데, 왜 굳이 과거사를 들춰서 같다고 우기는 것일까? 이유는 간단하다. 이들이 하나였던 시기를 연구하면 상호작용의 근원을 알 수 있고 물리적 현상에 대한 이해가 한층 더 깊어지기 때문이다. 게다가 여러 개의 대상들이 "원래는 하나였는데 어느 순간에 대칭이 붕괴되어 지금 각자의 길을 가고 있다"는 사실을 알게 되면, 이들을 더 이상 다른 객체로 간주하기가 어렵게 된다(남북한의 통일도 이런 맥락에서 이해할 수 있지 않을까?). 산만하게 널려 있는 대상들을 한군데 모아서 공통점을 찾는 것은 물리학자뿐만 아니라 모든 인간이 갖고 있는 본연의 심리인 것 같다.

이 책의 저자인 데이브 골드버그Dave Goldberg는 우주에 존재하는(또는 존재했던) 대칭과 그것이 붕괴되어 현재에 이르는 과정을 쉬운 비유와 간결한 논리로 설명하고 있다. 물리 법칙의 통일을 주제로 한 교양 과학도서는 많이 있지만, 이 책은 통일보다 한 단계 더 근본적인

'대칭'에 초점을 맞췄기 때문에 우주의 아름다움이 한층 더 극명하게 드러난다. 게다가 저자는 특유의 유머감각을 유감없이 발휘하여 독자들의 지루함을 달래주고 있다(미국식 유머를 충분히 와 닿게 번역하지 못한 점, 독자 여러분에게 깊이 사과드리는 바이다).

대칭적인 우주는 아름답다. 그러나 우리의 우주는 그 대칭의 일부가 깨져 있어서 더욱 아름답다. 지금 우리 주변을 에워싸고 있는 온갖 다양한 만물들은 미세하게 붕괴된 대칭의 산물이다. 물론 우리의 인간사도 예외가 아니다. 위에서 말했던 A처럼 모든 사람들이 언제 어디서나 한결같이, 무슨 로봇처럼 한 가지 마음으로 살아간다면 세상이 왜 이렇게 시끌벅적하겠는가? 마음의 대칭이 살짝 붕괴되어 있어야 온갖 흥미로운 이야깃거리가 생겨나고, 세상도 그만큼 다양해지는 법이다.

오랜만에 유머 가득한 책을 접하여 번역이 매우 즐거웠다. 무엇보다도 이 책을 번역하는 동안 많은 정보를 공유하면서 물심양면으로 도와주신 성북 SLP 영어학당의 양의숙 원장님께 감사의 말을 전하고 싶다. 그리고 이 책의 번역을 의뢰하고 긴 시간 동안 기다려주신 해나무 편집부에 깊이 감사드리며, 일 년 가까운 장정에 마침표를 찍는다.

찾아보기

ㄱ

ㅁ

ㅂ

ㅅ

ㅇ

ㅍ

ㅎ

A~Z

백미러 속의 우주

1판 1쇄 2015년 6월 5일
1판 3쇄 2018년 6월 5일

지은이 데이브 골드버그
옮긴이 박병철
펴낸이 김정순
책임편집 김소희 허영수
디자인 김진영
마케팅 김보미 임정진 전선경

펴낸곳 (주)북하우스 퍼블리셔스
출판등록 1997년 9월 23일 제406-2003-055호
주소 04043 서울시 마포구 양화로 12길 16-9(서교동 북앤빌딩)

전자우편 henamu@hotmail.com
홈페이지 www.bookhouse.co.kr
전화번호 02-3144-3123
팩스 02-3144-3121

ISBN 978-89-5605-584-8 03400

이 도서의 국립중앙도서관 출판도서목록(CIP)은 서지정보유통지원시스템 홈페이지(http://seoji.nl.go.kr)와
국가자료공동목록시스템(http://www.nl.go.kr/kolisnet)에서 이용하실 수 있습니다. (CIP제어번호 : CIP2015010715)